U0062925

iLike职场Photoshop CS4
平面广告设计

胡红宇　编著

電子工業出版社
Publishing House of Electronics Industry
北京 • BEIJING

内容简介

本书紧跟平面广告的发展趋势和行业特点，通过报纸广告、杂志广告、海报、DM广告、POP广告、户外广告、画册、标志、卡片、插画、产品造型、包装（共12章75个实例），详细讲述了各类平面广告设计的创意思路、表现手法以及技术要领。本书实例精彩、实战性强，在深入剖析制作技法的同时，作者还将自己多年积累的大量宝贵的设计经验、制作技巧和行业知识毫无保留地奉献给读者，力求使读者在学习技术的同时能够扩展设计视野与思维，并且做到巧学活用、学以致用，轻松完成各类商业广告的设计工作。

本书不仅为平面设计的初学者积累行业经验、提高实际工作能力提供了难得的学习机会，也为从事平面广告设计的专业人士提供了宝贵的创意思路、实战技法和设计经验的参考。

图书在版编目（CIP）数据

iLike职场Photoshop CS4平面广告设计/胡红宇编著.—北京：电子工业出版社，2010.6
ISBN 978-7-121-10900-3

Ⅰ.①i… Ⅱ.①胡… Ⅲ.①广告—计算机辅助设计—图形软件，Photoshop CS4 Ⅳ.①J524.3-39

中国版本图书馆CIP数据核字（2010）第090786号

责任编辑：李红玉
印　　刷：北京天竺颖华印刷厂
装　　订：三河市鑫金马印装有限公司
出版发行：电子工业出版社
　　　　　北京市海淀区万寿路173信箱　邮编：100036
　　　　　北京市海淀区翠微东里甲2号　邮编：100036
开　　本：787×1092 1/16　印张：21.25　字数：540千字
印　　次：2010年6月第1次印刷
定　　价：42.00元

凡所购买电子工业出版社图书有缺损问题，请向购买书店调换。若书店售缺，请与本社发行部联系，联系及邮购电话：（010）88254888。
质量投诉请发邮件至zlts@phei.com.cn，盗版侵权举报请发邮件至dbqq@phei.com.cn。
服务热线：（010）88258888。

前　言

关于本书

近年来，平面设计已经成为热门职业之一。在各类平面设计和制作软件中，Photoshop是使用最为广泛的软件之一，因此很多人都想通过学习Photoshop来进入平面设计领域，成为一位令人羡慕的平面设计师。

然而在竞争日益激烈的平面广告设计行业，要想成为一名合格的平面设计师，仅仅具备熟练的软件操作技能是远远不够的，还必须具有新颖独特的设计理念和创意思维、丰富的行业知识和实践经验。

为了引导平面广告设计的初学者快速胜任本职工作，本书摒弃传统的教学思路和理论教条，从实际的商业平面设计实例出发，详细讲述了各类平面设计的创意思路、表现手法和技术要领。只要读者能够耐心地按照书中的步骤完成每一个实例，就能深入了解现代商业平面设计的设计思想及技术实现的完整过程，从而获得举一反三的能力。

本书特点

为了使读者快速熟悉各行业的设计特点和要求，以适应复杂多变的平面设计工作，本书紧跟平面广告的发展趋势和行业特点，通过报纸广告、杂志广告、海报、DM广告、POP广告、户外广告、画册、标志、卡片、插画、产品造型、包装（共12章75个实例），详细讲述了各类平面广告设计的创意思路、表现手法以及技术要领，集行业的宽度和专业的深度于一体。

本书讲解的平面设计实例，全部来源于实际商业项目，饱含一流的创意和智慧。这些精美实例全面展示了如何在平面设计中灵活使用Photoshop的各种功能，每一个实例都渗透了平面广告创意与设计的理论，为读者了解一个主题或产品应如何展示提供了较好的“临摹”蓝本。使读者在学习技术的同时能够迅速积累宝贵的行业经验、拓展知识深度，以便能够轻松完成各类平面设计工作。

学习方法和建议

本书共12章，每一节都是一个独立的实例，读者既可以从头开始按顺序阅读本书，也可以直接挑选自己感兴趣的实例来学习。在实际的工作中，读者可以借鉴书中的创意和构思，快速创作出自己的作品，满足客户的各种需求。

本书由麓山文化的胡红宇主编，参加编写的还有：杨芳、李红萍、李红艺、李红术、陈云香、林小群、黄柯、朱海涛、廖博、林小群等。

由于作者水平有限，书中错误、疏漏之处在所难免，欢迎广大读者批评指正。

为方便读者阅读，若需要本书配套资料，请登录“北京美迪亚电子信息有限公司”（http://www.medias.com.cn），在“资料下载”页面进行下载。

目　录

第1章　报纸广告设计 1

1.1　数码产品广告——液晶显示器 1

1.2　茶叶广告——茗品清香 8

1.3　家纺广告——上海凯盛家纺 11

1.4　地产广告——天路国际会馆 15

1.5　感恩节广告——兴隆百货 23

1.6　彩铃广告——固话也悦铃 28

第2章　杂志广告设计 33

2.1　促销活动广告——二月蜜语恋爱狂享 33

2.2　杂志内页——美容美发广告 41

2.3　文艺宣传广告——芭蕾舞团文艺演出 44

2.4　雅印药妆——祛痘不留痕 51

2.5　服饰广告——引领时尚 56

2.6　地产广告——都市稀缺庭院 60

第3章　海报设计 64

3.1　手机海报——引领“奢滑”风尚 64

3.2　电影海报——声梦奇缘 68

3.3　沐浴露海报——天然的秘密 72

3.4　园林海报——文化传承 科学发展 76

3.5　化妆品海报——健康肌肤的源泉 80

3.6　冰激凌宣传海报——“暑”你最爽，清凉有礼 85

第4章　DM广告设计 92

4.1　宣传三折页——后谷咖啡 92

4.2　宣传单页——123酒吧 96

4.3　宣传三折页——天植皮草 99

4.4　宣传三折页——冠名墙面漆 103

4.5　宣传折页——雪月咖啡屋 107

4.6　宣传单页——广州新塘新世界花园 111

4.7　宣传单页——精致女鞋馆 115

第5章　POP广告设计 120
5.1　果冻广告——新感觉cici 120
5.2　运动鞋广告——认真，愿望就会成真 126
5.3　咖啡广告POP——滴滴香浓　意犹未尽 129
5.4　食品广告——八月抢鲜 133
5.5　悬挂POP——圣诞狂欢夜 135
5.6　服饰广告——收获金秋 139
5.7　电饭锅广告——品味美的生活 144
5.8　庆祝感恩节——感恩节自助晚餐 148

第6章　户外广告设计 152
6.1　高立柱户外广告——金丘阳光城商业街 152
6.2　地铁站户外灯箱广告——艾丽碧丝化妆品 155
6.3　房地产广告——我的多彩生活 158
6.4　横型灯箱广告——“鲜”听我说 162
6.5　户外灯箱广告——尚晶空调 166
6.6　公交站牌户外广告——街舞大赛 170
6.7　户外灯箱广告——五一劳动节 175

第7章　画册设计 180
7.1　茶叶画册——玉观音茶 180
7.2　企业画册——三垒机器 185
7.3　旅游画册——“三江两湖”黄金度假区 188
7.4　翡翠画册——老庙黄金翡翠 191
7.5　企业画册封面——设计公司 193
7.6　软件画册封面——网上开店软件专家 197
7.7　保健酒画册——生态保健酒 200
7.8　酒店画册封面——浪琴屿酒店 203

第8章　标志设计 209
8.1　房产标志设计——珠江国际 209
8.2　科技产品标志设计——科地 213
8.3　网吧标志设计——傅邦网吧 215
8.4　儿童摄影标志设计——卡酷儿童摄影 218
8.5　车友会标志设计——湖南车友会 223
8.6　酒类标志设计——红高粱 224
8.7　教育标志设计——文涵教育 228

第9章　卡片设计 232
9.1　KTV会员卡——西域钱柜量贩KTV 232
9.2　餐厅现金券——甜梦园中西餐厅 241
9.3　时尚造型护理卡——新感觉·创作 245
9.4　VIP积分卡——典雅妆品 249
9.5　KTV名片——糖果量贩式KTV 252
9.6　贺卡——母亲节 257

第10章　插画设计 262
10.1　韩国风格插画——少女 262
10.2　时尚插画——秋日 268
10.3　时尚插画——潮流元素 274
10.4　时尚插画——沉思的少女 278
10.5　产品包装插画——清新百合 282

第11章　产品造型设计 288
11.1　手表造型设计——金属手表 288
11.2　主机造型设计——袖珍主机 293
11.3　电池造型设计——光感电池 298
11.4　手机造型设计——Apple手机 302

第12章　包装设计 307
12.1　塑料包装设计——巧克力雪糕 307
12.2　书籍装帧设计——散文诗集 311
12.3　纸盒包装设计——多功能组合炉 318
12.4　塑料包装设计——舒维湿巾 322
12.5　纸盒包装设计——玉林泉酒 325

第1章

报纸广告设计

报纸在四大媒体中，因市场覆盖范围广、发行频率高、发行量大、信息传递快、便于携带、阅读方便、成本低以及可信度高等优势，成为普及性最广和影响力最大的媒体。在对报纸广告进行设计时，应尽量添加一些文字，对主体进行介绍，从而使大众易于理解。

1.1　数码产品广告——液晶显示器

本实例制作的是液晶显示器的促销广告，结合促销季节，以“春光四色”为主题，将显示器图像融入蜂飞蝶舞的画面中，既营造了早春三月的意境，又突出了显示器的清晰画质。制作完成的显示器广告效果如图1-1所示。

图1-1　液晶显示器

（1）启用Photoshop后，执行“文件”|“新建”命令，或按Ctrl+N快捷键，弹出“新建”对话框，设置“宽度”为10厘米、“高度”为13.5厘米，如图1-2所示，单击“确定”按钮，新建一个文件。

（2）执行“文件”|“打开”命令，打开一张云彩素材图像，如图1-3所示。

按Ctrl+O快捷键，或者在Photoshop灰色的程序窗口中双击鼠标，都可以弹出“打开”对话框。

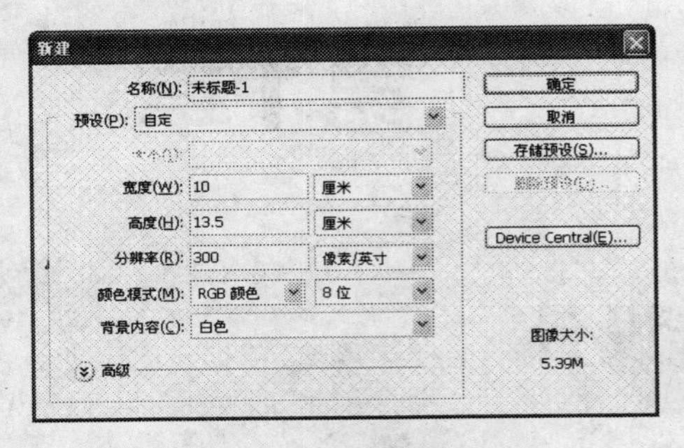

图1-2 “新建”对话框

图1-3 云彩素材

（3）运用移动工具将素材添加至文件中，调整好大小和位置，单击“图层”面板上的“添加图层蒙版”按钮，为云彩图层添加图层蒙版。编辑图层蒙版，设置前景色为黑色，选择画笔工具，按“[”或“]”键调整合适的画笔大小，在图像边缘处涂抹，使过渡更加柔和，如图1-4所示。

（4）按住Alt键单击图层蒙版缩览图，图像窗口会显示出蒙版图像，如图1-5所示，如果要恢复图像显示状态，再次按住Alt键单击蒙版缩览图即可。

图1-4 添加图层蒙版

图1-5 编辑图层蒙版

（5）单击“调整”面板中的“曲线”按钮，添加“曲线”调整图层，调整曲线如图1-6所示。通过调整，图像成为紫色调，此时效果如图1-7所示。

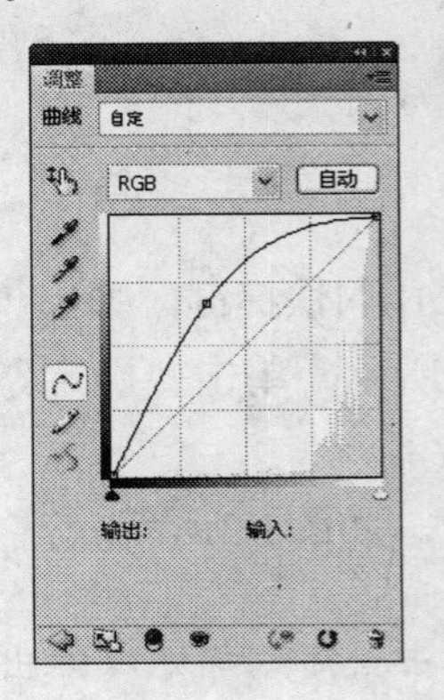

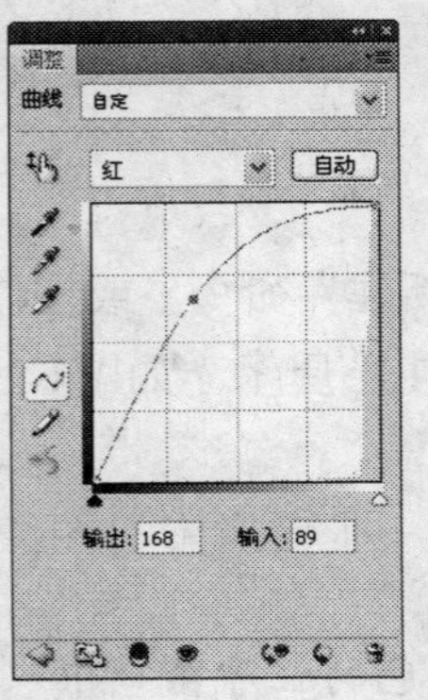

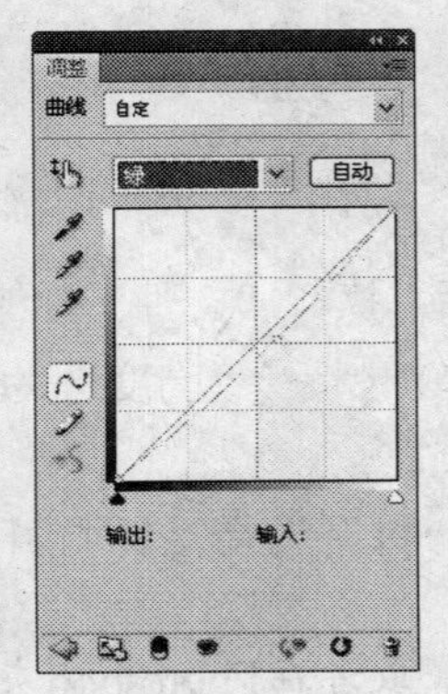

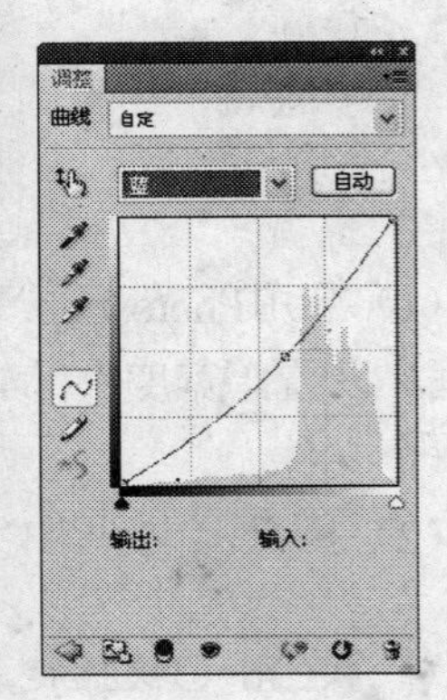

图1-6 调整曲线

（6）执行“文件”|“打开”命令，打开一张飘带素材图像，运用移动工具将素材添加至文件中，调整至合适的大小和位置，如图1-8所示。

（7）单击“调整”面板中的“亮度/对比度”按钮，系统自动添加一个“亮度/对比度”调整图层，设置参数如图1-9所示。此时图像效果如图1-10所示。

图1-7　调整结果

图1-8　添加飘带素材

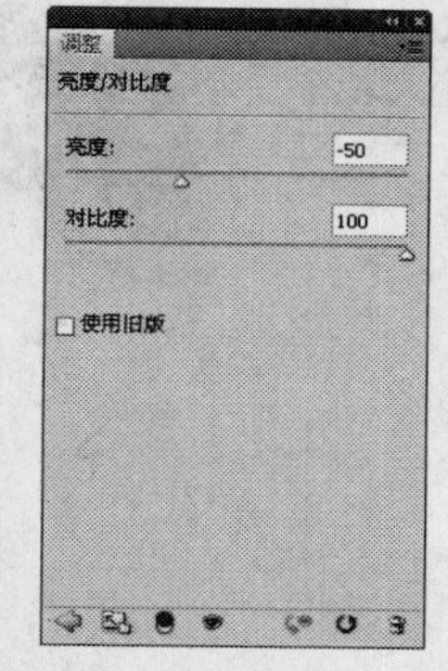

图1-9　“亮度/对比度”调整参数

“亮度/对比度”命令用来调整图像的亮度和对比度，它只适用于粗略地调整图像。

（8）执行“文件”|“打开”命令，打开一张显示器素材图像，运用移动工具将素材添加至文件中，调整好大小和位置，如图1-11所示。

图1-10　调整结果

图1-11　添加显示器素材

（9）制作显示器的阴影。按住Ctrl键的同时，单击显示器素材图层，载入选区，执行“选择”|“修改”|“羽化”命令，在弹出的“羽化选区”对话框中设置“羽化半径”为“10像

素”，单击“确定”按钮，新建一个图层，填充颜色为黑色，如图1-12所示。

（10）设置阴影图层的“不透明度”为20%，将图层顺序向下移一层，执行“编辑”|“变换”|“斜切”命令，调整阴影为倾斜状态，按Enter键确定，如图1-13所示。

图1-12　填充黑色

图1-13　斜切效果

（11）单击“图层”面板上的“添加图层蒙版”按钮，为阴影图层添加图层蒙版。编辑图层蒙版，设置前景色为黑色，选择画笔工具，按“[”或“]”键调整合适的画笔大小，在图像边缘处涂抹，使过渡更加柔和，如图1-14所示。

（12）执行“文件”|“打开”命令，打开另一张显示器素材文件，运用移动工具将素材添加至文件中，调整好大小和位置，并运用同样的操作方法添加阴影效果，如图1-15所示。

图1-14　添加图层蒙版

图1-15　添加显示器素材

（13）选择钢笔工具，在工具选项栏中按下“形状图层”按钮，绘制显示器屏幕，如图1-16所示。

（14）继续运用同样的操作方法，打开蝴蝶风光素材，如图1-17所示。

图1-16　绘制路径

图1-17　蝴蝶风光素材

（15）运用移动工具将素材添加至文件中，按住Alt键的同时，移动光标至分隔两个图层的实线上，当光标显示为形状时，单击鼠标左键，创建剪贴蒙版，按Ctrl+T快捷键，设置图形的角度，并移动至合适位置，此时图像效果如图1-18所示。

（16）运用同样的操作方法，添加其他的蝴蝶素材，如图1-19所示。

图1-18　添加蝴蝶风光素材

图1-19　添加蝴蝶素材

（17）将蝴蝶图层复制一层，按住Ctrl键的同时，单击图层载入选区，执行“选择”|“修改”|“羽化”命令，在弹出的“羽化选区”对话框中设置“羽化半径”为“5像素”，填充颜色为黑色，并将图层顺序向下移一层，得到如图1-20所示的阴影效果。

（18）单击“图层”面板上的“添加图层蒙版”按钮，为阴影图层添加图层蒙版。编辑图层蒙版，选择渐变工具，填充黑白线性渐变，效果如图1-21所示。

（19）将蝴蝶图层复制一层，设置图层的“混合模式”为“滤色”，效果如图1-22所示。

（20）参照上述同样的操作方法，制作另一显示器的屏幕效果，如图1-23所示。

图1-20 制作阴影

图1-21 添加蒙版

图1-22 “滤色”效果

图1-23 另一显示器的屏幕效果

图1-24 输入文字

（21）选择横排文字工具T，设置“字体”为“方正中倩简体”、“字体大小”为23点，分别输入四个文字，如图1-24所示。

（22）调整四个文字的大小和位置，得到如图1-25所示的效果。

（23）执行“编辑”|“变换”|“斜切”命令，调整阴影为倾斜状态，按Enter键确定，如图1-26所示。

（24）单击“图层”|“文字”|“转换为形状”命令，转换文字为形状，选取路径选择工具，调整节点，使效果更加完美，如图1-27所示。

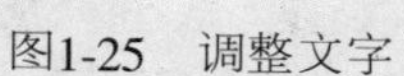
图1-25　调整文字

图1-26　倾斜效果

（25）双击文字图层，在弹出的“图层样式”对话框中选择“渐变叠加”选项，设置参数如图1-28所示。

（26）单击“确定”按钮，退出“图层样式”对话框，效果如图1-29所示。

图1-27　转换为形状

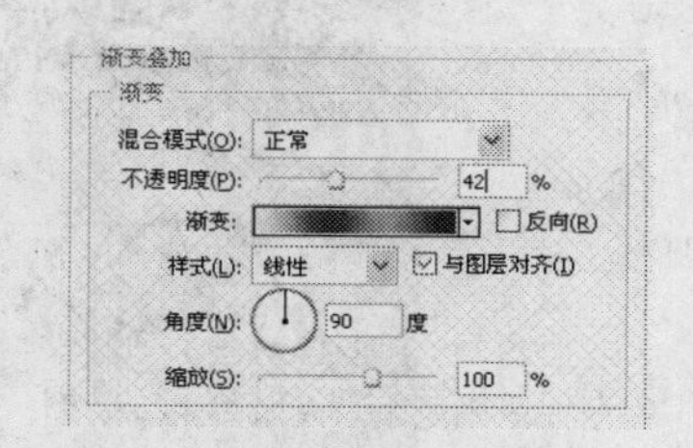

图1-28　“渐变叠加”参数

（27）参照前面同样的操作方法，添加其他的素材和文字效果，完成实例的制作，最终效果如图1-30所示。

执行“文件”|“存储”命令，或按Ctrl+S快捷键，可保存文件。

图1-29　“渐变叠加”效果

图1-30　最终效果

1.2　茶叶广告——茗品清香

本实例制作的是一款茶叶广告，以鲜嫩的茶叶为主题，结合中国茗品文化，以水墨形式表现，将文化的源远流长和茶叶的清香幽长融合为一体。制作完成的茶叶广告效果如图1-31所示。

图1-31　茶叶广告

（1）启用Photoshop后，执行“文件”|“新建”命令，或按Ctrl+N快捷键，弹出“新建”对话框，设置参数如图1-32所示，单击“确定”按钮，新建一个文件。

（2）按Ctrl+O快捷键，弹出“打开”对话框，选择背景素材，运用移动工具，将素材添加至文件中，放置在合适的位置，如图1-33所示。

（3）运用同样的操作方法打开花纹素材，如图1-34所示。

（4）执行“选择”|“色彩范围”命令，在弹出的“色彩范围”对话框中设置参数，如

图1-35所示。单击“确定”按钮，得到花纹的选区。

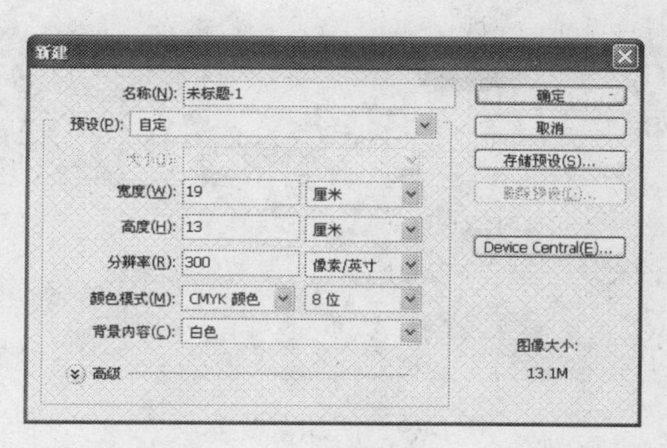

图1-32 “新建”对话框

图1-33 添加背景素材

图1-34 花纹素材

图1-35 “色彩范围”对话框

（5）运用移动工具，将花纹素材添加至背景文件中，调整好大小和位置，如图1-36所示。

（6）设置花纹图层的混合模式为“柔光”，将花纹素材复制一份，放置在右下角位置，如图1-37所示。

图1-36 添加花纹素材

图1-37 “柔光”效果

（7）新建一个图层，设置前景色为黑色，选择直线工具，在工具选项栏中设置“粗细”为6px，按下“填充像素”按钮，绘制一条直线，如图1-38所示。

（8）执行“文件”|“打开”命令，打开一张茶叶素材图像，参照选取花纹素材的方法，得到茶叶素材的选区，运用移动工具，添加茶叶素材至文件中，如图1-39所示。

图1-38 绘制直线

图1-39 添加茶叶素材

直线工具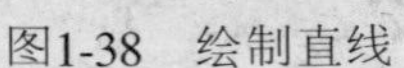可绘制直线形状或路径。

（9）设置茶叶素材图层的“混合模式”为“正片叠底”，如图1-40所示。

（10）按住Ctrl键的同时，单击茶叶素材图层，载入选区，新建一个图层，填充白色，设置图层的“不透明度”为30%，将图层顺序向下移一层，得到如图1-41所示的效果。

图1-40 “正片叠底”效果

图1-41 “不透明度”为30%

（11）执行“文件”|“打开”命令，打开一张墨迹素材图像，如图1-42所示。

（12）参照选取花纹素材的方法，得到墨迹素材的选区，运用移动工具，添加墨迹素材至文件中，如图1-43所示。

图1-42 墨迹素材

图1-43 添加墨迹素材

（13）运用移动工具，再次添加茶叶素材至文件中，执行“编辑”|“变换”|“水平翻转”命令，然后调整大小，得到如图1-44所示的效果。

（14）选择移动工具，按住Alt键的同时，移动光标至分隔两个图层的实线上，当光标显示为形状时，单击鼠标左键，创建剪贴蒙版，按Ctrl+T快捷键，设置图形的角度，并移动至合适位置，此时图像效果如图1-45所示。

图1-44　添加茶叶素材

图1-45　创建剪贴蒙版

（15）设置墨迹素材图层的“混合模式”为“正片叠底”，如图1-46所示。

（16）参照前面同样的操作方法，添加其他的素材和文字效果，完成实例的制作，最终效果如图1-47所示。

图1-46　“正片叠底”效果

图1-47　最终效果

按住Shift键的同时，按“+”或“-”键可快速切换当前图层的混合模式。

1.3　家纺广告——上海凯盛家纺

本实例制作的是上海凯盛家纺开张盛典的活动宣传广告，以红色为主色调，让人感到温暖倾心，将各种床上用品图片展示于设计中，使人一目了然，更加贴近消费者。制作完成的宣传广告效果如图1-48所示。

（1）启用Photoshop后，执行“文件”|“新建”命令，或按Ctrl+N快捷键，弹出“新建”对话框，设置参数如图1-49所示，单击“确定”按钮，新建一个文件。

图1-48　上海凯盛家纺

（2）设置前景色为红色（CMYK参考值分别为C0、M100、Y100、K0），按Alt+Delete快捷键填充颜色。选择画笔工具，在工具选项栏中设置“硬度”为0%，降低“不透明度”和“流量”，设置前景色为黄色（CMYK参考值分别为C0、M100、Y100、K0），在背景上涂抹，效果如图1-50所示。

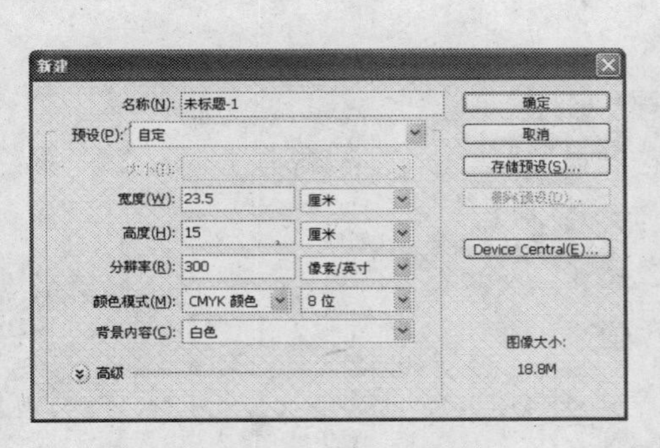

图1-49　“新建”对话框

图1-50　涂抹效果

（3）运用多边形套索工具，绘制选区，填充颜色为黄色（CMYK参考值分别为C0、M100、Y100、K0），如图1-51所示。

（4）按下Ctrl+Alt+T键，进入自由变换状态，如图1-52所示。

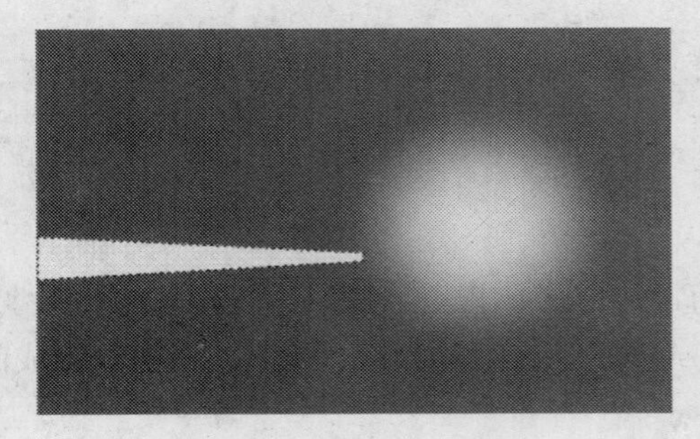

图1-51　绘制图形

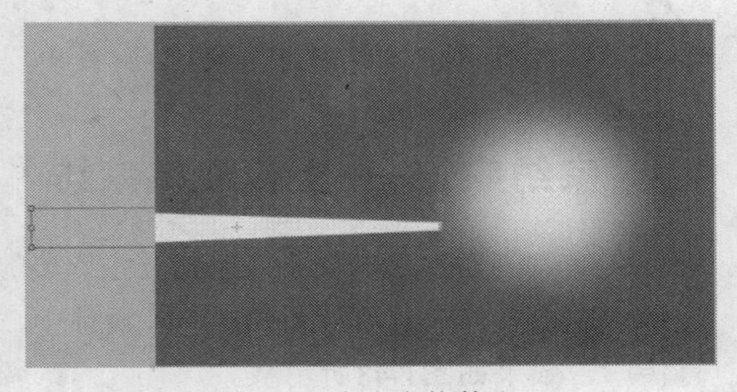

图1-52　自由变换状态

（5）按住Alt键的同时，拖动中心控制点至右侧边缘位置，调整变换中心并旋转15°，如图1-53所示。

（6）按Ctrl+Alt+Shift+T快捷键多次，可在进行再次变换的同时复制变换对象，效果如图1-54所示。

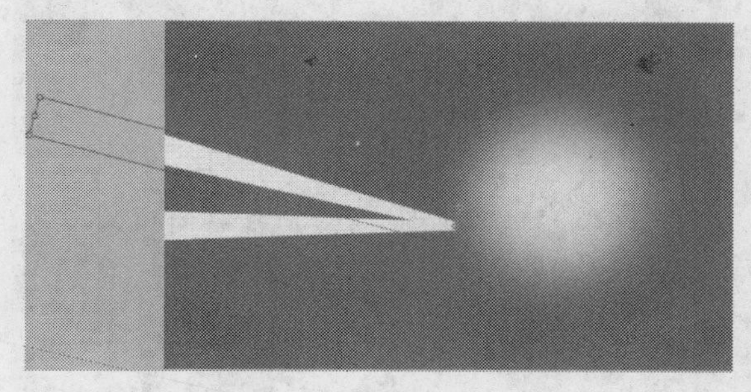

图1-53　调整变换中心并旋转15°

图1-54　重复变换

（7）合并变换图形的图层，设置图层的“不透明度”为20%，效果如图1-55所示。

（8）新建一个图层，选择矩形选框工具，绘制一个矩形选区，填充颜色为红色（CMYK参考值分别为C0、M100、Y100、K0），如图1-56所示。

图1-55　“不透明度”为20%

图1-56　绘制选区

（9）按Ctrl+D快捷键，取消选择，然后打开一张人物素材图像，放置在文件中，调整好大小、位置和图层顺序，如图1-57所示。

（10）执行“文件”|“打开”命令，打开如图1-58所示的家纺素材。

图1-57　添加人物素材

图1-58　家纺素材

（11）运用移动工具，将家纺素材添加至文件中，调整至合适的大小和位置，然后添加图层蒙版，隐藏多余的部分，如图1-59所示。

（12）参照上述同样的操作方法，添加其他的家纺素材，如图1-60所示。

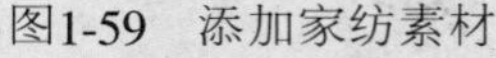

图1-59　添加家纺素材

图1-60　添加其他的家纺素材

（13）选择钢笔工具，在工具选项栏中按下“形状图层”按钮，绘制图形，填充颜色为红色（CMYK参考值分别为C0、M100、Y99、K30），如图1-61所示。

（14）将图形复制一份，选择工具箱中的渐变工具，在工具选项栏中单击渐变条，打开“渐变编辑器”对话框，设置参数如图1-62所示。其中，橙色的CMYK参考值分别为C0、M70、Y92、K0，黄色的CMYK参考值分别为C9、M18、Y79、K0，淡黄色的CMYK参考值分别为C2、M2、Y22、K0。

图1-61　绘制图形

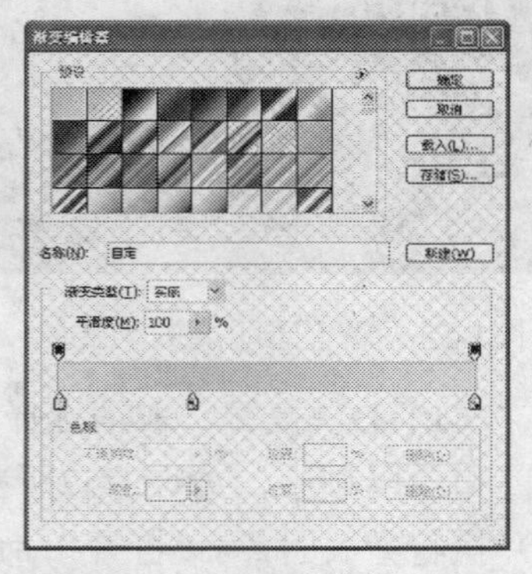

图1-62　“渐变编辑器”对话框

钢笔工具是最常用的路径工具，使用它可以创建光滑而复杂的路径。

（15）在图像中按下并由上至下拖动鼠标，填充渐变效果如图1-63所示。

（16）选择横排文字工具，设置“字体”为“方正综艺简体”、“字体大小”为30点，输入文字“四重惊喜大派送”，调整“惊喜”文字的大小为40点，如图1-64所示。

渐变工具能够填充两种以上颜色的混合，所得到的效果过渡细腻、色彩丰富。

（17）在“图层”面板中单击“添加图层样式”按钮，在弹出的快捷菜单中选择“描边”选项，弹出“图层样式”对话框，设置参数后单击“确定”按钮，添加“描边”效果，如图1-65所示。

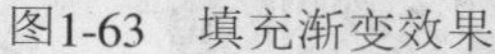

图1-63 填充渐变效果

图1-64 输入文字

（18）参照前面同样的操作方法，添加其他的素材和文字效果，完成实例的制作，最终效果如图1-66所示。

图1-65 “描边”效果

图1-66 最终效果

图层样式是由投影、内阴影、外发光、内发光、斜面和浮雕、光泽、颜色叠加、图案叠加、渐变叠加、描边等图层效果组成的集合，它能够在顷刻间将平面图形转化为具有材质和光影效果的立体物体。

1.4 地产广告——天路国际会馆

本实例制作的是天路国际会馆的宣传广告，以蓝色为主色调，营造出大气庄严的视觉感受。通过运用图像的合成，在画面中形成夸张的对比效果，从而使整个画面更加醒目、主题更加突出。制作完成的宣传广告效果如图1-67所示。

（1）启用Photoshop后，执行“文件”|“新建”命令，或按Ctrl+N快捷键，弹出“新建”对话框，设置参数如图1-68所示，单击“确定”按钮，新建一个文件。

（2）在工具箱中选择渐变工具，单击工具选项栏中的渐变条，弹出“渐变编辑器”对话框，设置参数如图1-69所示。其中，黑色的RGB参考值分别为R5、G42、B48，深蓝色的RGB参考值分别为R57、G94、B109，蓝色的RGB参考值分别为R100、G173、B188。

图1-67 天路国际会馆

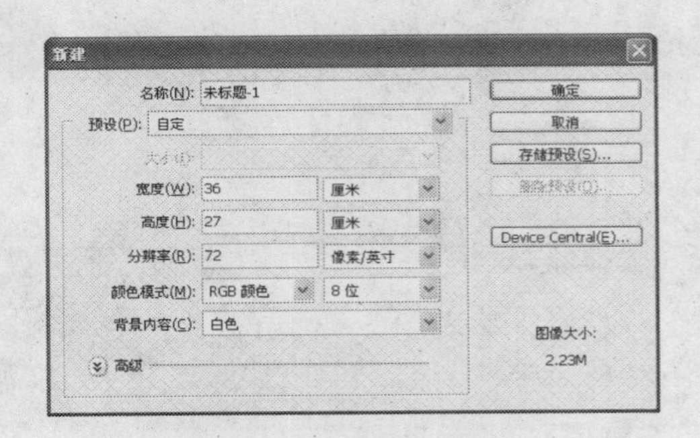

图1-68 “新建”对话框

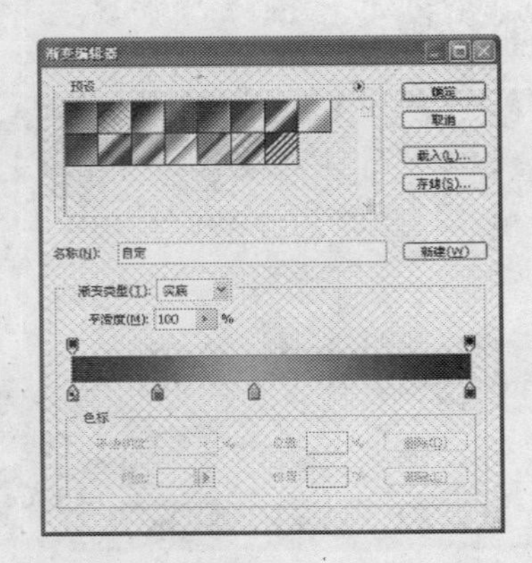

图1-69 “渐变编辑器”对话框

（3）按下“线性渐变”按钮，在图像窗口中从下至上拖动鼠标填充渐变，效果如图1-70所示。

（4）执行“文件”|“打开”命令，打开一张云彩素材图像，如图1-71所示。

图1-70 填充渐变

图1-71 云彩素材

（5）运用移动工具，添加云彩素材至文件中，调整好大小和位置，设置图层的混合模式为“正片叠底”、“不透明度”为30%，如图1-72所示。

（6）执行“文件”|“打开”命令，打开一张风景素材图像，如图1-73所示。

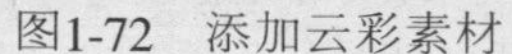

图1-72 添加云彩素材

图1-73 风景素材

（7）运用移动工具将素材添加至文件中，调整好大小和位置，单击“图层”面板上的“添加图层蒙版”按钮，为图层添加图层蒙版。编辑图层蒙版，设置前景色为黑色，选择画笔工具，按“[”或“]”键调整合适的画笔大小，在图像中涂抹，效果如图1-74所示。

（8）按住Alt键单击图层蒙版缩览图，图像窗口会显示出蒙版图像，如图1-75所示，如果要恢复图像显示状态，再次按住Alt键单击蒙版缩览图即可。

图1-74 添加风景素材

图1-75 图层蒙版

图层蒙版可轻松控制图层区域的显示或隐藏，是进行图像合成最常用的手段。使用图层蒙版混合图像的好处在于，可以在不破坏图像的情况下反复试验、修改混合方案，直至得到所需的效果。

（9）单击“调整”面板中的“通道混合器”按钮，添加“通道混合器”调整图层，选择“红”通道选项，调整参数如图1-76所示。

（10）选择“绿”通道选项，调整参数如图1-77所示。

（11）选择“蓝”通道选项，调整参数如图1-78所示。通过调整，图像成为蓝色调。

（12）单击按钮，创建剪贴蒙版，使此调整只作用于风景素材图像，效果如图1-79所示。

（13）新建一个图层，设置前景色为黑色，选择画笔工具，按“[”或“]”键调整合适的画笔大小，在图像中涂抹，效果如图1-80所示。

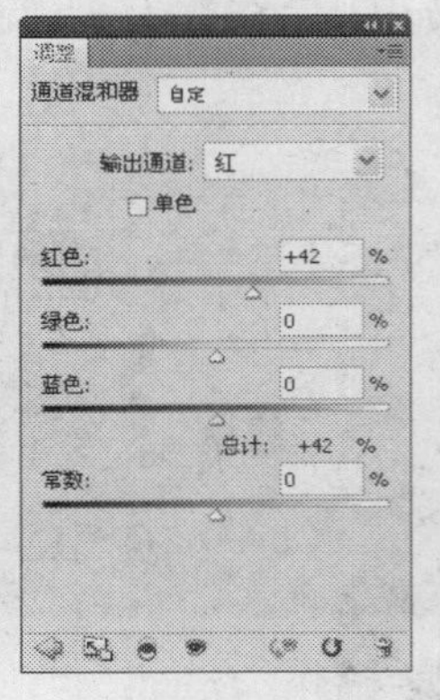

图1-76 调整“红”通道参数

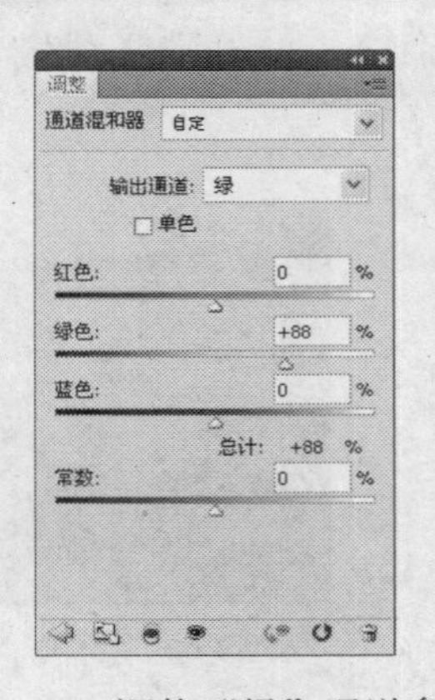

图1-77 调整“绿”通道参数

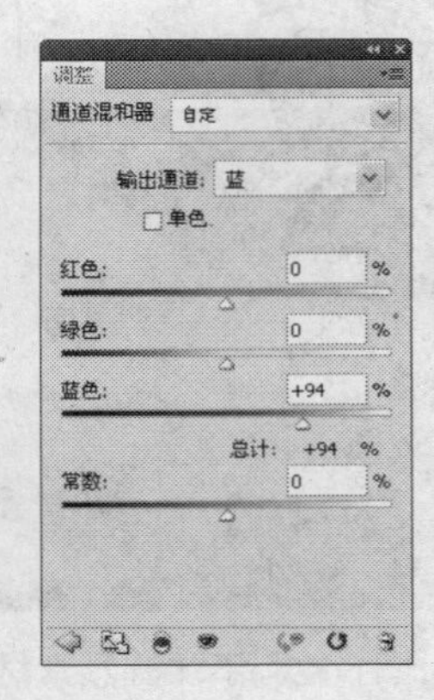

图1-78 调整“蓝”通道参数

图1-79 “通道混合器”调整效果

图1-80 绘制黑色图形

（14）执行“文件”|“打开”命令，打开一张城市素材图像，如图1-81所示。

（15）运用移动工具将素材添加至文件中，调整好大小和位置，单击“图层”面板上的“添加图层蒙版”按钮，为图层添加图层蒙版。编辑图层蒙版，设置前景色为黑色，选择画笔工具，按“[”或“]”键调整合适的画笔大小，在图像边缘处涂抹，隐藏多余的部分，如图1-82所示。

图1-81 城市素材

图1-82 添加城市素材

（16）单击“色相/饱和度”按钮，创建“色相/饱和度”调整图层，调整参数设置如图1-83所示，调整效果如图1-84所示。

（17）单击“调整”面板左下角的“返回到调整列表”按钮，返回到“调整”面板后单击“通道混合器”按钮，添加调整图层，选择“红”通道选项，调整参数如图1-85所示。

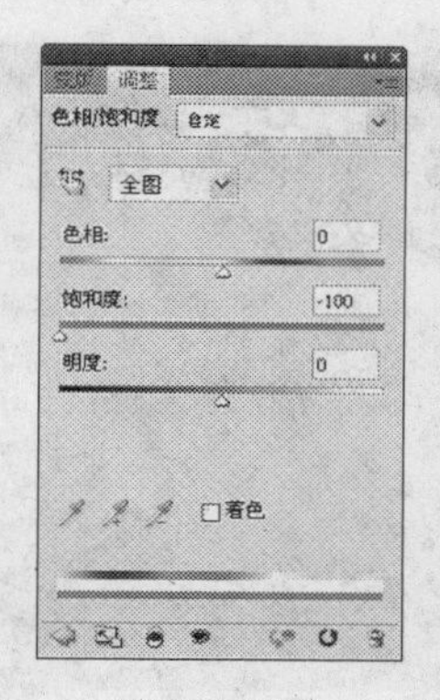

图1-83　“色相/饱和度”参数

图1-84　调整“色相/饱和度”效果

调整图层作用于下方的所有图层，对其上方的图层没有任何影响，因而可通过改变调整图层的叠放次序来控制调整图层的作用范围。如果不希望调整图层对其下方的所有图层都起作用，可在调整图层与图像图层之间创建剪贴蒙版。

（18）选择“绿”通道选项，调整参数如图1-86所示。

（19）选择“蓝”通道选项，调整参数如图1-87所示。

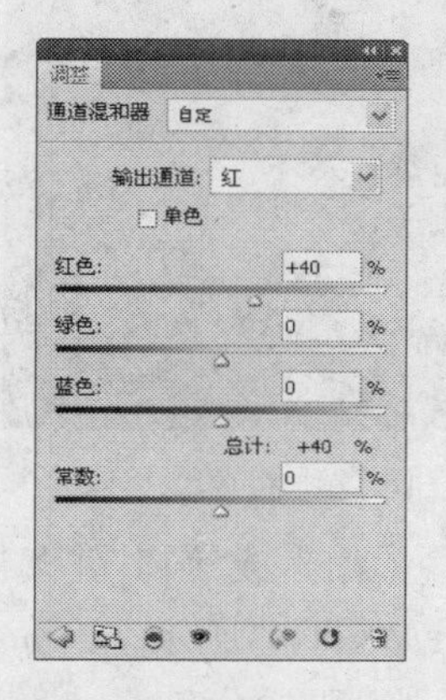

图1-85　调整“红”通道参数

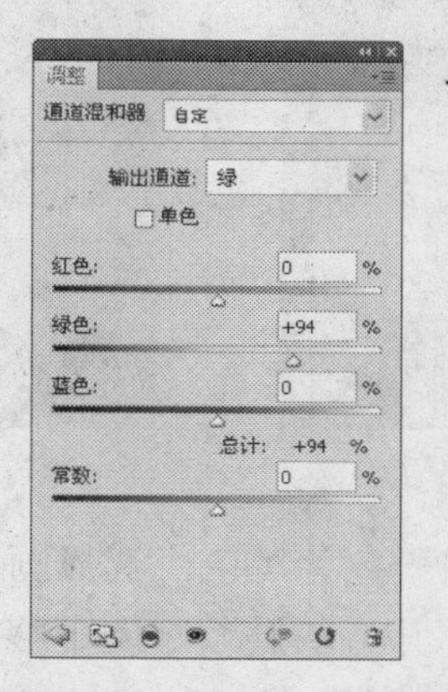

图1-86　调整“绿”通道参数

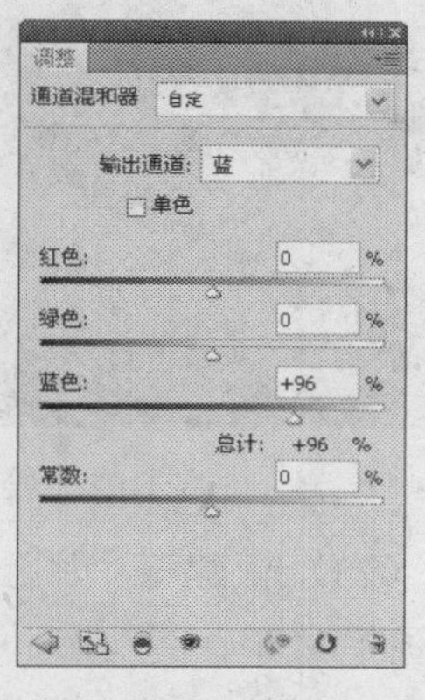

图1-87　调整“蓝”通道参数

（20）通过调整，图像成为蓝色调，此时效果如图1-88所示。

（21）设置前景色为黑色，选择画笔工具，按“[”或“]”键调整合适的画笔大小，在图像边缘处涂抹，效果如图1-89所示。

（22）执行“文件”|“打开”命令，打开一张杯子素材图像，运用移动工具将素材添加至文件中，调整好大小和位置，如图1-90所示。

图1-88　“通道混合器”调整效果

（23）新建一个图层，设置前景色为黑色，选择画笔工具，按“[”或“]”键调整合适的画笔大小，绘制杯子的阴影，并将图层顺序向下移一层，效果如图1-91所示。

图1-89　涂抹效果

图1-90　添加杯子素材

（24）单击“调整”面板中的“通道混合器”按钮，添加调整图层，选择“红”通道选项，调整红色为26%；选择“绿”通道选项，调整绿色为54%；选择“蓝”通道选项，调整蓝色为58%。通过调整，图像成为蓝色调，此时效果如图1-92所示。

图1-91　绘制阴影

图1-92　调整颜色

（25）新建一个图层，设置前景色为黑色，选择画笔工具，按“[”或“]”键调整合适的画笔大小，绘制杯子的阴影，并将图层顺序向下移一层，效果如图1-93所示。

（26）执行“文件”|“打开”命令，打开一张海浪素材图像，如图1-94所示。

图1-93　绘制阴影

图1-94　海浪素材

（27）运用移动工具将素材添加至文件中，调整好大小和位置，单击“图层”面板上的“添加图层蒙版”按钮，为图层添加图层蒙版。编辑图层蒙版，设置前景色为黑色，选择画笔工具，按“[”或“]”键调整合适的画笔大小，在图像边缘处涂抹，隐藏多余的部分，如图1-95所示。

（28）单击“调整”面板中的“亮度/对比度”按钮，系统自动添加一个“亮度/对比度”调整图层，设置“对比度”为16。

（29）单击“调整”面板中的“通道混合器”按钮，添加调整图层，选择“红”通道选项，调整红色为54%；选择“绿”通道选项，调整红色为6%、绿色为84%；选择“蓝”通道选项，调整绿色为-6%、蓝色为106%。通过调整，图像成为蓝色调，此时效果如图1-96所示。

图1-95　添加图层蒙版

图1-96　调整颜色

（30）新建一个图层，设置前景色为黑色，选择画笔工具，按“[”或“]”键调整合适的画笔大小，绘制波浪的阴影，并将图层顺序向下移一层，效果如图1-97所示。

（31）运用移动工具再次将海浪素材添加至文件中，调整好大小、位置和角度，如图1-98所示。

图1-97　绘制阴影

图1-98　再次添加海浪素材

（32）单击“图层”面板上的“添加图层蒙版”按钮，为海浪素材图层添加图层蒙版。编辑图层蒙版，设置前景色为黑色，选择画笔工具，按“[”或“]”键调整合适的画笔大小，在图像边缘处涂抹，隐藏多余的部分，如图1-99所示。

（33）运用同样的操作方法，调整颜色，得到如图1-100所示的效果。

（34）单击“调整”面板中的“通道混合器”按钮，添加调整图层，选择“红”通道选项，调整红色为54%；选择“绿”通道选项，调整红色为6%、绿色为84%；选择“蓝”通道选项，调整绿色为-6%、蓝色为106%。通过调整，图像成为蓝色调，此时效果如图1-101所示。

图1-99　添加图层蒙版

图1-100　调整颜色

（35）选择横排文字工具T，设置“字体”为“汉仪中黑繁”、“字体大小”为30点，分别输入文字，如图1-102所示。

图1-101　调整颜色

图1-102　输入文字

（36）新建一个图层，设置前景色为白色，选择直线工具，在工具选项栏中设置“粗细”为1px，按下“填充像素”按钮，绘制一条直线，如图1-103所示。

（37）参照前面同样的操作方法，添加其他的素材和文字效果，完成实例的制作，最终效果如图1-104所示。

图1-103　绘制直线

图1-104　最终效果

1.5 感恩节广告——兴隆百货

本实例制作的是兴隆百货感恩促销广告招贴，用温暖的玫红色表现“全球感恩”的主题，错落有致的文字使内容更加丰富，并配以详细说明介绍活动的各项内容，心形、星光、地球等元素的添加，使整个构图更加饱满。制作完成的广告招贴效果如图1-105所示。

图1-105 兴隆百货感恩

（1）启用Photoshop后，执行“文件”|“新建”命令，或按Ctrl+N快捷键，弹出“新建”对话框，设置参数如图1-106所示，单击“确定”按钮，新建一个文件。

（2）选择画笔工具，在工具选项栏中设置“硬度”为0%、“不透明度”和“流量”均为80%，在图像窗口中单击鼠标，绘制如图1-107所示的背景。

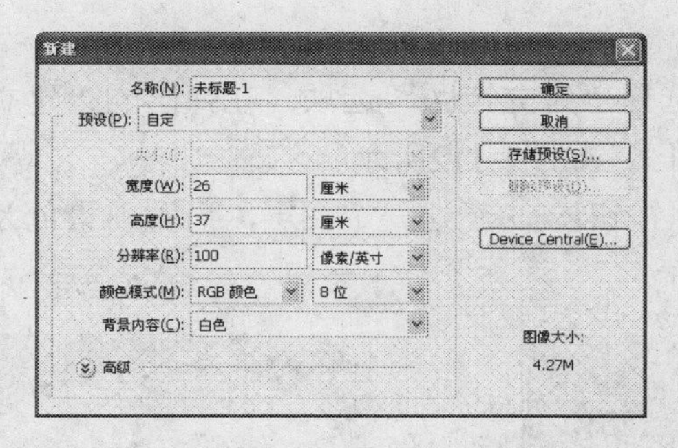

图1-106 “新建”对话框

图1-107 绘制背景

（3）执行“文件”|“打开”命令，打开一张地球素材图像，运用移动工具将素材添加至文件中，调整好大小和位置，如图1-108所示。

（4）单击“图层”面板上的“添加图层蒙版”按钮，为图层添加图层蒙版。编辑图层蒙版，设置前景色为黑色，选择画笔工具，按“[”或“]”键调整合适的画笔大小，在图像下侧边缘处涂抹，隐藏部分图形，如图1-109所示。

图1-108 添加地球素材

（5）执行“文件”|“新建”命令，或按Ctrl+N快捷键，弹出“新建”对话框，设置参数如图1-110所示。单击“确定”按钮，新建一个空白文件。

图1-109　添加图层蒙版

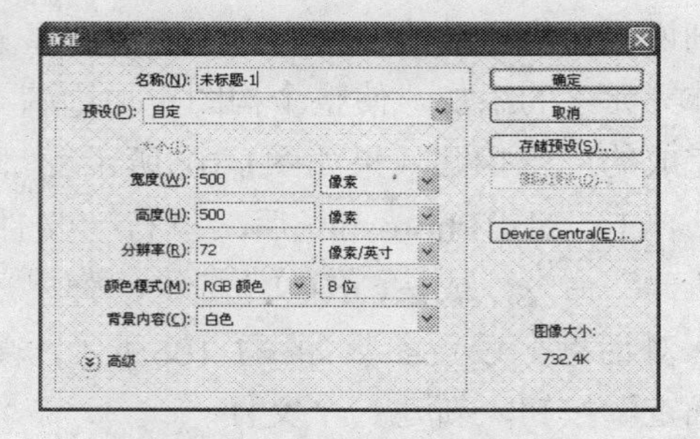

图1-110　“新建”对话框

（6）设置前景色为粉红色（RGB参考值分别为R244、G136、B200），按Alt+Delete快捷键填充颜色。

（7）运用钢笔工具，绘制如图1-111所示的路径。

在使用钢笔工具时，按住Ctrl键可切换至直接选择工具，按住Alt键可切换至转换点工具。

（8）单击鼠标右键，在弹出的快捷菜单中选择“建立选区”选项，在弹出的“建立选区”对话框中单击“确定”按钮，转换路径为选区，如图1-112所示。

（9）单击“图层”面板中的“创建新图层”按钮，新建一个图层，设置前景色为白色，按Alt+Delete快捷键填充颜色，如图1-113所示。

图1-111　绘制心形路径

图1-112　建立选区

图1-113　填充颜色

（10）将填充白色的心形图层隐藏，新建一个图层，前景颜色设置为白色，选择画笔工具，画笔“不透明度”设为10%，然后沿着选区边缘涂抹上色，涂抹的时候用力要均匀，先涂上淡色然后再加重，如图1-114所示。

（11）新建一个图层，运用钢笔工具，绘制如图1-115所示的路径，然后建立选区、填充白色，按Ctrl+D快捷键取消选区，如图1-116所示。

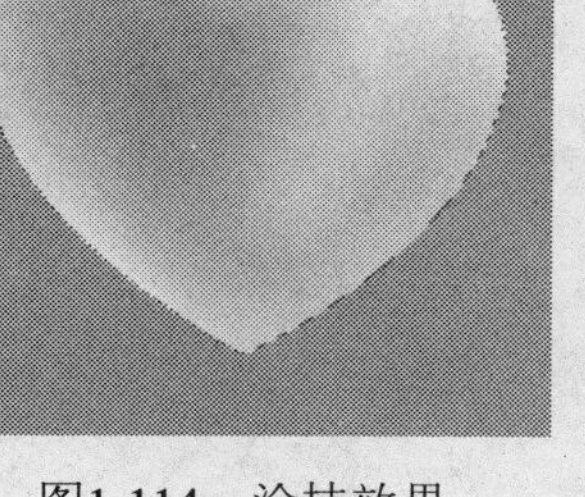

图1-114　涂抹效果

图1-115　绘制路径

图1-116　填充颜色

（12）添加图层蒙版，用黑色画笔在图形两端涂出过渡效果，如图1-117所示。

（13）参照前面同样的操作方法，继续制作其他的高光部分，完成透明心的绘制，如图1-118所示。

（14）隐藏背景图层，然后按Ctrl+Shift+Alt+E快捷键盖印所有可见图层，运用移动工具将盖印的图层添加至广告文件中，并复制一份，调整好大小、位置和角度，效果如图1-119所示。

图1-117　添加蒙版

图1-118　制作高光

图1-119　复制透明心

（15）选择椭圆工具，按下工具选项栏上的“路径”按钮，按住Shift键的同时拖动鼠标，绘制一个圆，如图1-120所示。

（16）选择画笔工具，新建一个图层，设置前景色为白色，在工具选项栏中设置“硬度”为0%、画笔“大小”为“100像素”、“不透明度”为80%。选择钢笔工具，在绘制的路径上单击鼠标右键，在弹出的快捷菜单中选择“描边路径”选项，在弹出的对话框中选择“画笔”选项，描边路径，按Ctrl+H快捷键隐藏路径，得到如图1-121所示的效果。

（17）运用同样的操作方法，制作其他的圆点效果，如图1-122所示。

椭圆工具可建立圆形或椭圆的形状或路径，选择该工具后，在画面中单击鼠标并拖动，可创建椭圆形，按住Shift键拖动鼠标则可以创建圆形。椭圆工具选项栏与矩形工具选项栏基本相同，可以选择创建不受约束的椭圆形和圆形，也选择创建固定大小和比例的图像。

图1-120 绘制圆

图1-121 描边路径

图1-122 制作圆点效果

（18）执行“文件”|“打开”命令，打开一张心形素材图像，运用移动工具将素材添加至文件中，复制3份，并调整好大小和位置，如图1-123所示。

（19）选择横排文字工具，设置“字体”为Impact、“字体大小”为279点，输入文字“1”，如图1-124所示。

图1-123 添加心形素材

图1-124 输入文字

（20）双击文字图层，弹出“图层样式”对话框，设置参数如图1-125所示。

（21）单击“确定”按钮，添加图层样式的效果如图1-126所示。

（22）继续运用横排文字工具，输入文字“0”。复制图层样式，在文字“1”图层上单击右键，在弹出的快捷菜单中选择“拷贝图层样式”命令，然后在文字“0”图层上单击右键，在弹出的快捷菜单中选择“粘贴图层样式”命令，效果如图1-127所示。

（23）继续运用横排文字工具，输入文字，并将文字图层栅格化，然后参照前面同样的操作方法为文字填充渐变效果，如图1-128所示。

（24）在文字图层上单击右键，在弹出的快捷菜单中选择“粘贴图层样式”命令，效果如图1-129所示。

（25）运用同样的操作方法，输入其他的文字，最终效果如图1-130所示。

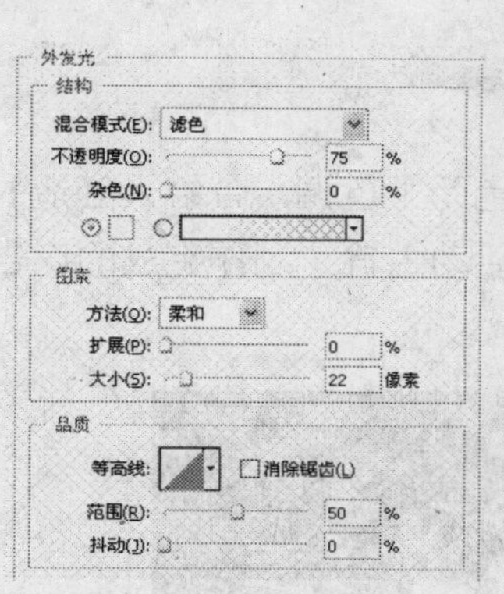

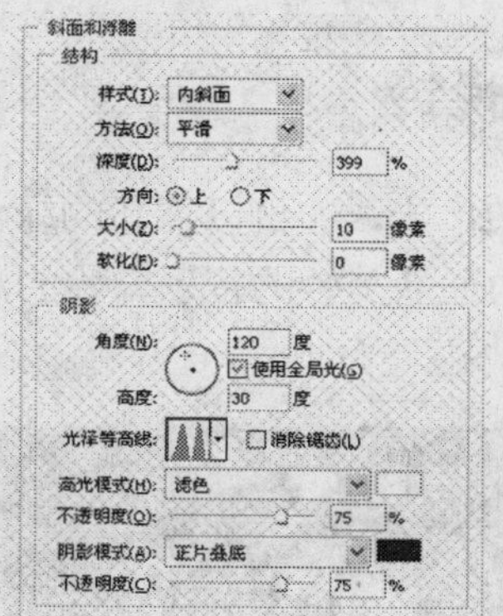

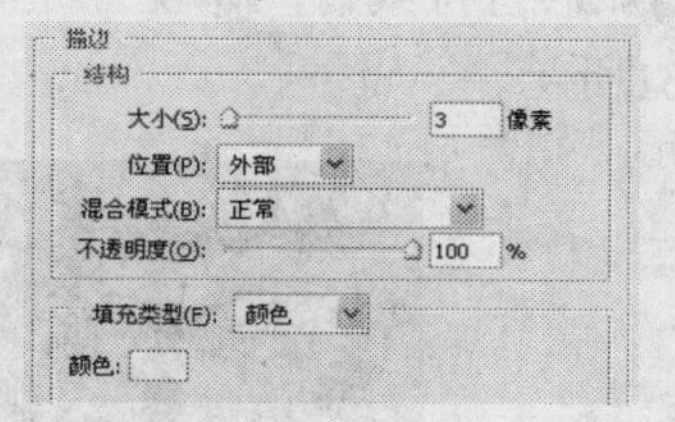

图1-125　“图层样式”参数

图1-126　图层样式效果

图1-127　输入文字

图1-128　填充渐变效果

图1-129　其他文字效果

图1-130　继续输入文字

1.6　彩铃广告——固话也悦铃

本实例制作的是固话彩铃宣传广告，实例以清新的绿色为主色调，带给人舒适的视觉享受，添加的音符素材，体现了让沟通从美妙的音乐开始的活动主旨。制作完成的广告效果如图1-131所示。

图1-131　彩铃广告

（1）启用Photoshop后，执行“文件”|“新建”命令，弹出“新建”对话框，设置参数如图1-132所示，单击“确定”按钮，新建一个空白文件。

（2）选择工具箱中的渐变工具，在工具选项栏中单击渐变条，在弹出的“渐变编辑器”对话框中设置颜色如图1-133所示。其中，绿色的CMYK参考值分别为C78、M14、Y100、K0，绿色的CMYK参考值分别为C12、M0、Y83、K0。

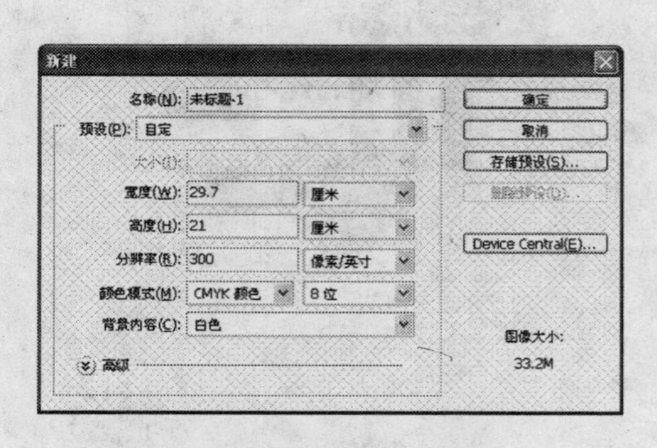

图1-132　“新建”对话框

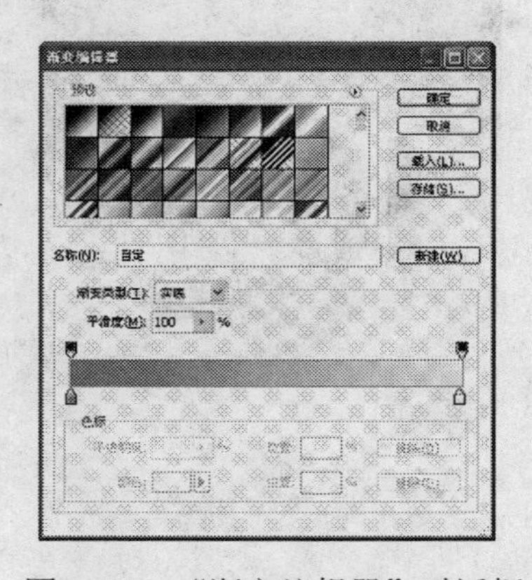

图1-133　“渐变编辑器”对话框

（3）单击“确定”按钮，填充渐变的效果，如图1-134所示。

（4）按Ctrl+O快捷键，弹出“打开”对话框，选择电话素材，单击“打开”按钮，运用移动工具，将素材添加至文件中，放置在合适的位置，如图1-135所示。

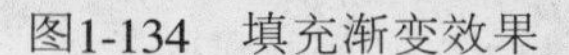

图1-134 填充渐变效果

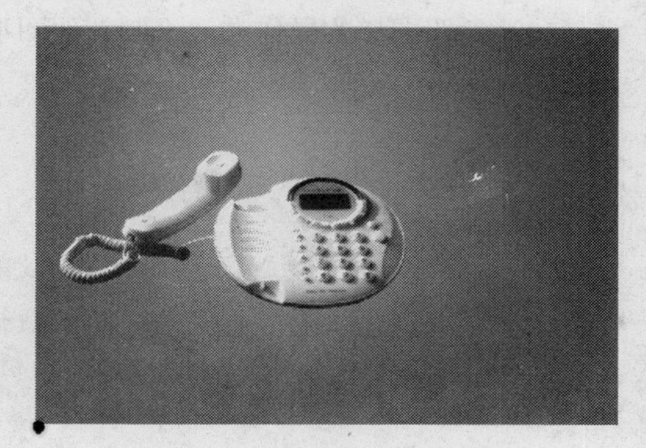

图1-135 添加电话素材

（5）双击电话图层，弹出“图层样式”对话框，选择“投影”选项，设置参数如图1-136所示。

（6）单击“确定”按钮，退出“图层样式”对话框，添加“投影”效果，如图1-137所示。

图1-136 “投影”参数

图1-137 “投影”效果

（7）执行“图像”|“调整”|“色彩平衡”命令，弹出“色彩平衡”对话框，调整参数如图1-138所示。

（8）单击“确定”按钮，然后单击按钮，创建剪贴蒙版，使此调整只作用于电话素材图像，调整效果如图1-139所示。

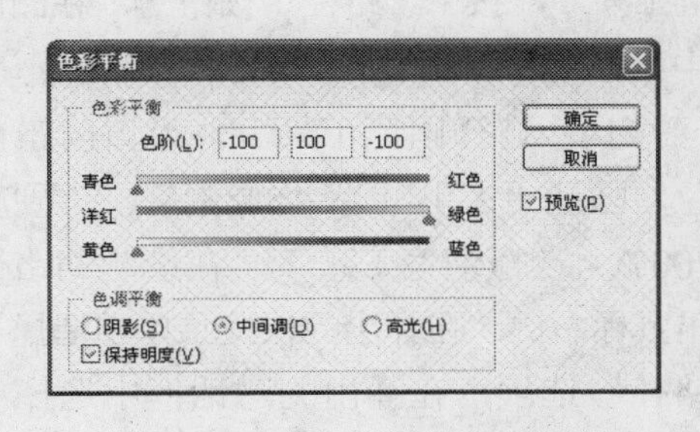

图1-138 “色彩平衡”对话框

图1-139 “色彩平衡”效果

（9）设置前景色为黄色（CMYK参考值分别为C4、M0、Y93、K0），在工具箱中选择矩形工具，按下“填充像素”按钮，在图像窗口中绘制矩形，并调整至如图1-140所示。

（10）参照同样的操作方法绘制其他图形，如图1-141所示。

图1-140　绘制图形

图1-141　绘制其他图形

矩形工具可绘制出矩形、正方形的形状、路径或填充区域，使用方法也比较简单：选择工具箱中的矩形工具，在工具选项栏中适当地调整各参数，在图像窗口中拖动鼠标，即可得到所需的矩形路径或形状。

（11）设置前景色为黄色（CMYK参考值分别为C11、M0、Y83、K0），在工具箱中选择椭圆工具，按下“填充像素”按钮，在图像窗口中绘制正圆，如图1-142所示。

（12）运用同样的操作方法再次绘制正圆，如图1-143所示。

图1-142　绘制正圆

图1-143　绘制正圆

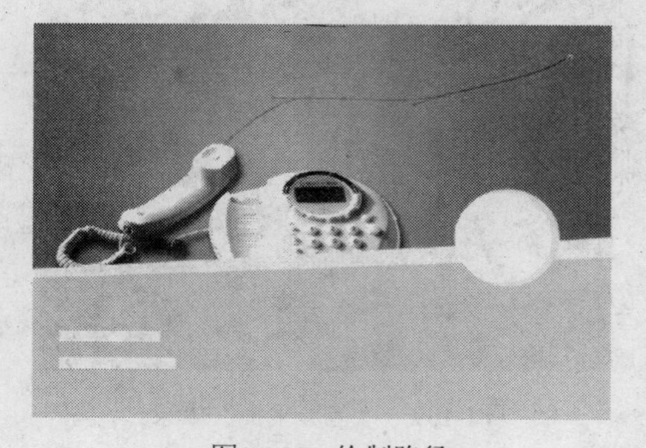

图1-144　绘制路径

（13）新建一个图层，在工具箱中选择钢笔工具，按下“路径”按钮，在图像窗口中绘制如图1-144所示路径。

（14）选择画笔工具，设置前景色为白色，画笔“大小”为“5像素”、“硬度”为100%。选择钢笔工具，在绘制的路径上单击鼠标右键，在弹出的快捷菜单中选择“描边路径”选项，在弹出的对话框中选择“画笔”选项，描边路径，然后按Ctrl+H快捷键隐藏路径，得到如图1-145所示的效果。

（15）按Ctrl+J快捷键，复制生成多条路径，并调整至合适的位置和角度，如图1-146所示。

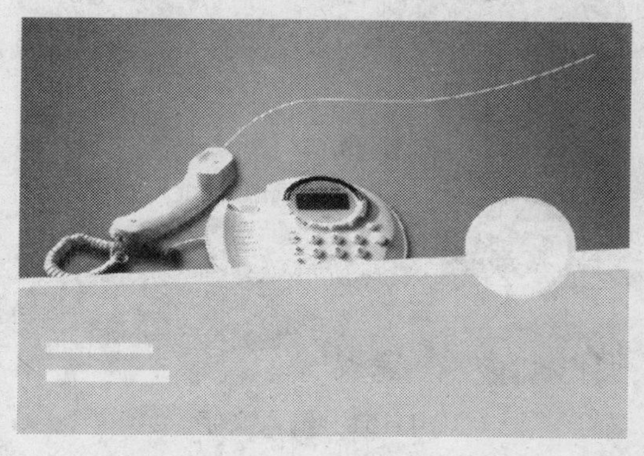

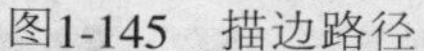

图1-145　描边路径

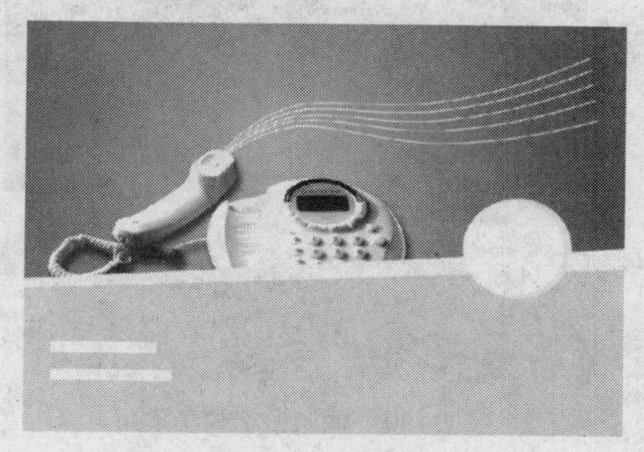

图1-146　复制曲线

（16）新建一个图层，在工具箱中选择自定形状工具，然后单击工具选项栏中的“形状”下拉列表按钮，从形状列表中选择“十六分音符”形状，如图1-147所示。

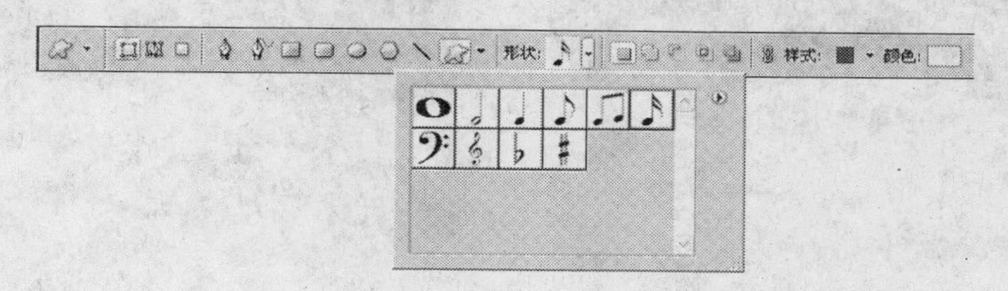

图1-147　选择“十六分音符”形状

（17）按下“填充像素”按钮，在图像窗口的右上角位置，拖动鼠标绘制一个“十六分音符”形状，如图1-148所示。

（18）运用同样的操作方法输入其他音符，并调整到合适的位置和角度，如图1-149所示。

图1-148　输入音符

图1-149　输入其他音符

（19）按Ctrl+O快捷键，弹出“打开”对话框，选择标志和鸟素材，单击“打开”按钮，运用移动工具，将素材添加至广告文件中，放置在合适的位置，如图1-150所示。

（20）在工具箱中选择横排文字工具，设置“字体”为“方正粗活意简体”、“字体大小”为48点，分别输入文字，如图1-151所示。

（21）按Ctrl+T快捷键，进入自由变换状态，调整至合适的位置和角度，如图1-152所示。

（22）参照上面同样的操作方法添加“渐变叠加”效果，如图1-153所示。

图1-150 添加标志和鸟素材

图1-151 输入文字

图1-152 调整文字

图1-153 “渐变叠加”效果

（23）执行“选择”|“修改”|“扩展”命令，弹出“扩展选区”对话框，设置“扩展量”为35像素，单击“确定”按钮，退出“扩展选区”对话框。新建一个图层，设置前景色为白色，填充颜色，将图层下移一层，如图1-154所示。

（24）运用同样的操作方法，输入其他文字，如图1-155所示。

报纸广告所占篇幅较小，需要注意文字的精炼及表述的侧重点，使产品宣传主题能够一目了然。

图1-154 扩展选区

图1-155 最终效果

第2章

杂志广告设计

杂志是一种印刷平面广告的媒体，由于拥有特定的阅读群体，适应面广、广告有效周期长、印刷精美、图文并茂、商业性强等特点，因此出刊周期短的杂志种类比较多，杂志已成为现代广告四大媒体之一，同时也被更多的商家所重视。由于印刷技术的发展和人类思想意识的进步，新的设计形式不断涌现，这都将使杂志广告拥有更广阔的发展前景。

2.1　促销活动广告——二月蜜语恋爱狂享

本实例制作的是中国移动动感地带促销广告，结合促销季节，以“二月蜜语恋爱狂享”为主题，将一对情侣融入色彩斑斓的画面中，既营造了甜蜜二月的意境，又突出了促销活动的主题。制作完成的促销广告效果如图2-1所示。

图2-1　动感地带促销广告

（1）启用Photoshop后，执行“文件”|“新建”命令，或按Ctrl+N快捷键，弹出“新建”对话框，设置参数如图2-2所示，单击“确定”按钮，新建一个文件。

（2）设置前景色为黄色（RGB参考值分别为R250、G230、B0），选择钢笔工具，在工具选项栏中按下“形状图层”按钮，绘制路径，如图2-3所示。

（3）执行“文件”|“打开”命令，打开一张人物素材图像，运用移动工具将素材添加至文件中，调整好大小、位置和图层顺序，如图2-4所示。

（4）设置前景色为白色，继续运用钢笔工具绘制路径，如图2-5所示。

（5）单击“调整”面板中的“曲线”按钮，添加一个曲线调整图层，调整曲线如图2-6所示。

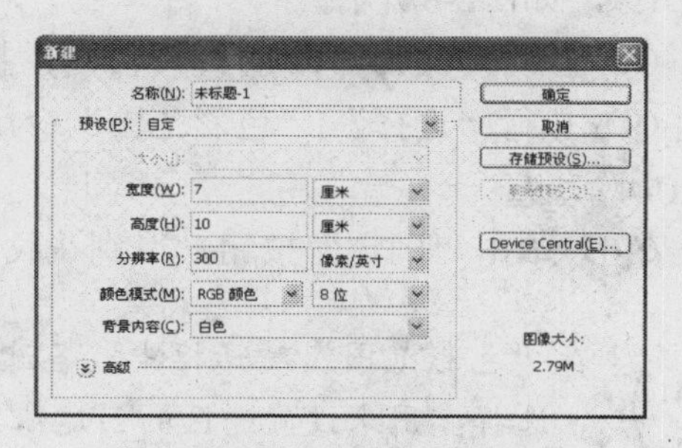

图2-2　“新建”对话框

图2-3　绘制路径　　图2-4　人物素材　　图2-5　绘制路径

（6）单击按钮，创建剪贴蒙版，使此调整只作用于人物素材图像，效果如图2-7所示。

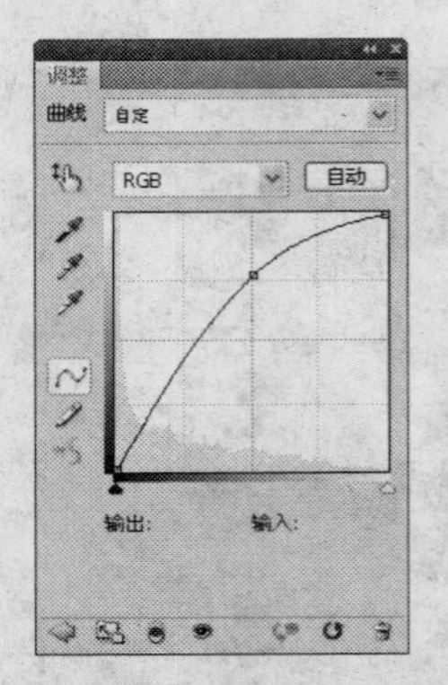

图2-6　调整曲线

图2-7　“曲线”调整效果

创建剪贴蒙版的方法有两种：

• 按住Alt键的同时，移动光标至分隔两个图层的实线上，当光标显示为形状时，单击鼠标左键，创建剪贴蒙版。

• 按Ctrl+Alt+G快捷键，创建剪贴蒙版。

（7）选择画笔工具，在“曲线”调整图层的蒙版中涂抹，使调整效果只作用于边缘部分图像，如图2-8所示。

（8）执行“文件”|“打开”命令，打开一张花纹素材图像，如图2-9所示。

（9）执行“选择”|“色彩范围”命令，在弹出的“色彩范围”对话框中设置参数，如图2-10所示。

（10）单击“确定”按钮，得到花纹的选区，如图2-11所示。

在“色彩范围”对话框中，各选项含义如下：

• 选择：用来设置选区的创建依据。选择“取样颜色”时，以对话框中的吸管工具拾取的颜色为依据创建选区。选择“红色”、“黄色”或者其他颜色时，可以选择图像中特定的颜色。

• 颜色容差：用来控制颜色的范围，该值越高，包含的颜色范围越广。

• 选择范围：如果选中“选择范围”单选按钮，在预览区的图像中，白色代表被选择的部分，黑色代表未被选择的区域，灰色则代表被部分选择的区域（带有羽化效果）。

图2-8　涂抹效果

图2-9　花纹素材

图2-10　“色彩范围”对话框

图2-11　得到选区

（11）运用移动工具，将花纹素材添加至文件中，调整好大小和位置，如图2-12所示。

（12）双击花纹图层，弹出“图层样式”对话框，选择“斜面和浮雕”选项，设置参数如图2-13所示。

“斜面和浮雕”是一个非常实用的图层效果，可用于制作各种凹陷或凸出的浮雕图像或文字。以前需要复杂的通道运算才能得到的结果，现在一个步骤即可完成。

（13）单击“确定”按钮退出对话框，并设置图层的“不透明度”为35%，如图2-14所示。

（14）将花纹素材复制两份，调整好大小、位置和角度，如图2-15所示。

图2-12　添加花纹素材

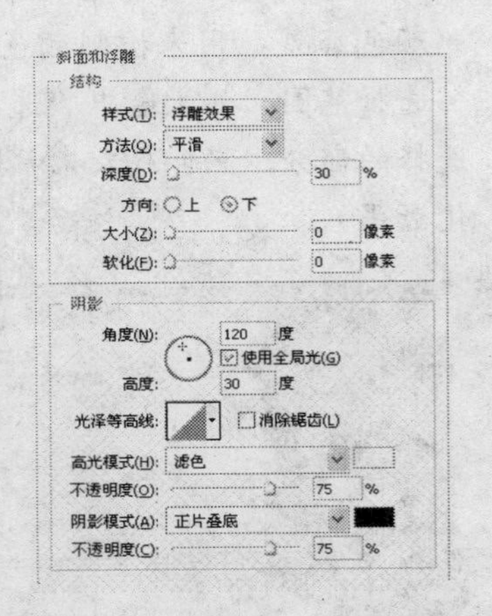

图2-13　“斜面和浮雕”参数

图2-14　“斜面和浮雕”效果

图2-15　复制花纹素材

（15）隐藏其他的图层，只显示人物素材图层，选择钢笔工具，在工具选项栏中按下“路径”按钮，绘制路径，如图2-16所示。

（16）单击鼠标右键，在弹出的快捷菜单中选择“建立选区”选项，建立路径的选区。设置前景色为红色（RGB参考值分别为R226、G90、B61），背景色为桃红色（RGB参考值分别为R225、G64、B108）。在工具箱中选择渐变工具，按下“线性渐变”按钮，单击工具选项栏渐变列表下拉按钮，从弹出的渐变列表中选择“前景到背景”渐变。新建一个图层，在图像窗口中拖动鼠标，填充渐变，得到如图2-17所示的效果。

（17）运用同样的操作方法，绘制另一个图形并填充渐变，其中蓝色的RGB参考值分别为R13、G150、B167，绿色的RGB参考值分别为51、193、137，如图2-18所示。

（18）继续运用同样的操作方法，绘制另一个图形并填充渐变，其中红色的RGB参考值分别为R178、G31、B101，桃红色的RGB参考值分别为R214、G27、B83，如图2-19所示。

（19）运用同样的操作方法，制作其他的图形，如图2-20所示。

（20）选择自定形状工具，单击工具选项栏“形状”下拉列表按钮，从形状列表中选择“皇冠3”形状，如图2-21所示。

图2-16　绘制路径

图2-17　填充渐变

图2-18　填充渐变

图2-19　填充渐变

使用自定形状工具可以绘制Photoshop预设的各种形状，以及自定义形状。

图2-20　制作其他图形

图2-21　选择“皇冠3”形状

（21）按下“填充像素”按钮，在图像窗口的右上角位置，拖动鼠标绘制一个“皇冠”形状，如图2-22所示。

（22）按下Ctrl+T快捷键，移动鼠标至定界框外，当光标显示为形状时拖动鼠标，对皇冠进行旋转操作，按Enter键确定，效果如图2-23所示。

图2-22 绘制“皇冠”形状

图2-23 旋转图像

图2-24 绘制图形

（23）运用同样的操作方法，制作另一个“皇冠”图形，如图2-24所示。

（24）选择椭圆工具，按下工具选项栏中的“形状图层”按钮，按住Shift键的同时，拖动鼠标绘制一个正圆，如图2-25所示。

（25）按Ctrl+Alt+T快捷键，进入自由变换状态，按住Shift+Alt键的同时，向内拖动控制柄，如图2-26所示。

（26）按Enter键确认调整，按下工具选项栏中的“从路径区域减去”按钮，删除部分图形，如图2-27所示。

图2-25 绘制正圆

图2-26 变换选区

图2-27 删除选区

（27）继续按Ctrl+Alt+T快捷键，按住Shift+Alt键的同时，向内拖动控制柄，按Enter键确认调整，按下工具选项栏中的“添加到路径区域”按钮，如图2-28所示。

（28）继续按Ctrl+Alt+T快捷键，按住Shift+Alt键的同时，向内拖动控制柄，按Enter键确认调整，按下工具选项栏中的“从路径区域减去”按钮，删除部分图形，如图2-29所示。

（29）继续按Ctrl+Alt+T快捷键，按住Shift+Alt键的同时，向内拖动控制柄，按Enter键确认调整，按下工具选项栏中的“添加到路径区域”按钮，如图2-30所示。

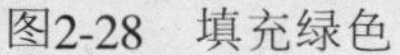

图2-28　填充绿色

图2-29　删除选区

图2-30　填充绿色

（30）执行“图层”|“图层样式”|“渐变叠加”命令，弹出“图层样式”对话框，单击渐变条，在弹出的“渐变编辑器”对话框中设置颜色如图2-31所示。其中，玫红色的RGB参考值分别为R175、G33、B103，红色的RGB参考值分别为R209、G35、B84。

（31）单击“确定”按钮，返回“图层样式”对话框，如图2-32所示。

（32）单击“确定”按钮，退出“图层样式”对话框，添加“渐变叠加”的效果如图2-33所示。

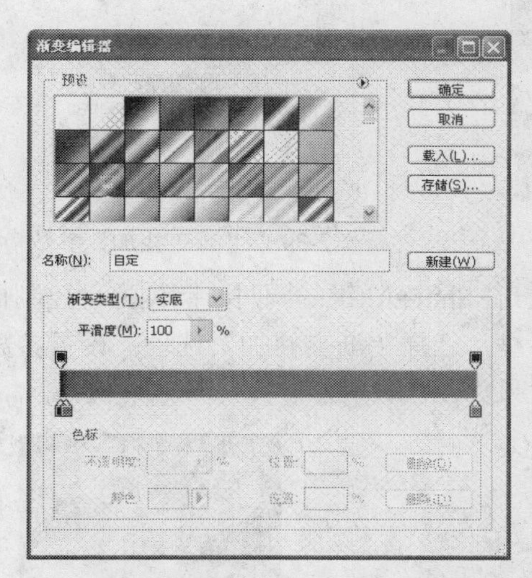

图2-31　“渐变编辑器”对话框

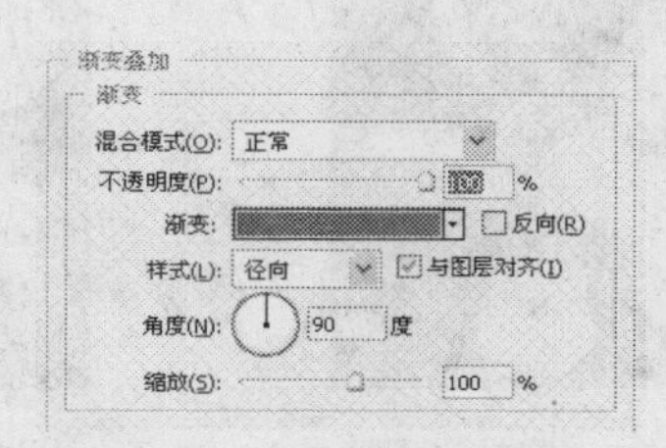

图2-32　“渐变叠加”参数

图2-33　“渐变叠加”效果

（33）运用同样的操作方法，制作其他的圆环图形，如图2-34所示。

（34）选择自定形状工具，单击工具选项栏“形状”下拉列表按钮，从形状列表中选择“模糊点2”形状，如图2-35所示。

（35）按下“形状图层”按钮，在图像窗口的右上角位置，拖动鼠标绘制一个图形，如图2-36所示。

图2-34　制作其他的圆环

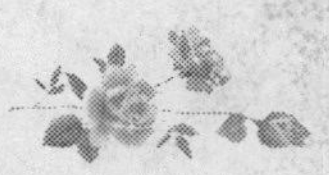

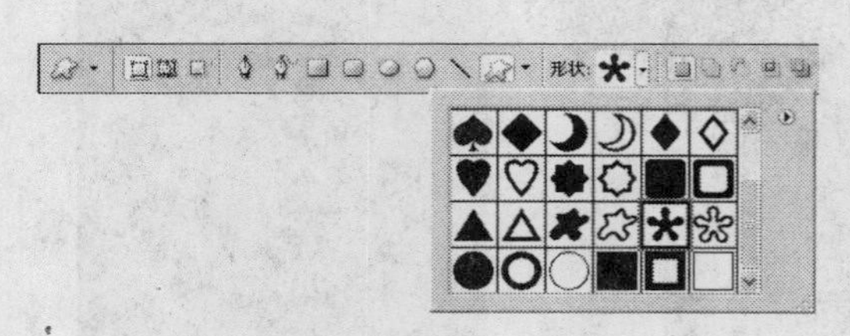

图2-35　选择形状

图2-36　绘制图形

（36）按下Ctrl+T快捷键，移动鼠标至定界框外，当光标显示为↰形状时拖动鼠标，对“模糊点”图形进行旋转操作，按Enter键确定，效果如图2-37所示。

（37）执行“选择”|“变换选区”命令，按住Shift+Alt键的同时，向内拖动控制柄，如图2-38所示。

（38）按Enter键确定，双击图层，弹出“图层样式”对话框，选择“渐变叠加”选项，设置参数如图2-39所示。单击“确定”按钮，退出对话框，效果如图2-40所示。

图2-37　旋转图形

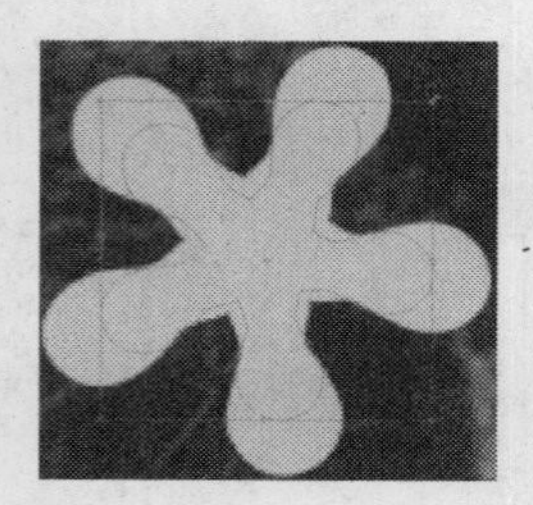

图2-38　缩小路径

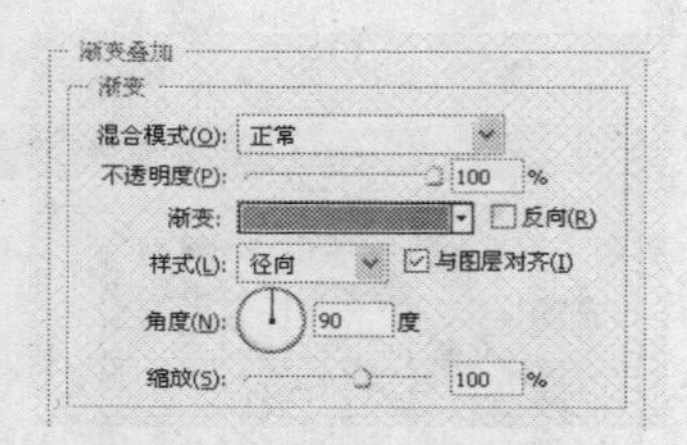

图2-39　“渐变叠加”参数

（39）继续执行“选择”|“变换选区”命令，按住Shift+Alt键的同时，向内拖动控制柄，按Enter键确定。双击图层，弹出“图层样式”对话框，选择“渐变叠加”选项，设置参数如图2-41所示。单击“确定”按钮，退出对话框，效果如图2-42所示。

图2-40　“渐变叠加”效果

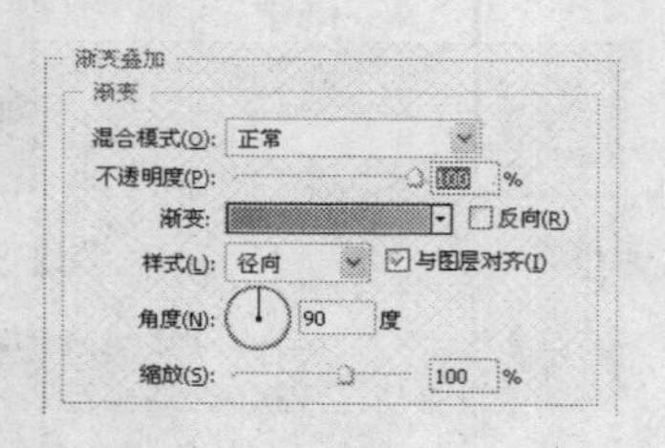

图2-41　“渐变叠加”参数

图2-42　“渐变叠加”效果

图2-43　复制花朵

（40）将花朵图形的3个图层合并，复制多份，调整好大小和位置，效果如图2-43所示。

（41）运用同样的操作方法，制作其他的图形，如图2-44所示。

（42）参照前面同样的操作方法，添加其他的素材和文字效果，完成实例的制作，最终效果如图2-45所示。

图2-44　绘制其他图形

图2-45　最终效果

杂志广告标题字号较大，颜色比较突出，而正文的字相对较少。如果杂志中出现过多过密的文字，则会失去杂志自身的特点，不能充分发挥杂志媒体的优越性。

2.2　杂志内页——美容美发广告

本实例制作一款美容美发沙龙的杂志宣传内页，画面以绚丽的色彩为基调，配以各种发型和妆容的图片，通过实尚的排版设计，抓住受众的心理，从而达到宣传的目的。制作完成的美容美发广告效果如图2-46所示。

（1）启用Photoshop后，执行“文件”|“新建”命令，或按Ctrl+N快捷键，弹出“新建”对话框，设置参数如图2-47所示，单击“确定”按钮，新建一个文件。

（2）设置前景色为红色（RGB参考值分别为R230、G0、B45），选择工具箱中的矩形工具▭，在工具选项栏中单击“形状图层”按钮▭，在图像中绘制如图2-48所示图形。

图2-46　美容美发沙龙杂志宣传内页

选择工具箱中的矩形工具▭，在工具选项栏中有3种绘制方式可供选择：

- 形状图层▭：按下此按钮，使用矩形工具将创建得到矩形形状图层，填充的颜色为前景色。

• 路径：按下此按钮，使用矩形工具将创建得到矩形路径。

• 填充像素：按下此按钮，使用矩形工具将在当前图层绘制一个填充前景色的矩形区域。

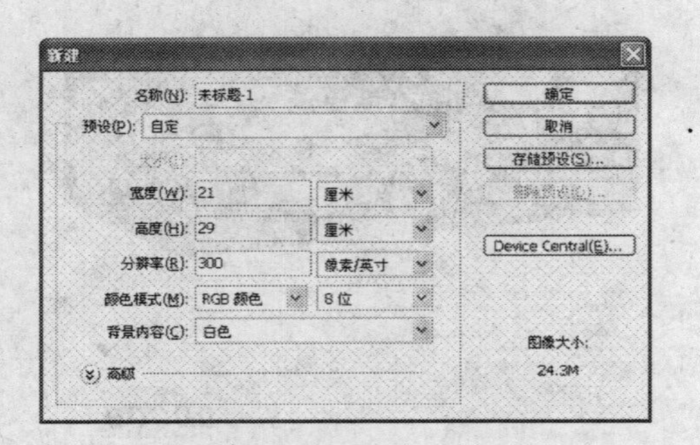

图2-47 “新建”对话框

图2-48 绘制矩形

（3）在工具选项栏中单击“从路径区域减去”按钮，在图中相应位置绘制如图2-49所示的图形。

（4）运用同样的操作方法，绘制其他图形，如图2-50所示。

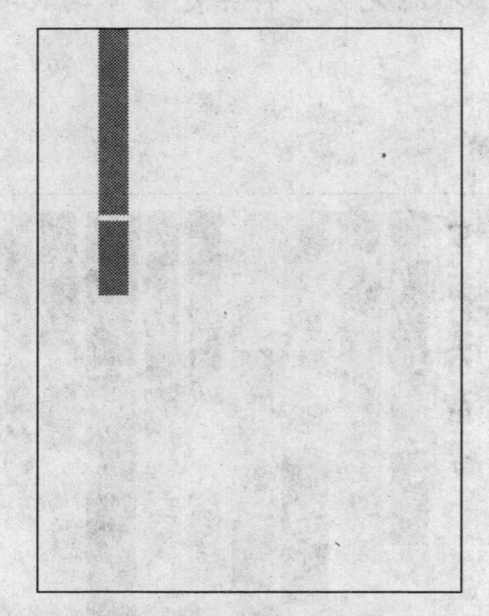

图2-49 从路径区域减去

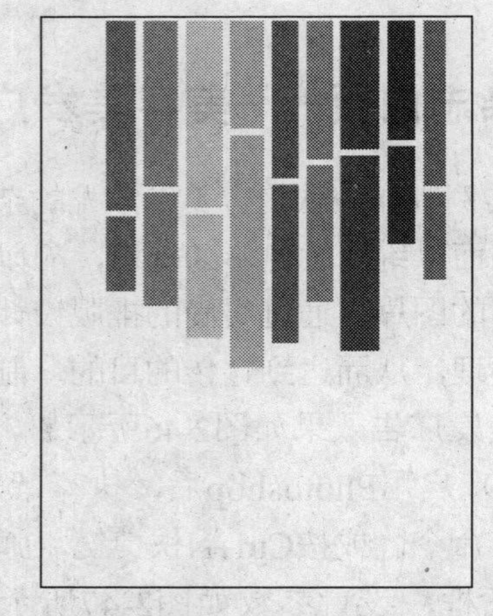

图2-50 绘制其他图形

图2-51 照片素材

（5）按Ctrl+O快捷键，弹出“打开”对话框，选择“照片1”素材，单击“打开”按钮，如图2-51所示。

（6）运用移动工具，将照片素材添加至文件中，调整好图层顺序。按Ctrl+Alt+G快捷键，创建剪贴蒙版，按Ctrl+T快捷键，进入自由变换状态，调整好大小和位置，效果如图2-52所示。

（7）运用同样的操作方法添加其他照片素材，并创建剪贴蒙版，如图2-53所示。

图2-52　创建剪贴蒙版

图2-53　添加其他照片素材

（8）按Ctrl+O快捷键，弹出“打开”对话框，选择标志素材，单击“打开”按钮，如图2-54所示。

（9）运用移动工具，将标志素材添加至文件中，调整好大小和位置，效果如图2-55所示。

（10）选择直排文字工具，设置“字体”为Arial Black、“字体大小”为36点，输入文字，如图2-56所示。

图2-54　标志素材

图2-55　添加标志素材

图2-56　输入文字

（11）运用同样的操作方法，输入其他文字，最终效果如图2-57所示。

提示　杂志常用的印刷纸张有铜版纸、胶版纸等。杂志尺寸也各有不同，常见的有221mm×281mm、260mm×375mm、210mm×285mm、203mm×305mm等。

图2-57　最终效果

2.3　文艺宣传广告——芭蕾舞团文艺演出

本实例制作的是马林斯基剧院基洛夫芭蕾舞团文艺演出宣传广告，以蓝色为主色调，以舞动着的芭蕾女孩为主体，将女孩融入皎洁的月亮和闪烁的星光之中，营造出灵动的意境。制作完成的宣传广告效果如图2-58所示。

图2-58　芭蕾舞团文艺演出

（1）启用Photoshop后，执行“文件”|“新建”命令，或按Ctrl+N快捷键，弹出“新建”对话框，设置参数如图2-59所示，单击“确定”按钮，新建一个文件。

（2）将背景图层复制一层，选择工具箱中的渐变工具，在工具选项栏中单击渐变条，在弹出的“渐变编辑器”对话框中设置颜色，如图2-60所示。其中，深蓝色的RGB参考值分别为R3、G2、B14，浅蓝色的RGB参考值分别为R4、G53、B192。

单击工具箱中前景色和背景之间的按钮，或按X快捷键，可切换当前前景色和背景色。

（3）单击“确定”按钮，然后在图像窗口中从上至下拖动鼠标填充渐变，效果如图2-61所示。

（4）按Ctrl+O快捷键，弹出“打开”对话框，选择波纹素材，单击“打开”按钮，如图2-62所示。

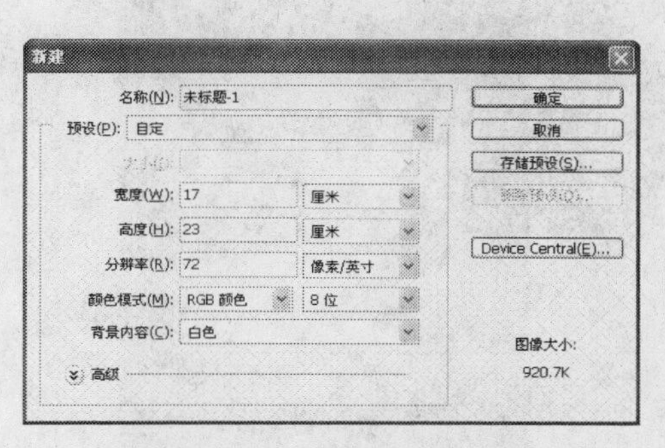

图2-59　“新建”对话框

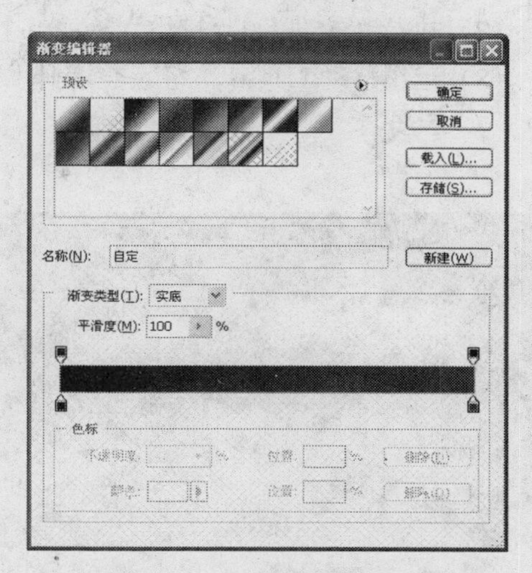

图2-60　“渐变编辑器”对话框

图2-61　填充渐变

图2-62　波纹素材

（5）运用移动工具，将波纹素材添加至文件中，调整好大小和位置，效果如图2-63所示。

（6）单击“图层”面板，设置图层“混合模式”为“正片叠底”、“不透明度”为60%，效果如图2-64所示。

图2-63　添加波纹素材

图2-64　“正片叠底”效果

（7）执行“文件”|“打开”命令，打开一张天空素材图像，如图2-65所示。

（8）运用移动工具，将天空素材添加至文件中，调整好大小和位置，效果如图2-66所示。

图2-65　天空素材

图2-66　添加天空素材

（9）单击“图层”面板上的“添加图层蒙版”按钮，为图层添加图层蒙版，选择渐变工具，在工具选项栏中单击渐变条，在弹出的“渐变编辑器”对话框中设置颜色，如图2-67所示。

（10）单击“确定”按钮，在工具选项栏中按下“线性渐变”按钮，在图像窗口中拖动鼠标填充黑白线性渐变，设置图层的“不透明度”为60%，如图2-68所示。

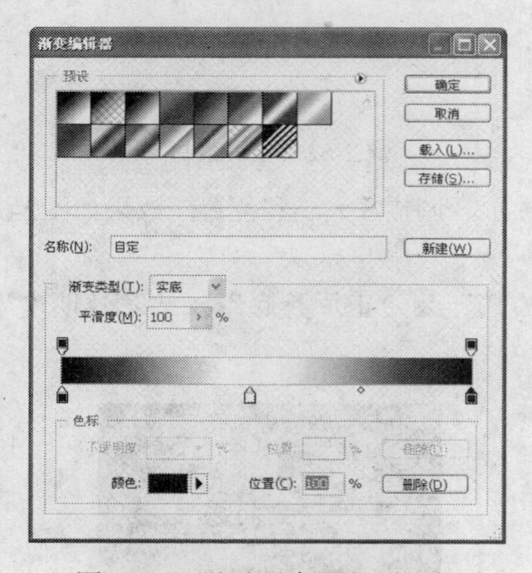

图2-67　“渐变编辑器”对话框

图2-68　填充渐变

（11）执行“文件”|“打开”命令，打开一张月球素材图像，如图2-69所示。

（12）选择工具箱中的魔棒工具，单击月球素材的黑色部分，选中黑色部分，然后按Ctrl+Shift+I快捷键反选，得到如图2-70所示的选区。

魔棒工具可以快速选择色彩变化不大，且色调相近的区域。

图2-69　月球素材

图2-70　创建选区

（13）运用移动工具，将选区内容添加至文件中，调整好大小和位置，如图2-71所示。

（14）单击“图层”面板上的“添加图层蒙版”按钮，为图层添加图层蒙版，选择渐变工具，单击工具选项栏渐变列表下拉按钮，从弹出的渐变列表中选择“黑白”渐变，按下“线性渐变”按钮，在图像窗口中按住并拖动鼠标填充黑白线性渐变，如图2-72所示。

图2-71　添加月球素材

图2-72　创建图层蒙版

（15）执行“图层”|“图层样式”|“渐变叠加”命令，弹出“图层样式”对话框，单击渐变条，在弹出的“渐变编辑器”对话框中设置颜色如图2-73所示。其中，蓝色的RGB参考值分别为R38、G167、B228。

（16）单击“确定”按钮，返回“图层样式”对话框，设置图层的“混合模式”为“滤色”、“不透明度”为80%，如图2-74所示。

（17）选择“外发光”选项，设置参数如图2-75所示。

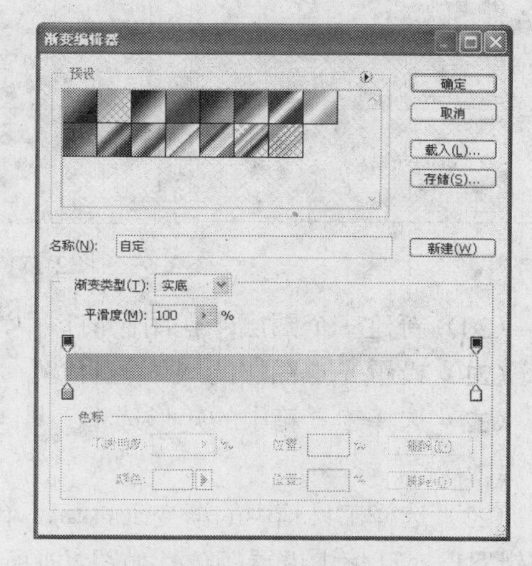

图2-73　“渐变编辑器”对话框

提示　“外发光”效果可以在图像边缘产生光晕，从而将对象从背景中分离出来，以达到醒目、突出主题的作用。

（18）单击“确定”按钮，退出“图层样式”对话框，添加图层样式的效果如图2-76所示。

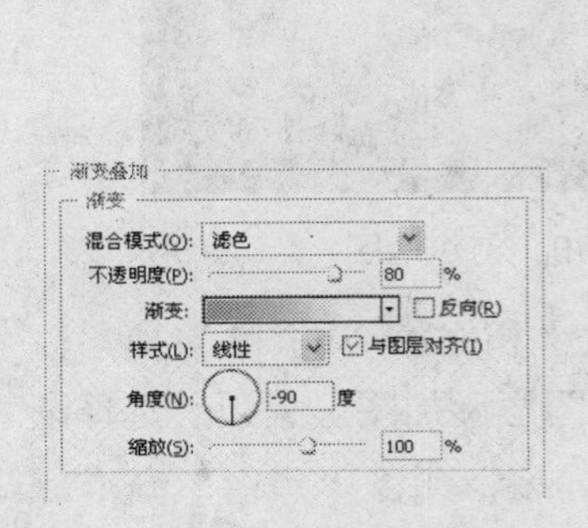

图2-74 “渐变叠加”参数

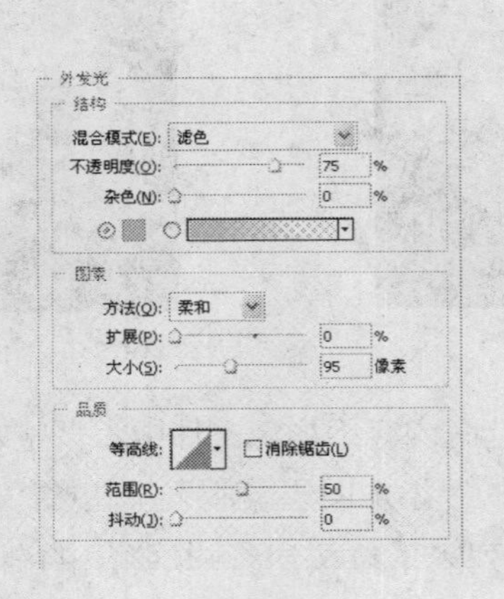

图2-75 “外发光”参数

图2-76 添加图层样式效果

（19）设置前景色为白色，选择工具箱中的画笔工具，按F5键，打开“画笔”面板，设置参数如图2-77所示。

提示 “画笔”面板是非常重要的面板，它可以设置各种绘画工具、图像修复工具、图像润饰工具和擦除工具的工具属性和描边效果。

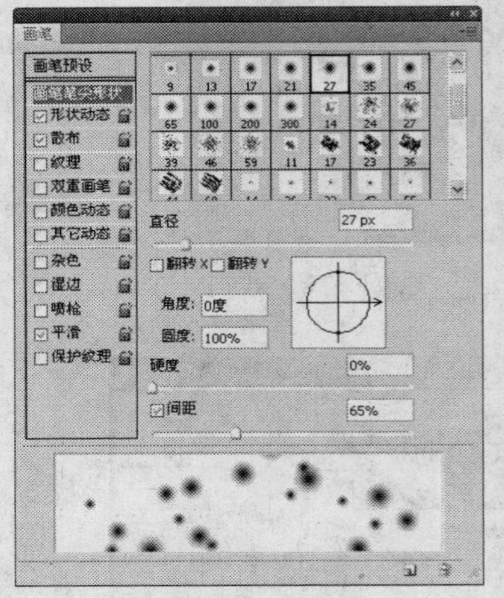

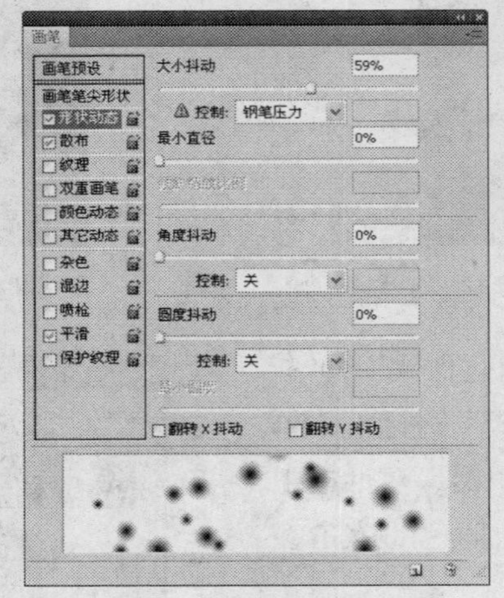

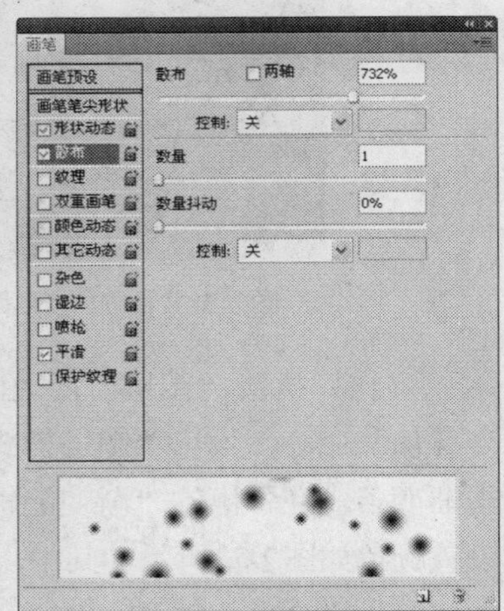

图2-77 设置画笔参数

（20）新建一个图层，在图像窗口中，拖动鼠标绘制如图2-78所示的效果。

（21）设置光点图层的“不透明度”为50%，效果如图2-79所示。

（22）选择工具箱中的矩形选框工具，在图像窗口中拖动鼠标，绘制如图2-80所示的矩形选区。

（23）选择工具箱中的渐变工具，单击工具选项栏中的渐变条，在弹出的“渐变编辑器”对话框中设置颜色，如图2-81所示。其中，深蓝色的RGB参考值分别为R1、G4、B7，浅蓝色的RGB参考值分别为R4、G45、B167。

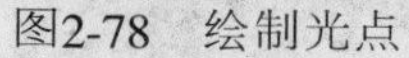

图2-78　绘制光点

图2-79　“不透明度”为50%

图2-80　矩形选区

（24）单击“确定”按钮，关闭“渐变编辑器”对话框，在工具选项栏中选择线性渐变▣，在选区内从上至下拖动鼠标，填充线性渐变，按Ctrl+D快捷键取消选区，填充渐变的效果如图2-82所示。

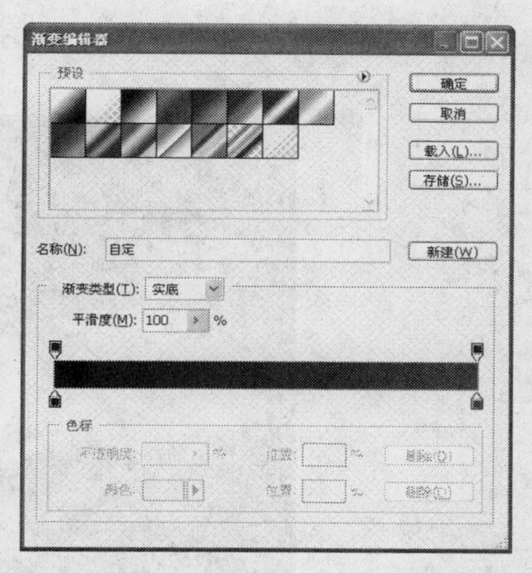

图2-81　“渐变编辑器”对话框

图2-82　填充线性渐变

（25）按Ctrl+O快捷键，弹出“打开”对话框，打开卡通古堡素材，运用移动工具▣，将素材添加至文件中，调整大小及位置，如图2-83所示。

（26）将卡通古堡素材复制一层，执行“编辑”|“变换”|“垂直翻转”命令，移动到合适位置，设置图层的“不透明度”为32%，如图2-84所示。

（27）执行“文件”|“打开”命令，打开芭蕾舞人物素材，运用移动工具▣，将芭蕾舞人物素材添加至文件中，调整大小及位置，如图2-85所示。

（28）执行“图层”|“图层样式”|“外发光”命令，弹出“图层样式”对话框，选择“外发光”选项，设置参数如图2-86所示。其中，浅蓝色的RGB参考值分别为R199、G217、B226，

（29）单击“确定”按钮，退出“图层样式”对话框，添加“外发光”的效果如图2-87所示。

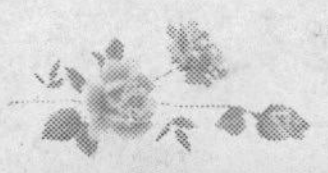

图2-83　添加卡通古堡素材

图2-84　垂直翻转

图2-85　添加芭蕾舞人物素材

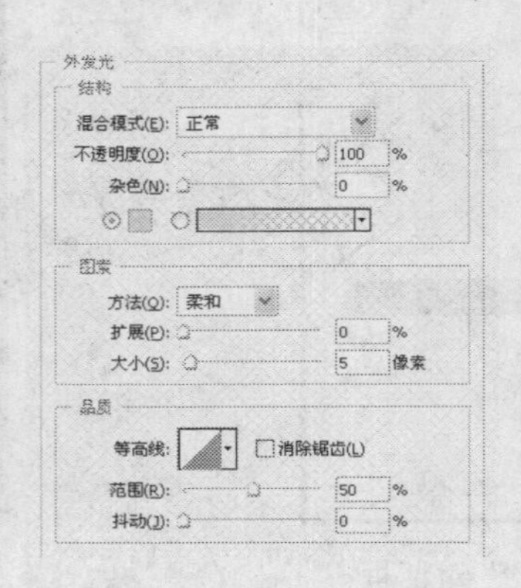

图2-86　“外发光”参数

图2-87　“外发光”效果

（30）设置前景色为白色，选择工具箱中的横排文字工具T，设置“字体”为“方正小标宋简体”，“字体大小”为48点，输入文字，如图2-88所示。

（31）执行“图层”|“图层样式”|“渐变叠加”命令，弹出“图层样式”对话框，单击渐变条，在弹出的“渐变编辑器”对话框中设置颜色如图2-89所示。其中，深黄色的RGB参考值分别为R183、G138、B55，浅黄色的RGB参考值分别为R250、G188、B65。

（32）单击“确定”按钮，返回“图层样式”对话框，如图2-90所示。

（33）单击“确定”按钮，退出“图层样式”对话框，添加“渐变叠加”的效果如图2-91所示。

（34）参照前面同样的操作方法，输入其他文字，并添加标志素材，最终效果如图2-92所示。

图2-88　输入文字

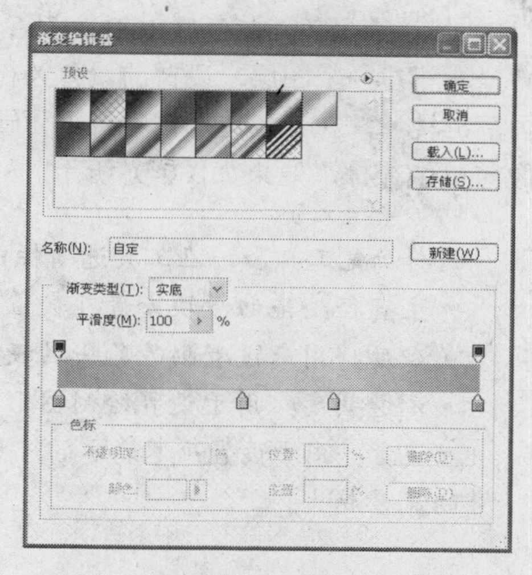

图2-89　“渐变编辑器”对话框

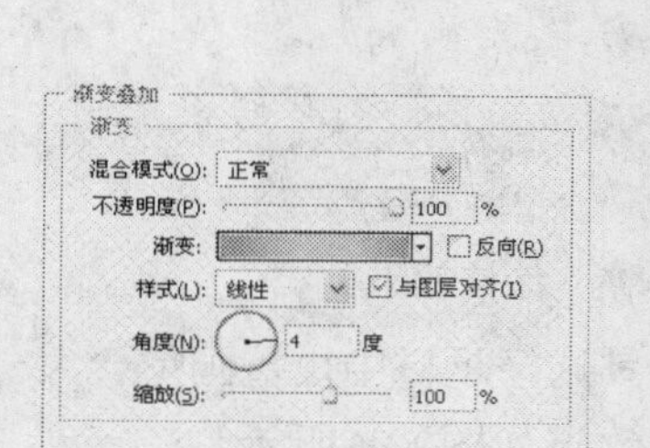

图2-90　“渐变叠加”参数

图2-91　“渐变叠加”效果

图2-92　最终效果

2.4　雅印药妆——祛痘不留痕

本实例制作的是雅印药妆的杂志内页广告，广告的产品是女性护肤养颜的药妆产品，广告将中国的传统元素荷花运用到设计中，配合淡雅清新的画面背景，体现产品所带来的“清新扑面”的感觉。制作完成的产品宣传效果如图2-93所示。

图2-93　雅印药妆杂志内页

（1）启用Photoshop后，执行“文件”|“新建”命令，弹出“新建”对话框，设置参数如图2-94所示，单击“确定”按钮，新建一个空白文件。

（2）设置前景色为蓝色（RGB参考值分别为R0、G160、B233），按Alt+Delete快捷键，填充背景。新建一个图层，设置前景色为粉紫色（RGB参考值分别为R213、G184、B25），选择画笔工具，在工具选项栏中设置“硬度”为0%、“不透明度”和“流量”均为80%，在图像窗口中涂抹，效果如图2-95所示。

提示

选择画笔工具，在工具选项栏中可以设置画笔的参数，具体选项的含义如下：

- 主直径：拖动滑块或者在数值框中输入数值可以调整画笔的大小。
- 硬度：用来设置画笔笔尖的硬度。
- 不透明度：用于设置绘制图形的不透明度，该数值越小，越能透出背景图像
- 流量：用于设置画笔墨水的流量大小，以模拟真实的画笔，该数值越大，墨水的流量越大。

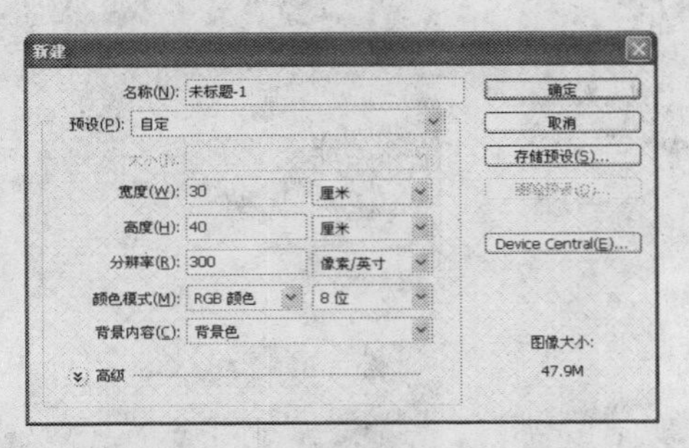

图2-94 “新建”对话框

图2-95 涂抹效果

（3）设置前景色为白色，选择工具箱中的画笔工具，在工具选择项栏中设置画笔“大小”、“不透明度”和“流量”均为80%，在图像窗口中涂抹，效果如图2-96所示。

（4）按Ctrl+O快捷键，弹出“打开”对话框，选择瀑布素材，单击“打开”按钮，如图2-97所示。

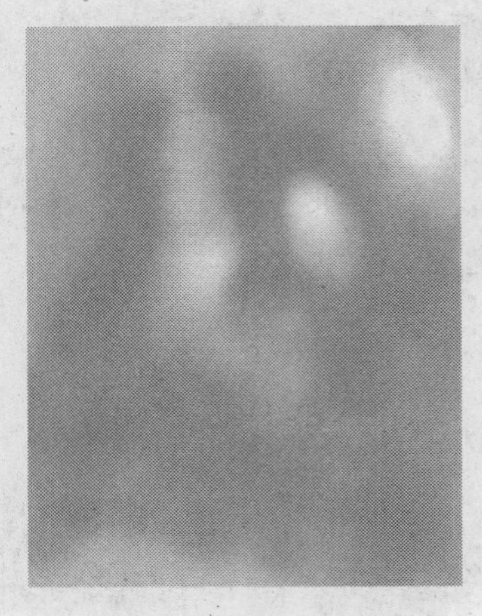

图2-96 涂抹效果

图2-97 瀑布素材

（5）选择工具箱中的多边形套索工具，建立如图2-98所示选区。

多边形套索工具通过单击鼠标指定顶点的方式来建立多边形选区，因而常用来创建不规则形状的多边形选区。

（6）运用移动工具，将选区内的图像添加至文件中，调整至合适的位置，如图2-99所示。

图2-98　建立选区

图2-99　添加瀑布素材

（7）单击"图层"面板上的"添加图层蒙版"按钮，为瀑布图层添加图层蒙版。按D键，恢复前景色和背景色为默认的黑白颜色，然后选择画笔工具，在瀑布素材的边缘涂抹，如图2-100所示。

（8）设置图层的"混合模式"为"柔光"，效果如图2-101所示。

（9）将瀑布素材复制两层，如图2-102所示。

图2-100　添加图层蒙版

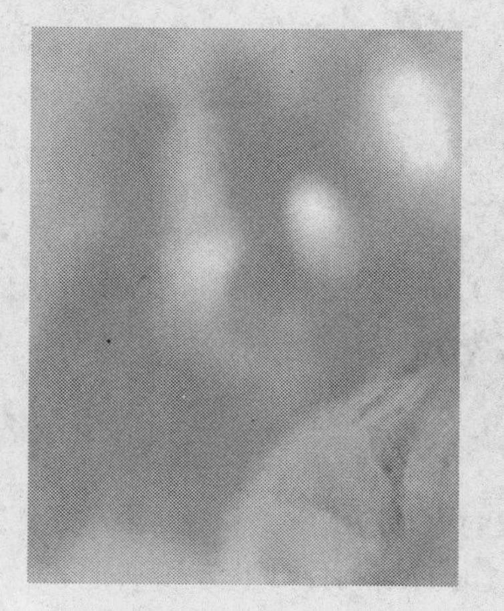

图2-101　"柔光"效果

图2-102　复制瀑布素材图层

（10）按Ctrl+O快捷键，弹出"打开"对话框，选择荷花、蝴蝶、果子等素材，单击"打开"按钮，运用移动工具，将素材添加至文件中，放置在合适的位置，如图2-103所示。

（11）运用同样的操作方法，打开产品素材，选择工具箱中的魔棒工具，选择蓝色背景，按Ctrl+Shift+I快捷键反选，得到如图2-104所示选区。

（12）运用移动工具，将素材添加至文件中，放置在合适的位置，如图2-105所示。

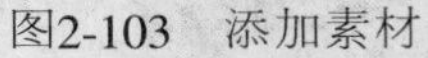
图2-103 添加素材

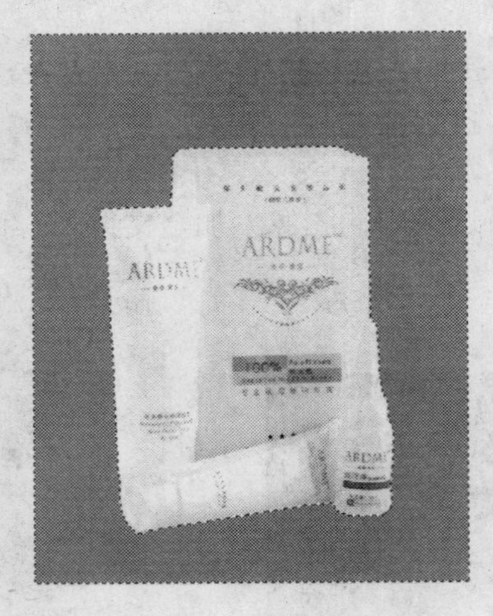

图2-104 反选选区

图2-105 添加产品素材

（13）将产品素材复制一层，按Ctrl+T快捷键进入自由变换状态，单击鼠标右键，在弹出的快捷菜单中选择“垂直翻转”选项，垂直翻转图层，然后调整至合适的位置，如图2-106所示。

（14）单击“图层”面板上的“添加图层蒙版”按钮，为图层添加图层蒙版。按D键，恢复前景色和背景为默认的黑白颜色，选择渐变工具，按下“线性渐变”按钮，在图像窗口中按下并拖动鼠标，效果如图2-107所示。

图2-106 垂直翻转

图2-107 添加图层蒙版

（15）参照前面同样的操作方法，添加手势和其他素材，如图2-108所示。

（16）设置前景色为白色，选择工具箱中的椭圆工具，在工具选项栏中单击“填充像素”按钮，然后按住Shift键的同时拖动鼠标，绘制一个正圆选区，如图2-109所示。

（17）打开标签素材，运用移动工具，将素材添加至文件中，放置在合适的位置，如图2-110所示。

（18）设置前景色为白色，选择工具箱中的横排文字工具，设置“字体”为“方正粗活意简体”，“字体大小”为42点，输入文字，如图2-111所示。

图2-108　添加手势和其他素材

图2-109　绘制正圆

图2-110　添加标签素材

图2-111　输入文字

（19）运用同样的操作方法输入其他文字，最终效果如图2-112所示。

图2-112　最终效果

2.5 服饰广告——引领时尚

本实例制作一款时尚服饰的杂志广告，广告以轻柔梦幻的背景配上穿着时尚的模特，再配以潮流元素，彰显了服饰独特的魅力。制作完成的广告如图2-113所示。

图2-113　时尚服饰

（1）启用Photoshop后，执行“文件”|“新建”命令，弹出“新建”对话框，设置参数如图2-114所示，单击“确定”按钮，新建一个空白文件。

（2）按Ctrl+O快捷键，弹出“打开”对话框，选择背景图片，单击“打开”按钮，运用移动工具，将图片添加至文件中，放置在合适的位置，如图2-115所示。

（3）运用同样的操作方法按打开星光图片，运用移动工具，将图片添加至文件中，放置在合适的位置，如图2-116所示。

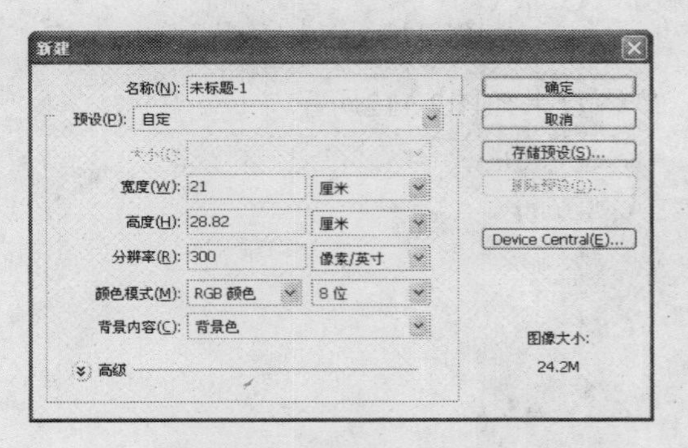

图2-114　“新建”对话框

图2-115　添加背景图片

（4）单击“图层”面板上的“添加图层蒙版”按钮，为星光图层添加图层蒙版。按D键，恢复前景色和背景色为默认的黑白颜色，按Ctrl+Delete快捷键，填充蒙版为黑色，然后选择画笔工具进行涂抹，效果如图2-117所示。

（5）设置图层的“混合模式”为“变亮”、“不透明度”为100%，效果如图2-118所示。

（6）新建一个图层，在工具箱中选择自定形状工具，然后单击工具选项栏“形状”下拉列表按钮，从形状列表中选择“五角星”形状。

图2-116　添加星光图片

图2-117　添加图层蒙版

Photoshop提供了大量的自定义形状，包括箭头、标识、指示牌等。选择自定形状工具后，单击工具选项栏“形状”下拉列表按钮，可以打开下拉列表，在其中可以选择形状。

（7）设置前景色为白色，按下“填充像素”按钮，在图像窗口的右上角位置，拖动鼠标绘制一个“五角星”形状，如图2-119所示。

（8）按Ctrl+J快捷键，将星星图层复制一层。

（9）执行“选择”|“变换选区”命令，按住Shift+Alt键的同时，向内拖动控制柄，如图2-120所示。

（10）按Enter键确认调整，按Delete键，填充选区为蓝色（RGB参考值分别为R158、G233、B246），如图2-121所示。

图2-118　“变亮”效果

图2-119　绘制“五角星”形状

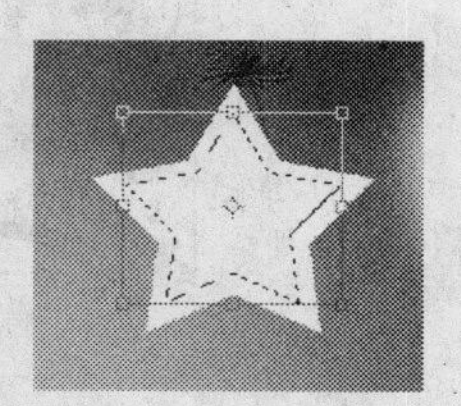

图2-120　变换选区

图2-121　填充蓝色

（11）新建一个图层，设置前景色为黑色，选择画笔工具，参数设置如图2-122所示，在图像窗口中单击鼠标，绘制散布的枫叶，设置“不透明度”为13%的效果如图2-123所示。

图2-122 画笔参数设置

（12）按Ctrl+Alt+G快捷键，创建剪贴蒙版，效果如图2-124所示。

剪贴蒙版图层是Photoshop中的特殊图层，它利用下方图层的图像形状对上方图层图像进行剪切，从而控制上方图层的显示区域和范围，最终得到特殊的效果。

图2-123 绘制枫叶

图2-124 创建剪贴蒙版

（13）选择画笔工具，按F5键，打开“画笔”面板，选择“尖角13像素”画笔预设，然后单击“画笔笔尖形状”选项，调整参数如图2-125所示。

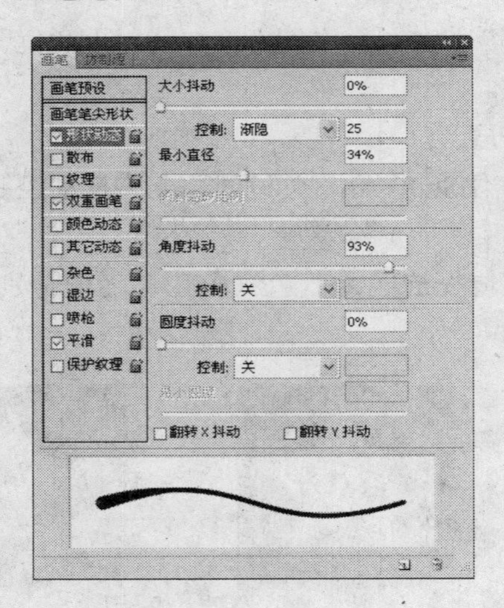

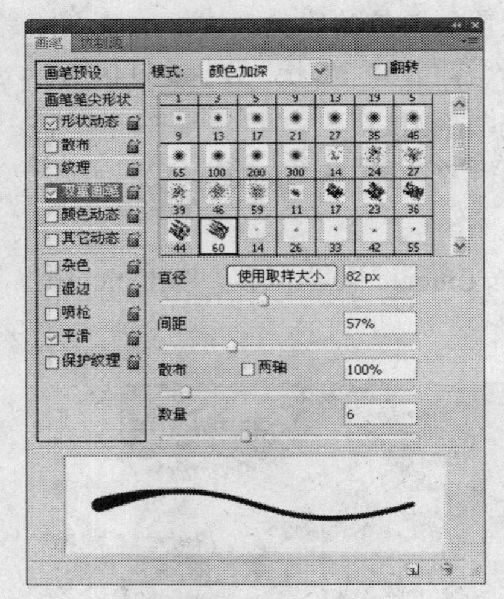

图2-125 “画笔”面板

（14）新建一个图层，设置前景色为深蓝色（RGB参考值分别为R39、G99、B109），选择工具箱中的钢笔工具，在图像窗口中绘制路径。在路径上单击鼠标右键，在弹出的快捷菜单中选择“描边路径”选项，在弹出的“描边路径”对话框中选择“画笔”，单击“确定”按钮，描边路径，按Enter+Ctrl快捷键，转换路径为选区，如图2-126所示。

（15）运用同样的操作方法绘制路径，效果如图2-127所示。

（16）在工具箱中选择横排文字工具，设置“字体”为BrushScriptStd、“字体大小”分别设置为40、20点，输入文字，效果如图2-128所示。

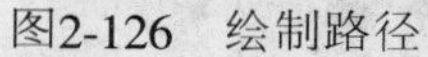

图2-126　绘制路径

图2-127　绘制路径

图2-128　输入文字

（17）按Ctrl+O快捷键，弹出“打开”对话框，选择花素材，单击“打开”按钮，如图2-129所示。

（18）选择工具箱中的魔棒工具，选择白色背景，按Ctrl+Shift+I快捷键反选，得到花朵的选区，运用移动工具，将花素材添加至文件中，放置在合适的位置，如图2-130所示。

（19）选择工具箱中的矩形选框工具，在图像窗口中按下鼠标并拖动，绘制如图2-131所示选区。

图2-129　花素材

图2-130　添加花素材

图2-131　绘制选区

（20）设置前景色为深绿色（RGB参考值分别为R76、G106、B108），填充选区为深绿色，设置不透明度为30%，效果如图2-132所示。

（21）运用同样的操作方添加花纹、人物素材，如图2-133所示。

（22）参照上面同样的操作方法，输入文字，最终效果如图2-134所示。

图2-132　填充选区

图2-133　添加素材

图2-134　最终效果

2.6　地产广告——都市稀缺庭院

本实例制作一款地产杂志广告，以“夕阳西下”的田园生活美景为主题，带给人舒适的视觉享受。制作完成的地产广告如图2-135所示。

图2-135　地产广告

（1）启用Photoshop后，执行“文件”|“新建”命令，弹出“新建”对话框，设置参数如图2-136所示，单击“确定”按钮，新建一个空白文件。

（2）按Ctrl+O快捷键，弹出“打开”对话框，选择夕阳素材，单击“打开”按钮，运用移动工具，将素材添加至文件中，放置在合适的位置，如图2-137所示。

（3）单击“调整”面板中的“色彩平衡”按钮，系统自动添加一个“色彩平衡”调整图层，设置参数如图2-138所示。

（4）单击“调整”面板中的“曲线”按钮，系统自动添加一个“曲线”调整图层，设置参数如图2-139所示。

“色彩平衡”命令可以更改图像的总体颜色混合。

（5）“色彩平衡”和“曲线”调整效果如图2-140所示。

（6）按Ctrl+O快捷键，弹出“打开”对话框，选择砖墙素材，单击“打开”按钮，运用移动工具，将素材添加至文件中，放置在合适的位置，如图2-141所示。

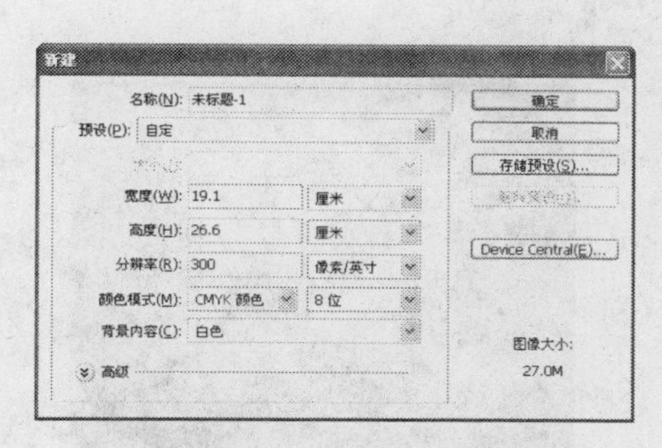

图2-136 “新建”对话框

图2-137 添加夕阳素材

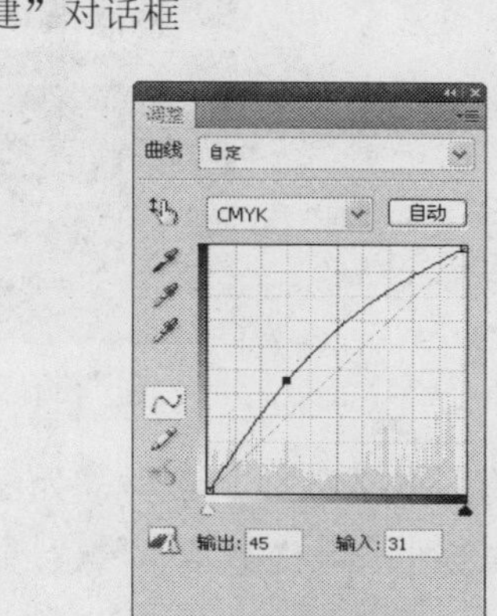

图2-138 “色彩平衡”调整参数

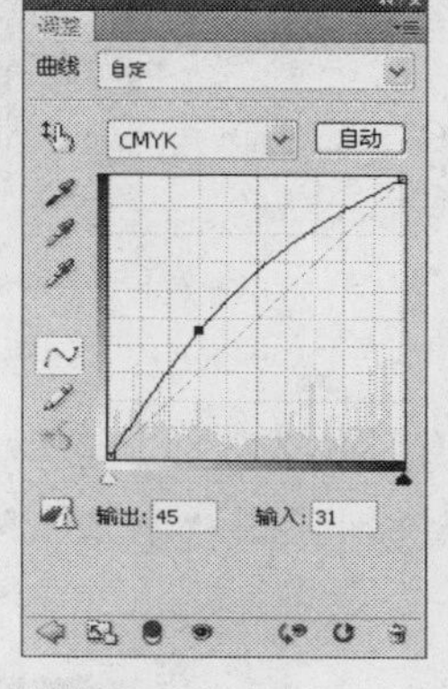

图2-139 “曲线”调整参数

图2-140 “色彩平衡”和“曲线”调整效果

（7）打开一张藤蔓图片，执行“选择”|“色彩范围”命令，弹出“色彩范围”对话框，按下对话框右侧的吸管按钮，如图2-142所示。

图2-141 添加砖墙素材

图2-142 “色彩范围”对话框

（8）移动光标至图像窗口的背景位置单击鼠标，建立如图2-143所示选区。

（9）按Ctrl+Shift+I快捷键，反选得到藤蔓的选区，运用移动工具，将藤蔓素材添加至文件中，放置在合适的位置，如图2-144所示。

图2-143　建立选区

图2-144　添加藤蔓素材

（10）参照同样的操作方法添加海鸥、咖啡和叶子素材，如图2-145所示。

（11）在工具箱中选择横排文字工具，设置“字体”为“黑体”、“字体大小”为30点，输入文字，如图2-146所示。

图2-145　添加海鸥、咖啡和叶子素材

图2-146　输入文字

（12）在“图层”面板中单击“添加图层样式”按钮，在弹出的列表中选择“斜面和浮雕”选项，弹出“图层样式”对话框，设置参数如图2-147所示。

（13）执行“图层”|“图层样式”|“渐变叠加”命令，弹出“图层样式”对话框，单击渐变条，在弹出的“渐变编辑器”对话框中设置颜色，如图2-148所示。其中，土黄色的CMYK参考值分别为C243、M483、Y100、K100。

（14）单击“确定”按钮，返回“图层样式”对话框，如图2-149所示。

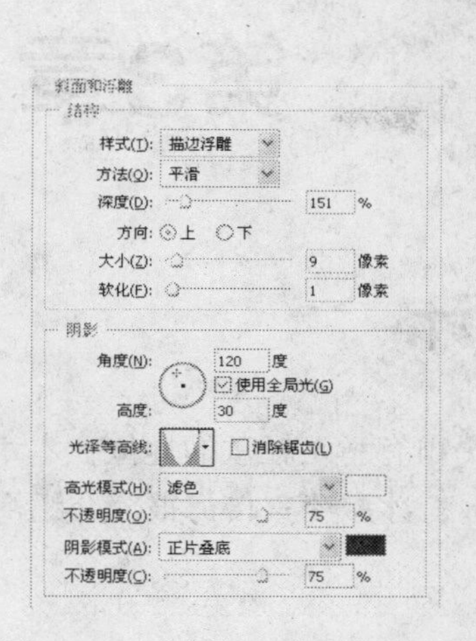

图2-147　“斜面和浮雕”参数

图2-148　“渐变编辑器”对话框

（15）选择“描边”选项，设置参数如图2-150所示。

提示　“描边”效果用于在图层边缘产生描边效果。

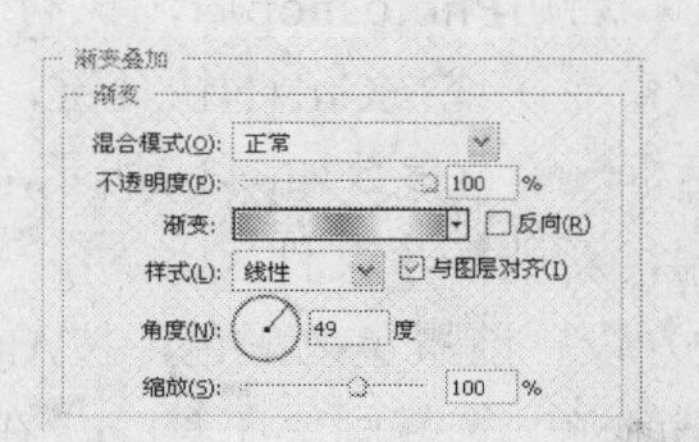

图2-149　“渐变叠加”参数

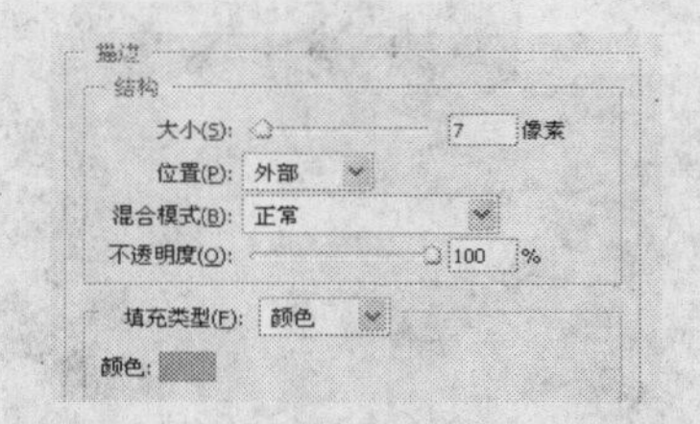

图2-150　“描边”参数

（16）单击“确定”按钮，退出“图层样式”对话框，添加图层样式的效果如图2-151所示。

（17）参照前面同样的操作方法，输入其他文字，最终效果如图2-152所示。

图2-151　添加图层样式效果

图2-152　最终效果

第3章

海报设计

海报是传统的平面广告形式之一，在现代广告中仍占有举足轻重的地位。本章通过手机海报、电影海报、沐浴露海报、园林海报、化妆品海报、冰激凌宣传海报，介绍海报设计的方法和技巧。

3.1 手机海报——引领“奢滑”风尚

本实例以手机为广告主体，直接表明主题，具有较好的宣传效果，背景中的线条、花瓣、文字等元素的运用使画面富有节奏感和韵律感。制作完成的手机海报如图3-1所示。

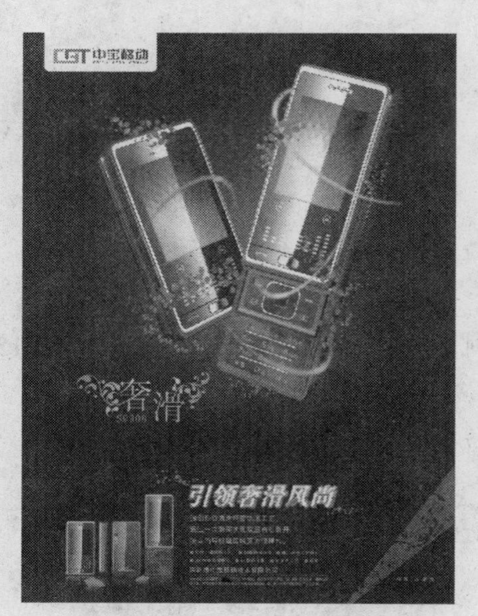

图3-1 手机海报

（1）启用Photoshop后，执行“文件”|“新建”命令，或按Ctrl+N快捷键，弹出“新建”对话框，设置参数如图3-2所示，单击“确定”按钮，新建一个文件。

（2）设置前景色为黑色，按Alt+Delete快捷键填充颜色。选择画笔工具，在工具选项栏中设置“硬度”为0%，降低“不透明度”和“流量”，设置前景色为红色（CMYK参考值分别为C46、M95、Y100、K16），在背景上涂抹，效果如图3-3所示。

选择画笔工具或铅笔工具后，在图像窗口的任意位置单击鼠标右键，可快速打开画笔预设列表，可对“主直径”和“硬度等”参数进行设置。

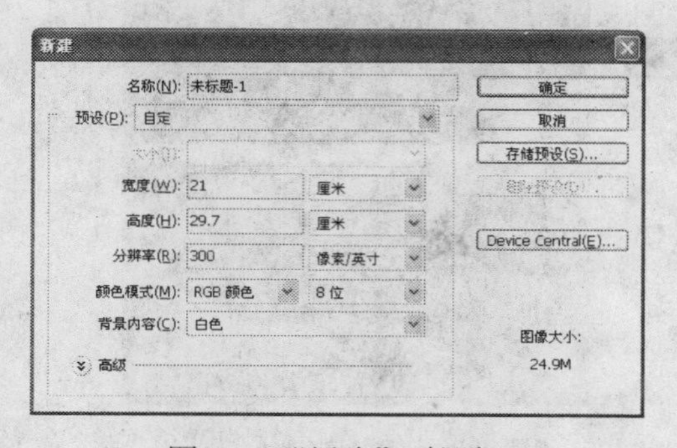

图3-2 “新建”对话框

（3）执行“文件”|“打开”命令，打开手机素材文件，将素材添加至文件中，如图3-4所示。

（4）运用同样的操作方法，添加其他的手机素材，效果如图3-5所示。

（5）新建一个图层，运用钢笔工具绘制一条路径，如图3-6所示。

图3-3　制作背景

图3-4　添加手机素材

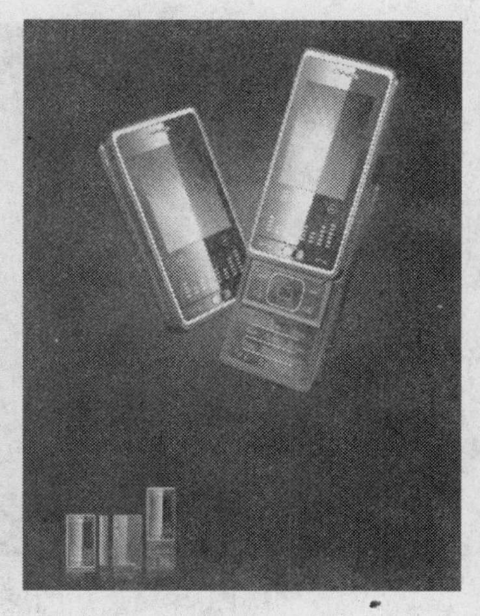

图3-5　继续添加手机素材

（6）选择画笔工具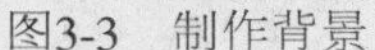，设置前景色为白色、画笔大小为13像素、“硬度”为0%。选择钢笔工具，在绘制的路径上单击鼠标右键，在弹出的快捷菜单中选择“描边路径”选项，在弹出的对话框中选择“画笔”选项，并选中“模拟压力”复选框，单击“确定”按钮，描边路径，按Ctrl+H快捷键隐藏路径，得到如图3-7所示效果。

图3-6　绘制路径

图3-7　描边路径

在运用钢笔工具绘制路径的过程中，按下Delete键可删除上一个添加的锚点，按下Delete键两次删除整条路径，按三次则删除所有显示的路径。按住Shift键可以让所绘制的点与上一个点保持45°整数倍夹角（比如0°、90°）。

（7）单击“图层”面板中的“添加图层蒙版”按钮，添加一个图层蒙版。编辑图层蒙版，设置前景色为黑色，选择画笔工具，按“[”或“]”键调整合适的画笔大小，在光线部分涂抹，制作出光线缠绕手机的效果，如图3-8所示。

（8）双击光线图层，弹出“图层样式”对话框，选择“外发光”选项，设置颜色为橙色（CMYK参考值分别为C11、M34、Y85、K0），“扩展”为9%、“大小”为“16像素”，如图3-9所示。

图3-8　添加图层蒙版

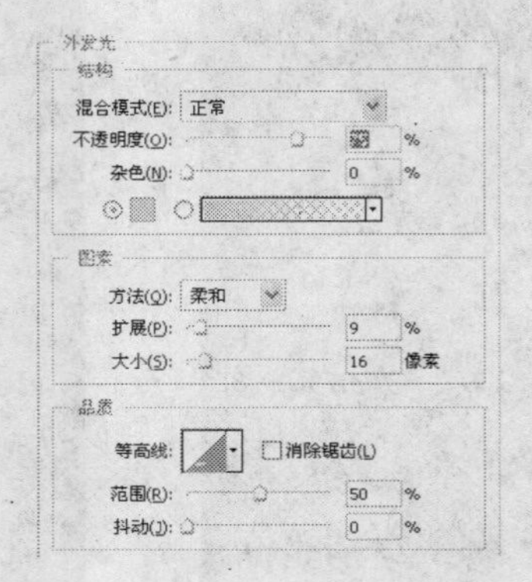

图3-9　“外发光”参数

（9）选择“内发光”选项，设置颜色为橙色（CMYK参考值分别为C11、M34、Y85、K0），“阻塞”为13%、“大小”为“24像素”，如图3-10所示。

（10）单击“确定”按钮，退出“图层样式”对话框，效果如图3-11所示。

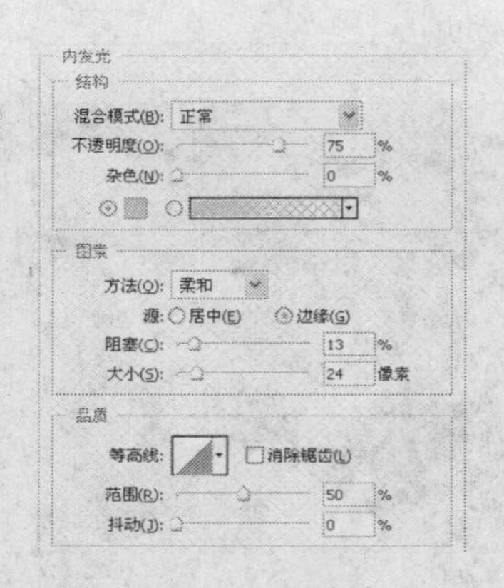

图3-10　“内发光”参数

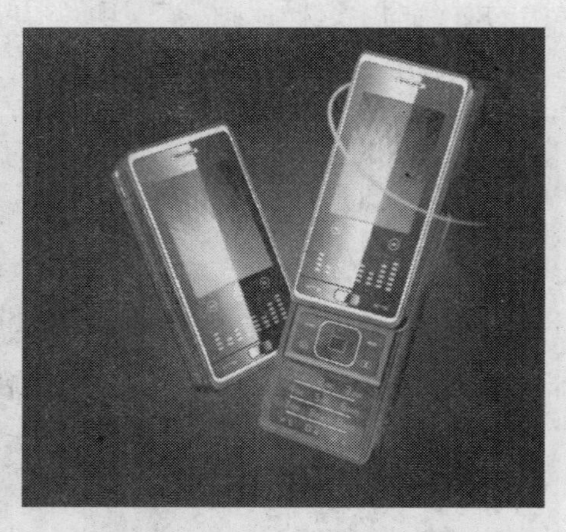

图3-11　添加图层样式效果

提示

添加“内发光”图层样式可以在文本或图像的内部产生光晕的效果。

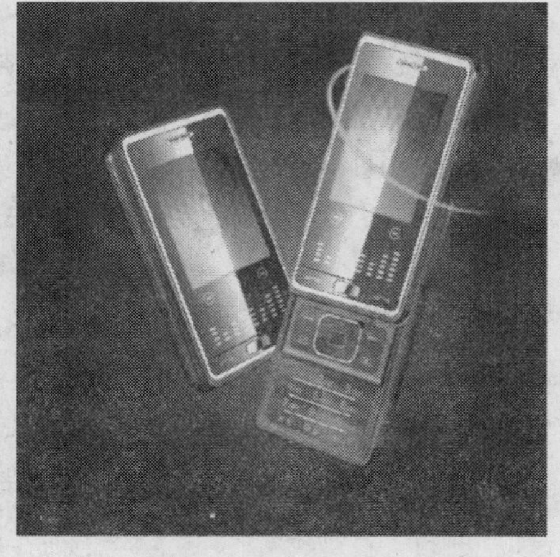

图3-12　绘制高光

（11）设置前景色为黄色（CMYK参考值分别为C10、M2、Y86、K0），运用画笔工具绘制高光，效果如图3-12所示。

（12）运用同样的操作方法，制作其他的光线，如图3-13所示。

（13）参照前面同样的操作方法，添加花辨素材，效果如图3-14所示。

（14）设置前景色为黄色（CMYK参考值分别为C7、M0、Y88、K0），在工具箱中选择横排文字工具T，在工具选项栏“字体”下拉列表框中选择“方正彩云简体”字体。

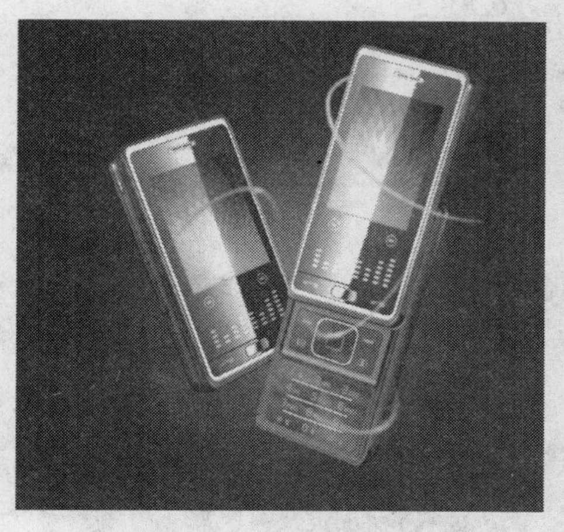

图3-13　制作其他线条

图3-14　添加花瓣素材

（15）在“字体大小”下拉列表框中输入105，确定字体大小。

（16）在图像窗口单击鼠标，此时会出现一个文本光标，然后输入文字即可得到水平排列的文字。按Ctrl+Enter快捷键确定，完成文字的输入，如图3-15所示。

（17）执行“编辑”|“变换”|“斜切”命令，调整文字为倾斜效果，按Enter键确定，效果如图3-16所示。

引领奢滑风尚

图3-15　输入文字

引领奢滑风尚

图3-16　调整文字

（18）执行“图层”|“图层样式”|“渐变叠加”命令，弹出“图层样式”对话框，单击渐变条，在弹出的“渐变编辑器”对话框中，设置参数如图3-17所示。其中，四个色标分别为红色（CMYK参考值分别为C3、M82、Y96、K0），深红色（CMYK参考值分别为C49、M100、Y100、K28），红色（CMYK参考值分别为C6、M87、Y99、K0），橙色（CMYK参考值分别为C11、M34、Y85、K0）。

（19）单击“确定”按钮，返回“图层样式”对话框，如图3-18所示。单击“确定”按钮，退出“图层样式”对话框，添加“渐变叠加”效果。

（20）选择“描边”选项，设置颜色为灰色（CMYK参考值分别为C73、M65、Y62、K17）、“大小”为“8像素”，如图3-19所示。

图3-17　“渐变编辑器”对话框

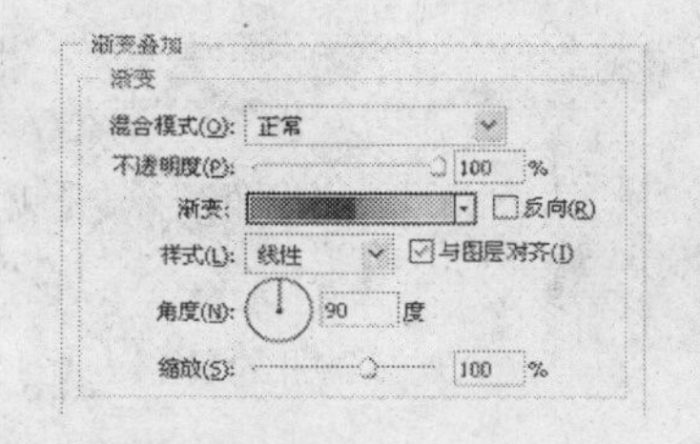

图3-18　“渐变叠加”参数

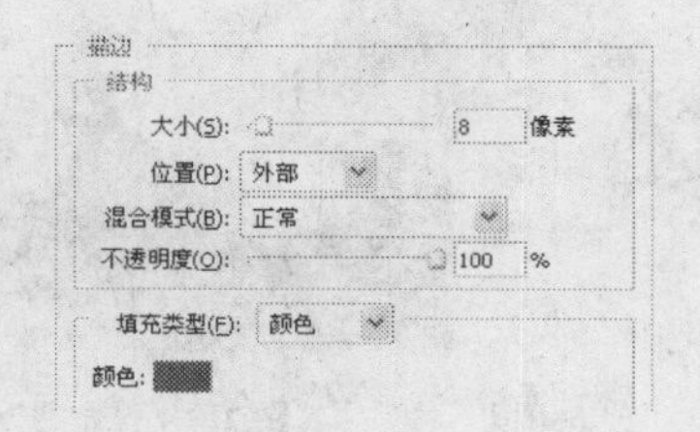

图3-19　“描边”参数

（21）单击“确定”按钮，退出“图层样式”对话框，效果如图3-20所示。

图3-20　添加图层样式效果

（22）参照前面同样的操作方法，为文字添加花辨素材，效果如图3-21所示。

（23）运用同样的操作方法，添加其他的文字和素材，完成实例的制作，最终效果如图3-22所示。

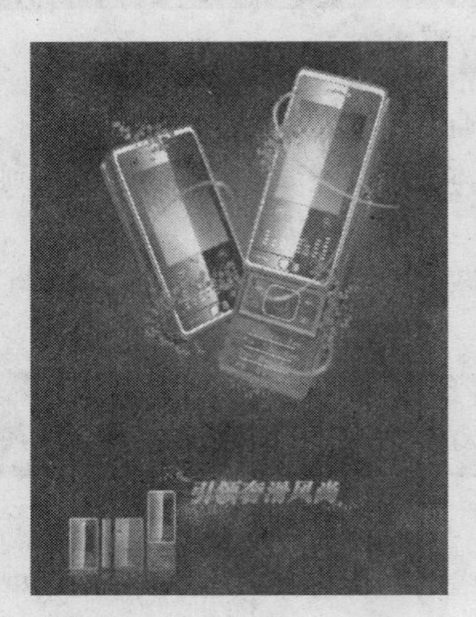

图3-21　添加花辨素材

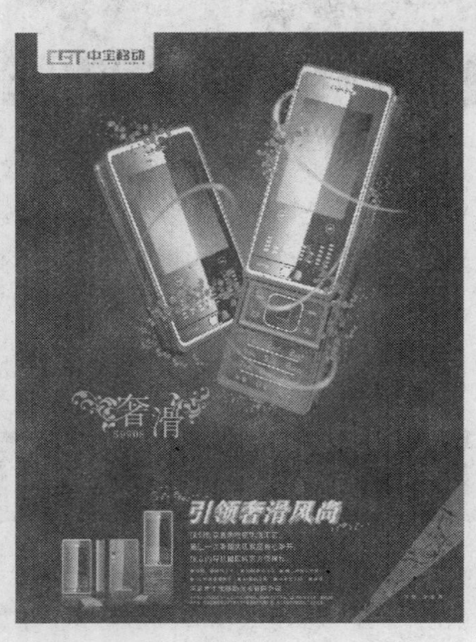

图3-22　最终效果

海报是一种常见的招贴形式，多用于电影、戏剧、比赛、文艺演出等。

图3-23　电影海报

3.2　电影海报——声梦奇缘

本实例制作一款电影海报，以人物为主体，通过图像合成实现奇幻景象，文字的设计新颖独特、突出主题。制作完成的电影海报如图3-23所示。

（1）启用Photoshop后，执行“文件”|“新建”命令，或按Ctrl+N快捷键，弹出“新建”对话框，设置参数如图3-24所示，单击“确定”按钮，新建一个文件。

（2）设置前景色为蓝色（RGB参考值分别为R33、G155、B194），按Alt+Delete快捷键填充颜色，如图3-25所示。

（3）执行“文件”|“打开”命令，打开一张云彩素材图像，如图3-26所示。

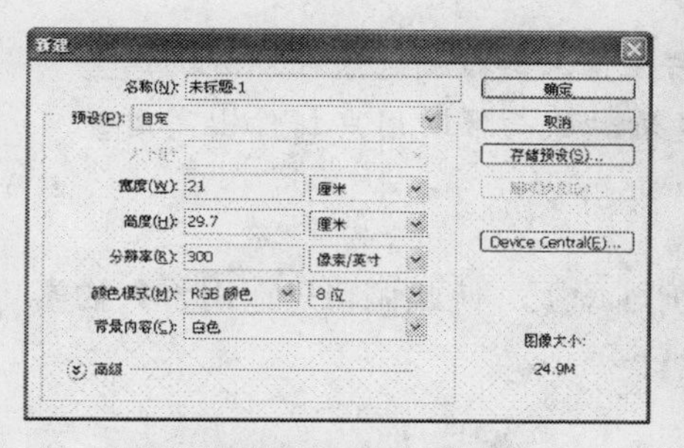

图3-24　“新建”对话框

图3-25　填充背景

图3-26　云彩素材

（4）运用移动工具将素材添加至文件中，调整好大小和位置。单击“调整”面板“色相/饱和度”按钮，在“调整”面板中设置参数如图3-27所示。单击按钮，创建剪贴蒙版，使此调整只作用于云彩素材图像，此时图像效果如图3-28所示。

（5）设置图层的“混合模式”为“点光”，效果如图3-29所示。

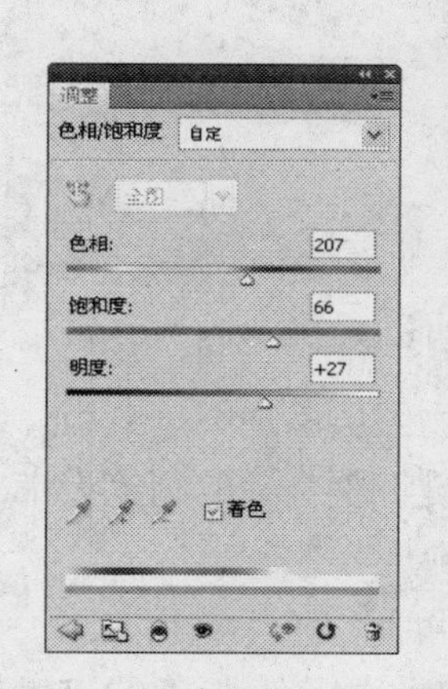

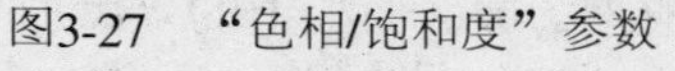

图3-27　“色相/饱和度”参数

图3-28　调整效果

图3-29　“点光”效果

提示　“色相/饱和度”命令可以调整图像中特定颜色分量的色相、饱和度和亮度，或者同时调整图像中的所有颜色。

（6）执行“文件”|“打开”命令，打开一张人物素材图像，如图3-30所示。

（7）运用移动工具将素材添加至文件中，调整好大小、位置和角度，如图3-31所示。

（8）将人物素材图层复制一层，单击图层前面的按钮，将图层隐藏。选择显示的图层，单击“调整”面板中的“黑白”按钮，系统自动添加一个“黑白”调整图层，在“调整”面板中设置参数如图3-32所

图3-30　人物素材

示。其中色调的颜色RGB参考值分别为R3、G85、B112。

“黑白”调整命令专用于将彩色图像转换为黑白图像，其控制选项可以分别调整6种颜色（红、黄、绿、青、蓝、洋红）的亮度值，从而帮助用户制作出高质量的黑白照片。

（9）通过调整图像成为蓝色调，单击按钮，创建剪贴蒙版，使此调整只作用于人物素材图像，此时效果如图3-33所示。

图3-31　添加人物素材

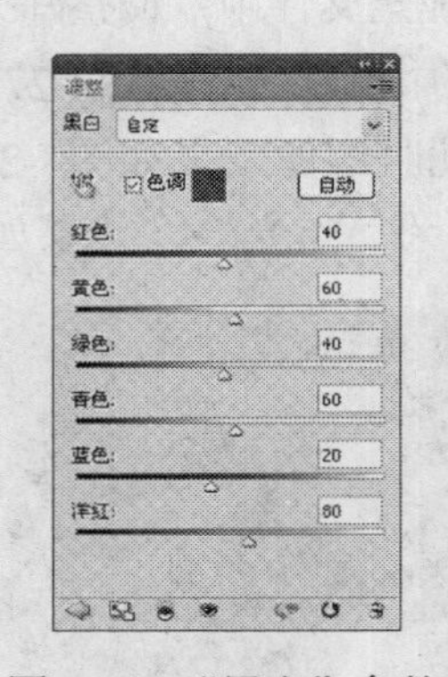

图3-32　“黑白”参数

图3-33　“黑白”效果

（10）单击“图层”面板上的“添加图层蒙版”按钮，为人物图层添加图层蒙版。编辑图层蒙版，设置前景色为黑色，选择画笔工具，按“[”或“]”键调整合适的画笔大小，在人物图像下侧边缘处涂抹，使过渡更加柔和，如图3-34所示。

（11）参照前面同样的操作方法，添加音符素材，如图3-35所示。

（12）将隐藏的人物素材调整至最顶层，然后显示图层，单击“图层”面板上的“添加图层蒙版”按钮，为人物图层添加图层蒙版，然后运用画笔工具编辑蒙版，得到如图3-36所示的效果。

图3-34　添加图层蒙版

图3-35　添加音符素材

图3-36　编辑人物素材

（13）执行“图层”|“图层样式”|“内发光”命令，弹出“图层样式”对话框，设置颜色为白色，“阻塞”为0%、“大小”为“122像素”，如图3-37所示。

（14）单击“确定”按钮，退出“图层样式”对话框，人物效果如图3-38所示。

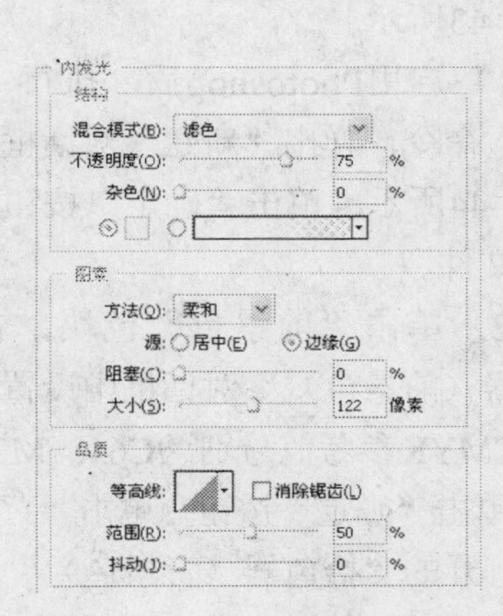

图3-37　“内发光”参数

图3-38　“内发光”效果

（15）执行“文件”|“打开”命令，打开一张水面素材图像，如图3-39所示。

图3-39　水面素材

（16）运用移动工具将素材添加至文件中，调整好大小、位置和角度。单击“图层”面板上的“添加图层蒙版”按钮，为水面素材添加图层蒙版，然后运用画笔工具编辑蒙版，得到如图3-40所示的效果。

（17）新建一个图层，设置前景色为白色，选择画笔工具，在工具选项栏中降低“不透明度”和“流量”，绘制如图3-41所示效果。

（18）参照前面同样的操作方法，添加其他的素材和文字，完成实例的制作，最终效果如图3-42所示。

图3-40　添加水面素材

图3-41　绘制光线

图3-42　最终效果

3.3 沐浴露海报——天然的秘密

本实例以人物为海报主体，通过人物的表情直接揭示主题，流畅的版式设计，使设计通俗易懂，也不乏趣味性。制作完成的沐浴露海报如图3-43所示。

图3-43 沐浴露海报

（1）启用Photoshop后，执行“文件”|“新建”命令，弹出“新建”对话框，设置参数如图3-44所示，单击“确定”按钮，新建一个空白文件。

（2）单击“前景色”色块，在打开的“拾色器（前景色）”对话框中设置颜色为深蓝色（CMYK参考值分别为C64、M22、Y5、K0），单击“确定”按钮。单击“背景色”色块，在打开的“拾色器（背景色）”对话框中设置颜色为浅蓝色（CMYK参考值分别为C58、M9、Y100、K0）。

（3）在工具箱中选择渐变工具，按下“线性渐变”按钮，单击工具选项栏渐变列表下拉按钮，从弹出的渐变列表中选择“前景到背景”渐变。在图像窗口中从下至上拖动鼠标填充渐变，释放鼠标后得到如图3-45所示的效果。

（4）新建一个图层，设置前景色为白色，选择画笔工具，在工具选项栏中降低“不透明度”和“流量”，绘制如图3-46所示的效果。

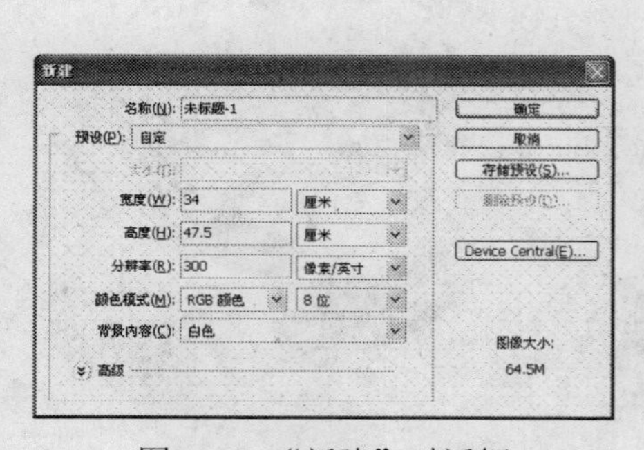

图3-44 “新建”对话框

图3-45 填充渐变

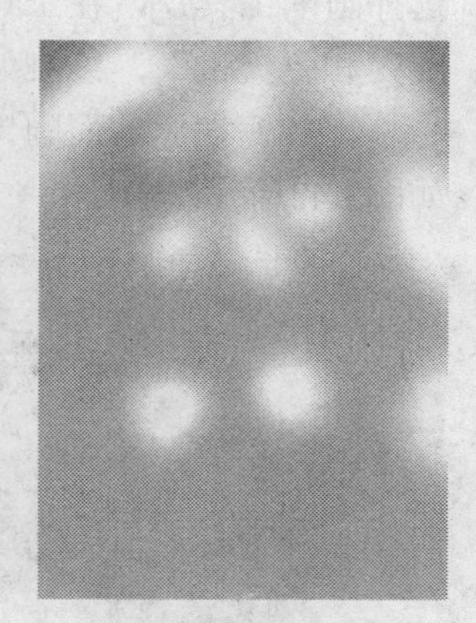

图3-46 绘制背景

（5）运用同样的操作方法绘制如图3-47所示的效果。

（6）按Ctrl+O快捷键，弹出“打开”对话框，选择人物素材，单击“打开”按钮，运用移动工具，将素材添加至文件中，放置在合适的位置，如图3-48所示。

（7）设置前景色为紫色（CMYK参考值分别为C47、M100、Y8、K0），新建一个图层，运用钢笔工具，按下工具选项栏中的“填充像素”按钮，绘制如图3-49所示图形。

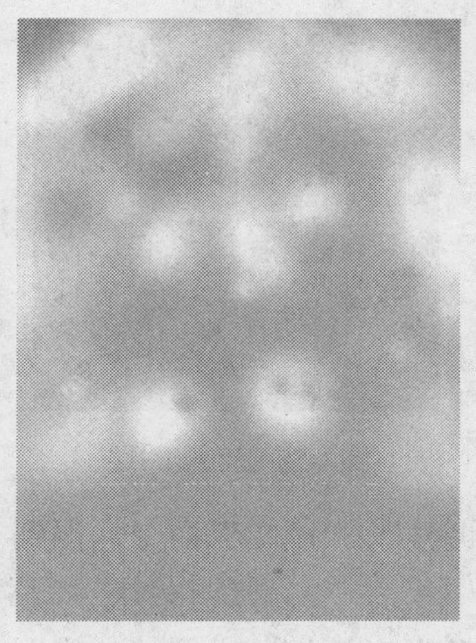

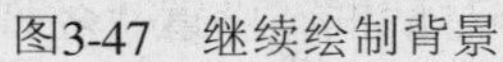

图3-47 继续绘制背景

图3-48 添加人物素材

图3-49 绘制图形

（8）执行“文件”|“新建”命令，弹出“新建”对话框，设置“宽度”和“高度”均为5厘米，如图3-50所示。单击“确定”按钮，关闭对话框，新建一个图像文件。

（9）填充背景为黑色，新建一个图层，设置前景色为白色，选择工具箱中的铅笔工具，在工具选项栏中设置“大小”为15px，在图像窗口中绘制一条直线，如图3-51所示。

（10）执行“滤镜”|“模糊”|“动感模糊”命令，弹出“动感模糊”对话框，设置参数如图3-52所示。

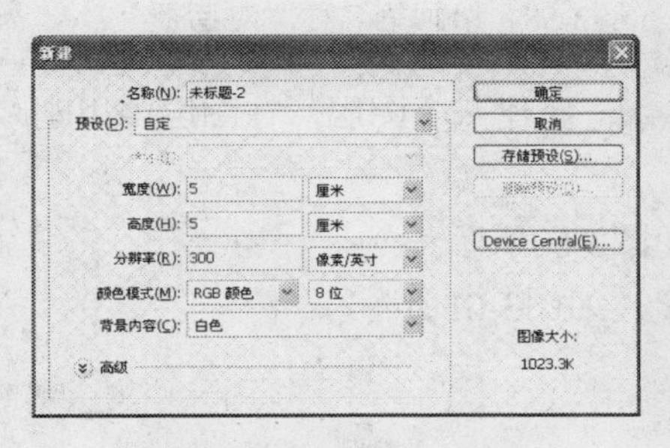

图3-50 “新建”对话框

图3-51 绘制直线

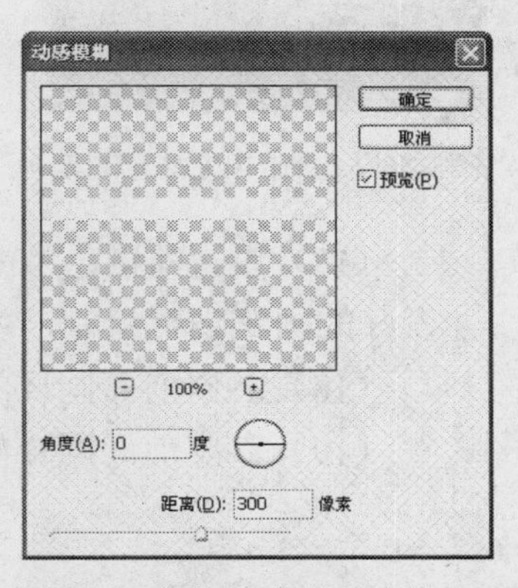

图3-52 “动感模糊”对话框

“动感模糊”滤镜可以使对象产生沿某方向运动而得到的模糊效果，此滤镜的效果类似于以固定的曝光时间给一个移动的对象拍照。

（11）单击“确定”按钮，关闭对话框，“动感模糊”效果如图3-53所示。

（12）将图层复制一层，按Ctrl+T快捷键键进入自由变换状态，在工具选项栏中设置“旋转”为90°，如图3-54所示。

（13）将两个图层合并，然后复制一层，按Ctrl+T快捷键进入自由变换状态，在工具选项栏中设置“旋转”为45°，“缩小”为50%，如图3-55所示。

（14）新建图层，选择画笔工具，在工具选项栏中选择一个柔性画笔，降低“不透明度”和“流量”，绘制中间发光的部分，如图3-56所示。

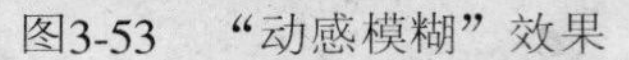

图3-53 “动感模糊”效果　　图3-54 复制图层　　图3-55 变换图层

（15）按Ctrl+Shift+Alt+E快捷键盖印图层，执行“图像”|“调整”|“反相”命令，得到如图3-57所示的效果。

（16）执行“编辑”|“定义画笔预设”命令，弹出“画笔名称”对话框，设置“名称”为“星光画笔”，如图3-58所示。

图3-56 绘制中间发光的部分　图3-57 “反相”效果　图3-58 “画笔名称”对话框

（17）设置前景色为白色，单击“创建新图层”按钮，新建一个图层，在图层中用刚才设好的画笔进行绘制，效果如图3-59所示。

（18）参照前面同样的操作方法，绘制白色图形，如图3-60所示。

（19）参照前面同样的操作方法，绘制白色飘带图形，如图3-61所示。

图3-59 绘制星光　　图3-60 绘制白色图形　　图3-61 绘制白色飘带图形

（20）设置前景色为白色，在工具箱中选择多边形工具，按下“填充像素”按钮，在图像窗口中拖动鼠标绘制多个五边形，并设置为不同的透明度，如图3-62所示。

（21）运用同样的操作方法，添加其他素材，如图3-63所示。

（22）单击“调整”面板中的“亮度/对比度”按钮，系统自动添加一个“亮度/对比度”调整图层，设置参数如图3-64所示。

图3-62　绘制多个五边形

图3-63　添加其他素材

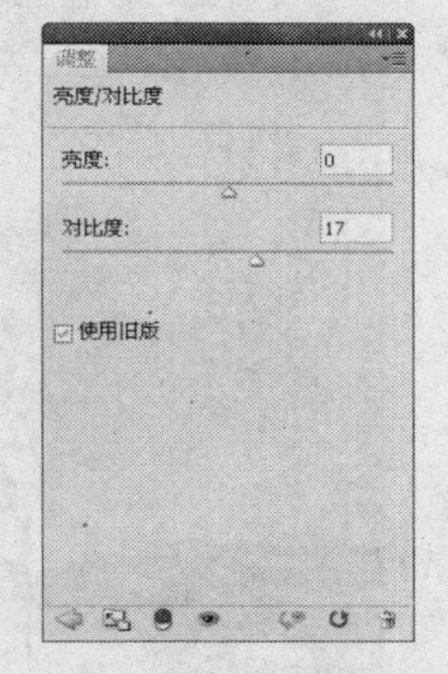

图3-64　“亮度/对比度”调整参数

利用多边形工具可绘制等边多边形，如等边三角形、五角星等。

（23）调整“亮度/对比度”效果如图3-65所示

（24）设置前景色为白色，选择横排文字工具，设置“字体”为“方正大黑简体”，“字体大小”为60点，输入文字，如图3-66所示。

图3-65　调整“亮度/对比度”效果

图3-66　输入文字

3.4 园林海报——文化传承 科学发展

本实例以绿色为主色调，将自然和人文完美地结合，突出了海报的主题，流畅的版式设计，增加了画面的节奏和变化。制作完成的园林海报如图3-67所示。

图3-67 园林海报

（1）启用Photoshop后，执行“文件”|“新建”命令，或按Ctrl+N快捷键，弹出“新建”对话框，设置参数如图3-68所示，单击“确定”按钮，新建一个文件。

（2）执行“文件”|“打开”命令，打开一张背景素材图像，运用移动工具将素材添加至文件中，调整好大小和位置，如图3-69所示。

（3）运用同样的操作方法，打开一张云彩素材图像，如图3-70所示。

（4）执行“选择”|“色彩范围”命令，弹出“色彩范围”对话框，设置参数如图3-71所示。

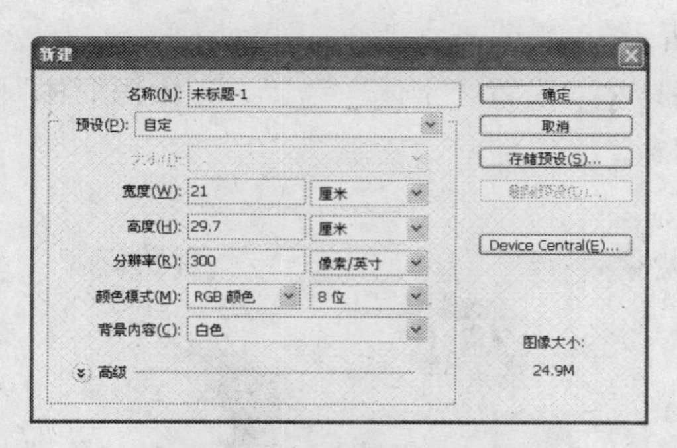

图3-68 “新建”对话框

图3-69 添加背景素材

图3-70 云彩素材

图3-71 “色彩范围”对话框

（5）单击“确定”按钮，得到云彩的选区。运用移动工具将云彩素材添加至文件中，调整好大小和位置，如图3-72所示。

（6）执行“图像”|“调整”|“亮度/对比度”命令，弹出“亮度/对比度”对话框，调整参数如图3-73所示。

“亮度/对比度”对话框中主要选项的含义如下：

• 亮度：拖动滑块或在文本框中输入数字（范围为-100～100），以调整图像的明暗度。当数值为正时，将增加图像的亮度，当数值为负时，将降低图像的亮度。

• 对比度：用于调整图像的对比度，当数值为正时，将增加图像的对比度，当数值为负时，将降低图像的对比度。

• 使用旧版：Photoshop CS4对亮度和对比度的调整算法进行了改进，在调整亮度和对比度的同时，能保留更多的细节（使对比度变得更加柔和）。如果用户想使用旧版本的算法，则可勾选“使用旧版”复选框，使用旧版算法，将使人物图像丢失大量的高光和阴影细节。

（7）单击“确定”按钮，调整效果如图3-74所示。

图3-72　添加云彩素材

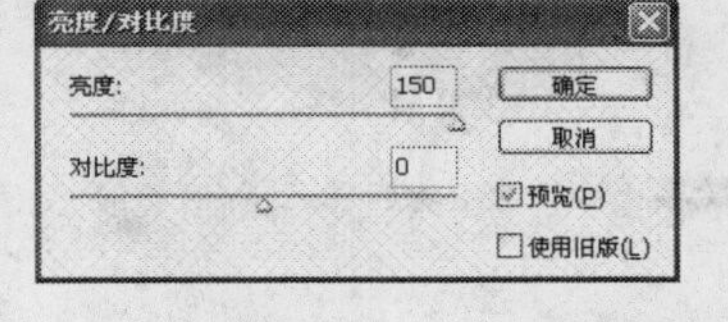

图3-73　“亮度/对比度”对话框

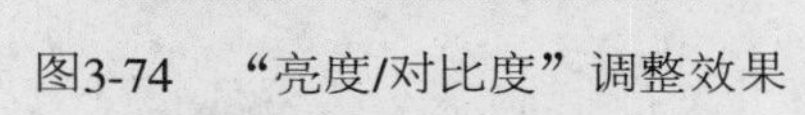

图3-74　“亮度/对比度”调整效果

（8）运用同样的操作方法，添加草地和大树素材，如图3-75所示。

（9）新建一个图层，设置前景色为黄色，选择画笔工具，在工具选项栏中降低“不透明度”和“流量”，在树周围涂抹，制作发光效果，如图3-76所示。

（10）参照前面实例中制作星星的方法，绘制星星，如图3-77所示。

（11）打开蝴蝶素材，运用移动工具将素材添加至文件中，调整好大小和位置，如图3-78所示。

图3-75　添加草地和大树素材

图3-76 制作发光效果

图3-77 绘制星星

图3-78 添加蝴蝶素材

（12）运用同样的操作方法，添加其他素材，如图3-79所示。

（13）新建一个图层，运用钢笔工具，绘制如图3-80所示的路径，然后建立选区、填充白色，按Ctrl+D快捷键取消选区。

（14）继续绘制黑色图形，如图3-81所示。

图3-79 添加其他素材

图3-80 绘制白色图形

图3-81 绘制黑色图形

（15）双击图层，在弹出的“图层样式”对话框中，设置参数如图3-82所示。

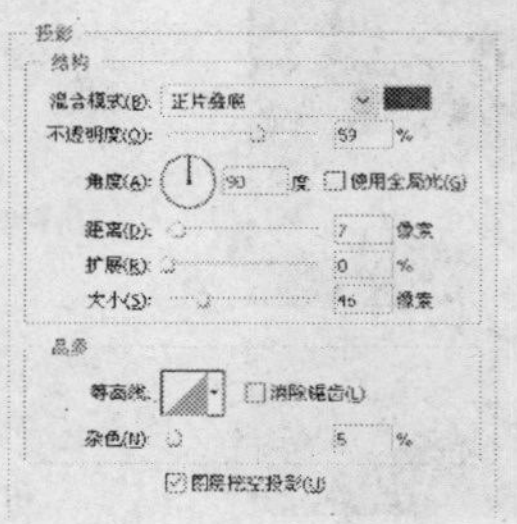

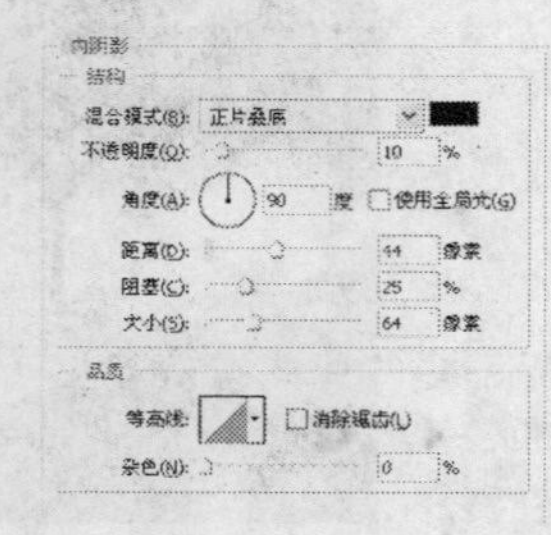

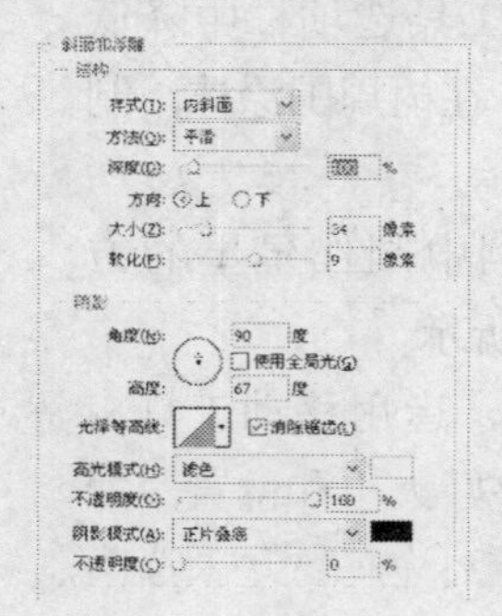

颜色叠加
颜色
混合模式(B): 正常
不透明度(O): 100 %

图3-82 图层样式参数

（16）单击“确定”按钮，退出对话框，添加图层样式的效果如图3-83所示。

（17）打开标志素材，运用移动工具将素材添加至文件中，调整好大小和位置，如图3-84所示。

（18）设置前景色为白色，选择横排文字工具T，设置“字体”为“方正大黑简体”，“字体大小”为45点，输入文字，如图3-85所示。

图3-83　添加图层样式效果

图3-84　添加标志素材

图3-85　输入文字

与“投影”效果从图层背后产生阴影不同，“内阴影”效果在图层前面内部边缘位置产生柔化的阴影效果，常用于立体图形的制作。

（19）运用同样的操作方法输入其他文字，完成园林海报的制作，最终效果如图3-86所示。

图3-86　最终效果

3.5 化妆品海报——健康肌肤的源泉

本实例以人物和产品图像为主体，直观地反映产品的功效，丝绸、星光和花草等元素的添加，使效果更加炫丽夺目。制作完成的化妆品海报如图3-87所示。

图3-87　化妆品海报

（1）启用Photoshop后，执行“文件”|“新建”命令，弹出“新建”对话框，设置参数如图3-88所示，单击“确定”按钮，新建一个空白文件。

（2）设置前景色为玫红色（RGB参考值分别为R237、G0、B141），背景色为深紫色（RGB参考值分别为R46、G1、B37）。在工具箱中选择渐变工具，按下“径向渐变”按钮，单击选项栏渐变列表下拉按钮，从弹出的渐变列表中选择“前景到背景”渐变。在图像窗口中拖动鼠标填充渐变，释放鼠标后得到如图3-89所示的效果。

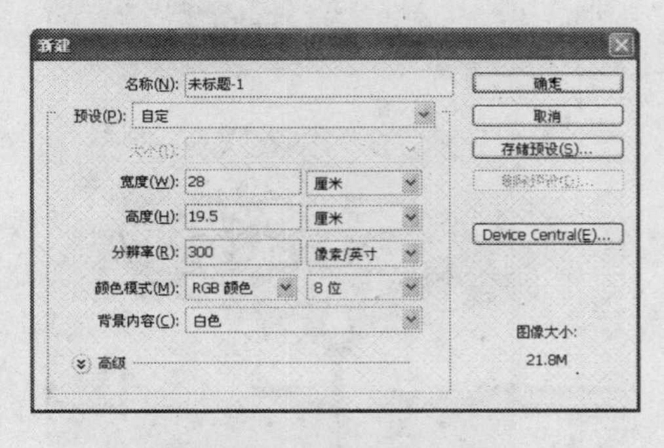

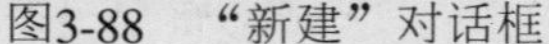
图3-88　“新建”对话框

图3-89　填充背景

（3）执行“文件”|“打开”命令，打开一张桌子素材图像，运用移动工具将素材添加至文件中，调整好大小和位置，如图3-90所示。

（4）运用矩形选框工具，绘制如图3-91所示的矩形选区。

（5）按Ctrl+C快捷键，复制选区，按Ctrl+V快捷键，粘贴图形，并放置在右下角位置，如图3-92所示。

（6）执行“文件”|“打开”命令，打开一张人物素材图像，运用移动工具将素材添加至文件中，调整好大小、位置和图层顺序，如图3-93所示。

图3-90　添加桌子素材

图3-91　绘制选区

图3-92　复制图形

图3-93　添加人物素材

（7）参照前面实例同样的操作方法绘制星光，如图3-94所示。

（8）参照前面同样的操作方法添加其他的素材，如图3-95所示。

图3-94　绘制星光

图3-95　添加其他的素材

（9）在工具箱中选择自定形状工具，然后单击选项栏“形状”下拉列表按钮，从形状列表中选择“红心形卡”形状，如图3-96所示。

（10）按下“路径”按钮，在图像窗口的右上角位置，拖动鼠标绘制一个心形，如图3-97所示。

图3-96　选择“红心形卡”形状

（11）执行“文件”|“新建”命令，弹出“新建”对话框，设置参数如图3-98所示。单击“确定”按钮，关闭对话框，新建一个图像文件。

图3-97　绘制“红心形卡”形状

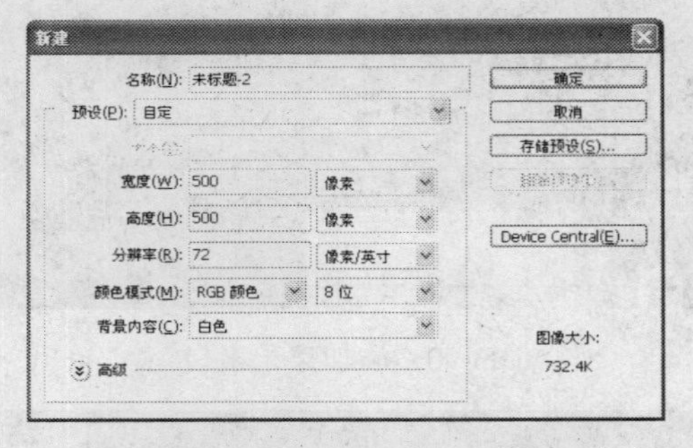

图3-98　“新建”对话框

（12）设置前景色为黑色，按F5键，弹出“画笔”面板，设置参数如图3-99所示，在图像窗口中绘制图形，然后设置参数如图3-100所示，在图像窗口中绘制图形，如图3-101所示。

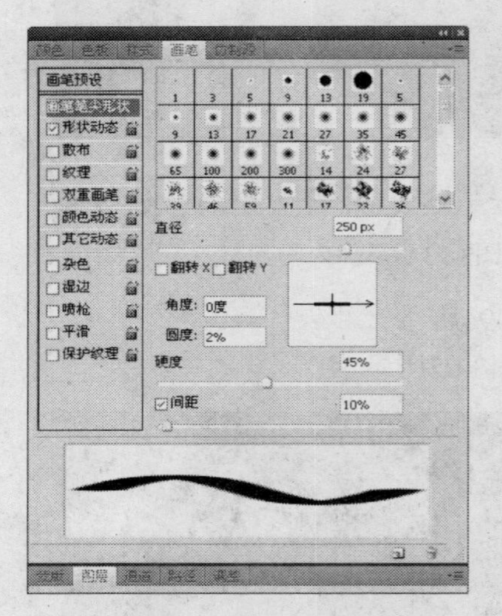

图3-99　“画笔”面板参数

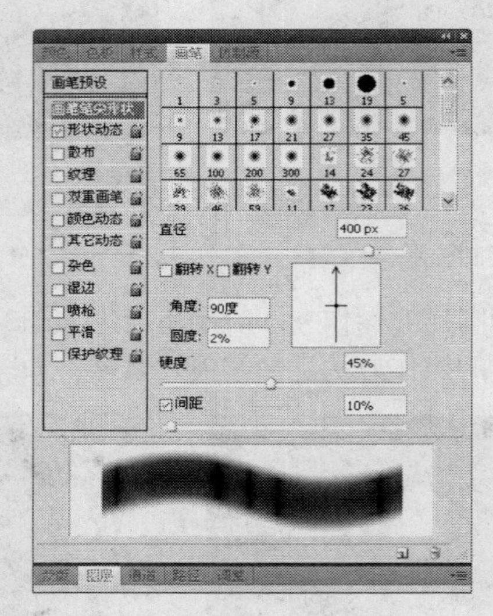

图3-100　“画笔”面板参数

图3-101　绘制图形

（13）运用同样的操作方法，在弹出的“画笔”面板设置参数如图3-102所示，分别在图像窗口中绘制图形，得到如图3-103所示的效果。

（14）参照上面同样的操作方法，在弹出的“画笔”面板设置参数如图3-104所示，再次在图像窗口中绘制图形。

（15）选择画笔工具，在工具选项栏中设置“硬度”为0%、“不透明度”和“流量”均为100%，在图像窗口中绘制如图3-105所示的光点。

（16）执行“编辑”|“定义画笔预设”命令，弹出“画笔名称”对话框，设置“名称”为“星星”，如图3-106所示。

（17）切换至海报文件，选择画笔工具，按F5键，打开“画笔”面板，选择刚才定义的画笔，设置参数如图3-107所示。

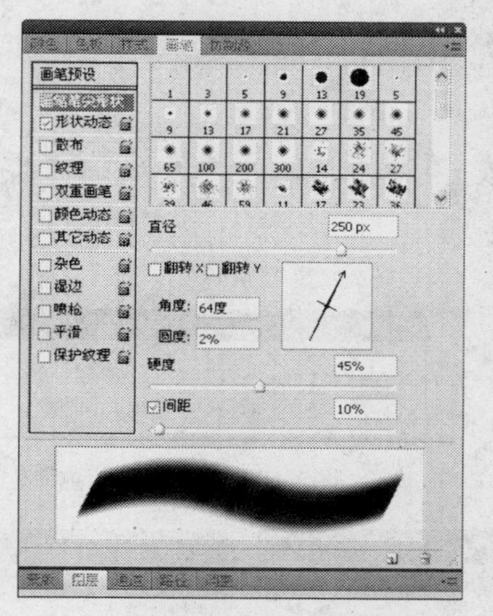

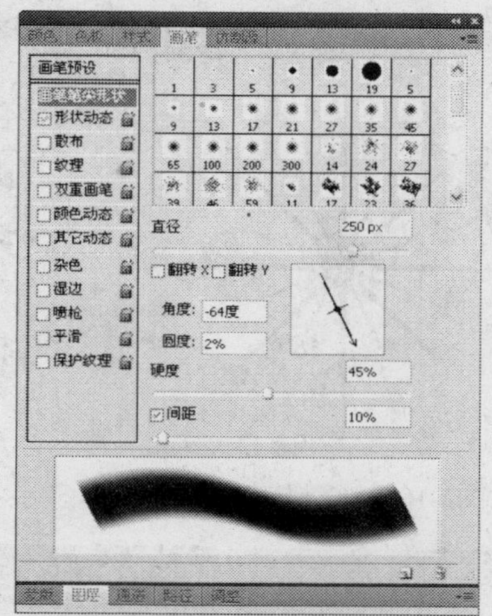

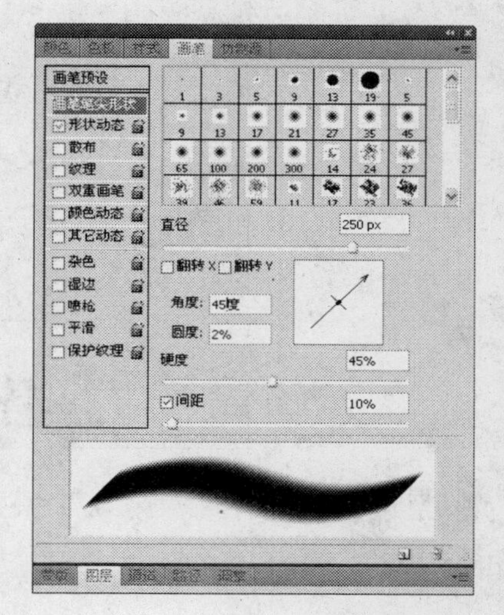

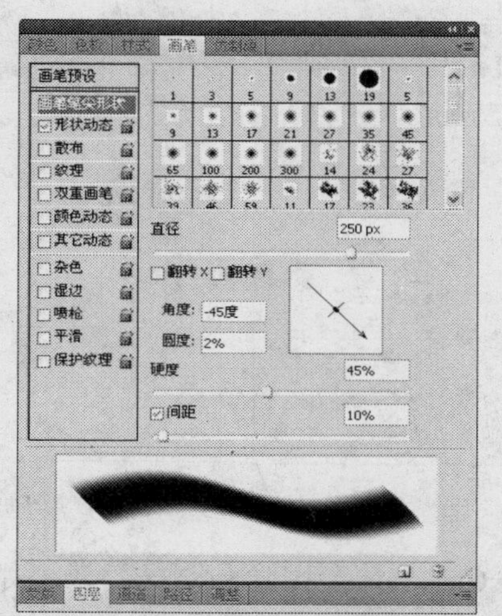

图3-102　“画笔”面板参数

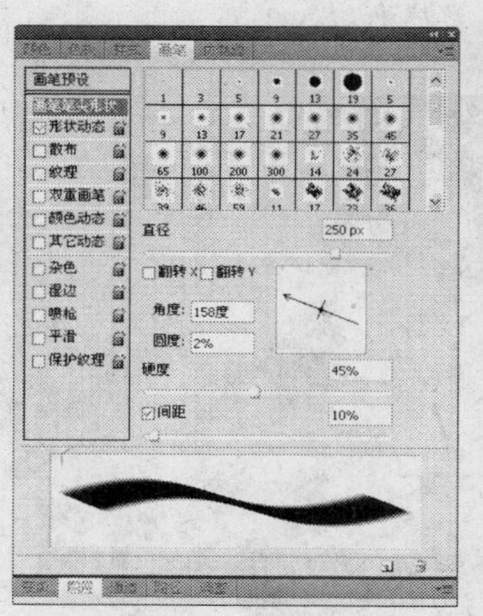

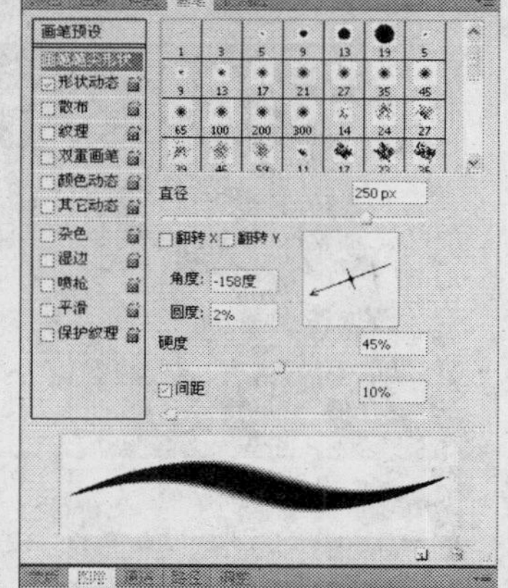

图3-103　绘制图形　　　　图3-104　“画笔”面板参数

（18）选择钢笔工具，在绘制的路径上单击鼠标右键，在弹出的快捷菜单中选择“描边路径”选项，在弹出的对话框中选择“画笔”选项，单击“确定”按钮，描边路径，得到如图3-108所示的效果。

图3-105　绘制光点

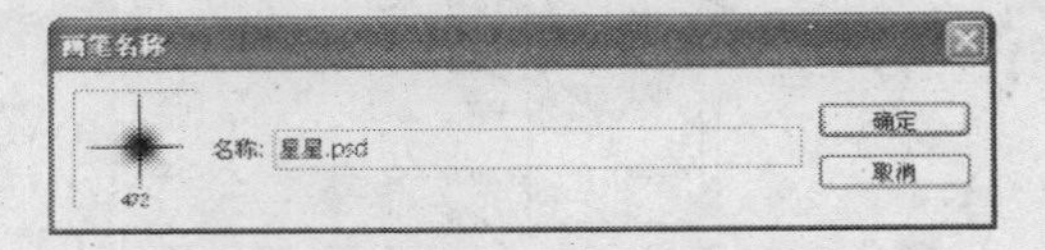

图3-106　“画笔名称”对话框

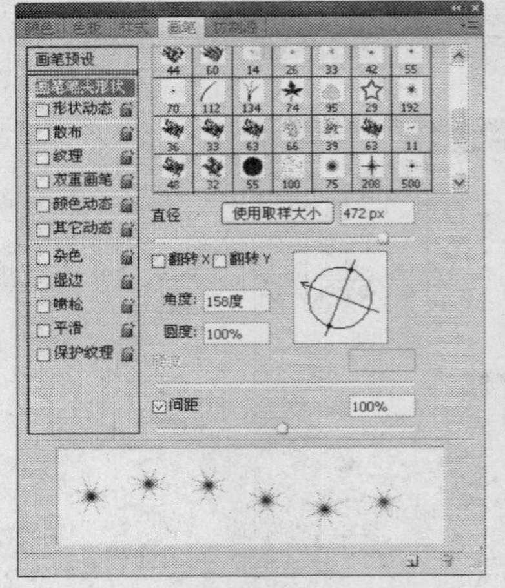

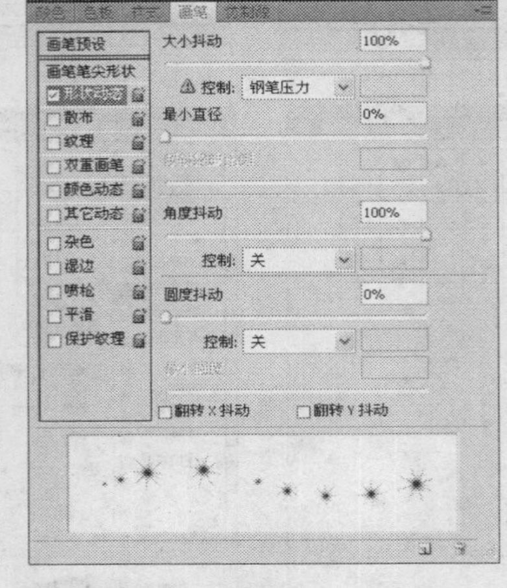

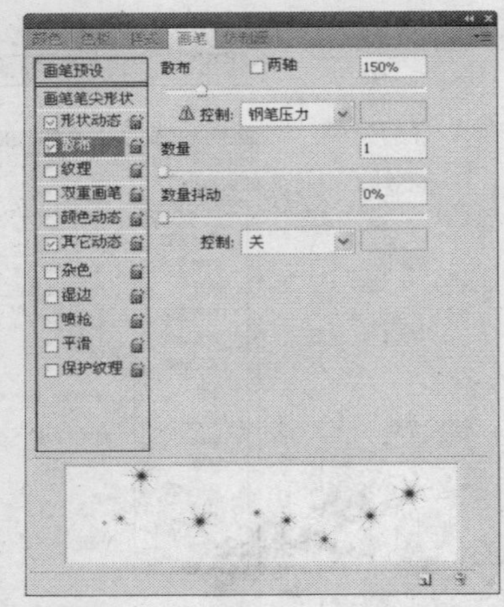

图3-107　“画笔”面板参数

(19) 按Ctrl+H快捷键隐藏路径，效果如图3-109所示。

提示　在绘制路径时，如果将光标放于路径第一个锚点处，钢笔光标的右下角处会显示一个小圆圈标记，此时单击鼠标即可使路径闭合，得到闭合路径。

图3-108　描边路径效果

图3-109　隐藏路径

(20) 执行“文件”|“打开”命令，打开化妆品素材，运用移动工具将素材添加至文件中，调整好大小和位置，将图层复制一份，执行“编辑”|“变换”|“垂直翻转”命令，调整好位置，将“不透明度”设置为54%，效果如图3-110所示。

（21）设置前景色为白色，选择横排文字工具T，设置“字体”为“方正中倩简体”，“字体大小”为26点，输入文字，如图3-111所示。

图3-110　添加产品素材

图3-111　输入文字

（22）运用同样的操作方法，输入其他文字，最终效果如图3-112所示。

图3-112　最终效果

3.6　冰激凌宣传海报——“暑”你最爽，清凉有礼

本实例以蓝色渐变和冰块为背景，画面层次浑然一体，过渡极为流畅，在炎热的天气给人带去清凉的感觉，人物与文字的添加使广告主体突出，创造出强烈的销售气氛，吸引消费者的视线，使其产生购买冲动。制作完成的冰激凌宣传海报如图3-113所示。

（1）启用Photoshop后，执行“文件”|“新建”命令，弹出“新建”对话框，设置参数如图3-114所示，单击“确定”按钮，新建一个空白文件。

图3-113　冰激凌宣传海报

（2）新建一个图层，选择工具箱中的渐变工具，在工具选项栏中单击渐变条，打开“渐变编辑器”对话框，设置参数如图3-115所示。其中，深蓝色的RGB参考值分别为R42、G52、B136，浅蓝色的RGB参考值分别为R94、G194、B234。

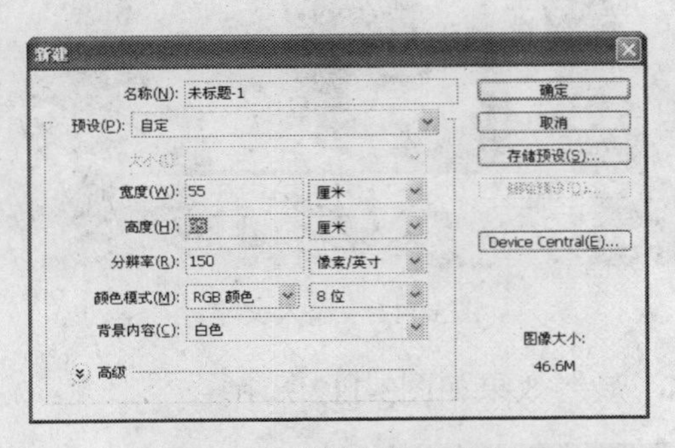

图3-114 “新建”对话框

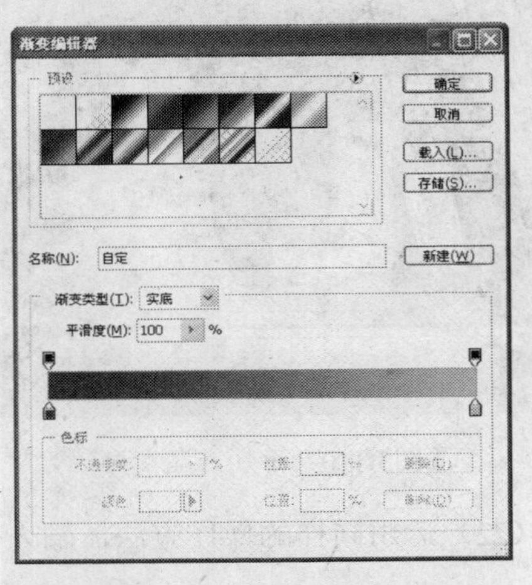

图3-115 “渐变编辑器”对话框

（3）单击“确定”按钮，关闭“渐变编辑器”对话框。按下工具选项栏中的“线性渐变”按钮，在图像窗口中单击并由上至下拖动鼠标，填充线性渐变，效果如图3-116所示。

（4）选择工具箱中的画笔工具，在图像中涂抹，效果如图3-117所示。

（5）新建一个图层，选择工具箱中的矩形选框工具，绘制如图3-118所示的矩形选框。

图3-116 填充渐变效果

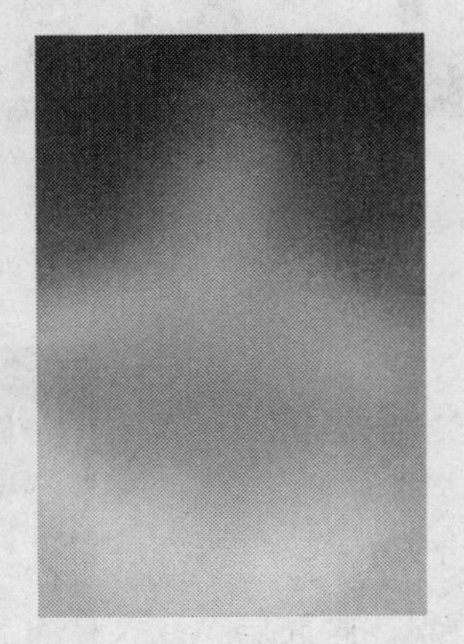

图3-117 涂抹效果

图3-118 绘制矩形选框

（6）设置前景色为白色，选择工具箱中的渐变工具，单击工具选项栏中的渐变条，打开“渐变编辑器”对话框，在“预设”列表中选择“前景色到透明渐变”，如图3-119所示。

（7）单击“确定”按钮，关闭“渐变编辑器”对话框。按下工具选项栏中的“线性渐变”按钮，选择“反向”复选框，然后在图像窗口中单击并由上至下拖动鼠标，填充线性渐变，按Ctrl+D快捷键取消选区，效果如图3-120所示。

（8）按Ctrl+O快捷键，弹出“打开”对话框，选择烟雾素材，单击“打开”按钮，运用移动工具，将烟雾素材添加至文件中，调整好大小及位置，如图3-121所示。

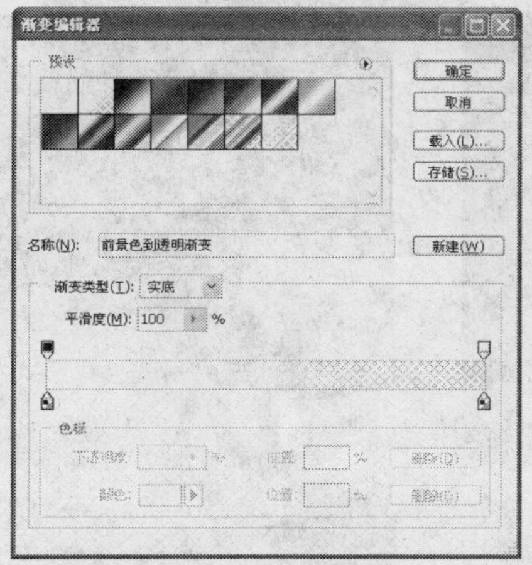

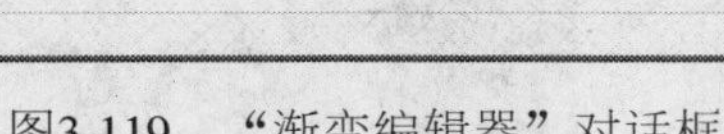

图3-119　“渐变编辑器”对话框

图3-120　填充渐变效果

图3-121　添加烟雾素材

（9）将烟雾图层复制两层，并调整至合适的位置，如图3-122所示。

（10）按Ctrl+O快捷键，弹出“打开”对话框，选择冰块素材，单击“打开”按钮，运用移动工具，将冰块素材添加至文件中，调整好大小及位置，如图3-123所示。

（11）新建一个图层，选择工具箱中的矩形选框工具，绘制如图3-124所示的矩形选框。

图3-122　复制烟雾

图3-123　添加冰块素材

图3-124　绘制矩形选框

（12）设置前景色为蓝色（RGB参考值分别为R91、G205、B241），选择工具箱中的渐变工具，单击工具选项栏中的渐变条，打开“渐变编辑器”对话框，在“预设”列表中选择“前景色到透明渐变”，如图3-125所示。

（13）单击“确定”按钮，关闭“渐变编辑器”对话框。按下工具选项栏中的“线性渐变”按钮，然后在图像窗口中单击并由下至上拖动鼠标，填充线性渐变，按Ctrl+D快捷键取消选区，效果如图3-126所示。

（14）按Ctrl+O快捷键，弹出“打开”对话框，选择人物素材，单击“打开”按钮，运用移动工具，将素材添加至文件中，调整好大小及位置，如图3-127所示。

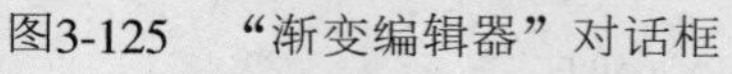

图3-125 “渐变编辑器”对话框

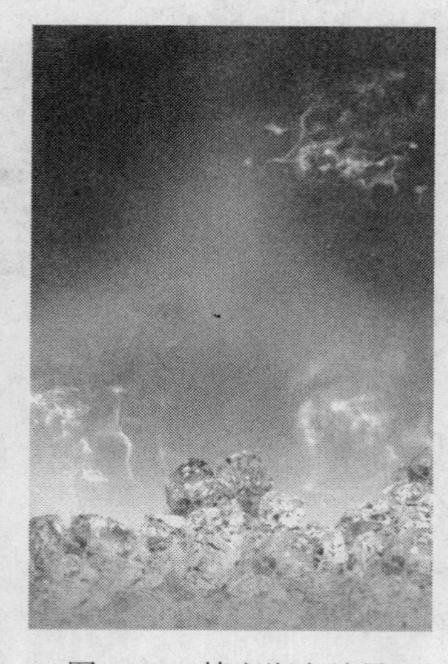

图3-126 填充渐变效果

图3-127 添加人物素材

（15）执行“图像”|“调整”|“亮度/对比度”命令，弹出“亮度/对比度”对话框，调整参数如图3-128所示。

（16）单击“确定”按钮，调整效果如图3-129所示。

（17）设置前景色为白色，在工具箱中选择圆角矩形工具，按下“形状图层”按钮，在图像窗口中拖动鼠标绘制圆角矩形，并设置图层的“不透明度”为60%，如图3-130所示。

图3-128 “亮度/对比度”调整参数

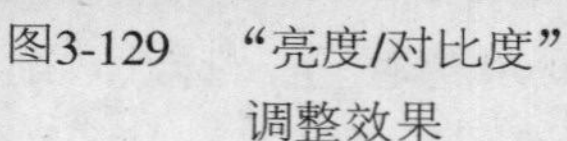

图3-129 “亮度/对比度”调整效果

图3-130 绘制圆角矩形

（18）参照前面同样的操作方法添加其他素材，如图3-131所示。

圆角矩形工具用于绘制圆角的矩形，选择该工具后，在画面中单击并拖动鼠标，可创建圆角矩形，按住Shift键拖动鼠标可创建正圆角矩形。

（19）设置前景色为白色，选择横排文字工具，设置“字体”为“方正小标宋简体”，分别输入8个文字，调整好文字的大小和位置，得到如图3-132所示的效果。

（20）执行“编辑”|“变换”|“旋转”命令，调整文字至合适的位置和角度，如图3-133所示。

图3-131　添加其他素材

图3-132　输入文字

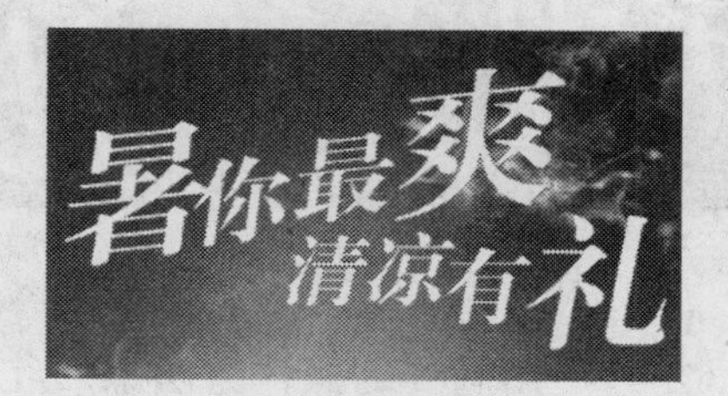

图3-133　调整文字

（21）选择工具箱中的钢笔工具，在工具选项栏中按下“路径”按钮，绘制如图3-134所示的路径。

（22）新建一个图层，设置前景色为白色，按Ctrl+Enter快捷键转换路径为选区，然后按Alt+Delete快捷键填充选区，按Ctrl+D快捷键取消选区，效果如图3-135所示。

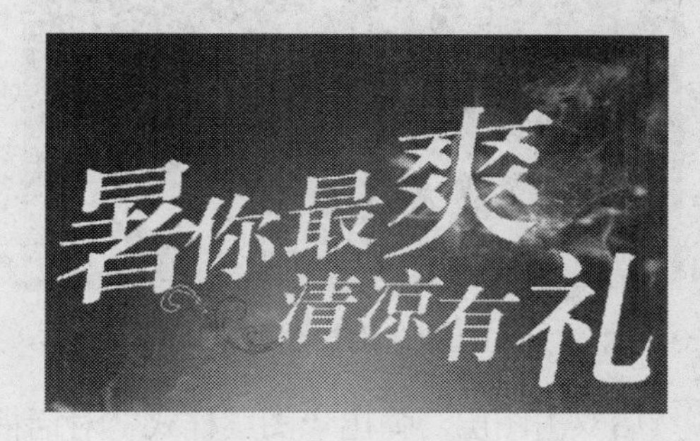

图3-134　绘制路径

图3-135　填充选区

（23）使用同样的方法绘制路径，转换路径为选区，填充选区，效果如图3-136所示。在“图层”面板中选择“暑你最爽，清凉有礼”文字图层，单击鼠标右键，在弹出的快捷菜单中选择“合并图层”命令，合并图层。

（24）按Ctrl+O快捷键，弹出“打开”对话框，选择蓝飘带素材，单击“打开”按钮，运用移动工具，将素材添加至文件中，调整好大小及位置。按Ctrl+Alt+G快捷键，创建剪贴蒙版，如图3-137所示。

合并图层有4种方法：

- “向下合并”：选择此命令，可将当前选择图层与“图层”面板中的下一图层进行合并，合并时下一图层必须为可见，否则该命令无效，快捷键为Ctrl+E。
- “合并可见图层”：选择此命令，可将图像中所有可见图层合并。

• “拼合图像”：合并图像中的所有图层。如果合并时图像有隐藏图层，系统将弹出一个提示对话框，单击其中的“确定”按钮，隐藏图层将被删除，单击“取消”按钮则取消合并操作。

• “合并图层”：如果需要合并多个图层，可以先选择这些图层，然后执行“图层”|“合并图层”命令，快捷键为Ctrl+E。

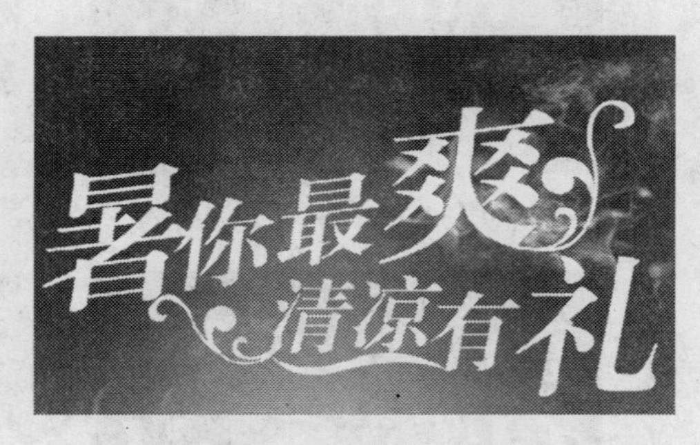

图3-136　继续绘制图形

图3-137　创建剪贴蒙版

（25）运用同样的操作方法添加红飘带素材，创建剪贴蒙版，如图3-138所示。

（26）单击“图层”面板上的“添加图层蒙版”按钮，为红飘带素材图层添加图层蒙版。按D键，恢复前景色和背景色为默认的黑白颜色，然后选择画笔工具，选择合适的画笔大小，在文字上涂抹，效果如图3-139所示。

图3-138　再次创建剪贴蒙版

图3-139　添加图层蒙版

（27）在“图层”面板中选择文字合并图层，然后双击图层，弹出“图层样式”对话框，选择“描边”选项，设置参数如图3-140所示。

（28）单击“确定”按钮，效果如图3-141所示。

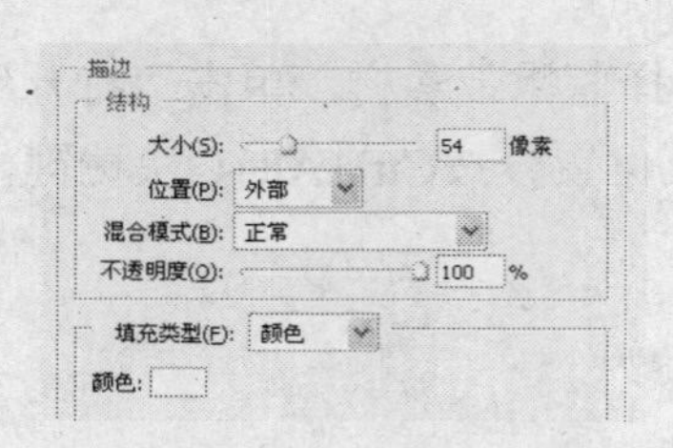

图3-140　“描边”参数

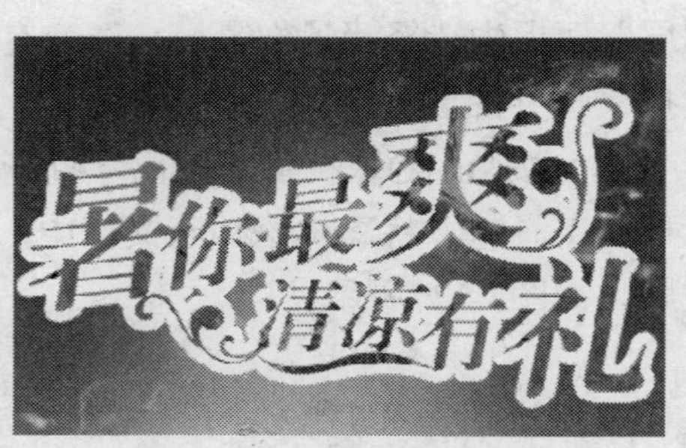

图3-141　“描边”效果

（29）运用同样的操作方法输入其他文字，最终效果如图3-142所示。

图3-142 最终效果

设计海报需要注意几个基本的要素：主题、构图、色彩和字体。

第4章

DM广告设计

DM广告是快讯商品广告，它通常由8开到16开广告纸，以正反面彩色印刷而成，具有邮寄、定点派发、选择性派送到消费者住处等多种方式，它现在正逐渐被广泛应用于商品销售、广告文案、企业广告等多个领域。DM广告可以直接将商品信息传送给真正的受众，具有很强的针对性和专业性。

4.1 宣传三折页——后谷咖啡

本实例制作的是后谷咖啡的宣传三折页，实例形象、生动、具体地展示了咖啡的特色，以一杯咖啡品出回忆和人生百味。制作完成的宣传三折页如图4-1所示。

图4-1　后谷咖啡的宣传三折页

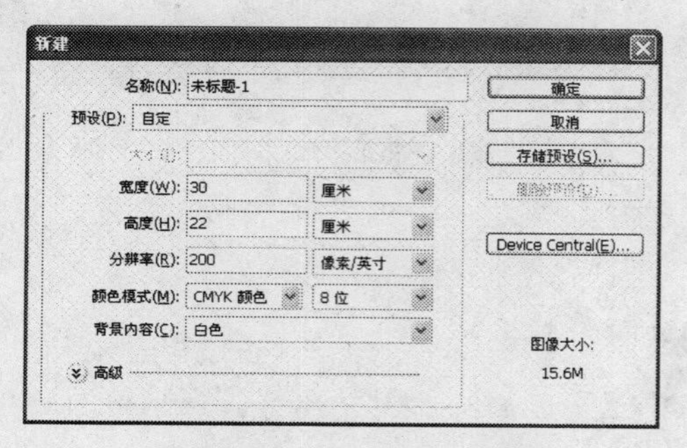

图4-2　“新建”对话框

（1）启用Photoshop后，执行“文件”|“新建”命令，弹出“新建”对话框，设置参数如图4-2所示，单击“确定”按钮，新建一个空白文件。

（2）执行“视图”|“新建参考线”命令，弹出“新建参考线”对话框，设置参数如图4-3所示。

DM单最突出的特点是直接、快速、成本低、认知度高，它为商家宣传自身形象和品牌提供了良好的宣传载体。

（3）单击“确定”按钮，退出“新建参考线”对话框，新建参考线如图4-4所示。

（4）运用同样的操作方法，新建另一条参考线，如图4-5所示。

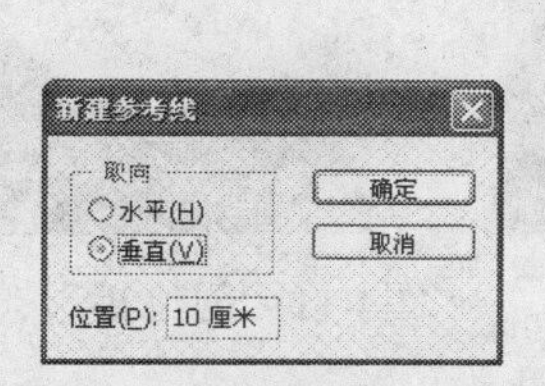

图4-3　“新建参考线”对话框

图4-4　新建参考线

图4-5　新建参考线

（5）新建一个图层，按D键，恢复前景色和背景色的默认设置，按Alt+Delete快捷键，填充背景为黑色。

（6）设置前景色为红色（CMYK参考值分别为C0、M100、Y100、K1），新建一个图层，选择工具箱中的矩形选框工具，在工具选项栏中设置“羽化半径”为“50像素”，在图像中拖动鼠标绘制选区，按Alt+Delete快捷键填充前景色，如图4-6所示。

（7）按Ctrl+T快捷键，进入自由变换状态，在图形上单击鼠标右键，在弹出的快捷菜单中选择“斜切”选项，调整图形后按Enter键确认，然后在“图层”面板中设置图层的“不透明度”为60%，如图4-7所示。

（8）将图层复制一层，运用移动工具，调整至合适的位置，如图4-8所示。

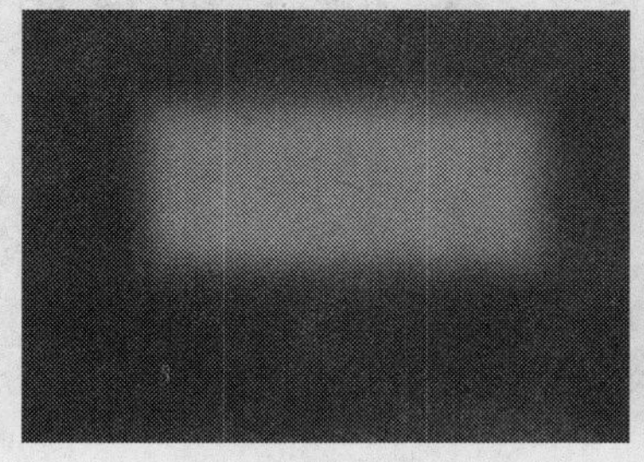

图4-6　绘制矩形

图4-7　调整图形

图4-8　复制图层

（9）按Ctrl+O快捷键，弹出“打开”对话框，选择奶酪素材，单击“打开”按钮，如图4-9所示。

（10）选择工具箱中的魔棒工具，选择白色背景，按Ctrl+Shift+I快捷键，反选得到奶酪选区，运用移动工具，将素材添加至文件中，放置在合适的位置，如图4-10所示。

（11）选择工具箱中的矩形选框工具，在图像窗口中建立如图4-11所示的选区。

在魔棒工具工具选项栏的“容差”文本框中，可输入0~255之间的数值来确定选取的颜色范围。其值越小，选取的颜色范围与鼠标单击位置的颜色越相近，同时选取的范围也越小；值越大，选取的范围就越大。

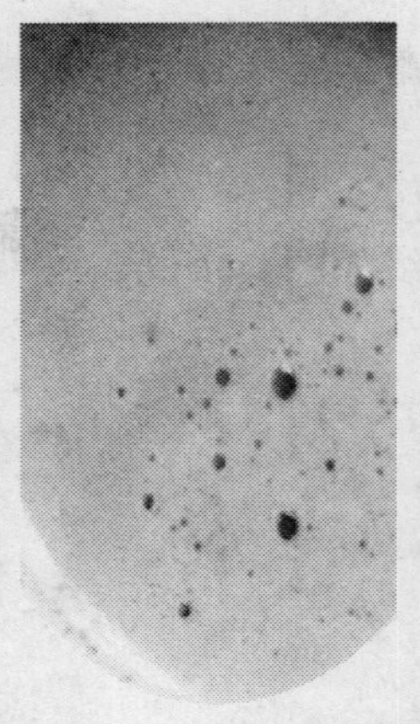
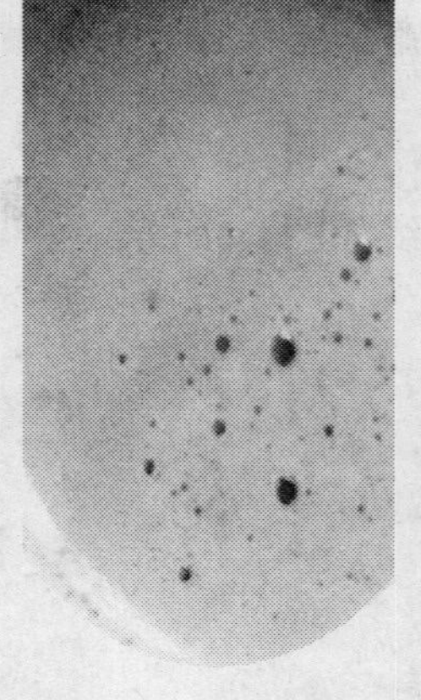

图4-9 奶酪素材

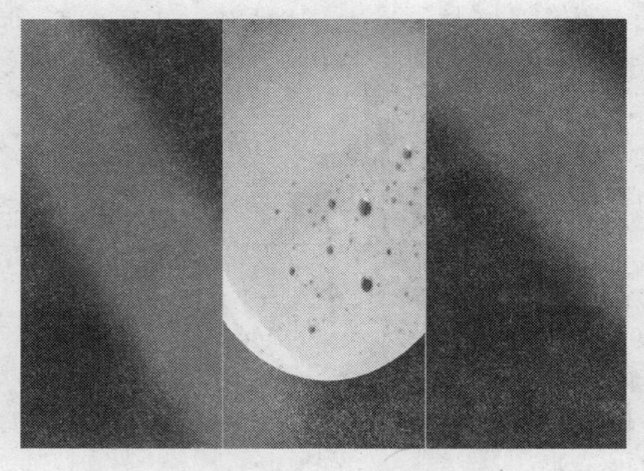

图4-10 添加奶酪素材

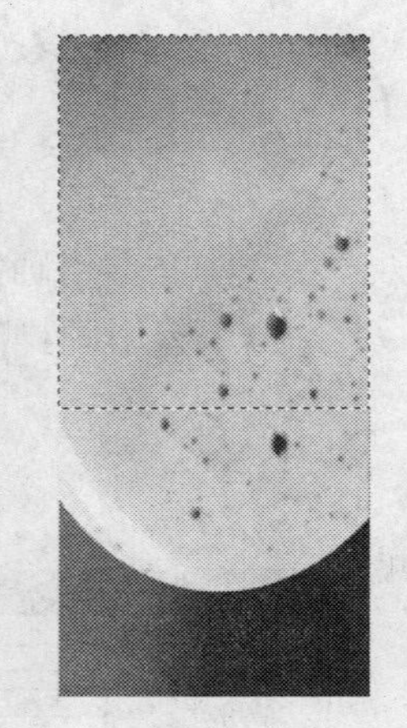

图4-11 创建矩形选区

（12）设置前景色为红色（CMYK参考值分别为C0、M100、Y100、K0），选择工具箱中的渐变工具，单击工具选择项栏中的渐变条，弹出“渐变编辑器”对话框。在“预设”列表中选择“前景色到透明渐变”选项，单击“确定”按钮，退出“渐变编辑器”对话框。在矩形选区中拖动鼠标填充渐变，然后按Ctrl+D快捷键取消选区，得到如图4-12所示的效果。

（13）运用同样的操作方法打开咖啡豆素材，如图4-13所示。

（14）运用移动工具，将咖啡豆素材添加至文件中，放置在合适的位置，如图4-14所示。

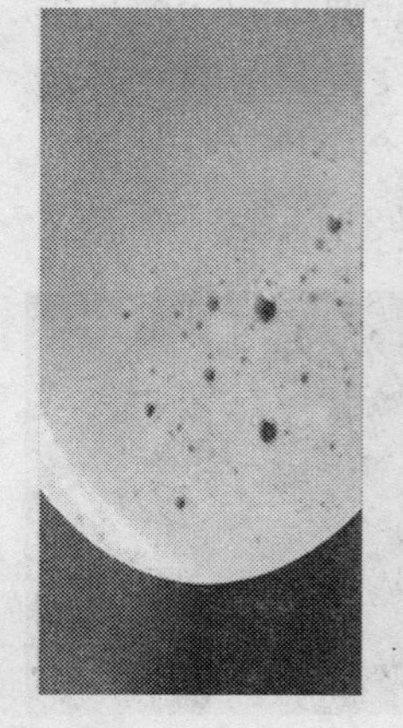

图4-12 填充渐变

图4-13 咖啡豆素材

图4-14 添加咖啡豆素材

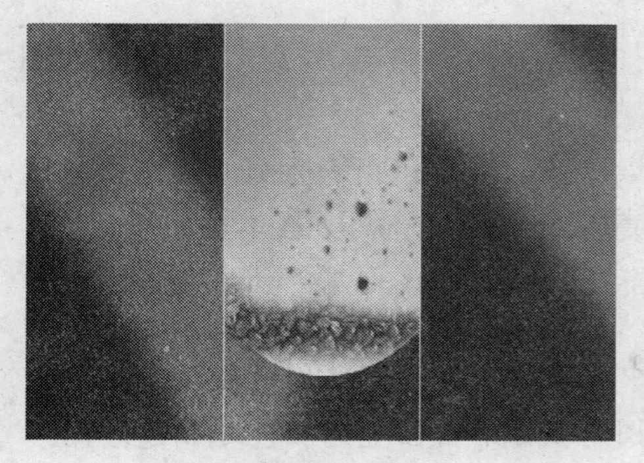

图4-15 涂抹效果

（15）选择工具箱中的橡皮擦工具，在图像窗口中涂抹，如图4-15所示。

（16）选择工具箱中的矩形选框工具，在图像窗口中按下鼠标并拖动，绘制选区。选择工具箱中的渐变工具，在工具选项栏中单击渐变条，打开“渐变编辑器”对话框，设置参考值如图4-16所示，其中咖啡色的CMYK参考值分别为C0、M100、Y100、K95。单击“确定”按钮，退出“渐变编辑器”对话框。

（17）在工具箱中选择渐变工具，按下“线性渐变”按钮，单击工具选项栏渐变列表下拉按钮，从弹出的渐变列表中选择“前景到透明”渐变，选中“反向”复选框。移动光标至图像窗口中间位置，然后拖动鼠标至图像窗口边缘，释放鼠标后，得到如图4-17所示的效果。然后按Ctrl+D快捷键取消选区。

（18）参照前面同样的操作方法创建矩形选区，填充黑色渐变，效果如图4-18所示。

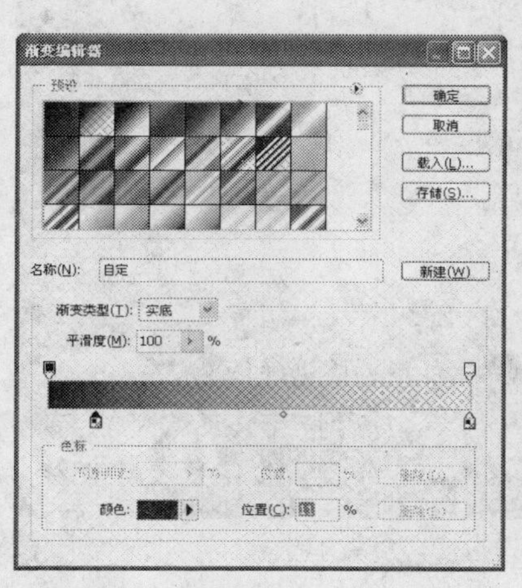

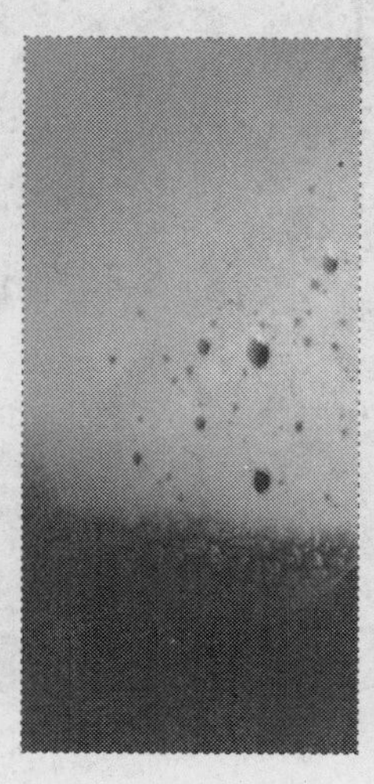

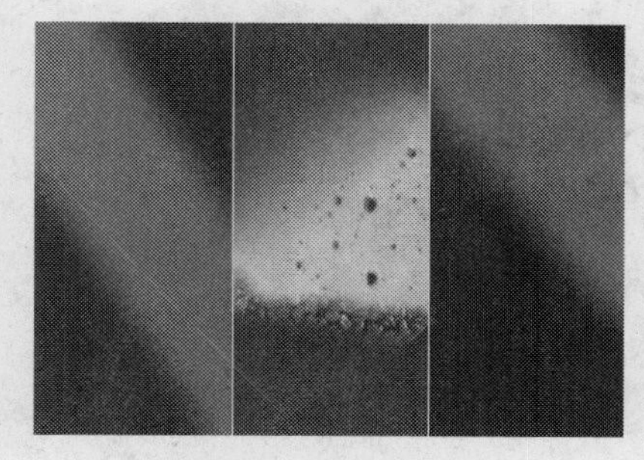

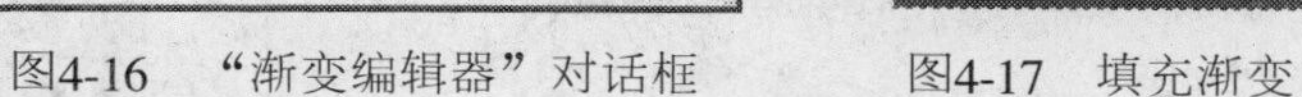

图4-16　“渐变编辑器”对话框　　图4-17　填充渐变　　图4-18　填充渐变

（19）设置前景色为黄色（CMYK参考值分别为C10、M45、Y98、K2），选择工具箱中的横排文字工具，设置“字体”为“方正综艺简体”，“字体大小”为49，输入文字，如图4-19所示。

（20）双击文字图层，在弹出的“图层样式”对话框中选择“投影”选项，设置参数如图4-20所示。

（21）单击“确定”按钮，退出“图层样式”对话框，添加“投影”的效果如图4-21所示。

（22）运用同样的操作方法，输入文字，如图4-22所示。

图4-19　输入文字

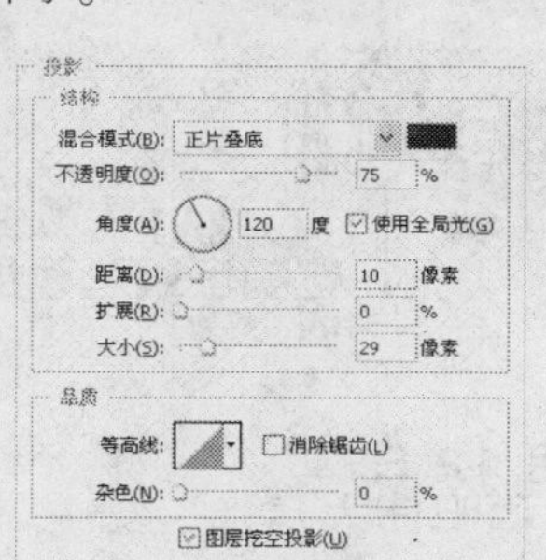

图4-20　“投影”参数

图4-21　“投影”效果

图4-22　再次输入文字

（23）参照前面的操作方法添加咖啡杯和标志素材，如图4-23所示。

（24）参照同样的操作方法输入其他文字，并制作折页的其他部分，最终效果如图4-24所示。

图4-23　添加咖啡杯和标志素材

图4-24　最终效果

4.2　宣传单页——123酒吧

本实例制作的是123酒吧的宣传单页，以橙色为主色调，配合恰到好处的人物素材，展现热情洋溢的广告主题，版面设置也别出心裁、引人注目。制作完成的酒吧宣传单页如图4-25所示。

图4-25　123酒吧的宣传单页

（1）启用Photoshop后，执行“文件”|“新建”命令，或按Ctrl+N快捷键，弹出“新建”对话框，设置参数如图4-26所示，单击“确定”按钮，新建一个文件。

（2）新建一个图层，在工具箱中选择渐变工具，单击工具选项栏中的渐变条，弹出“渐变编辑器”对话框，设置参数如图4-27所示。其中，黄色的RGB参考值分别为R55、G91、B，橙色的RGB参考值分别为R39、G0、B9。单击“确定”按钮，退出“渐变编辑器”对话框。

（3）按下“径向渐变”按钮，在图像窗口中拖动鼠标填充渐变，如图4-28所示。

（4）选择工具箱中的多边形工具，建立如图4-29所示的选区。

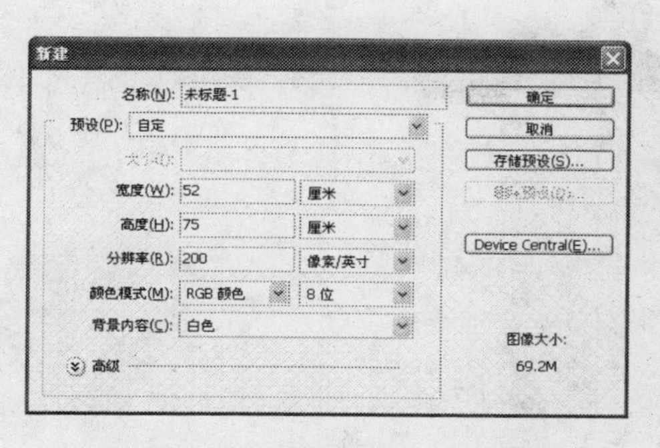

图4-26　“新建”对话框

图4-27　“渐变编辑器”对话框

在使用套索工具或多边形套索工具时，按住Alt键可以在这两个工具之间相互切换。

（5）按Delete快捷键删除多余选区，按Ctrl+D快捷键，取消选择，如图4-30所示。

图4-28　填充渐变效果

图4-29　建立选区

图4-30　删除多余选区

（6）执行“文件”|“打开”命令，打开一张人物素材图像，如图4-31所示。

图4-31　人物素材

（7）运用移动工具，将素材添加至文件中，放置在合适的位置，并将图层顺序下移一层，如图4-32所示。

（8）运用同样的操作方法添加人物手势素材，如图4-33所示。

（9）运用同样的操作方法打开人物剪影素材，如图4-34所示。

（10）运用移动工具，将素材添加至文件中，放置在合适的位置，单击“图层”面板上的“添加图层蒙版”按钮，为人物剪影图层添加图层蒙版。编辑图层蒙版，设置前景色为黑色，按D键，恢复前景色和背景为默认的黑白颜色，选择渐变工具，按下“径向渐变”按钮，在图像窗口中按下并拖动鼠标，设置图层的“混合模式”为“叠加”，“不透明度”为80%，如图4-35所示。

图4-32　添加人物素材

图4-33　添加人物手势素材

图4-34　人物剪影素材

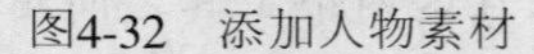

在编辑图层蒙版时，必须掌握以下规律：

• 因为蒙版是灰度图像，因而可使用画笔工具、铅笔工具或渐变填充等绘图工具进行编辑，也可以使用色调调整命令和滤镜。

• 使用黑色在蒙版中绘图，将隐藏图层图像；使用白色绘图将显示图层图像；使用介于黑色与白色之间的灰色绘图，将得到若隐若现的效果。

（11）设置前景色为黄色（RGB参考值分别为R255、G193、B0），在工具箱中选择矩形工具，按下“填充像素”按钮，在图像窗口中拖动鼠标绘制矩形，如图4-36所示。

（12）选择工具箱中的矩形选框工具，在图像窗口中按下鼠标并拖动绘制选区，按Delete键删除多余选区，如图4-37所示。

图4-35　添加图层蒙版

图4-36　绘制矩形

图4-37　删除多余选区

（13）参照同样的操作方法绘制其他矩形，如图4-38所示。

（14）按Ctrl+O快捷键，弹出“打开”对话框，选择酒吧文字素材和其他素材，单击“打开”按钮，运用移动工具，将素材添加至文件中，放置在合适的位置，如图4-39所示。

（15）在工具箱中选择横排文字工具，设置“字体”为OCR A Std、“字体大小”为120点，输入文字，如图4-40所示。

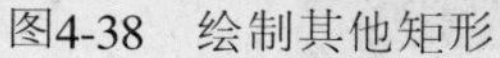

图4-38 绘制其他矩形

图4-39 添加其他素材

图4-40 输入文字

（16）运用同样的操作方法输入其他文字，最终效果如图4-41所示。

图4-41 最终效果

4.3 宣传三折页——天植皮草

本实例制作的是天植皮草的宣传三折页，以红棕色为主色调，体现了天植皮草的典雅高贵。制作完成的宣传三折页如图4-42所示。

（1）启用Photoshop后，执行“文件”|“新建”命令，弹出“新建”对话框，在对话框中设置参数如图4-43所示，单击“确定”按钮，新建一个空白文件。

（2）参照实例“4.1 后谷咖啡”的操作方法，新建参考线，如图4-44所示。

执行“视图”|“显示”|“参考线”命令，或按下Ctrl+；快捷键，可显示/隐藏参考线。

图4-42 天植皮草宣传三折页

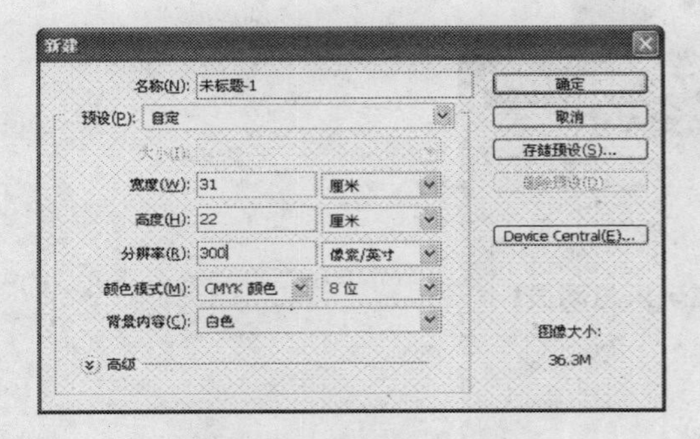

图4-43 “新建”对话框

图4-44 新建参考线

（3）选择工具箱中的渐变工具，在工具选项栏中单击渐变条，打开“渐变编辑器”对话框，设置参数如图4-45所示。

（4）单击“确定”按钮，关闭“渐变编辑器”对话框。按下工具选项栏中的“对称渐变”按钮，在图像中拖动鼠标填充渐变，效果如图4-46所示。

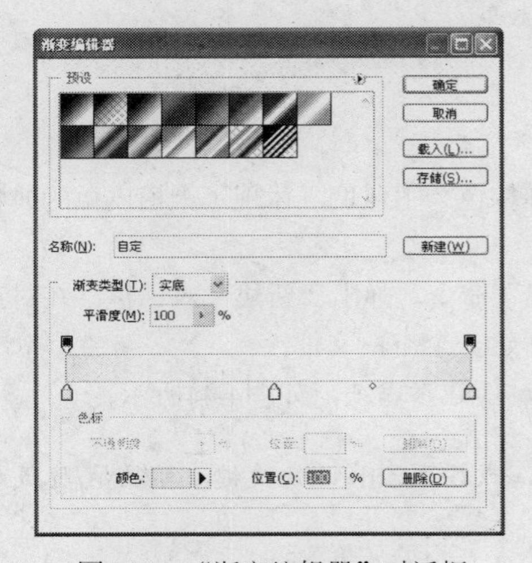

图4-45 “渐变编辑器”对话框

图4-46 填充渐变效果

（5）设置前景色为红棕色（CMYK参考值分别为C0、M100、Y100、K65），在工具箱中选择矩形工具，按下“填充像素”按钮，在图像窗口中拖动鼠标绘制如图4-47所示矩形。

（6）将矩形复制一层，移动至中间位置，如图4-48所示。

图4-47　绘制矩形

图4-48　复制矩形

（7）在工具箱中选择钢笔工具，按下“路径”按钮，在图像窗口中绘制如图4-49示路径。

（8）按Enter+Ctrl快捷键，转换路径为选区，如图4-50所示。

（9）选择工具箱中的渐变工具，在工具选项栏中单击渐变条，打开“渐变编辑器”对话框，设置参数如图4-51所示。其中，橙色的CMYK参考值分别为C38、M76、Y100、K28，黄色的CMYK参考值分别为C11、M5、Y73、K2。

图4-49　绘制路径

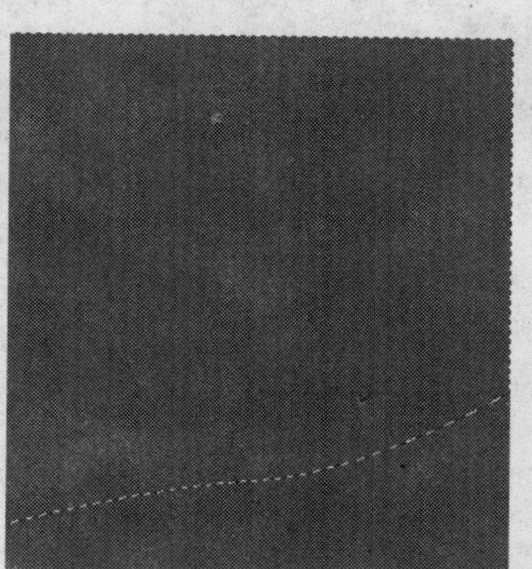

图4-50　转换路径为选区

图4-51　“渐变编辑器”对话框

（10）单击“确定”按钮，退出“渐变编辑器”对话框。在工具箱中选择渐变工具，按下“线性渐变”按钮，单击工具选项栏渐变列表下拉按钮，从弹出的渐变列表中选择“前景到背景”渐变，选中“反向”复选框。移动光标至图像窗口中间位置，然后拖动鼠标至图像窗口边缘，释放鼠标后，得到如图4-52所示的效果。

（11）按Ctrl+O快捷键，弹出“打开”对话框，选择花纹素材，单击“打开”按钮，如图4-53所示。

（12）运用移动工具，将素材添加至文件中，放置在合适的位置，按Ctrl+Alt+G快捷键，创建剪贴蒙版，设置图层的“不透明度”为60%，如图4-54所示。

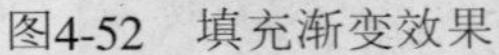

图4-52 填充渐变效果

图4-53 花纹素材

图4-54 创建剪贴蒙版

（13）在工具箱中选择钢笔工具，按下“路径”按钮，在图像窗口中绘制如图4-55所示路径。

（14）按Enter+Ctrl快捷键，转换路径为选区，如图4-56所示。

（15）设置前景色为黄色（CMYK参考值分别为C9、M5、Y86、K0），填充选区如图4-57所示。

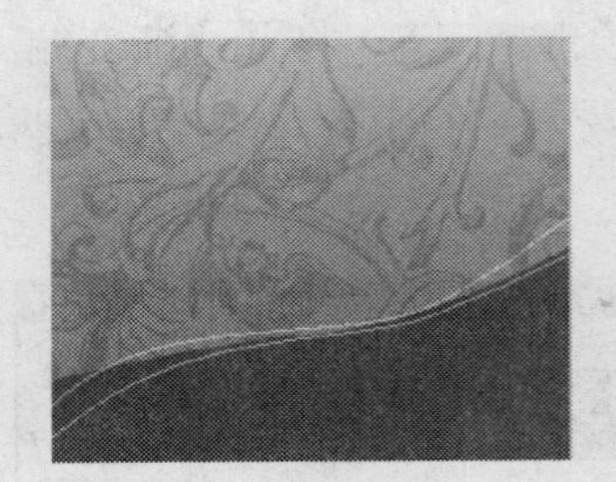

图4-55 绘制路径

图4-56 转换路径为选区

图4-57 填充选区

图4-58 绘制另一个图形

（16）运用同样的操作方法，绘制另一个图形，如图4-58所示。

（17）按Ctrl+O快捷键，弹出“打开”对话框，选择标志素材，单击“打开”按钮，运用移动工具，将素材添加至文件中，放置在合适的位置，如图4-59所示。

（18）选择工具箱中的渐变工具，在工具选项栏中单击渐变条，打开“渐变编辑器”对话框，设置参数如图4-60所示。其中，橙色的CMYK参考值分别为C38、M76、Y100、K28，黄色的CMYK参考值分别为C11、M5、Y73、K2。

（19）单击“确定”按钮，退出“渐变编辑器”对话框。在工具箱中选择渐变工具，按下“线性渐变”按钮，单击工具选项栏渐变列表下拉按钮，从弹出的渐变列表中选择“前景到背景”渐变，选中“反向”复选框。移动光标至图像窗口中间位置，然后拖动鼠标至图像窗口边缘，释放鼠标后，得到如图4-61所示的效果。

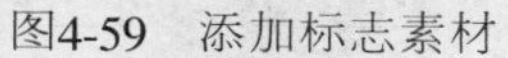

图4-59　添加标志素材

图4-60　“渐变编辑器”对话框

图4-61　填充渐变效果

（20）在工具箱中选择横排文字工具[T]，设置“字体”为“方正综艺简体”字体、“字体大小”为18点，输入文字“天植皮草贵宾手册”。运用同样的操作方法制作其他部分，最终效果如图4-62所示。

图4-62　最终效果

4.4　宣传三折页——冠名墙面漆

本实例制作的是冠名墙面漆宣传三折页，以环保自然为主题，结合中国传统的建筑和山水画元素，以荷花为点缀，诠释出产品历史悠久、安全自然的特性。制作完成的墙面漆宣传三折页如图4-63所示。

（1）启用Photoshop后，执行“文件”|“新建”命令，弹出“新建”对话框，设置参数如图4-64所示，单击“确定”按钮，新建一个空白文件。

（2）参照实例“4.1　后谷咖啡”的操作方法新建参考线，如图4-65所示。

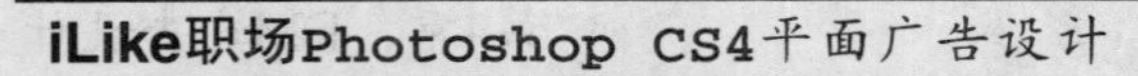

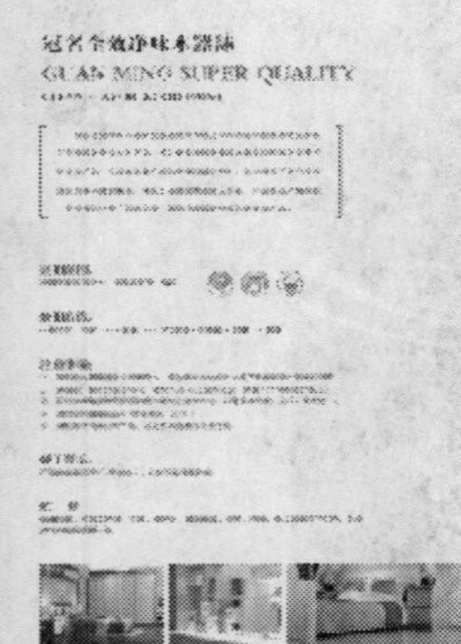

图4-63　冠名墙面漆宣传三折页

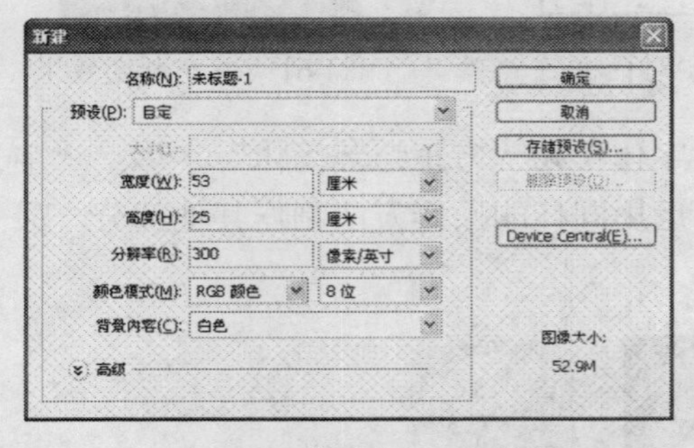

图4-64　“新建”对话框

图4-65　新建参考线

（3）选择工具箱中的矩形选框工具，在图像窗口中按下鼠标并拖动，绘制如图4-66所示选区。

（4）选择工具箱中的渐变工具，在工具选项栏中单击渐变条，打开“渐变编辑器”对话框，设置参数如图4-67所示，其中蓝色的RGB参考值分别为R151、G211、B208）。

图4-66　创建选区

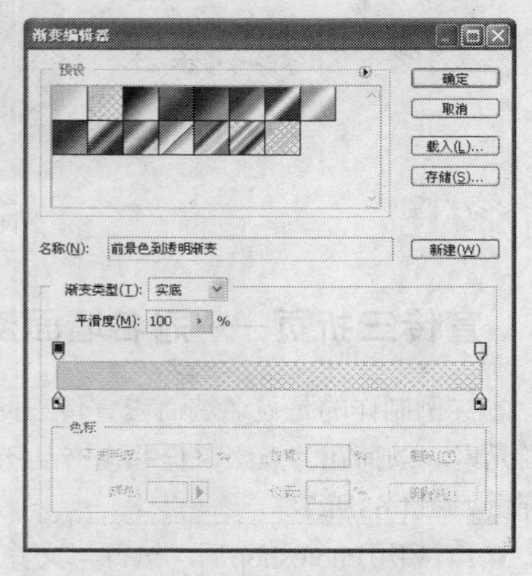

图4-67　“渐变编辑器”对话框

（5）单击“确定”按钮，退出“渐变编辑器”对话框。在工具箱中选择渐变工具，按下“径向渐变”按钮，单击工具选项栏渐变列表下拉按钮，从弹出的渐变列表中选择“前景到背景”渐变，选中“反向”复选框。移动光标至图像窗口中间位置，然后拖动鼠标至图像窗口边缘，释放鼠标后，得到如图4-68所示的效果。

（6）按Ctrl+O快捷键，弹出“打开”对话框，选择山水画素材，单击“打开”按钮，如图4-69所示。运用移动工具，将素材添加至文件中，放置在合适的位置。

图4-68　填充渐变效果

图4-69　山水画素材

（7）单击“图层”面板上的“添加图层蒙版”按钮，为山水画图层添加图层蒙版。编辑图层蒙版，设置前景色为黑色，选择画笔工具，按“[”或“]”键调整合适的画笔大小，在图像上涂抹，效果如图4-70所示。

（8）按Ctrl+O快捷键，弹出“打开”对话框，选择荷花素材，单击“打开”按钮，选择工具箱中的魔棒工具，选择白色背景，如图4-71所示。

（9）按Ctrl+Shift+I快捷键，反选得到荷花选区，运用移动工具，将素材添加至文件中，放置在合适的位置，如图4-72所示。

图4-70　添加图层蒙版

图4-71　创建选区

图4-72　添加荷花素材

（10）选择工具箱中的椭圆选框工具，在图像窗口中按住Shift键的同时拖动鼠标，绘制如图4-73所示正圆选区。

（11）选择工具箱中的渐变工具，在工具选项栏中单击渐变条，打开“渐变编辑器”对话框，设置参数如图4-74所示，其中蓝绿色的RGB参考值分别为R164、G218、B215。

（12）按下工具选项栏中的“径向渐变”按钮，在图像中拖动鼠标填充渐变，效果如图4-75所示。

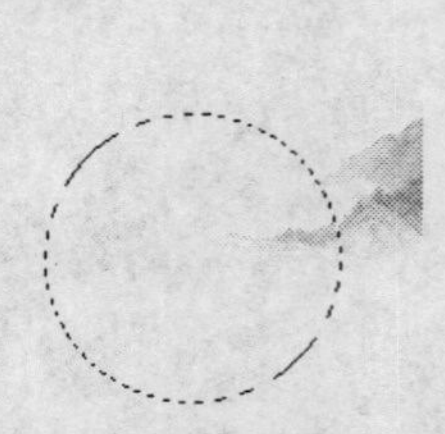

图4-73　绘制正圆选区

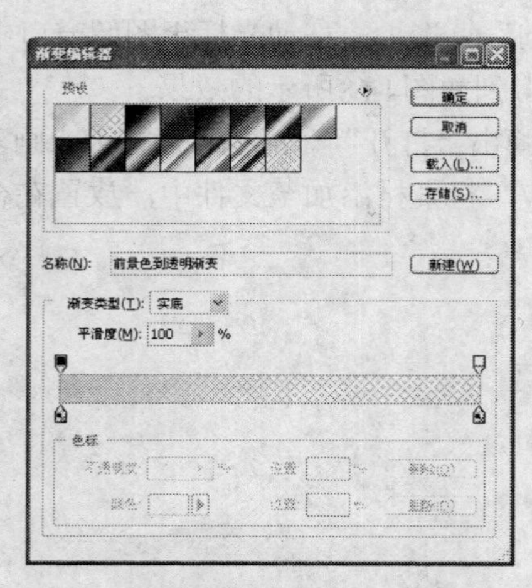

图4-74　“渐变编辑器”对话框

图4-75　填充渐变效果

（13）将绘制的图形复制一层，并调整到合适的大小和位置，如图4-76所示。

（14）按Ctrl+O快捷键，弹出“打开”对话框，选择油漆桶素材，单击“打开”按钮，运用移动工具，将素材添加至文件中，放置在合适的位置，如图4-77所示。

（15）将油漆桶素材复制一层，并调整到合适的大小和位置，如图4-78所示。

图4-76　复制图形

图4-77　添加油漆桶素材

图4-78　复制油漆桶素材

（16）在工具箱中选择横排文字工具，设置“字体”为“方正草书”、“字体大小”为48点，输入文字，如图4-79所示。

（17）运用同样的操作方法，输入其他文字，如图4-80所示

（18）参照同样的操作方法，制作其他部分，最终效果如图4-81所示。

提示　宣传三折页的文字和图片排版是很重要的，需要观察整体图文比例关系后，再调整字体的疏密和大小关系。

图4-79 输入文字　　图4-80 输入其他文字

图4-81 最终效果

4.5 宣传折页——雪月咖啡屋

本实例制作的是雪月咖啡屋宣传折页，以咖啡色为主色调，以咖啡豆和咖啡为主体，并制作了发光的效果，体现了雪月咖啡屋典雅的品质。制作完成的雪月咖啡屋宣传折页如图4-82所示。

图4-82 雪月咖啡屋宣传折页

（1）启用Photoshop后，执行“文件”|“新建”命令，弹出“新建”对话框，设置参数如图4-83所示，单击“确定”按钮，新建一个空白文件。

（2）新建一个图层，设置前景色为咖啡色（RGB参考值分别为R79、G31、B0），按Alt+Delete快捷键，填充颜色为咖啡色，效果如图4-84所示。

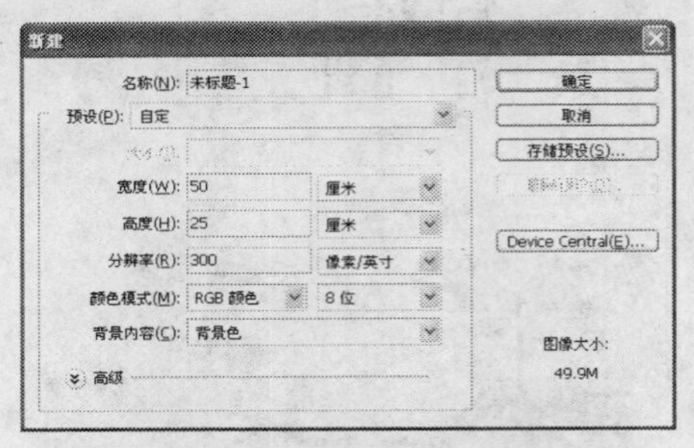

图4-83 “新建”对话框

图4-84 填充颜色

（3）选择工具箱中的矩形选框工具，在图像窗口中按下鼠标并拖动，绘制如图4-85所示选区。

（4）新建一个图层，设置颜色为咖啡色（RGB参考值分别为R71、G0、B0），按Alt+Delete快捷键，填充颜色为咖啡色，效果如图4-86所示。

图4-85 矩形选区

图4-86 填充颜色

（5）按Ctrl+O快捷键，弹出“打开”对话框，选择咖啡豆素材，单击“打开”按钮，运用移动工具，将咖啡豆素材添加至文件中，放置在合适的位置，如图4-87所示。

（6）单击“图层”面板上的“添加图层蒙版”按钮，为图层添加图层蒙版。选择渐变工具，单击选项栏渐变列表下拉按钮，从弹出的渐变列表中选择“黑白”渐变，按下“径向渐变”按钮，在图像窗口中按下并拖动鼠标填充渐变，效果如图4-88所示。

图4-87 添加咖啡豆素材

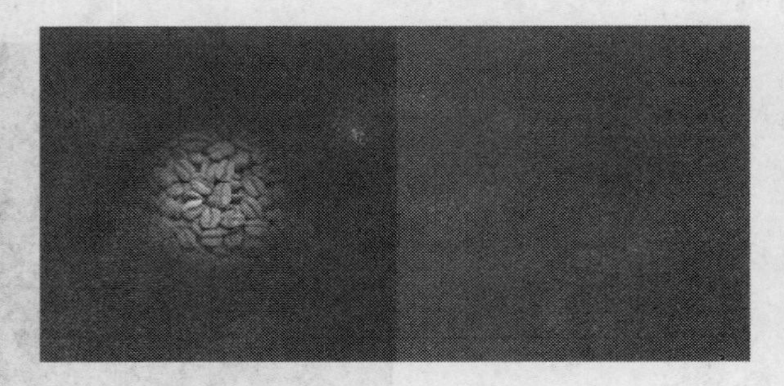

图4-88 添加图层蒙版

（7）按Ctrl+O快捷键，弹出“打开”对话框，选择格子背景素材，单击“打开”按钮，运用移动工具，将格子背景素材添加至文件中，放置在合适的位置，如图4-89所示。

（8）设置图层的“混合模式”为“强光”，效果如图4-90所示。

图4-89 添加格子背景素材

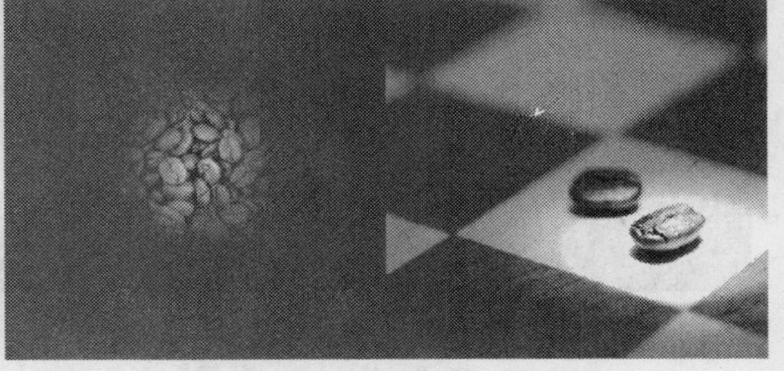

图4-90 “强光”效果

（9）按Ctrl+O快捷键，弹出“打开”对话框，选择杯子素材，单击“打开”按钮，运用移动工具，将杯子素材添加至文件中，放置在合适的位置，如图4-91所示。

（10）在“图层”面板中单击“添加图层样式”按钮，弹出“图层样式”对话框，选择“投影”选项，设置参数如图4-92所示，得到如图4-93所示的效果。

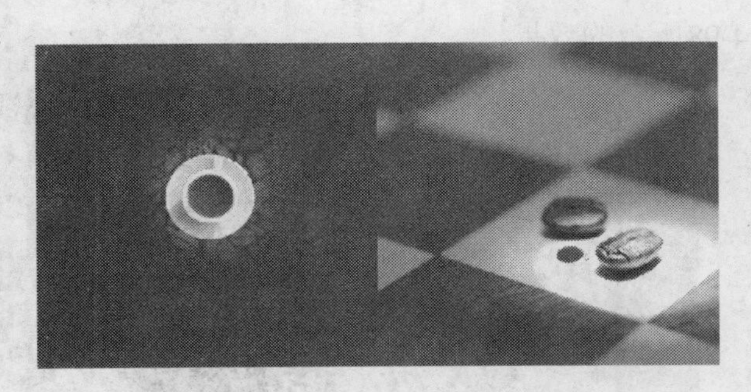

图4-91 添加杯子素材

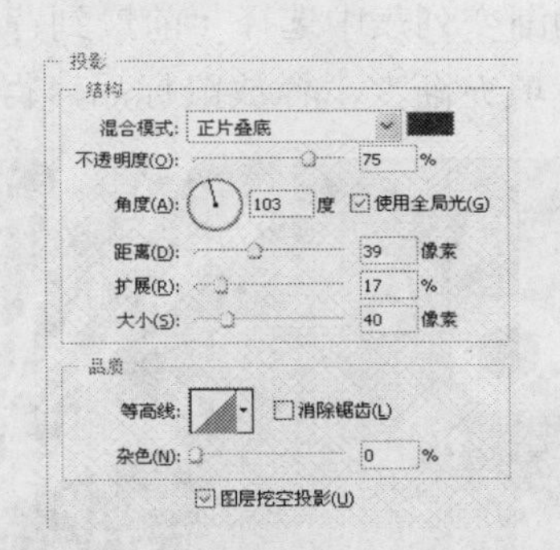

图4-92 “投影”参数

（11）新建一个图层，设置前景色为白色，选择多边形套索工具，建立如图4-94所示的选区，填充颜色为白色，如图4-95所示。

图4-93 “投影”效果

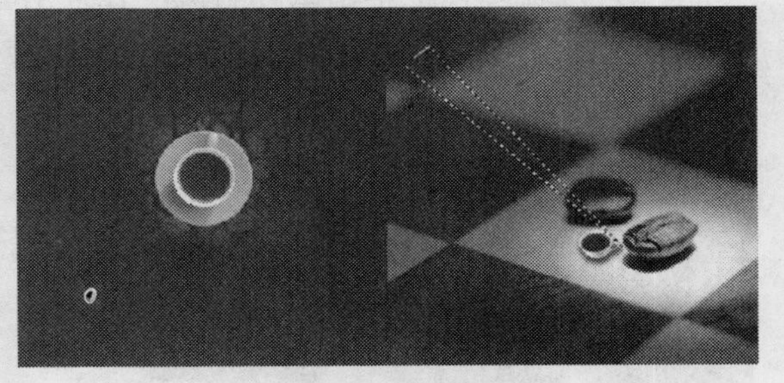

图4-94 绘制选区

（12）按下Ctrl+Alt+T快捷键，变换图形，按住Alt键的同时，拖动中心控制点至下侧边缘位置，调整变换中心并旋转15°，如图4-96所示。

旋转中心为图像旋转的固定点，若要改变旋转中心，可在旋转前将中心点拖移到新位置。按住Alt键进行拖动可以快速移动旋转中心。

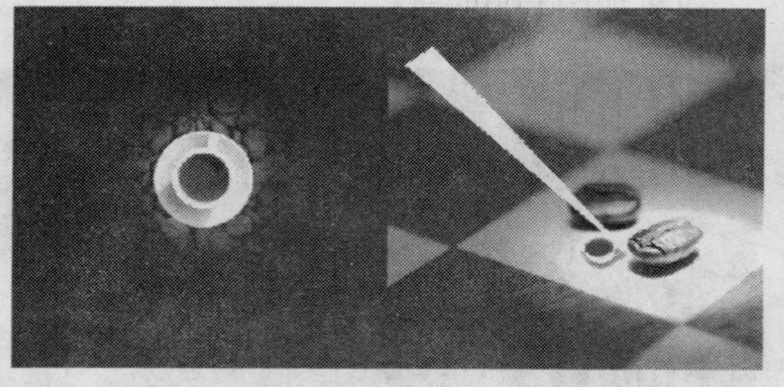

图4-95 填充选区

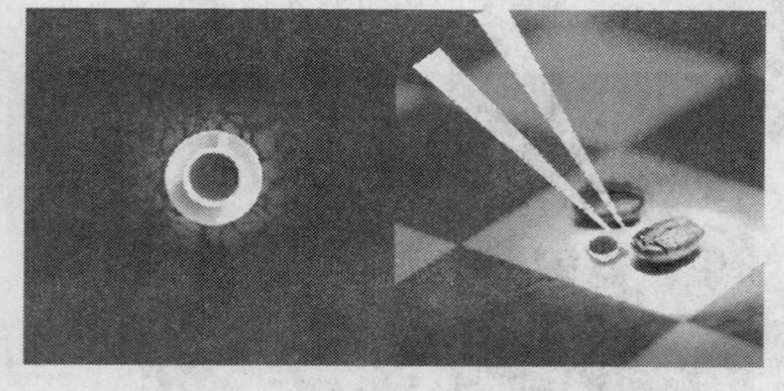

图4-96 调整变换中心并旋转15°

（13）按下Ctrl+Alt+Shift+T快捷键，可在进行再次变换的同时复制变换对象，如图4-97所示为使用重复变换复制功能制作的效果。

（14）合并变换图形的图层，设置图层的“不透明度”为50%，并调整好图层顺序。

（15）添加一个图层蒙版，按D键，恢复前景色和背景色为系统默认的黑白颜色。在工具箱中选择渐变工具，按下“径向渐变”按钮，单击工具选项栏渐变列表下拉按钮，从弹出的渐变列表中选择“前景到背景”渐变。移动光标至图像窗口中间位置，然后向边缘拖动鼠标填充渐变，释放鼠标后，得到如图4-98所示的效果。

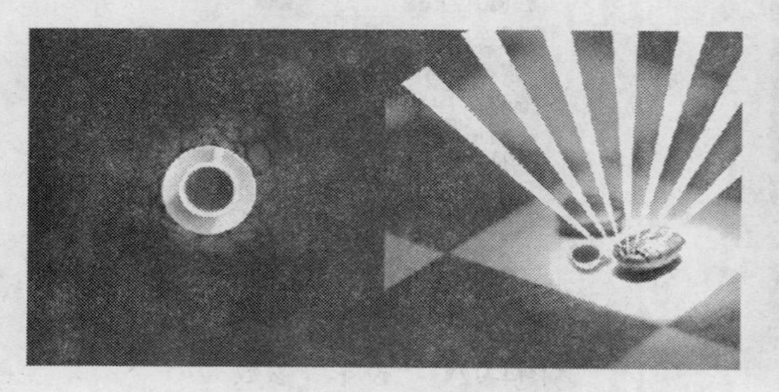

图4-97 重复变换复制效果

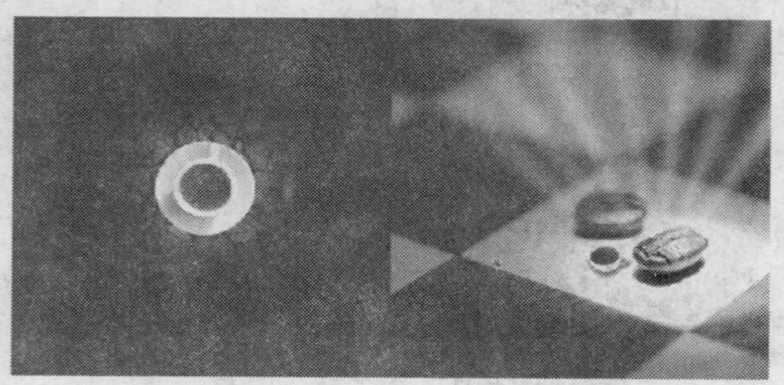

图4-98 添加图层蒙版

（16）运用钢笔工具，绘制如图4-99所示的路径。

（17）在路径上单击鼠标右键，在弹出的快捷菜单中选择“建立选区”选项，在弹出的“建立选区”对话框中单击“确定”按钮，转换路径为选区，按Ctrl+Shift+I快捷键反选选区，如图4-100所示。

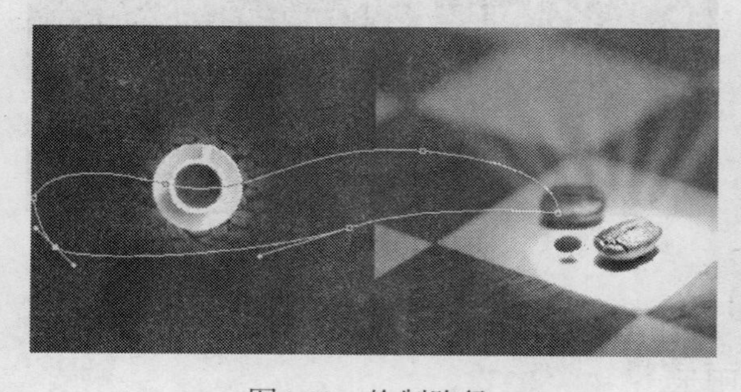

图4-99 绘制路径

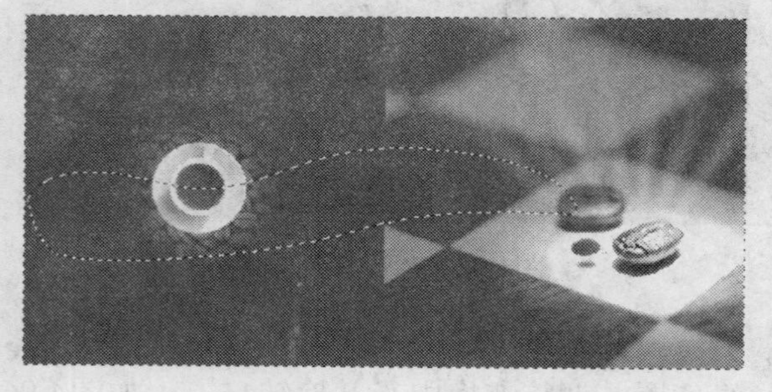

图4-100 建立选区

（18）新建一个图层，使用画笔工具（大小设置为300左右），将前景色设为白色，沿着选区的边缘进行涂抹，效果如图4-101所示。

（19）运用同样的操作方法绘制路径，效果如图4-102所示。

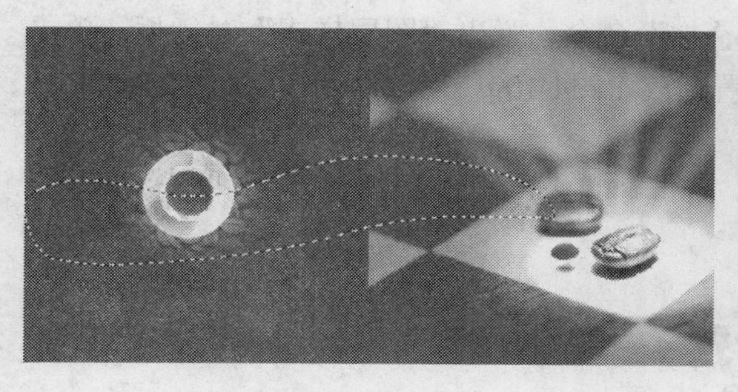

图4-101 涂抹选区

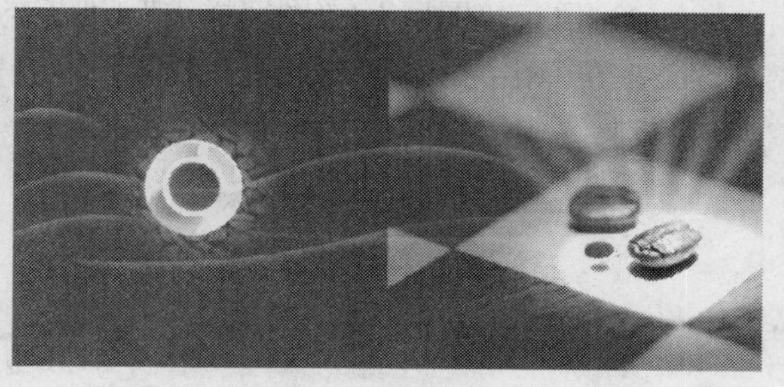

图4-102 绘制路径

（20）按Ctrl+O快捷键，弹出“打开”对话框，选择文字素材，单击“打开”按钮，如图4-103所示。

（21）运用移动工具，将文字素材添加至文件中，放置在合适的位置。

（22）运用同样的操作方法，为文字素材图层添加图层蒙版，得到如图4-104所示效果。

图4-103 添加文字素材

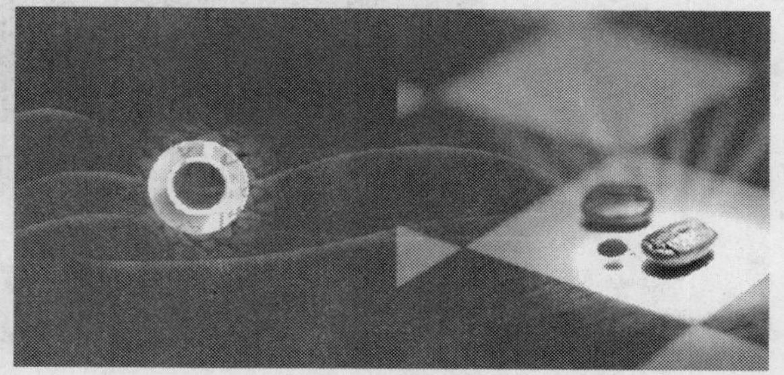

图4-104 添加图层蒙版

（23）在工具箱中选择横排文字工具T，设置“字体”为“方正大黑繁体”、“字号”为“255点”，输入文字，效果如图4-105所示。

（24）运用同样的操作方法输入其他文字，最终效果如图4-106所示。

图4-105 输入文字

图4-106 最终效果

4.6 宣传单页——广州新塘新世界花园

本实例制作的是新世界花园的房地产宣传单页，以躺在草地上惬意地享受生活的人物为主体，体现了舒适轻松的感觉。制作完成的新世界花园宣传单页如图4-107所示。

（1）启用Photoshop后，执行“文件”|“新建”命令，弹出“新建”对话框，设置参数如图4-108所示，单击“确定”按钮，新建一个空白文件。

（2）新建一个图层，填充背景颜色。

（3）执行“图层”|“图层样式”|“渐变叠加”命令，弹出“图层样式”对话框，单击渐变条，在弹出的“渐变编辑器”对话框中设置颜色如图4-109所示，其中粉绿色的CMYK参考值分别为C40、M5、Y21、K1。

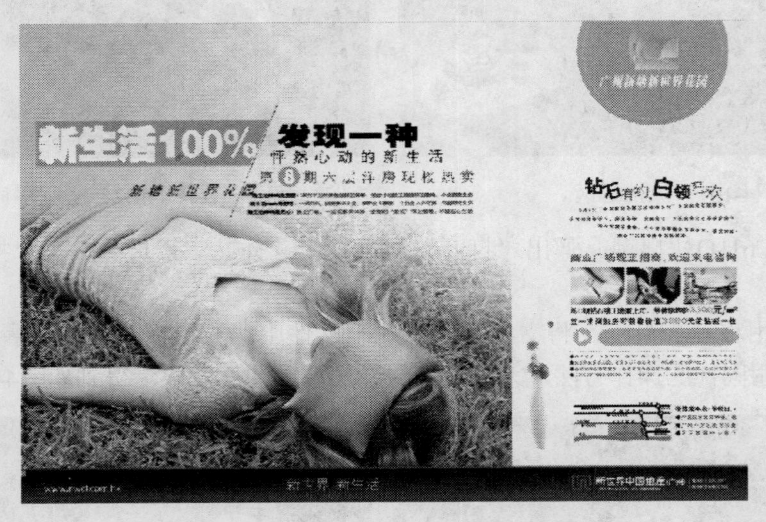

图4-107　新世界花园的房地产宣传单页

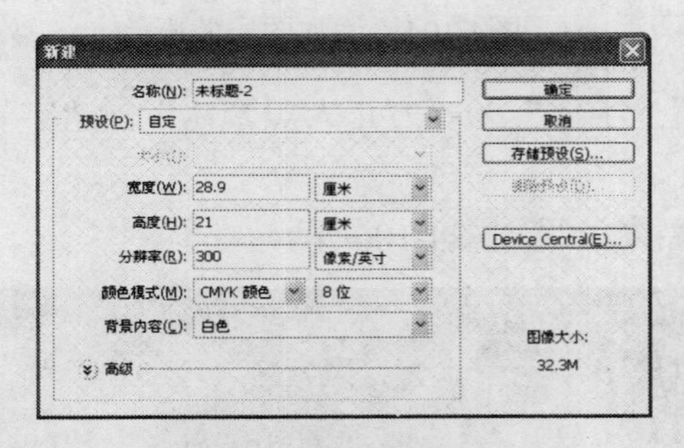

图4-108　“新建”对话框

图4-109　“渐变编辑器”对话框

（4）单击“确定”按钮，返回“图层样式”对话框，设置“渐变叠加”参数如图4-110所示。

（5）单击“确定”按钮，退出“图层样式”对话框，“渐变叠加”效果如图4-111所示。

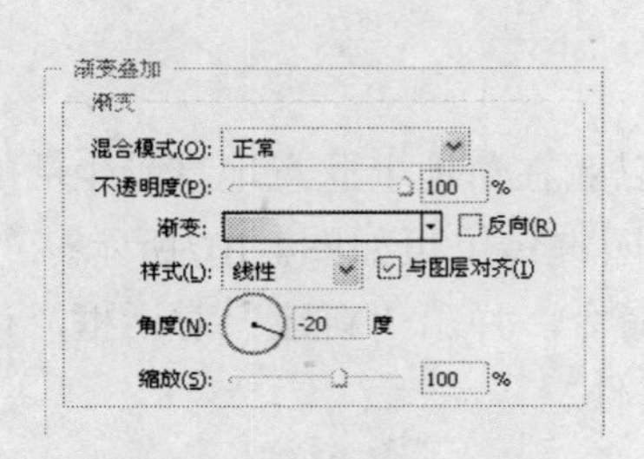

图4-110　“渐变叠加”参数

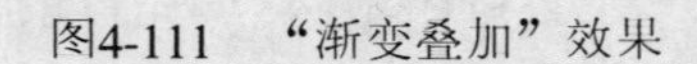

图4-111　“渐变叠加”效果

（6）设置前景色为白色，在工具箱中选择钢笔工具，按下“形状图层”按钮，在图像窗口中，绘制如图4-112所示路径。

（7）新建一个图层，在工具箱中选择椭圆工具，按下“形状图层”按钮，在图像窗口中，按住Shift键拖动鼠标绘制一个正圆，效果如图4-113所示。

图4-112 绘制路径

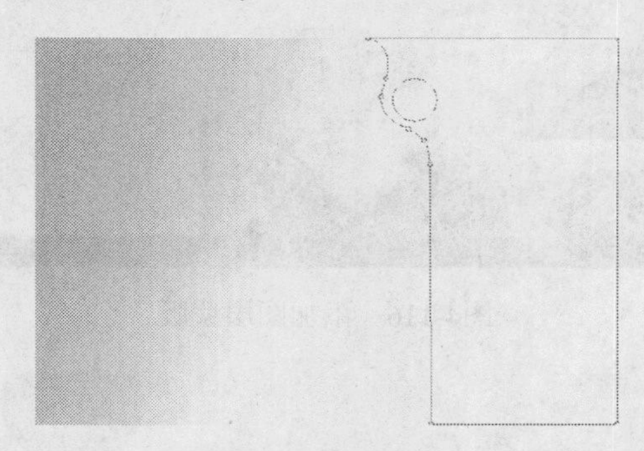

图4-113 绘制正圆

（8）选择工具箱中的矩形工具，在图像窗口中绘制矩形。

（9）运用同样的操作方法添加“渐变叠加”效果，如图4-114所示。

（10）设置前景色为红色（CMYK参考值分别为C40、M5、Y21、K1），运用同样的操作方法，绘制矩形并填充颜色。

（11）按Ctrl+O快捷键，弹出“打开”对话框，选择人物素材，单击“打开”按钮，运用移动工具，将人物素材添加至文件中，放置在合适的位置，如图4-115所示。

图4-114 绘制矩形

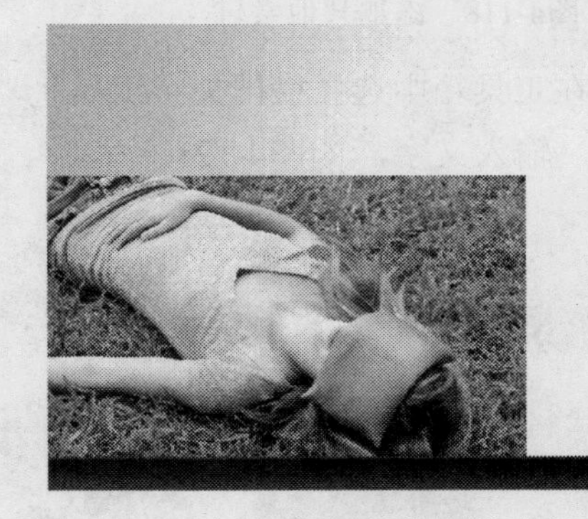

图4-115 添加人物素材

（12）单击“图层”面板上的“添加图层蒙版”按钮，为“图层1”图层添加图层蒙版。编辑图层蒙版，设置前景色为黑色，选择画笔工具，按“[”或“]”键调整合适的画笔大小，在人物图像上涂抹，如图4-116所示。

（13）打开花瓶素材，运用移动工具，将素材添加至文件中，放置在合适的位置，如图4-117所示。

（14）运用同样的操作方法添加其他素材，如图4-118所示。

（15）参照同样的操作方法制作矩形，如图4-119所示。

（16）按Ctrl+T快捷键，进入自由变换状态，在矩形上单击鼠标右键，在弹出的快捷菜单中选择“斜切”选项，调整图形至合适的位置和角度，如图4-120所示。

图4-116　添加图层蒙版

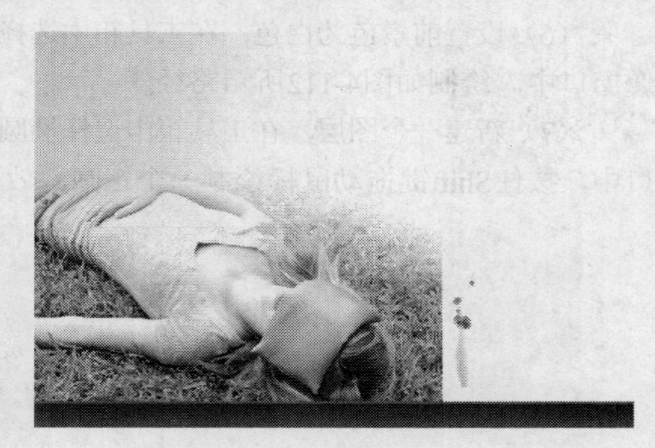

图4-117　添加花瓶素材

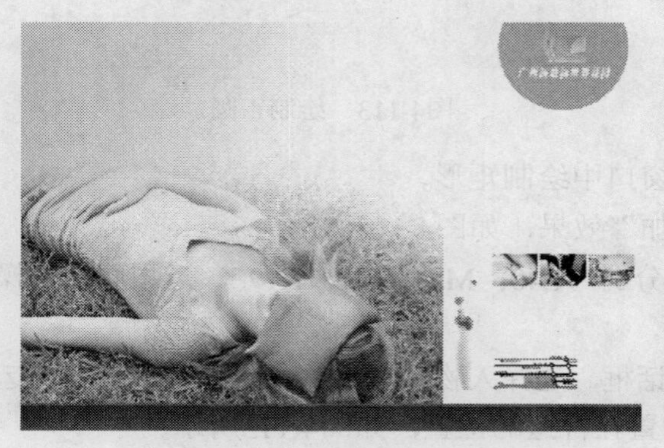

图4-118　添加其他素材

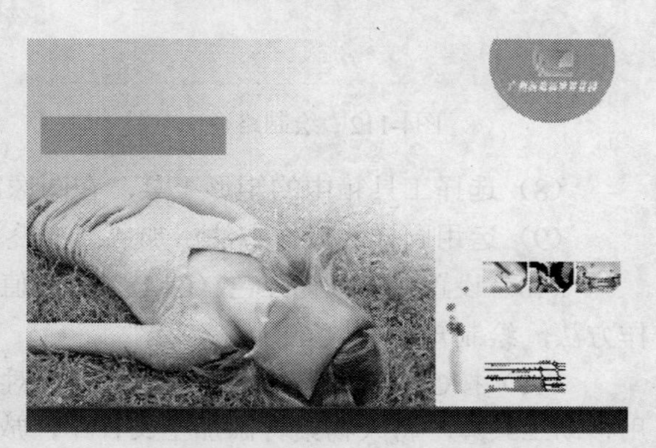

图4-119　绘制矩形

（17）在工具箱中选择横排文字工具T，设置“字体”为“方正粗黑简体”、“字体大小”为42点，输入文字，如图4-121所示。

图4-120　调整矩形

图4-121　输入文字

（18）运用同样的操作方法，制作其他图形，如图4-122所示。

（19）运用同样的操作方法，输入其他文字，得到如图4-123所示的最终效果。

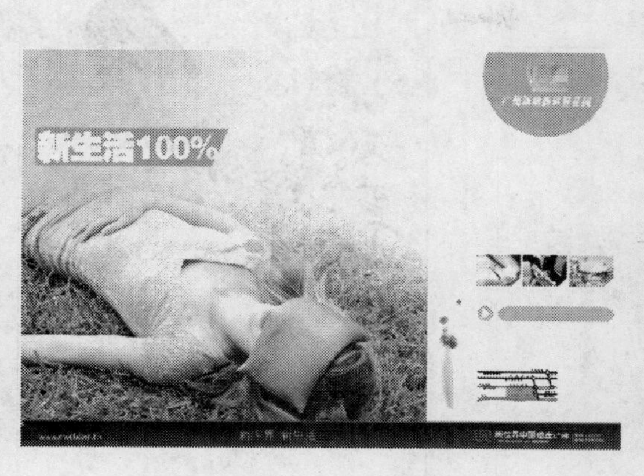

图4-122 制作其他图形

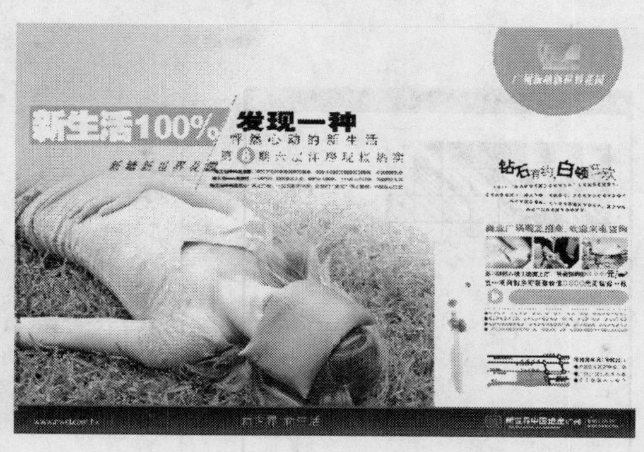

图4-123 最终效果

4.7 宣传单页——精致女鞋馆

本实例制作的是精致女鞋馆盛大开幕的宣传单页，实例效果主次分明、画面饱满。制作完成的宣传单页效果如图4-124所示。

图4-124 盛大开幕的宣传单页

（1）启用Photoshop后，执行“文件”|“新建”命令，弹出“新建”对话框，设置参数如图4-125所示，单击“确定”按钮，新建一个空白文件。

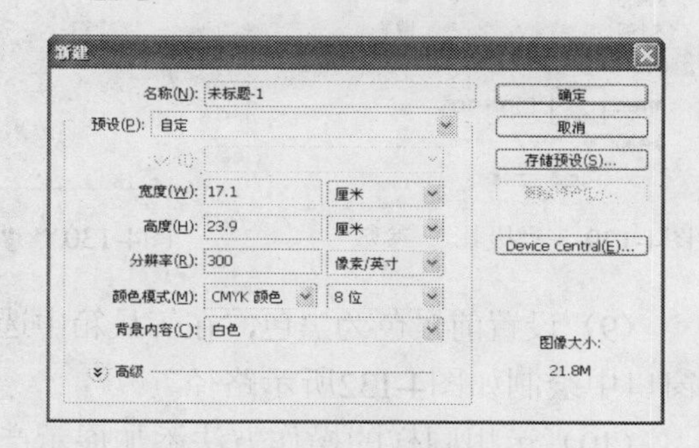

图4-125 “新建”对话框

（2）新建一个图层，选择工具箱中的渐变工具，在工具选项栏中单击渐变条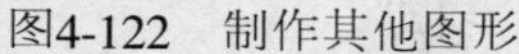，打开“渐变编辑器”对话框，设置参数如图 4-126所示，其中淡黄色的CMYK参考值分别为C1、M0、Y22、K0。

（3）单击“确定”按钮，退出“渐变编辑器”对话框，填充渐变效果如图4-127所示。

（4）按Ctrl+O快捷键，弹出“打开”对话框，选择鞋子和花纹等素材，单击“打开”按钮，运用移动工具，将素材添加至文件中，放置在合适的位置，如图4-128所示。

（5）选择红色高跟鞋图层，在“图层”面板中单击“添加图层样式”按钮，选择“投影”选项，弹出“图层样式”对话框，设置参数如图4-129所示。单击“确定”按钮，退出“图层样式”对话框，添加“投影”效果如图4-130所示。

图4-126 “渐变编辑器”对话框

图4-127 填充渐变效果

图4-128 添加鞋子和花纹素材

（6）打开建筑素材，选择工具箱中的魔棒工具，在工具选项栏中按下“添加到选区”按钮，在建筑群外单击，得到选区。

（7）按Ctrl+Shift+I快捷键，反选得到建筑群选区，运用移动工具，将素材添加至文件中，放置在合适的位置。

（8）单击“图层”面板上的“添加图层蒙版”按钮，为建筑群图层添加图层蒙版。编辑图层蒙版，设置前景色为黑色，选择画笔工具，按“[”或“]”键调整合适的画笔大小，在建筑群图像上涂抹，效果如图4-131所示。

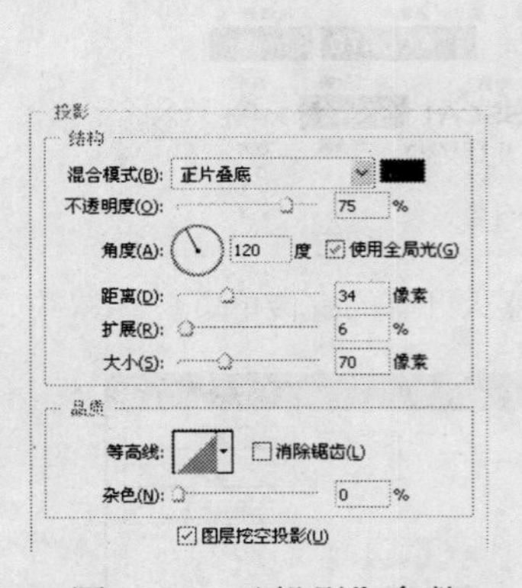

图4-129 “投影”参数

图4-130 “投影”效果

图4-131 添加图层蒙版

（9）设置前景色为黑色，在工具箱中选择钢笔工具，按下“形状图层”按钮，在图像窗口中绘制如图4-132所示路径。

（10）运用同样的操作方法添加展示产品素材。

（11）按住Alt键的同时，移动光标至分隔两个图层的实线上，当光标显示为形状时，单击鼠标左键，创建剪贴蒙版，如图4-133所示。

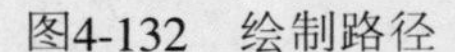

图4-132　绘制路径

图4-133　创建剪贴蒙版

（12）执行“图像”|“调整”|“色相/饱和度”命令，弹出“色相/饱和度”对话框，设置参数如图4-134所示。单击“确定”按钮，调整效果如图4-135所示。

（13）在“图层”面板中单击“添加图层样式”按钮 fx，选择“投影”选项，弹出“图层样式”对话框，设置参数如图4-136所示。

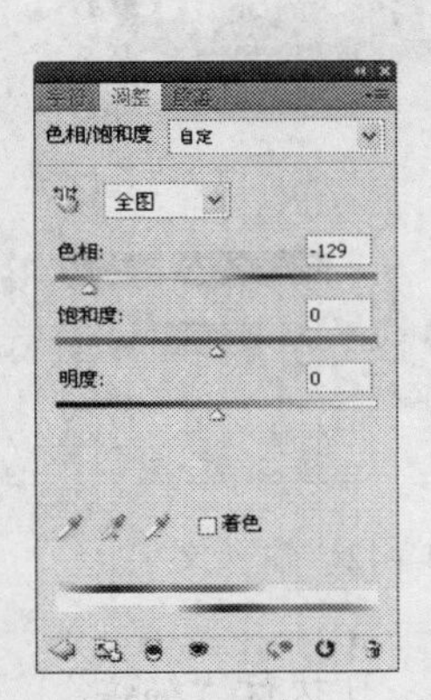

图4-134　“色相/饱和度”调整参数

图4-135　“色相/饱和度”调整效果

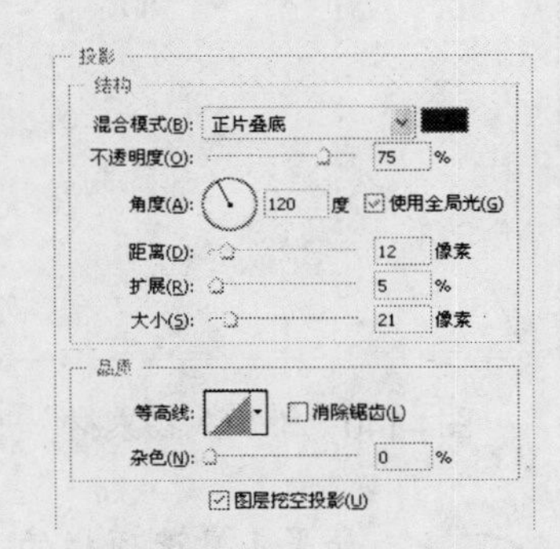

图4-136　“投影”参数

（14）分别选择“内阴影”、“斜面和浮雕”选项，设置参数如图4-137和图4-138所示。

（15）单击“确定”按钮，退出“图层样式”对话框，添加图层样式的效果如图4-139所示。

（16）运用同样的操作方法添加人物素材，如图4-140所示。

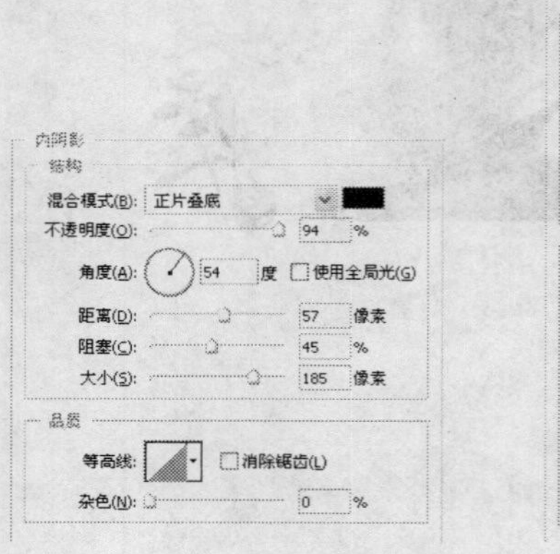

图4-137 “内阴影”参数

斜面和浮雕
结构
样式(T): 内斜面
方法(Q): 平滑
深度(D): 100 %
方向: 上 下
大小(Z): 9 像素
软化(F): 0 像素
阴影
角度(N): 120 度
使用全局光(G)
高度: 30 度
光泽等高线: 消除锯齿(L)
高光模式(H): 滤色
不透明度(O): 75 %
阴影模式(A): 正片叠底
不透明度(C): 75 %

图4-138 “斜面和浮雕”参数

图4-139 添加图层样式的效果

（17）运用同样的操作方法继续添加标志素材，如图4-141所示。

（18）在工具箱中选择横排文字工具T，设置“字体”为“方正大标宋简体”、“字体大小”为80点，输入文字，如图4-142所示。

图4-140 添加人物素材

图4-141 添加标志素材

图4-142 输入文字

提示 如果工具选项栏的“字体”下拉列表框中没有显示中文字体名称，可执行“编辑”|“首选项”|“文字”命令，在打开的对话框中取消“以英文显示字体名称”复选框的勾选即可。

（19）双击文字图层，弹出“图层样式”的效果，设置参数如图4-143所示。

（20）单击“确定”按钮，退出“图层样式”对话框，添加图层样式的效果如图4-144所示。

（21）参照同样的操作方法输入其他文字，得到如图4-145所示的最终效果。

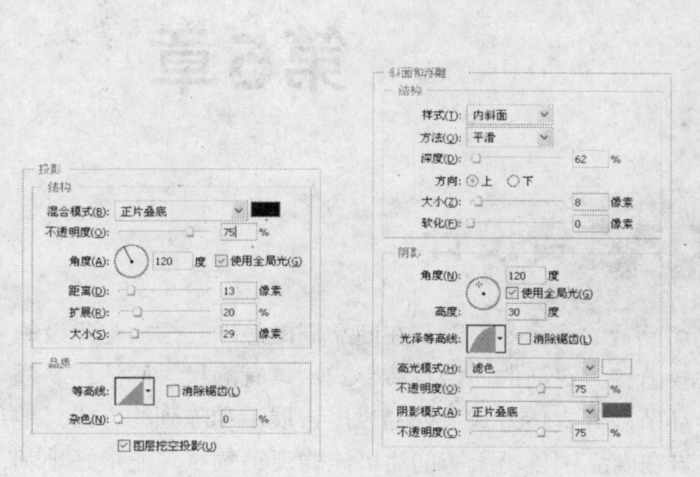

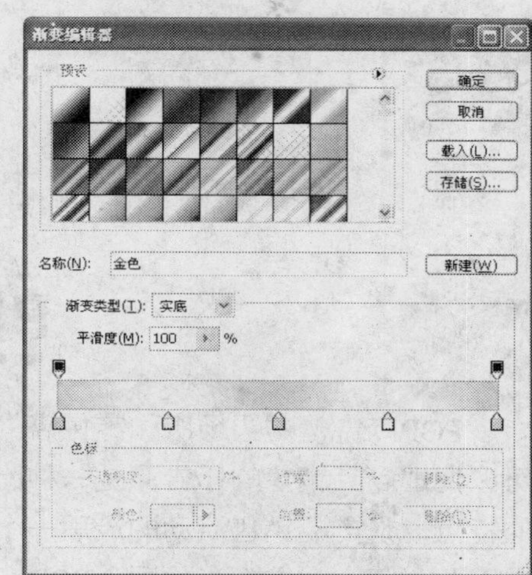

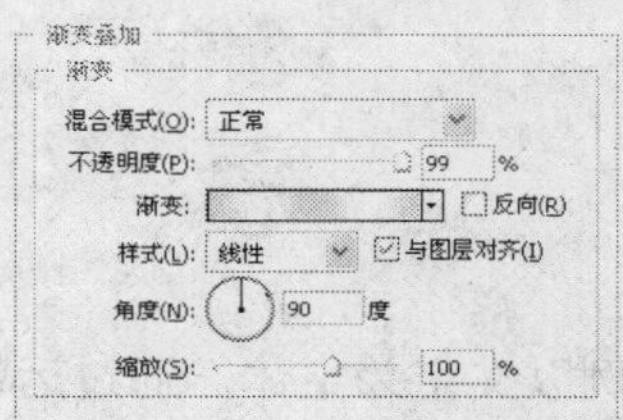

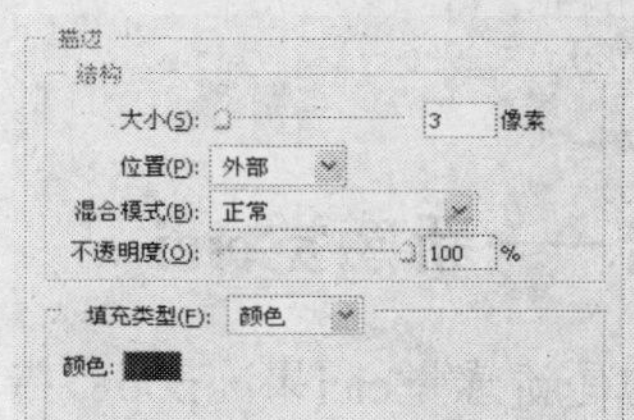

图4-143　添加“图层样式”参数

图4-144　添加图层样式效果

图4-145　最终效果

第5章

POP广告设计

POP广告是购买场所和零售店内部设置的展销专柜以及在商品周围悬挂、摆放与陈设的可以促进商品销售的广告，是一种比较直接、灵活的广告宣传形式，具有醒目、简洁、易懂的特点，是产品销售活动的最后一个环节，其宣传方式主要通过广告展示和陈列的方式、地点以及时间三个方面来体现。POP广告在商品销售场所能创建极佳的促销气氛，能很好地刺激消费者的购物欲望。

5.1 果冻广告——新感觉cici

本实例制作的是新感觉cici果冻pop广告，实例以文字为主体，通过运用横排文字工具输入文字，再运用“变形文字”命令将文字变形，并添加图层样式效果，制作出颜色鲜艳亮丽的文字效果。制作完成的果冻POP广告如图5-1所示。

图5-1　新感觉cici果冻POP广告

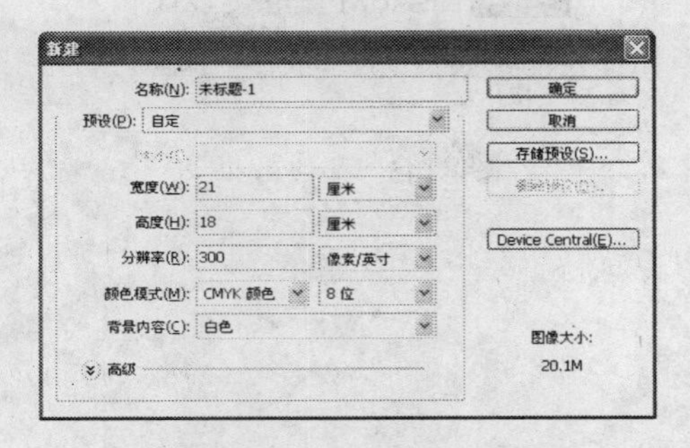

图5-2　“新建”对话框

（1）启用Photoshop后，执行“文件”|“新建”命令，或按Ctrl+N快捷键，弹出“新建”对话框，设置参数如图5-2所示，单击“确定”按钮，新建一个文件。

（2）新建一个图层，选择工具箱中的渐变工具，在工具选项栏中单击渐变条，在弹出的“渐变编辑器”对话框中设置颜色如图5-3所示。其中，淡蓝色的CMYK参考值分别为C97、M30、Y0、K0，蓝色的CMYK参考值分别为C100、M48、Y0、K0。

POP广告除了要注重节日氛围和创造热闹的气氛外，还要根据商店的整体造型、宣传的主题，以及加强商店形象的总体出发，烘托商店的气氛。

（3）单击“确定”按钮，退出“渐变编辑器”对话框，填充的效果如图5-4所示。

（4）设置前景色为白色，在工具箱中选择钢笔工具，按下“填充像素”按钮，在图像窗口中绘制如图5-5所示图形。

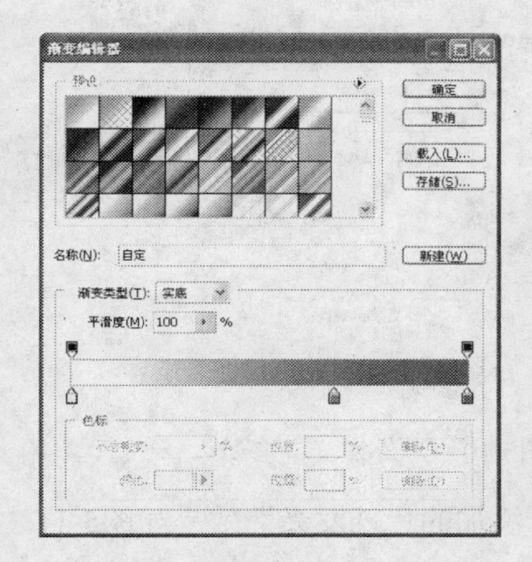

图5-3 “渐变编辑器”对话框

图5-4 渐变填充效果

图5-5 绘制白色图形

（5）按Ctrl+Alt+T快捷键变换图形，按住Alt键的同时，拖动中心控制点至左侧边缘位置，调整变换中心并旋转-15°，如图5-6所示。

旋转中心为图像旋转的固定点，若要改变旋转中心，可在旋转前将中心点拖移到新位置。按住Alt键进行拖动可以快速移动旋转中心。

（6）按Ctrl+Alt+Shift+T快捷键，可在进行再次变换的同时复制变换对象。合并变换图形的图层，调整至合适的位置，如图5-7所示。

（7）单击“图层”面板上的“添加图层蒙版”按钮，为图层添加图层蒙版。编辑图层蒙版，设置前景色为黑色，选择画笔工具，按“[”或“]”键调整合适的画笔大小，在图形上涂抹，如图5-8所示。

图5-6 调整变换中心并旋转-15°

图5-7 重复变换图形

图5-8 添加图层蒙版

（8）按Ctrl+O快捷键，弹出“打开”对话框，选择人物素材，单击“打开”按钮，运用快速选择工具，建立人物的选区。

（9）运用移动工具，将素材添加至文件中，放置在合适的位置，如图5-9所示。

（10）双击人物图层，弹出“图层样式”对话框，选择“外发光”选项，设置参数如图5-10所示。

图5-9　添加人物素材

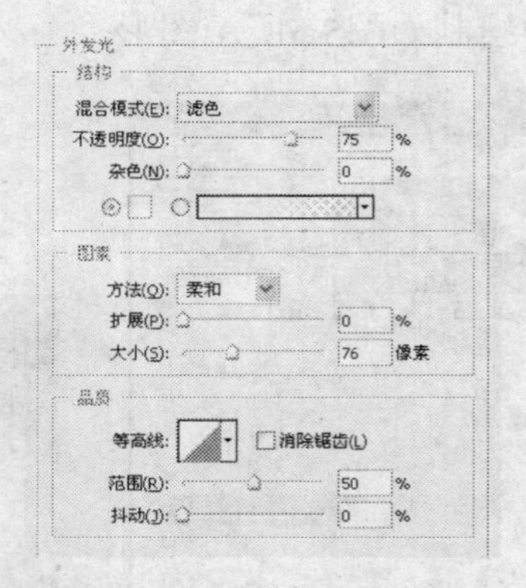

图5-10　“外发光”参数

（11）单击“确定”按钮，退出“图层样式”对话框，添加的“外发光”效果如图5-11所示。

（12）运用同样的操作方法，添加其他素材，如图5-12所示。

图5-11　“外发光”效果

图5-12　添加其他素材

（13）设置前景色为绿色（CMYK参考值分别为C65、M11、Y100、K1），在工具箱中选择钢笔工具，按下“形状图层”按钮，在图像窗口中绘制如图5-13所示的飘带图形。

（14）双击飘带图层，弹出“图层样式”对话框，选择“描边”选项，设置参数如图5-14所示。

（15）单击“确定”按钮，退出“图层样式”对话框，添加的“描边”效果如图5-15所示。

（16）运用同样的操作方法绘制其他图形，并调整好图层顺序，如图5-16所示。

（17）在工具箱中选择横排文字工具T，设置“字体”为“方正粗圆简体”、“字体大小”为60点，输入文字，如图5-17所示。

（18）运用同样的操作方法，输入其他文字，如图5-18所示。

（19）选择cici文字图层，执行“图层”|“图层样式”|“渐变叠加”命令，弹出“图层样式”对话框，单击渐变条，在弹出的“渐变编辑器”对话框中设置颜色如图5-19所示。其中，黄色的CMYK参考值分别为C20、M0、Y100、K0，绿色的CMYK参考值分别为C49、M0、Y100、K0。

（20）单击“确定”按钮，返回“图层样式”对话框，设置参数如图5-20所示。

图5-13　绘制图形

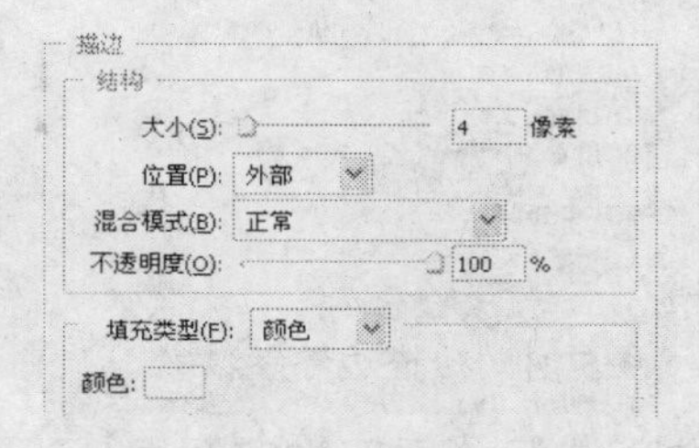

图5-14　“描边”参数

图5-15　“描边”效果

图5-16　绘制其他图形

图5-17　输入文字

图5-18　输入其他文字

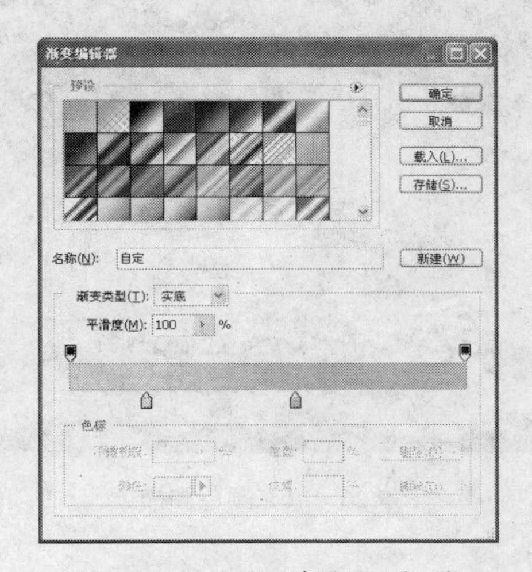

图5-19　“渐变编辑器”对话框

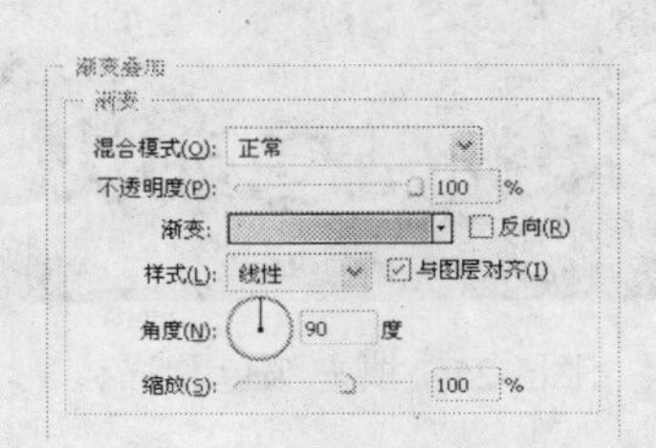

图5-20　“渐变叠加”参数

（21）选择“描边”选项，设置参数如图5-21所示。

（22）单击“确定”按钮，退出“图层样式”对话框，添加图层样式的效果如图5-22所示。

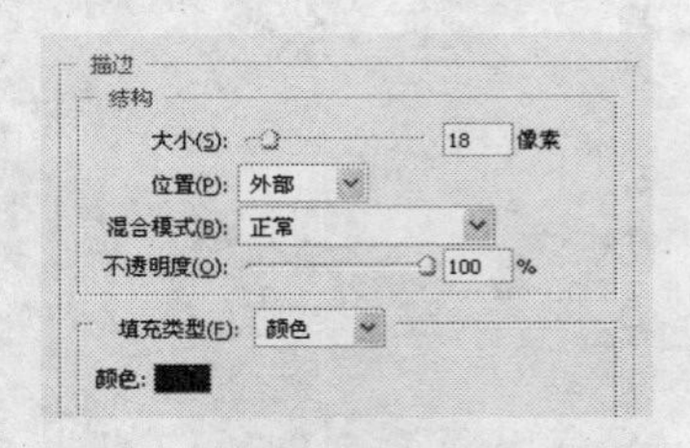

图5-21 “描边”参数

图5-22 添加图层样式的效果

（23）选择“秀”文字图层，设置文字颜色为黄色（CMYK参考值分别为C4、M0、Y99、K0）。按Ctrl+T快捷键，进入自由变换状态，单击鼠标右键，在弹出的快捷菜单中选择“旋转”选项，调整文字至合适的位置和角度，按Enter键确认，并添加黑色描边效果，如图5-23所示。

（24）选择“我只喜欢你”文字图层，设置文字颜色为橙色（CMYK参考值分别为C44、M100、Y0、K0），执行“图层”|“图层样式”|“描边”命令，弹出“图层样式”对话框，设置参数如图5-24所示，单击“确定”按钮，退出“图层样式”对话框，“描边”效果如图5-25所示。

图5-23 “描边”效果

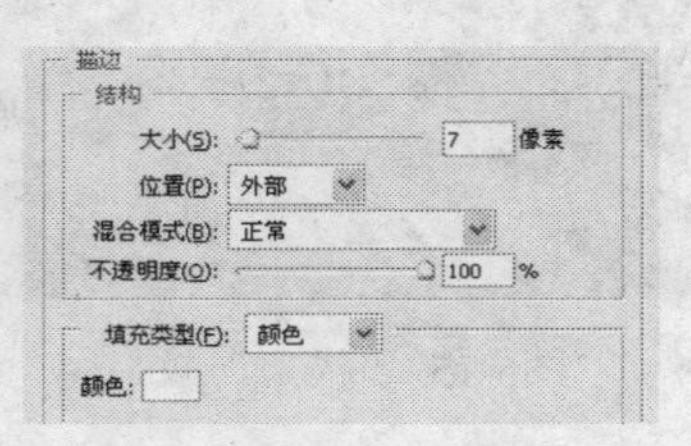

图5-24 “描边”参数

（25）运用同样的操作方法，为“出你的 引力”文字填充颜色，并添加黑色描边效果，如图5-26所示。

图5-25 填充颜色和描边

图5-26 填充颜色和描边

（26）单击工具选项栏中的“变形文字”按钮，弹出“变形文字”对话框，设置参数如图5-27所示。

（27）单击“确定”按钮，退出“变形文字”对话框，调整“我只喜欢你”文字图层的位置，效果如图5-28所示。

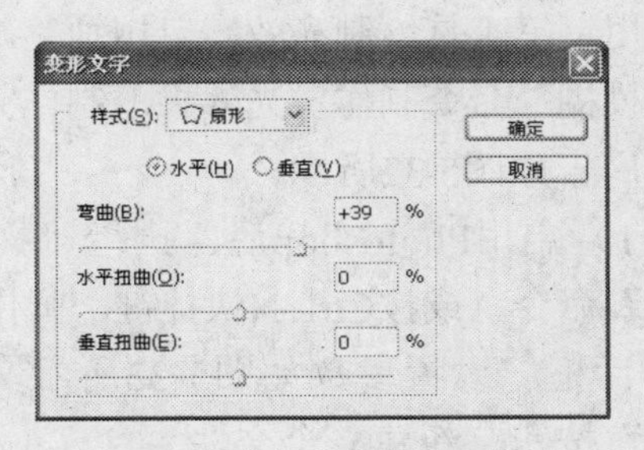

图5-27　“变形文字”对话框

图5-28　变形文字效果

（28）参照调整“秀”文字的操作方法，调整cici文字，效果如图5-29所示。

（29）选择“我只喜欢你”文字图层，按住Ctrl键的同时，单击文字图层缩览图，载入文字选区。设置前景色为黑色，执行“选择”|“修改”|“扩展”命令，弹出 “扩展选区”对话框，设置“扩展量”为20像素，单击“确定”按钮，退出“扩展选区”对话框，扩展选区效果如图5-30所示。

图5-29　调整文字位置和角度

图5-30　扩展选区效果

（30）打开矢量篮球和喇叭等素材，运用移动工具，将素材添加至文件中，放置在合适的位置。按Ctrl+E快捷键，将文字、篮球和喇叭图层合并，然后为图层添加扩展选区效果，并添加右上角的文字，最终效果如图5-31所示。

图5-31　最终效果

5.2 运动鞋广告——认真，愿望就会成真

本实例制作的是运动鞋广告，通过腾飞的运动员来表现广告的主题和运动鞋的品牌理念，主要使用钢笔工具绘制光效，运用画笔工具和“高斯模糊”命令制作星光效果。制作完成的运动鞋广告如图5-32所示。

图5-32 运动鞋广告

（1）启用Photoshop后，执行“文件”|“新建”命令，或按Ctrl+N快捷键，弹出“新建”对话框，设置参数如图5-33所示，单击“确定”按钮，新建一个文件。

（2）执行“文件”|“打开”命令，在“打开”对话框中选择夜空素材，单击“打开”按钮，运用移动工具，将素材添加至文件中，放置在合适的位置，如图5-34所示。

（3）单击“图层”面板中的“创建新图层”按钮，新建一个图层，设置前景色为白色，选择画笔工具，在工具选项栏中选择一个柔性画笔，设置“不透明度”为70%，绘制如图5-35所示的光点。在绘制的时候，可通过按“]”键和“[”键调整画笔的大小，以便绘制出不同大小的光点。

在“画笔”面板中通过设置不同的参数，可以对笔刷的“大小”、“形状”、“散布”等选项进行编辑。

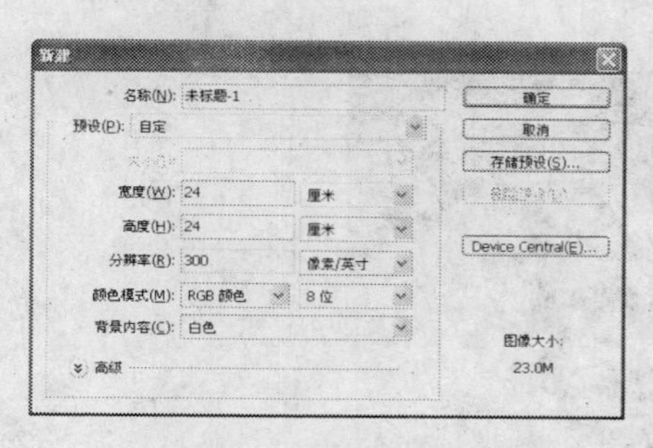

图5-33 “新建”对话框

图5-34 添加夜空素材

（4）执行“文件”|“打开”命令，或按Ctrl+O快捷键，弹出“打开”对话框，打开人物素材，运用移动工具，将人物素材添加至文件中，放置在合适的位置，如图5-36所示。

（5）选择钢笔工具，按下工具选项栏中的“路径”按钮，绘制如图5-37所示的路径。

（6）选择画笔工具，新建一个图层，设置前景色为白色，在工具选项栏中设置“硬度”为0%、画笔“大小”为“70像素”、“不透明度”为70%，选择钢笔工具，在绘制的

路径上单击鼠标右键，在弹出的快捷菜单中选择“描边路径”选项，在弹出的对话框中选择“画笔”选项，单击“确定”按钮，描边路径，按Ctrl+H快捷键隐藏路径，得到如图5-38所示的效果。

图5-35　绘制光点

图5-36　添加人物素材

图5-37　绘制路径

图5-38　描边路径

（7）双击光线图层，弹出“图层样式”对话框，选择“外发光”选项，设置颜色为白色、“扩展”为0%、“大小”为“94像素”，单击“确定”按钮，效果如图5-39所示。

（8）参照实例“3.5 化妆品海报”中的操作方法绘制星星，如图5-40所示。

（9）执行“滤镜”|“模糊”|“高斯模糊”命令，弹出“高斯模糊”对话框，设置“半径”为“8像素”，单击“确定”按钮，“高斯模糊”效果如图5-41所示。

“高斯模糊”滤镜利用钟形高斯曲线，有选择性地快速模糊图像，其特点是：中间高，两边低，呈尖峰状。而且可通过调节对话框中的“半径”参数控制模糊的程度，在实际中应用非常广泛。

（10）设置前景色为蓝色（RGB参考值分别为R0、G248、B255），运用同样的操作方法再次绘制星星，并调整到合适的大小，如图5-42所示。

图5-39 “外发光”效果

图5-40 绘制星星

图5-41 “高斯模糊”效果

图5-42 再次绘制星星

图5-43 添加鞋子素材

（11）按Ctrl+O快捷键，弹出“打开”对话框，选择鞋子素材，单击“打开”按钮，运用移动工具，将素材添加至文件中，放置在合适的位置，如图5-43所示。

（12）将鞋子图层复制一层，按Ctrl+T快捷键，进入自由变换状态，单击鼠标右键，在弹出的快捷菜单中选择“垂直翻转”选项，垂直翻转图层，然后调整至合适的位置和角度，如图5-44所示。

（13）单击“图层”面板上的“添加图层蒙版”按钮，为鞋子图层添加图层蒙版。编辑图层蒙版，设置前景色为黑色，选择画笔工具，按“[”或“]”键调整合适的画笔大小，在图像上涂抹，效果如图5-45所示。

图5-44　调整图像

图5-45　添加图层蒙版

（14）设置前景色为白色，选择横排文字工具T，设置“字体”为“方正大黑简体”，“字体大小”为30点，输入文字，如图5-46所示。

（15）运用同样的操作方法，输入其他文字，最终效果如图5-47所示。

图5-46　输入文字

图5-47　最终效果

5.3　咖啡广告——滴滴香浓　意犹未尽

本实例制作的是咖啡的POP广告，通过咖啡豆和一杯热气腾腾的咖啡生动、具体地展示了咖啡的特色，主要使用钢笔工具和涂抹工具制作咖啡溢动的效果，然后运用画笔工具和涂抹工具制作咖啡热气腾腾的效果。制作完成的咖啡POP广告如图5-48所示。

（1）启用Photoshop后，执行“文件”|“新建”命令，或按Ctrl+N快捷键，弹出“新建”对话框，设置参数如图5-49所示，单击“确定”按钮，新建一个文件。

（2）设置前景色为黄色（RGB参考值分别为R255、G245、B217），按Alt+Delete快捷键填充颜色，如图5-50所示。

图5-48 咖啡POP广告

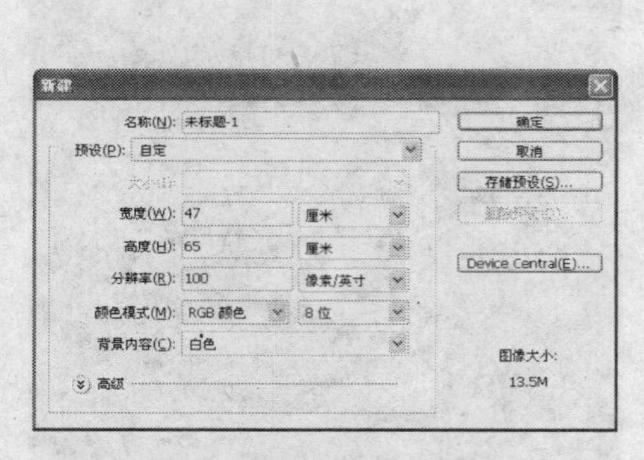

图5-49 “新建”对话框

图5-50 填充背景

图5-51 咖啡素材

（3）选择“文件”|“打开”命令，在“打开”对话框中选择咖啡素材，单击“打开”按钮，如图5-51所示。

（4）运用移动工具将素材添加至文件中，调整好大小和位置，如图5-52所示。

（5）单击“图层”面板上的“添加图层蒙版”按钮，为咖啡图层添加图层蒙版。编辑图层蒙版，设置前景色为黑色，选择画笔工具，按“[”或“]”键调整合适的画笔大小，在图像上半部分边缘处涂抹，如图5-53所示。

（6）选择钢笔工具，按下工具选项栏中的“路径”按钮，绘制如图5-54所示的路径。

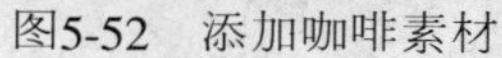
图5-52 添加咖啡素材

图5-53 添加图层蒙版

图5-54 绘制路径

（7）在路径上单击鼠标右键，在弹出的快捷菜单中选择“建立选区”选项，弹出“建立选区”对话框，单击“确定”按钮，得到如图5-55所示的选区。

（8）选择工具箱中的渐变工具，设置前景色为深褐色（RGB参考值分别为R91、G30、B14），背景色为褐色（RGB参考值分别为R169、G96、B46），“渐变类型”为“前景色到背景色”渐变，新建一个图层，在图像窗口中拖动鼠标填充渐变，然后按Ctrl+D快捷键取消选区，效果如图5-56所示。

（9）执行“图层”|“图层样式”|“斜面和浮雕”命令，弹出“图层样式”对话框，设置参数如图5-57所示。

图5-55 建立选区

图5-56 填充渐变

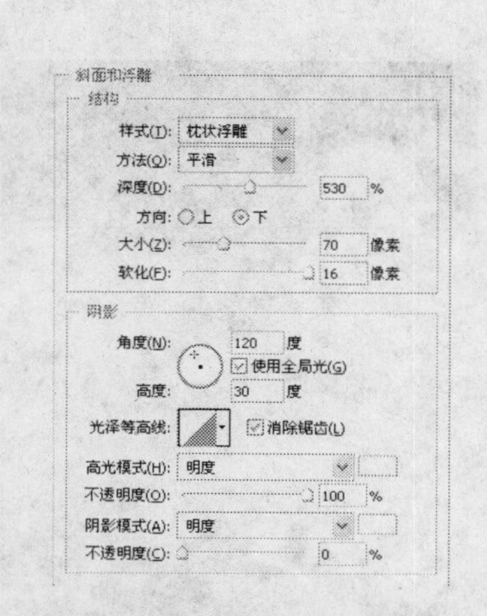

图5-57 “斜面和浮雕”参数

（10）单击“确定”按钮，退出“图层样式”对话框，“斜面和浮雕”效果如图5-58所示。

（11）设置前景色为黄色（RGB参考值分别为R255、G254、B217），选择钢笔工具，按下工具选项栏中的“形状图层”按钮，绘制如图5-59所示的图形。

（12）设置前景色为褐色（RGB参考值分别为R153、G82、B42），再次运用钢笔工具，绘制如图5-60所示的图形。

图5-58 “斜面和浮雕”效果

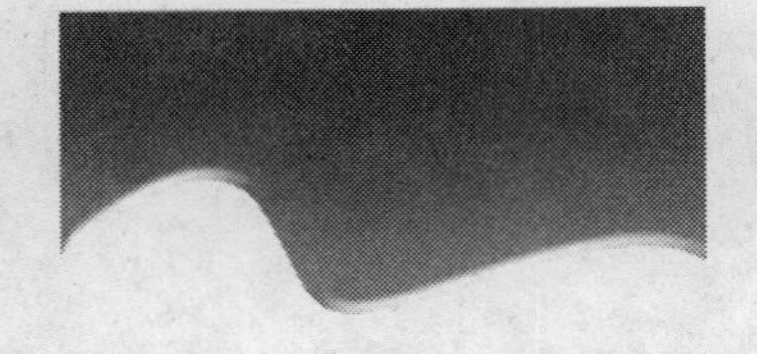
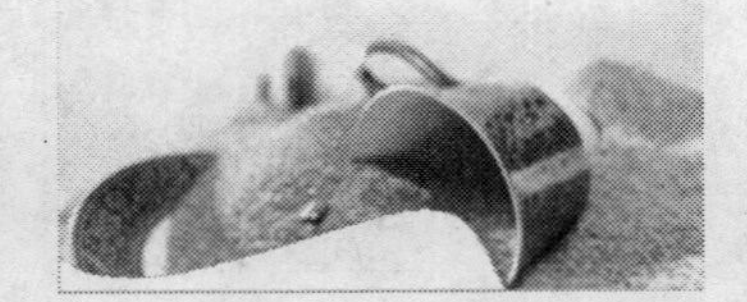

图5-59 绘制图形

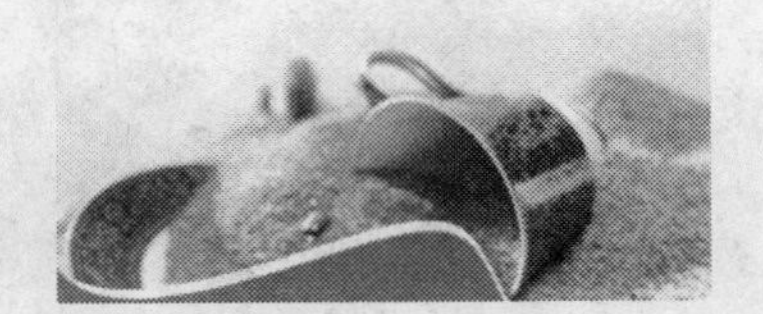

图5-60 再次绘制图形

使用钢笔工具绘制路径时，按住Shift键拖动并单击鼠标，可以创建水平、垂直或45°角方向的直线路径。

（13）选择“文件”|“打开”命令，在“打开”对话框中选择咖啡杯和标志素材，单击“打开”按钮，运用移动工具将素材添加至文件中，调整好大小和位置，如图5-61所示。

（14）选择画笔工具，设置前景色为白色，新建一个图层，按住Shift键的同时，拖动鼠标绘制一条直线，如图5-62所示。

（15）选择涂抹工具，涂抹直线至如图5-63所示的效果。

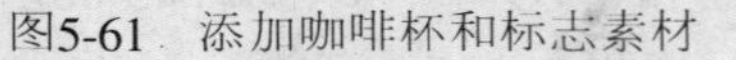

图5-61 添加咖啡杯和标志素材

图5-62 绘制直线

图5-63 涂抹效果

（16）新建一个图层，选择直线工具，按住Shift键的同时，拖动鼠标绘制两条直线，如图5-64所示。

（17）设置前景色为白色，选择横排文字工具，设置“字体”为“华文中宋”、“字体大小”为75点，输入文字，如图5-65所示。

（18）运用同样的操作方法输入其他文字，最终效果如图5-66所示。

图5-64　绘制直线　　图5-65　输入文字　　图5-66　最终效果

提示　在设计时，如果使用RGB模式，则在输出时应该转换为CMYK模式。因为RGB模式的色域比CMYK模式的色域大，所以转换为CMYK模式后可以及时了解并更改不能印刷的颜色。

5.4　食品广告——八月抢鲜

本实例制作的是鲜之屋的POP广告，以新鲜的蔬菜为主体，结合生动、形象的食品图片让人垂涎欲滴，主要使用“混合模式”使背景和新鲜的蔬菜图片更加和谐、统一。制作完成的鲜之屋POP广告如图5-67所示。

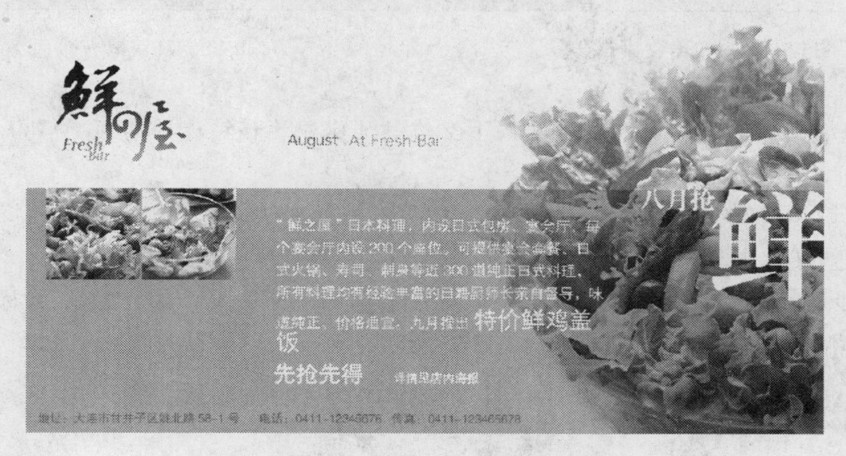

图5-67　鲜之屋POP广告

（1）启用Photoshop后，执行“文件”|“新建”命令，或按Ctrl+N快捷键，弹出“新建”对话框，设置参数如图5-68所示，单击“确定”按钮，新建一个文件。

（2）选择“文件”|“打开”命令，在“打开”对话框中选择美食素材，单击“打开”按钮，如图5-69所示。

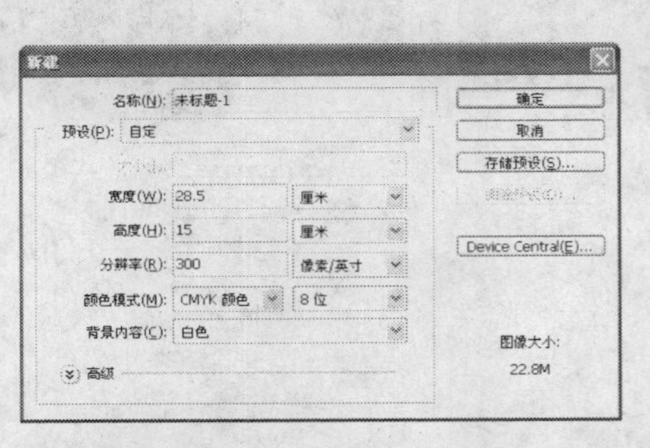

图5-68 “新建”对话框

图5-69 美食素材

（3）运用快速选择工具，选择背景，然后执行“选择”|“反向”命令，得到美食素材选区。运用移动工具将素材添加至文件中，调整好大小和位置，如图5-70所示。

（4）选择矩形选框工具，绘制一个矩形选区，设置前景色为绿色（CMYK参考值分别为60、0、100、0），新建一个图层，按Alt+Delete快捷键填充颜色。设置图层的“混合模式”为“正片叠底”，效果如图5-71所示。

图5-70 添加美食素材

图5-71 填充颜色

在绘制椭圆和矩形选区时，按下空格键可以快速移动选区。

（5）运用同样的操作方法，打开标志和两张美食素材，运用移动工具将素材添加至文件中，调整好大小和位置，如图5-72所示。

（6）设置前景色为白色，选择横排文字工具，设置“字体”为“方正大标宋简体”、“字体大小”为124点，输入文字，如图5-73所示。

图5-72 添加标志和两张美食素材

图5-73 输入文字

（7）运用同样的操作方法，输入其他的文字，最终效果如图5-74所示。

图5-74 最终效果

5.5 悬挂POP——圣诞狂欢夜

本实例制作的是圣诞狂欢夜悬挂POP，主要使用钢笔工具制作圣诞树轮廓，然后通过添加图层蒙版，使图像效果更融合，通过特异的宣传形式，让人耳目一新。制作完成的圣诞狂欢夜悬挂POP如图5-75所示。

图5-75 圣诞狂欢夜悬挂POP

（1）启用Photoshop后，执行“文件”|“新建”命令，弹出“新建”对话框，设置参数如图5-76所示，单击“确定”按钮，新建一个空白文件。

（2）设置前景色为黑色，按Alt+Delete快捷键，填充背景为黑色。执行“视图”|“新建”命令，弹出“新建参考线”对话框，在对话框中设置参数如图5-77所示，新建参考线。

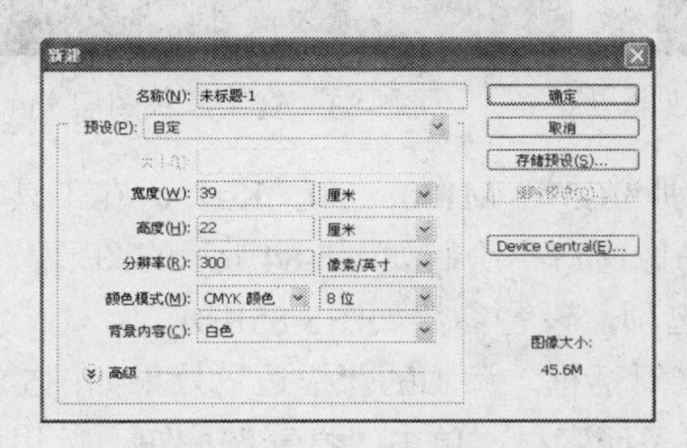

图5-76 “新建”对话框

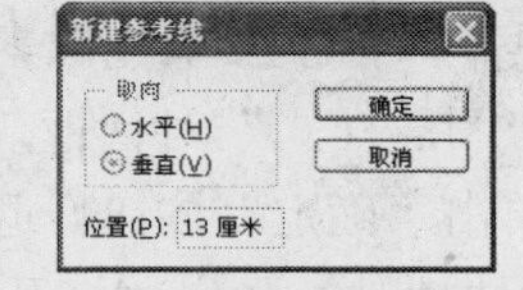

图5-77 “新建参考线”对话框

（3）运用同样的操作方法新建参考线，如图5-78所示。

（4）设置前景色为白色，在工具箱中选择钢笔工具，按下“形状图层”按钮，在图像窗口中绘制如图5-79所示的图形。

（5）执行“图层”|“图层样式”|“渐变叠加”命令，弹出“图层样式”对话框，单击渐变条，在弹出的“渐变编辑器”对话框中设置颜色如图5-80所示。其中，深蓝色的CMYK参考值分别为C100、M98、Y16、K19，蓝色的CMYK参考值分别为C77、M47、Y0、K0。

图5-78　新建参考线

图5-79　绘制图形

图5-80　“渐变编辑器”对话框

（6）单击“确定”按钮，返回“图层样式”对话框，设置参数如图5-81所示。

（7）单击“确定”按钮，退出“图层样式”对话框，添加的“渐变叠加”效果如图5-82所示。

（8）按Ctrl+J快捷键，将形状图层复制两层，并调整至合适的位置，如图5-83所示。

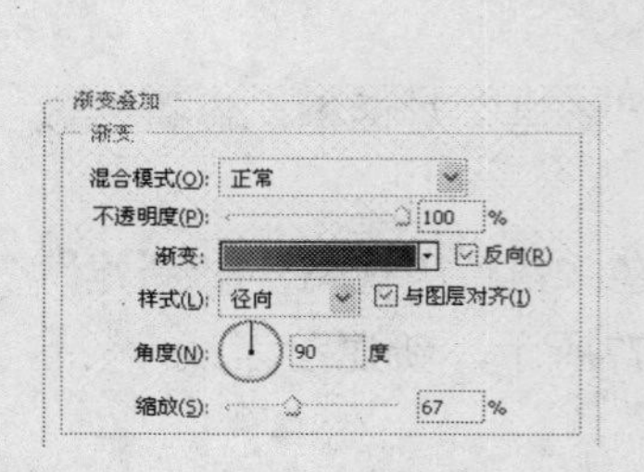

图5-81　“渐变叠加”参数

图5-82　“渐变叠加”效果

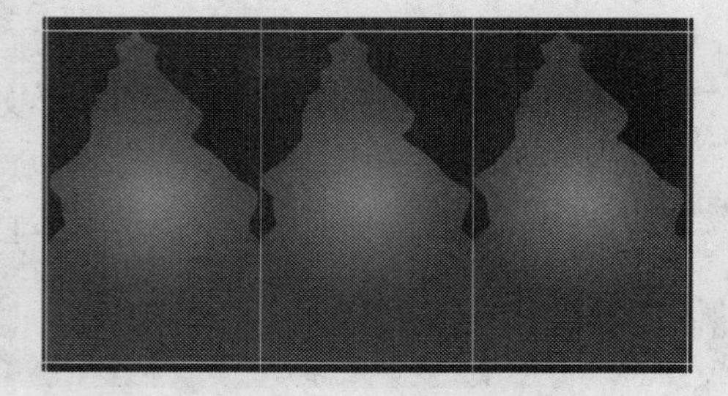

图5-83　复制形状图层

（9）设置前景色为紫红色（CMYK参考值分别为C37、M100、Y0、K0），在工具箱中选择钢笔工具，按下“填充像素”按钮，在图像窗口中绘制如图5-84所示的图形。双击图层，弹出“图层样式”对话框，选择“描边”选项，设置参数如图5-85所示。

（10）单击“确定”按钮，退出“图层样式”对话框，添加的“描边”效果如图5-86所示。按Ctrl+O快捷键，弹出“打开”对话框，选择圣诞素材，单击“打开”按钮，运用移动工具，将圣诞素材添加至文件中，放置在合适的位置，如图5-87所示。

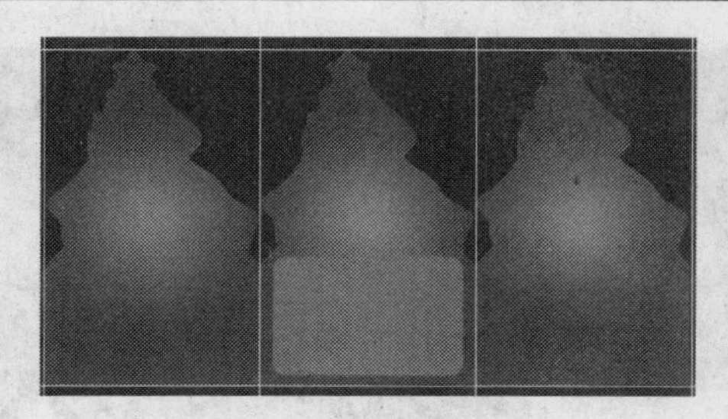

图5-84　绘制图形

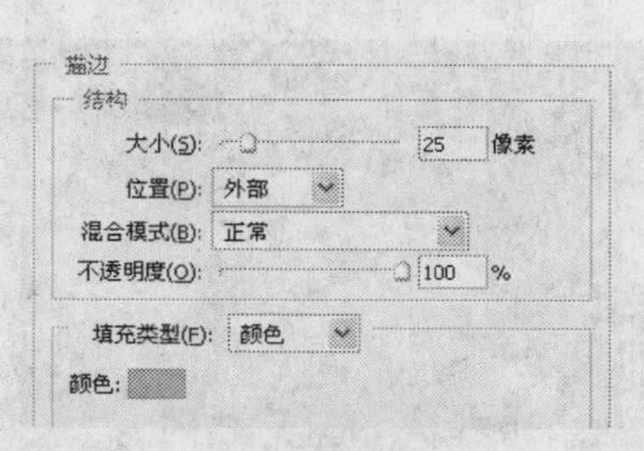

图5-85　“描边”参数

图5-86　“描边”效果

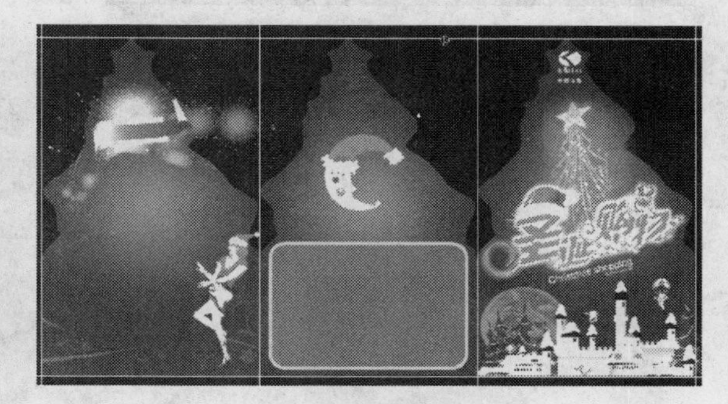

图5-87　添加圣诞素材

（11）新建一个图层，设置前景色为蓝红（CMYK参考值分别为C100、M100、Y0、K0），选择画笔工具，在工具选项栏中设置“硬度”为0%，“不透明度”和“流量”均为80%，在图像窗口中单击鼠标，绘制如图5-88所示光点。

（12）新建一个图层，在工具箱中选择自定形状工具，然后单击选项栏“形状”下拉列表按钮，从形状列表中选择“雪花1”，按下“路径”按钮，在图像窗口中左上角位置，拖动鼠标绘制一个“雪花1”形状，如图5-89所示。

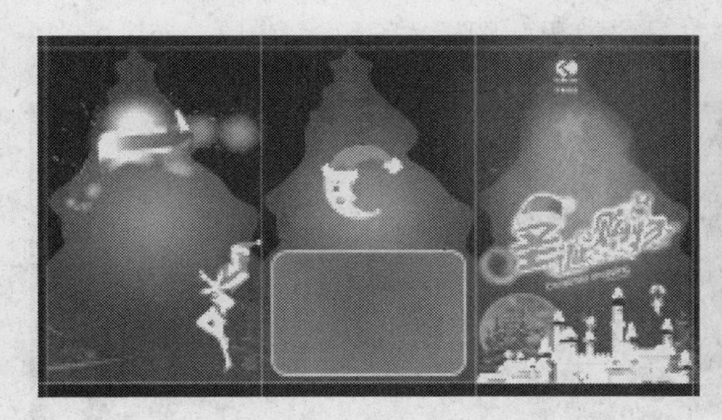

图5-88　绘制光点

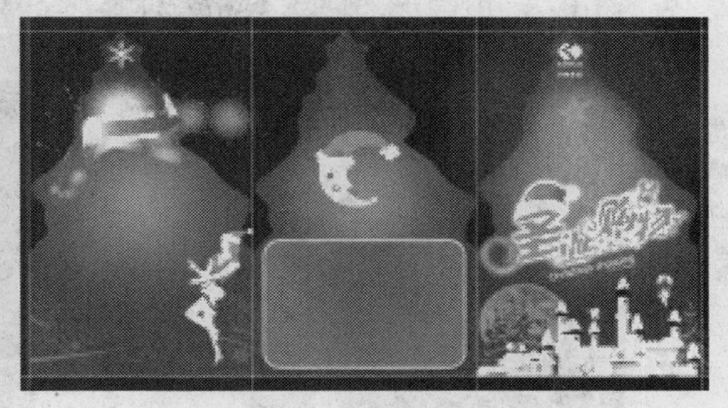

图5-89　绘制“雪花1”形状

（13）运用同样的操作方法绘制其他的形状，如图5-90所示。

（14）在工具箱中选择横排文字工具，设置“字体”为“方正超粗黑简体”、“字体大小”为450点，输入文字，如图5-91所示。

（15）按Ctrl+T快捷键，进入自由变换状态，单击鼠标右键，在弹出的快捷菜单中选择“旋转”选项，调整至合适的角度，如图5-92所示。

（16）运用同样的操作方法，添加“渐变叠加”和“描边”效果，如图5-93所示。

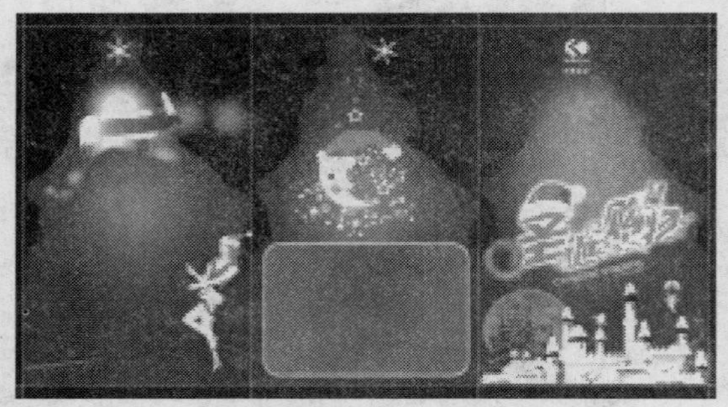

图5-90　绘制其他形状

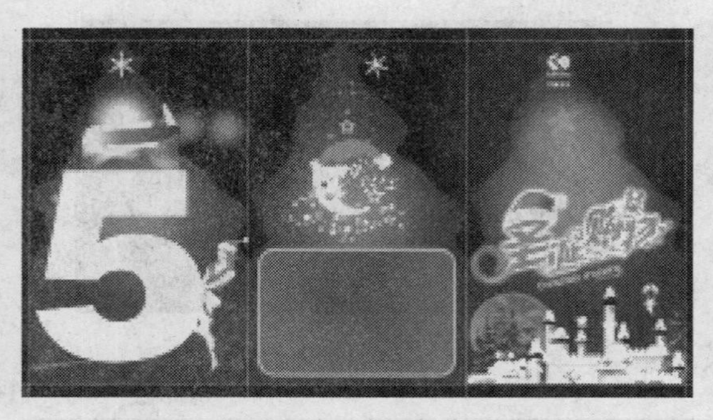

图5-91　输入文字

（17）执行“选择”|“修改”|“扩展”命令，弹出“选区”对话框，设置“扩展量”为11像素。新建一个图层，按D键，恢复前景色和背景色的默认设置，按Alt+Delete快捷键，填充为白色，运用同样的操作方法添加“渐变叠加”效果，如图5-94所示。

图5-92　旋转文字

图5-93　添加图层样式效果

图5-94　扩展选区

（18）运用同样的操作方法再次扩展选区，如图5-95所示。

（19）运用同样的操作方法输入其他文字，最终效果如图5-96所示。

图5-95　再次扩展选区

图5-96　最终效果

5.6　服饰广告——收获金秋

本实例制作的是收获金秋服饰广告，以黄色为主色调，以音符为辅助，营造一种韵律感，实例的视觉中心点在文字上面，主要通过横排文字工具输入文字，然后执行“转换为形状”命令将文字转换为形状。制作完成的服饰广告如图5-97所示。

图5-97　服饰广告

（1）启用Photoshop后，执行“文件”|“新建”命令，弹出“新建”对话框，设置参数如图5-98所示，单击“确定”按钮，新建一个空白文件。

（2）按Ctrl+O快捷键，弹出“打开”对话框，选择背景图片，单击“打开”按钮，运用移动工具，将背景图片添加至文件中，放置在合适的位置，如图5-99所示。

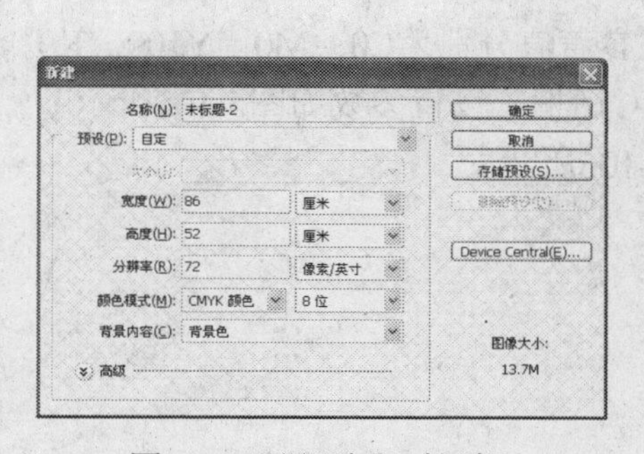

图5-98　“新建”对话框

图5-99　添加背景图片

（3）新建一个图层，设置前景色为白色，选择画笔工具，在工具选项栏中设置“硬度”为0%、“不透明度”和“流量”均为80%，在图像窗口中单击鼠标，绘制如图5-100所示的光点。可通过按“]”键和“[”键调整画笔的大小，以便绘制出不同大小的光点。

（4）新建一个图层，运用钢笔工具，绘制如图5-101所示的路径。

（5）新建一个图层，设置前景色为绿色（CMYK参考值分别为C88、M38、Y100、K36），选择画笔工具，在工具选项栏中设置画笔为“尖角9”，设置“硬度”为0%、“不透明度”和“流量”均为100%，

（6）单击鼠标右键，在弹出的快捷菜单中选择“描边路径”选项，在弹出的“描边路径”对话框中单击“确定”按钮，按Enter+Ctrl快捷键，转换路径为选区，如图5-102所示。

（7）运用同样的操作方法，绘制得到如图5-103所示效果。

图5-100　绘制光点

图5-101　绘制路径

图5-102　描边路径

图5-103　绘制路径效果

（8）执行“图层”|“图层样式”|“渐变叠加”命令，弹出“图层样式”对话框，单击渐变条，在弹出的“渐变编辑器”对话框中设置颜色如图5-104所示。其中，金黄色的CMYK参考值分别为C3、M19、Y93、K0，黄色的CMYK参考值分别为C0、M0、Y100、K0。

（9）单击“确定”按钮，返回“图层样式”对话框，设置参数如图5-105所示。

（10）选择“外发光”选项，设置参数如图5-106所示。

图5-104　“渐变编辑器”对话框

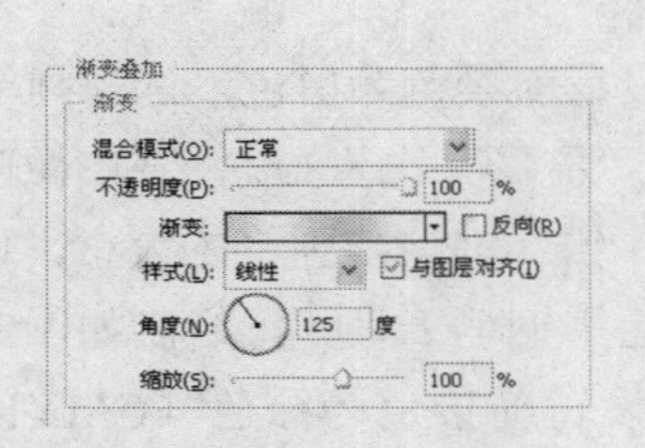

图5-105　“渐变叠加”参数

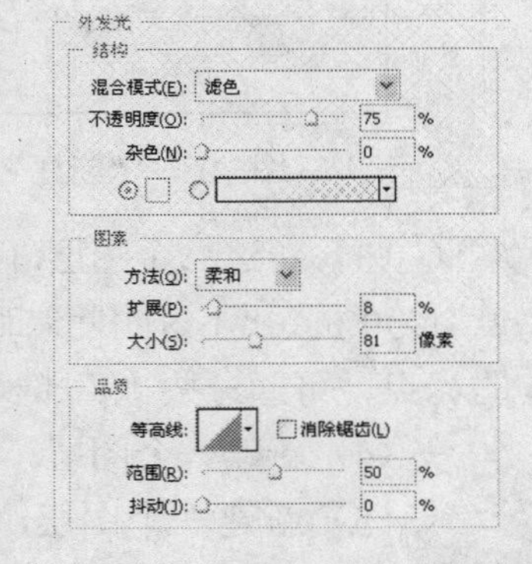

图5-106　“外发光”参数

（11）单击“确定”按钮，退出“图层样式”对话框，添加图层样式的效果如图5-107所示。

（12）打开乐器素材，执行“选择”|“色彩范围”命令，弹出的“色彩范围”对话框，

如图5-108所示。按下对话框右侧的吸管按钮，移动光标至图像窗口的背景位置单击鼠标。选中“反相”复选框，可反选当前选择区域。

图5-107　添加图层样式效果

图5-108　“色彩范围”对话框

（13）单击“确定”按钮，退出“色彩范围”对话框，效果如图5-109所示。

（14）运用移动工具，将抠出的乐器添加至文件中，按Ctrl+T快捷键，调整大小、角度、位置，如图5-110所示。

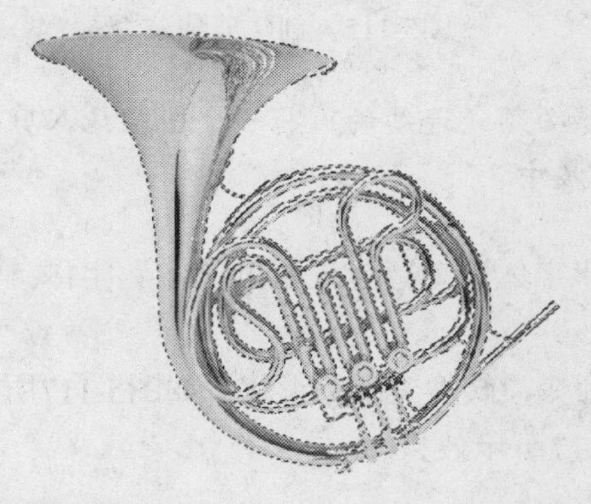

图5-109　执行“色彩范围”命令效果

图5-110　添加乐器效果

（15）参照上面同样的操作方法，添加枫叶素材，如图5-111所示。

图5-111　添加枫叶素材

（16）按住Alt键的同时，移动光标至分隔两个图层的实线上，当光标显示为形状时，单击鼠标左键，创建剪贴蒙版，如图5-112所示。

（17）新建一个图层，在工具箱中选择自定形状工具，然后单击工具选项栏中的“形状”下拉列表按钮，从形状列表中选择“高音谱号”形状，如图5-113所示。

（18）按下“填充像素”按钮，在图像窗口中，拖动鼠标绘制一个“高音谱号”形状，如图5-114所示。

（19）运用同样的操作方法绘制其他形状，并创建剪贴蒙版，如图5-115所示。

图5-112 创建剪贴蒙版

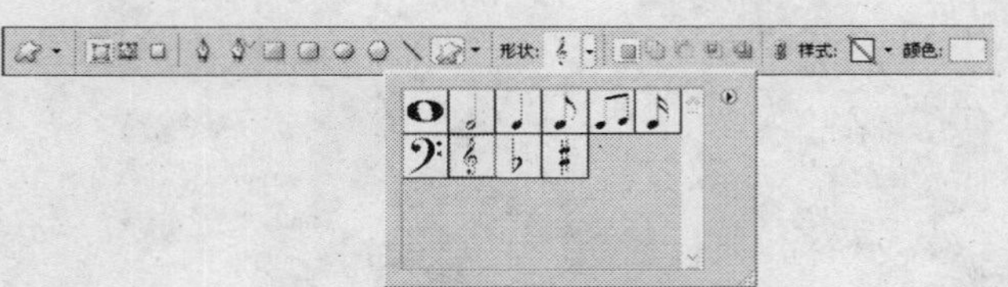

图5-113 选择"高音谱号"形状

图5-114 绘制"高音谱号"形状

图5-115 创建剪贴蒙版

提示 剪贴蒙版可以应用于多个图层，但这些图层必须是连续的。将一个图层拖入剪贴蒙版的基底图层上，可将其加入到剪贴蒙版中。

(20) 在工具箱中选择横排文字工具T，设置"字体"为"方正粗圆简体"字体、"字体大小"为500点，输入文字，如图5-116所示。

(21) 单击"图层"|"文字"|"转换为形状"命令，转换文字为形状，如图5-117所示。运用同样的操作方法，输入其他文字，得到如图5-117所示效果。

图5-116 输入文字

图5-117 转换文字为形状

(22) 运用直接选择工具删除多余的节点，选择钢笔工具，在工具选项栏中按下"添加到形状区域"按钮，绘制文字之间的连接部分图形，如图5-118所示。

(23) 参照同样的操作添加"渐变叠加"和"描边"效果，如图5-119所示。

图5-118　制作变形效果

图5-119　添加图层样式效果

（24）按住Ctrl键的同时，单击文字图层缩览图，载入文字选区。执行“选择”|“修改”|“扩展”命令，弹出“扩展选区”对话框，设置“扩展量”为35像素，单击“确定”按钮，退出“扩展选区”对话框，效果如图5-120所示。

（25）新建一个图层，设置前景色为白色，对文字图层填充白色，调整图层顺序得到如图5-121所示效果。

图5-120　扩展选区效果

图5-121　填充颜色

（26）参照上面同样的操作方法，输入文字并打开蝴蝶图片素材。选择工具箱中的魔棒工具，设置“容差”为40，选择蝴蝶翅膀，运用移动工具，将蝴蝶素材添加至文件中，放置在合适的位置，得到最终效果，如图5-122所示。

图5-122　最终效果

5.7 电饭锅广告——品味美的生活

本实例制作的是电饭锅POP广告，通过生动、具体的产品展示，以及为电饭锅添加“外发光”效果，体现了“品味美味生活”的主题。制作完成的电饭锅POP广告如图5-123所示。

图5-123　电饭锅POP广告

（1）启用Photoshop后，执行“文件”|“新建”命令，弹出“新建”对话框，设置对话框的参数如图5-124所示，单击“确定”按钮，新建一个空白文件。

（2）设置前景色为深蓝色（RGB参考值分别为R11、G48、B143），按Alt+Delete快捷键，填充颜色为深蓝色。新建一个图层，设置前景色为淡蓝色（RGB参考值分别为R111、G173、B198），选择画笔工具，在工具选项栏中设置“硬度”为0%、“不透明度”和“流量”均为80%，在图像窗口中单击鼠标，绘制如图5-125所示的光点。

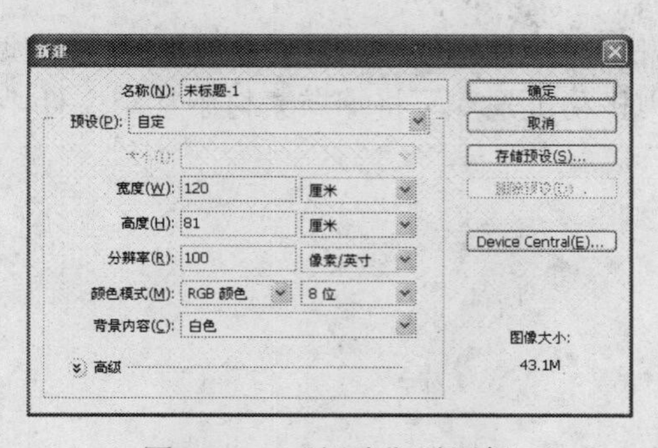

图5-124　“新建”对话框

图5-125　绘制光点

（3）新建一个图层，设置前景色为淡紫色（RGB参考值分别为R218、G217、B237），在工具箱中选择椭圆工具，按下“填充像素”按钮，在图像窗口中拖动鼠标绘制一个正圆，效果如图5-126所示。

（4）在“图层”面板中单击“添加图层样式”按钮 fx，选择“外发光”选项，设置参数如图5-127所示。

在设置发光颜色时，应选择与发光文字或图形反差较大的颜色，这样才能得到较好的发光效果，系统默认发光颜色为淡黄色。

（5）单击“确定”按钮退出“图层样式”对话框，添加“外发光”效果。按Ctrl+J快捷键，将制作的正圆复制两层，调整到合适的位置，效果如图5-128所示。

图5-126 绘制正圆

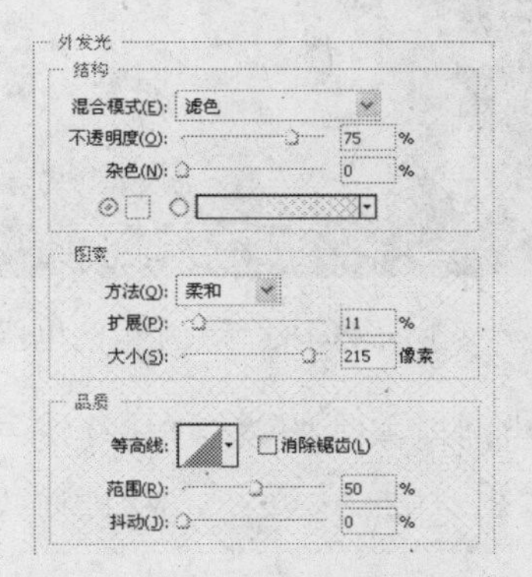

图5-127 “外发光”参数

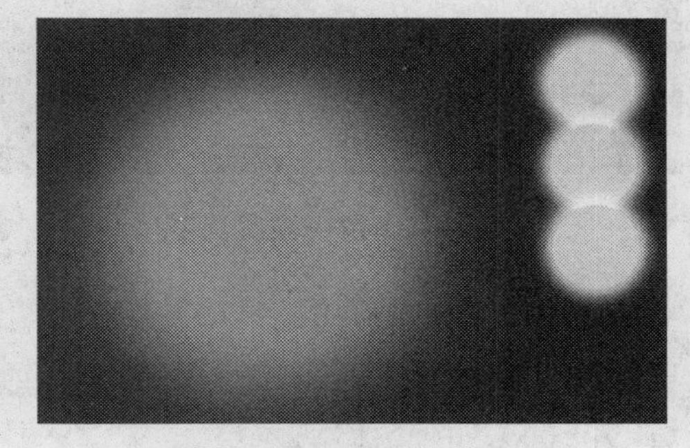

图5-128 复制图层

（6）按Ctrl+O快捷键，弹出“打开”对话框，选择花纹图片，单击“打开”按钮。

（7）执行“选择”|“色彩范围”命令，弹出“色彩范围”对话框，如图5-129所示。按下对话框右侧的吸管按钮，移动光标至图像窗口中花纹位置单击鼠标，然后单击“确定”按钮，退出“色彩范围”对话框。

（8）运用移动工具，将花纹选区添加至文件中，放置在合适的位置，如图5-130所示。

图5-129 “色彩范围”对话框

图5-130 添加花纹素材

（9）运用同样的操作方法，绘制白色光点，如图5-131所示。

（10）运用同样的操作方法添加生活电器和广告语素材，如图5-132所示。

（11）在“图层”面板中单击“添加图层样式”按钮，选择“投影”选项，设置参数如图5-133所示。

（12）单击“确定”按钮，退出“图层样式”对话框，添加的“投影”效果如图5-134所示。

图5-131　绘制白色光点

图5-132　添加生活电器和广告语素材

（13）按Ctrl+J快捷键，复制左下角的生活电器。按Ctrl+T快捷键，进入自由变换状态，单击鼠标右键，在弹出的快捷菜单中选择“垂直翻转”选项，垂直翻转图层，然后调整至合适的位置，如图5-135所示。

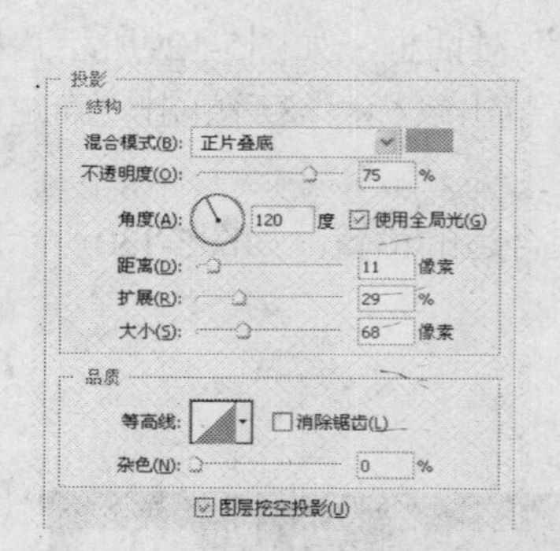

图5-133　“投影”参数

图5-134　添加“投影”效果

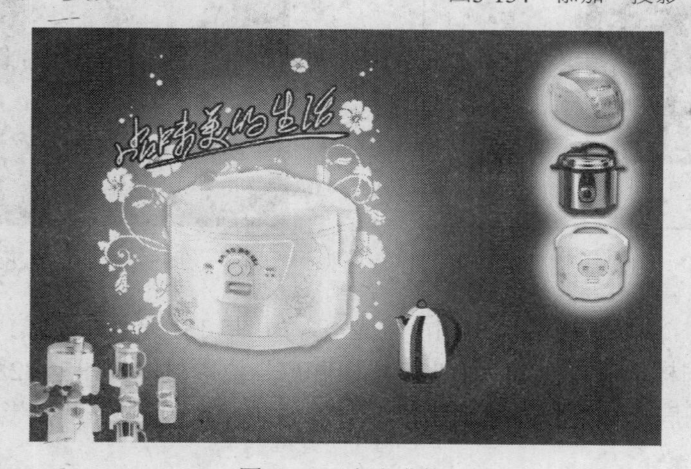

图5-135　自由变换

（14）单击“图层”面板上的“添加图层蒙版”按钮，为图层添加图层蒙版，按D键，恢复前景色和背景为默认的黑白颜色，选择渐变工具，按下“线性渐变”按钮，在图像窗口中按下并拖动鼠标，效果如图5-136所示。

（15）执行“图像”|“调整”|“照片滤镜”命令，弹出“照片滤镜”对话框，调整参数如图5-137所示。

图5-136　添加图层蒙版

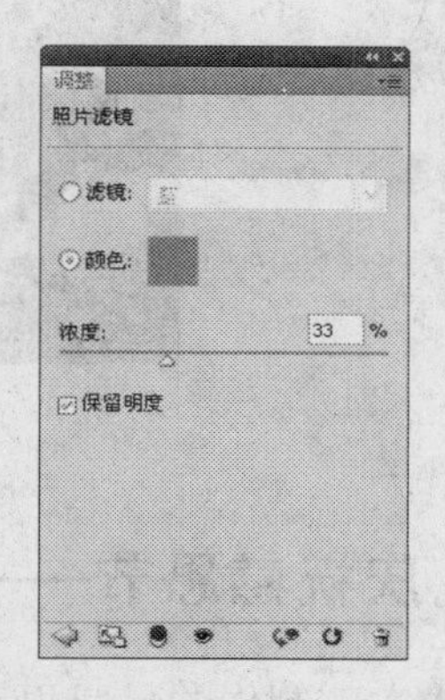

图5-137　“照片滤镜”调整参数

“照片”滤镜的功能相当于传统摄影中滤光镜的功能，即模拟在相机镜头前加上彩色滤光镜，以便调整到达镜头光线的色温与色彩的平衡，从而使胶片产生特定的曝光效果。在“照片滤镜”对话框中可以选择系统预设的一些标准滤镜，也可以自己设定滤镜的颜色。

（16）调整效果如图5-138所示。

（17）在工具箱中选择横排文字工具，设置“字体”为“幼圆”、“字体大小”为72点，输入文字，最终效果如图5-139所示。

图5-138　“照片滤镜”调整效果

图5-139　最终效果

5.8　庆祝感恩节——感恩节自助晚餐

本实例制作的是感恩节自助晚餐POP广告，以橙色为主色调，主要使用钢笔工具和自定形状工具绘制各种线条和形状，以流畅的几何图形的组合贯穿整个设计，色调柔和自然。制作完成的感恩节自助晚餐POP广告如图5-140所示。

图5-140　感恩节自助晚餐POP广告

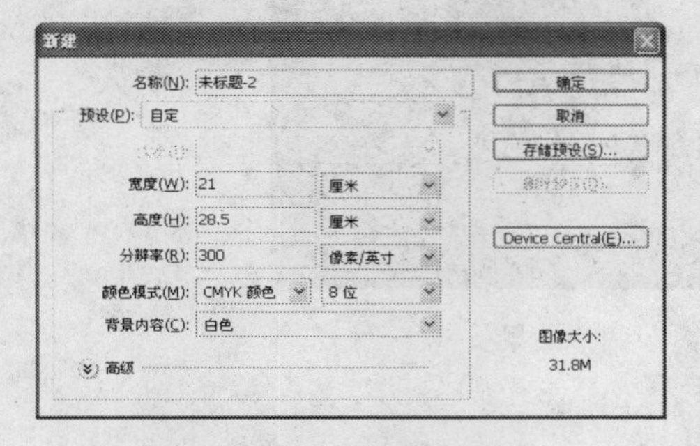

图5-141　“新建”对话框

（1）启用Photoshop后，执行“文件”|“新建”命令，弹出“新建”对话框，设置参数如图5-141所示，单击“确定”按钮，新建一个空白文件。

（2）执行“图层”|“图层样式”|“渐变叠加”命令，弹出“图层样式”对话框，单击渐变条，在弹出的“渐变编辑器”对话框中设置颜色如图5-142所示。其中橙色的CMYK参考值分别为C0、M60、Y91、K0，黄色的CMYK参考值分别为C6、M29、Y90、K0。

（3）单击“确定”按钮，返回“图层样式”对话框，设置参数如图5-143所示。

（4）单击“确定”按钮，退出“图层样式”对话框，添加的“渐变叠加”效果如图5-144所示。

（5）设置前景色为深红色（CMYK参考值分别为C37、M96、Y99、K3），在工具箱中选择矩形工具，按下“填充像素”按钮，在图像窗口中绘制如图5-145所示矩形。

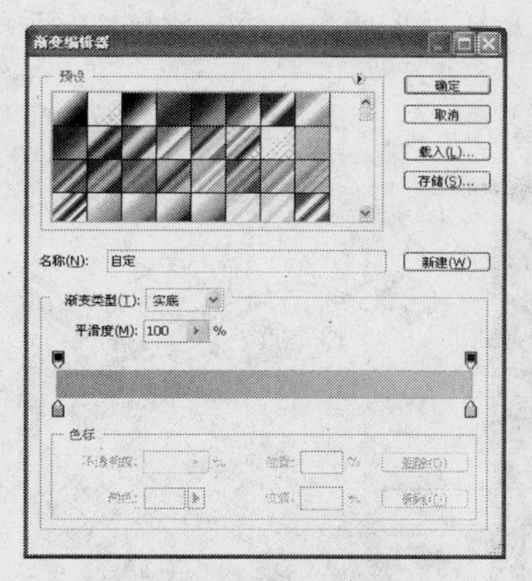

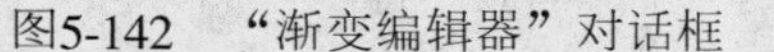

图5-142 “渐变编辑器”对话框

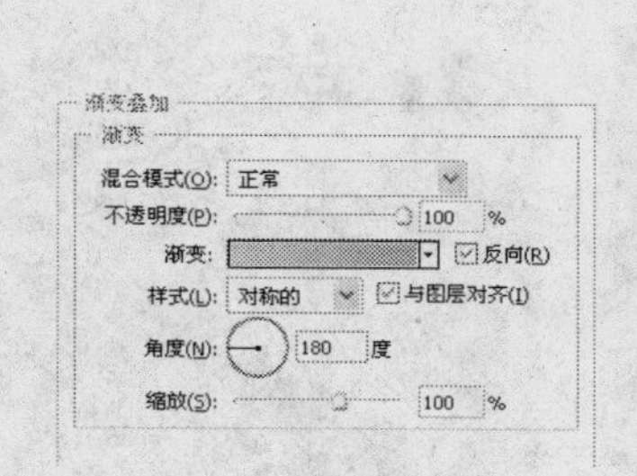

图5-143 “渐变叠加”参数

图5-144 “渐变叠加”效果

（6）按Ctrl+O快捷键，弹出“打开”对话框，选择花纹素材，单击“打开”按钮，运用移动工具，将素材添加至文件中，放置在合适的位置，如图5-146所示。

（7）运用同样的操作方法添加火鸡素材，单击“图层”面板上的“添加图层蒙版”按钮，为火鸡图层添加图层蒙版。编辑图层蒙版，设置前景色为黑色，选择画笔工具，按“[”或“]”键调整合适的画笔大小，在图像上涂抹。双击图层，弹出“图层样式”对话框，选择“投影”选项，设置参数如图5-147所示。

图5-145 绘制矩形

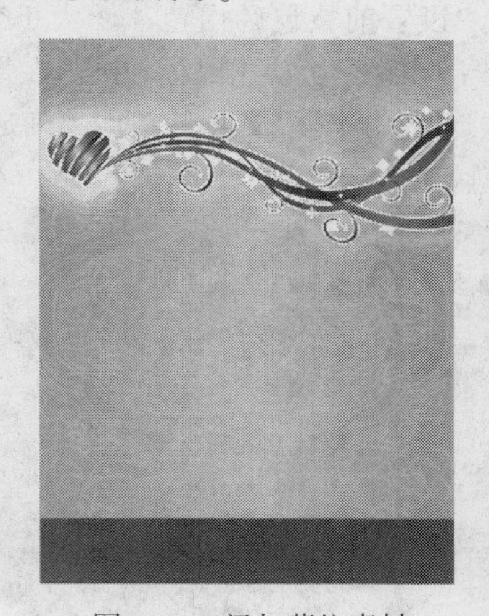

图5-146 添加花纹素材

图5-147 “投影”参数

（8）单击“确定”按钮，退出“图层样式”对话框，添加的“投影”效果如图5-148所示。

提示 “投影”效果用于模拟光源照射生成的阴影，添加“投影”效果可使平面图形产生立体感。

（9）新建一个图层组，然后新建一个图层，设置前景色为黑色，在工具箱中选择自定形状工具，按下工具选项栏中的“形状图层”按钮，然后单击“形状”下拉按钮，选择“叶形装饰3“形状，在图像窗口中拖动鼠标绘制形状。按下Ctrl+T快捷键，单击鼠标右键，在弹出的快捷菜单中选择“旋转”选项，移动鼠标至定界框外，当光标显示为↰形状后拖动鼠标，对形状进行旋转操作，效果如图5-149所示。

（10）设置图层的“混合模式”为“柔光”，如图5-150所示。

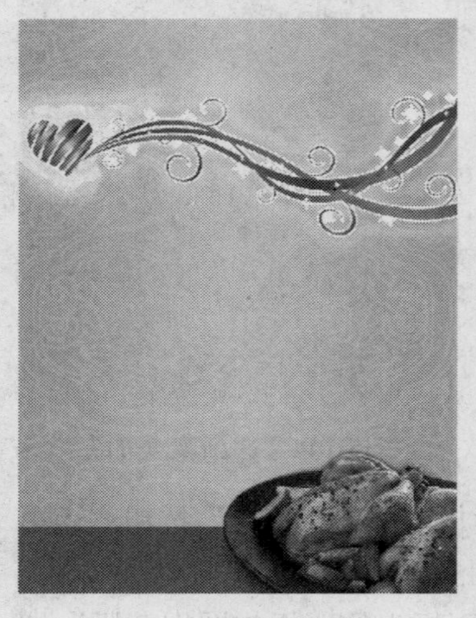

图5-148 “投影”效果

图5-149 绘制形状

图5-150 “柔光”效果

（11）参照上述同样的操作方法，绘制其他形状，如图5-151所示。

（12）新建一个图层，运用钢笔工具绘制一条路径，如图5-152所示。

（13）选择画笔工具，设置前景色为白色，“大小”为“35像素”、“硬度”为100%，选择钢笔工具，在绘制的路径上单击鼠标右键，在弹出的快捷菜单中选择“描边路径”选项，在弹出的对话框中选择“画笔”选项，单击“确定”按钮，描边路径，得到如图5-153所示的效果。

图5-151 绘制其他形状

图5-152 绘制路径

图5-153 描边路径

（14）在工具箱中选择横排文字工具，设置“字体”为“华康少女文字”、“字体大小”为83点，输入文字，调整“恩”的大小为100点，“节”的大小为63点，如图5-154所示。

（15）在“图层”面板中单击“添加图层样式”按钮，选择“内阴影”选项，弹出“图层样式”对话框，设置参数如图5-155所示。

（16）选择“外发光”选项，设置参数如图5-156所示。

图5-154　输入文字

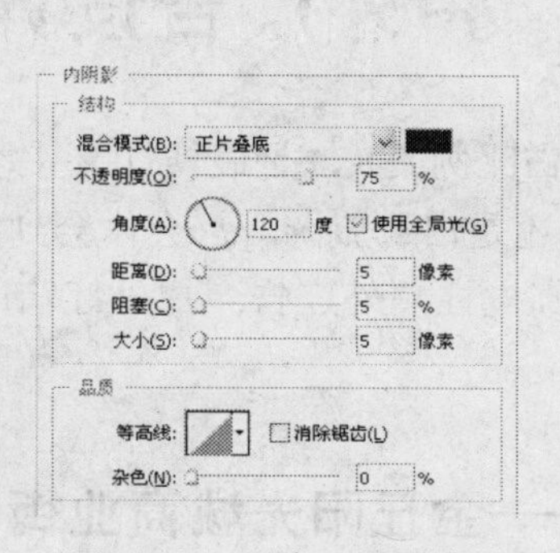

图5-155　“内阴影”参数

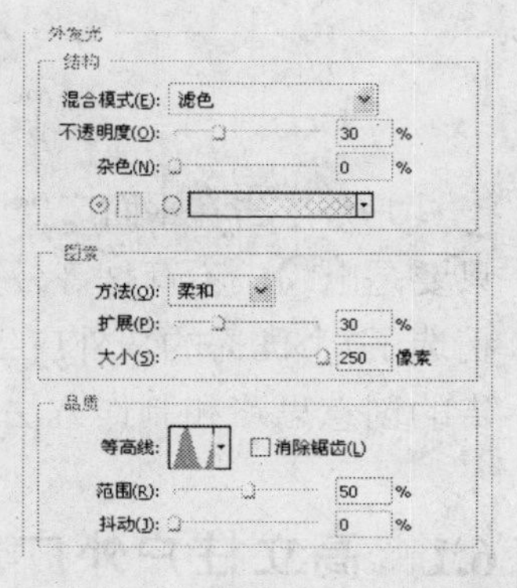

图5-156　“外发光”参数

（17）选择“颜色叠加”选项，其中叠加的颜色为红色（CMYK参考值分别为C28、M99、Y100、K0），如5-157所示。

图5-157　“颜色叠加”参数

（18）选择“描边”选项，设置参数如图5-158所示。

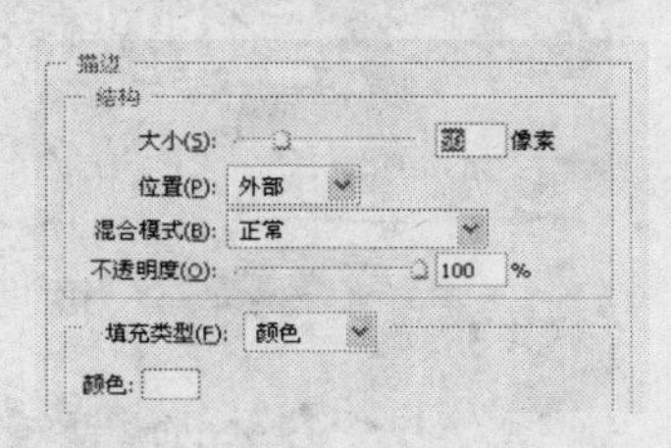

图5-158　“描边”参数

（19）单击“确定”按钮，退出“图层样式”对话框，添加图层样式效果如图5-159所示。

（20）运用同样的操作方法输入其他文字，最终效果如图5-160所示。

图5-159　添加图层样式效果

图5-160　最终效果

第6章

户外广告设计

户外广告在平面广告中所占比例最大，是最具有吸引力的广告，它不受消费人群的局限，只要是出门，不管是等公交车还是自驾旅游，都会体会到户外广告所带来的广告效应，本章精选了7个优秀的户外广告，高立柱户外广告、户外灯箱广告等，详细地讲述了创建此类广告的创意思路和制作方法。

6.1 高立柱户外广告——金丘阳光城商业街

本实例制作的是金丘阳光城商业街的高立柱户外广告，运用钢笔工具绘制发光的效果，再通过添加图层样式效果使过渡更自然、更柔和，制作发亮的时尚感光线。制作完成的高立柱户外广告效果如图6-1所示。

图6-1 高立柱户外广告

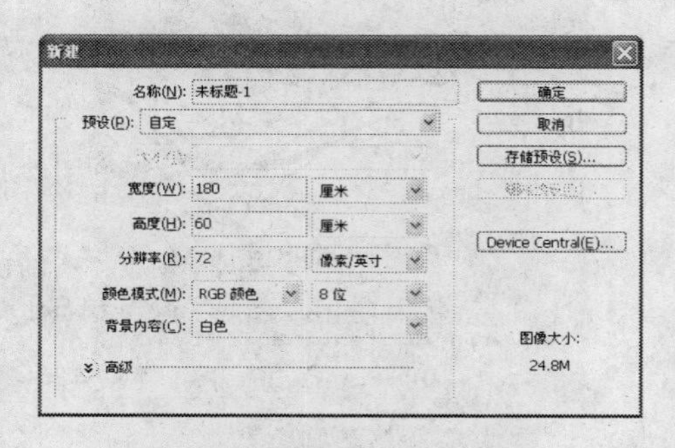

图6-2 “新建”对话框

（1）启用Photoshop后，执行“文件”|“新建”命令，弹出“新建”对话框，设置参数如图6-2所示，单击“确定”按钮，新建一个空白文件。

（2）执行“图层”|“图层样式”|“渐变叠加”命令，弹出“图层样式”对话框，单击渐变条，在弹出的“渐变编辑器”对话框中设置颜色如图6-3所示。其中，黄色的RGB参考值分别为R238、G238、B167，深蓝色的RGB参考值分别为R0、G80、B117。

（3）单击“确定”按钮，返回“图层样式”对话框，设置参数如图6-4所示。

（4）单击“确定”按钮，退出“图层样式”对话框，添加的“渐变叠加”效果如图6-5

所示。

“渐变叠加”命令用于使图像产生一种渐变叠加效果。

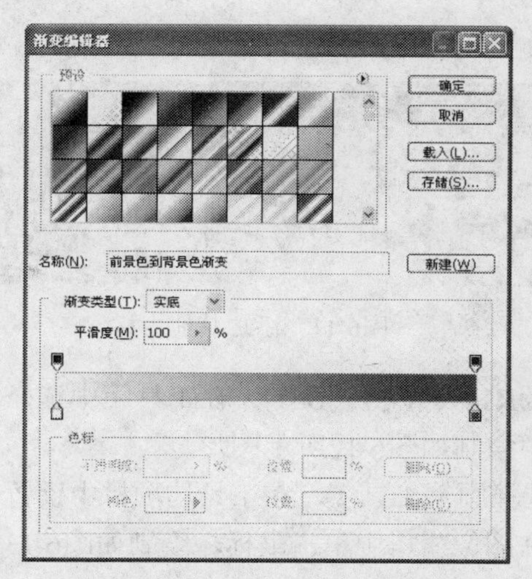

图6-3 “渐变编辑器”对话框

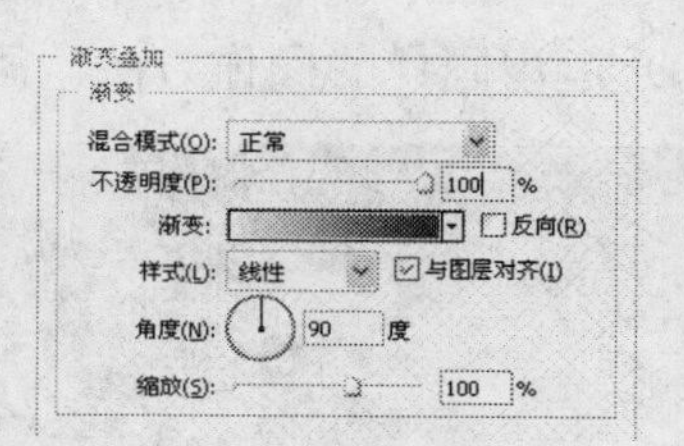

图6-4 “渐变叠加”参数

图6-5 “渐变叠加”效果

(5) 设置前景色为白色，在工具箱中选择钢笔工具，按下“形状图层”按钮，在图像窗口中绘制如图6-6所示图形。

(6) 参照前面同样的操作方法添加“渐变叠加”效果，设置图层的“不透明度”为40%，如图6-7所示。

图6-6 绘制图形

图6-7 “渐变叠加”效果

(7) 按Ctrl+J快捷键，将图形复制几层，按Ctrl+T快捷键，进入自由变换状态，单击鼠标右键，在弹出的快捷菜单中选择“旋转”选项，调整至合适的位置和角度，如图6-8所示。

(8) 按Ctrl+O快捷键，弹出“打开”对话框，选择建筑素材，单击“打开”按钮，选择工具箱中的磁性套索工具，建立如图6-9所示的选区。

图6-8 复制图形

图6-9 建立选区

（9）运用移动工具，将素材添加至文件中，调整到合适的位置。单击“图层”面板上的“添加图层蒙版”按钮，为图层添加图层蒙版，按D键，恢复前景色和背景为默认的黑白颜色，选择渐变工具，按下“线性渐变”按钮，在图像窗口中按下并拖动鼠标，效果如图6-10所示。

（10）运用同样的操作方法，添加其他素材，如图6-11所示。

图6-10　添加图层蒙版

图6-11　添加其他素材

（11）设置前景色为红色（RGB参考值分别为R149、G37、B41)，在工具箱中选择矩形工具，按下“填充像素”按钮，在图像窗口中绘制如图6-12所示图形。

（12）新建一个图层，设置前景色为白色，选择画笔工具，在工具选项栏中设置“硬度”为0%、“不透明度”和“流量”均为80%，在图像窗口中单击鼠标，绘制如图6-13所示的光点。

图6-12　绘制矩形

图6-13　绘制光点

（13）在工具箱中选择横排文字工具，设置“字体”为“宋体”、“字体大小”为291点，输入文字，如图6-14所示。

（14）在“图层”面板中单击“添加图层样式”按钮，选择“投影”选项，弹出“图层样式”对话框，设置参数如图6-15所示。

图6-14　输入文字

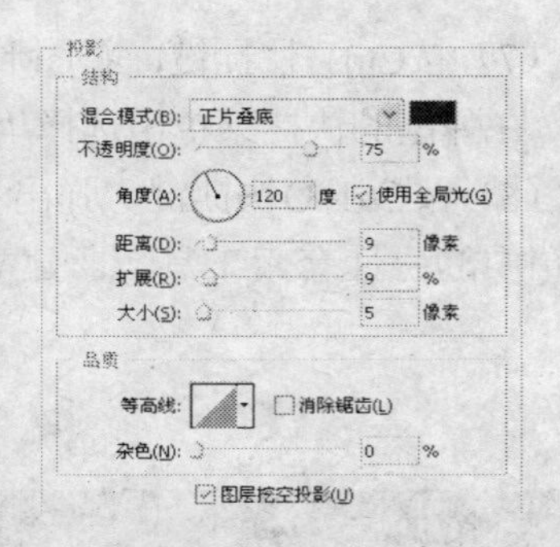

图6-15　“投影”参数

添加“投影”效果时，移动光标至图像窗口，当光标显示为形状时拖动，可手动调整阴影的方向和距离。

（15）选择“渐变叠加”选项，单击渐变条，在弹出的“渐变编辑器”对话框中设置颜色如图6-16所示，单击“确定”按钮，返回“图层样式”对话框，设置参数如图6-17所示。

（16）单击“确定”按钮，退出“图层样式”对话框，添加的“渐变叠加”效果如图6-18所示。

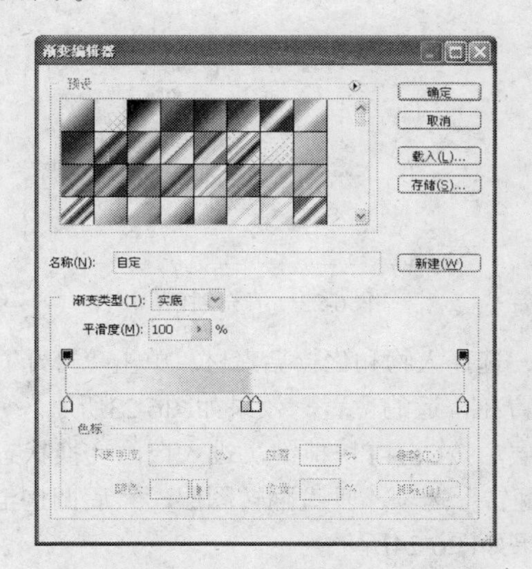

图6-16　“渐变编辑器”对话框

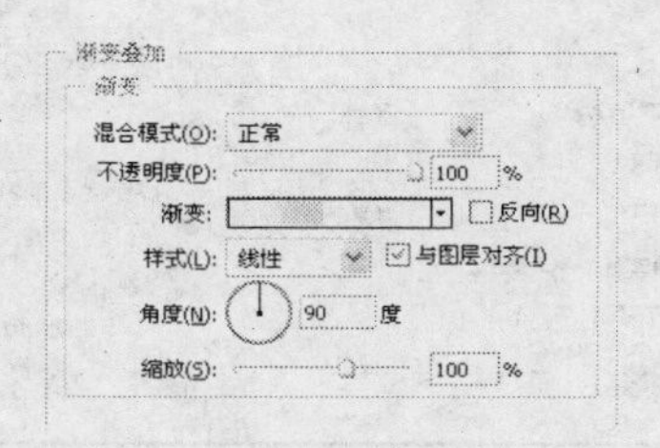

图6-17　“渐变叠加”参数

图6-18　“渐变叠加”效果

（17）运用同样的操作方法输入其他文字，最终效果如图6-19所示。

图6-19　最终效果

6.2　地铁站户外灯箱广告——艾丽碧丝化妆品

本实例制作的是艾丽碧丝化妆品的地铁站户外灯箱广告，实例以人物和产品为主体，运用椭圆选框工具绘制人物后面的背景圆形，再通过添加图层蒙版制作产品的通透感，使整个画面淡雅、纯净。制作完成的地铁站户外灯箱广告效果如图6-20所示。

图6-20　艾丽碧丝化妆品广告

（1）启用Photoshop后，执行“文件”|“新建”命令，弹出“新建”对话框，在对话框中设置参数如图6-21所示，单击“确定”按钮，新建一个空白文件。

（2）新建一个图层，设置前景色为淡黄色（RGB参考值分别为R255、G246、B233），按Alt+Delete快捷键填充颜色，如图6-22所示。

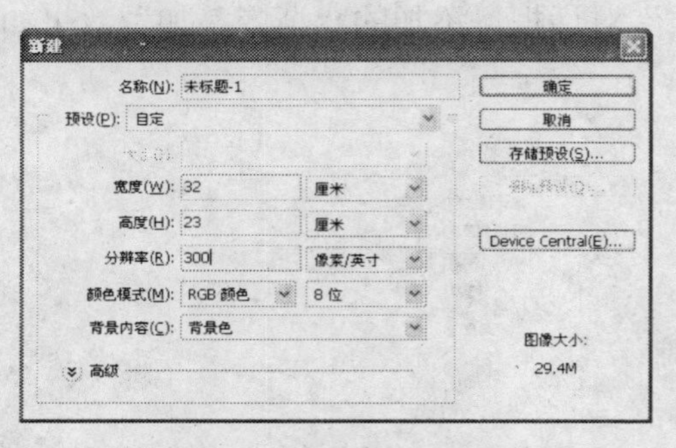

图6-21　“新建”对话框

图6-22　填充颜色

（3）按Ctrl+O快捷键，弹出“打开”对话框，选择人物和化妆品素材，单击“打开”按钮，运用移动工具，将素材添加到文件中，放置在合适的位置，效果如图6-23所示。

（4）按Ctrl+J快捷键，将化妆品图层复制一层，按Ctrl+T快捷键，进入自由变换状态，单击鼠标右键，在弹出的快捷菜单中选择“垂直翻转”选项，垂直翻转图层，然后调整至合适的位置，设置图层的“不透明度”为40%，效果如图6-24所示。

图6-23　添加素材效果

图6-24　自由变换效果

（5）按Ctrl+O快捷键，弹出“打开”对话框，选择花瓣素材，单击“打开”按钮，运用移动工具，将花瓣素材添加到文件中，调整好大小和位置，效果如图6-25所示。

（6）新建一个图层，选择椭圆选框工具，按住Shift键的同时，绘制一个正圆选区。

（7）设置前景色为白色，在工具箱中选择渐变工具，按下“径向渐变”按钮，单击选项栏渐变列表下拉按钮，从弹出的渐变列表中选择“前景到透明”渐变，选中工具选项栏中的“反向”复选框。在图像窗口中拖动鼠标填充渐变，得到如图6-26所示的效果。

（8）单击“图层”面板上的“添加图层蒙版”按钮，为花瓣素材图层添加图层蒙版。设置前景色为黑色，选择画笔工具，按“[”或“]”键调整合适的画笔大小，在工具选项栏中降低画笔的“不透明度”和“流量”，在渐变圆中涂抹，使其更加通透，效果如图6-27所示。

（9）运用移动工具调整渐变圆的位置，如图6-28所示。

图6-25　添加花瓣素材

图6-26　径向渐变效果

图6-27　添加图层蒙版

图6-28　调整位置

在“图层”面板中有两个控制图层的不透明度的选项，即“不透明度”和“填充”。

“不透明度”选项控制着当前图层、图层组中绘制的像素和形状的不透明度，如果对图层应用了图层样式，则图层样式的不透明度也会受到该值的影响。

（10）新建一个图层，选择工具箱中的椭圆选框工具，在图像窗口中按下鼠标并拖动，绘制如图6-29所示选区，并填充白色，如图6-30所示。

图6-29　绘制椭圆选框

图6-30　填充白色

使用选框工具时，创建选区后按住Alt键可以减去选区，按住Shift键可以添加选区，按下快捷键Alt+Shift可以相交选区。

（11）按Ctrl+J快捷键，将圆点图层复制几层，如图6-31所示。

（12）按Ctrl+O快捷键，弹出“打开”对话框，选择Logo素材，单击“打开”按钮，运用移动工具，将Logo素材添加至人物文件中，调整好大小、位置，得到如图6-32所示的最终效果。

图6-31　复制图层

图6-32　最终效果

6.3　房地产广告——我的多彩生活

本实例制作的是房地产广告，以“我的多彩生活”为主题，主要通过“图案叠加”图层样式制作背景，将人物运用到富于变化的背景画面中。制作完成的房地产广告效果如图6-33所示。

图6-33　房地产广告

（1）启用Photoshop后，执行“文件”|“新建”命令，弹出“新建”对话框，设置参数如图6-34所示，单击“确定”按钮，新建一个空白文件。

（2）设置前景色为深紫色（RGB参考值分别为R68、G4、B59），背景色为紫色（RGB参考值分别为R213、G15、B181）。在工具箱中选择渐变工具，按下“径向渐变”按钮，单击工具选项栏渐变列表下拉按钮，从弹出的渐变列表中选择“前景到背景”渐变。移动光标至图像窗口的中间位置，然后向边缘拖动鼠标填充渐变，释放鼠标后，得到如图6-35所示的效果。

（3）在“图层”面板中单击“添加图层样式”按钮，选择“图案叠加”选项，弹出“图层样式”对话框，设置参数如图6-36所示。

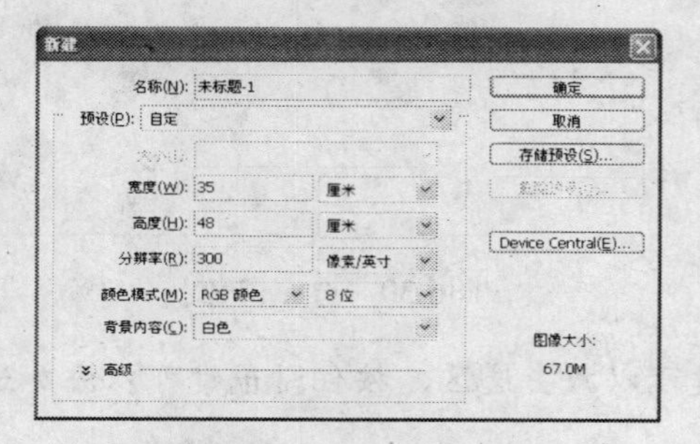

图6-34　“新建”对话框

（4）单击“确定”按钮，退出“图层样式”对话框，添加的“图案叠加”效果如图6-37所示。

图6-35　填充渐变

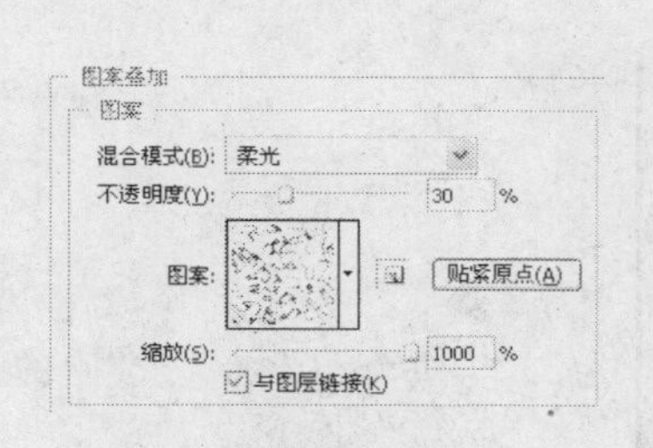

图6-36　“图案叠加”参数

图6-37　“图案叠加”效果

“图案叠加”命令用于在图像上添加图案效果。

（5）执行“图像”|“调整”|“色相/饱和度”命令，弹出“色相/饱和度”对话框，设置参数如图6-38所示。

（6）单击“确定”按钮，退出“色相/饱和度”对话框，效果如图6-39所示。

（7）设置前景色为蓝色（RGB参考值分别为R0、G167、B225），在工具箱中选择椭圆工具，按下“形状图层”按钮，按住Shift键的同时，在图像窗口中拖动鼠标绘制如图6-40所示正圆。

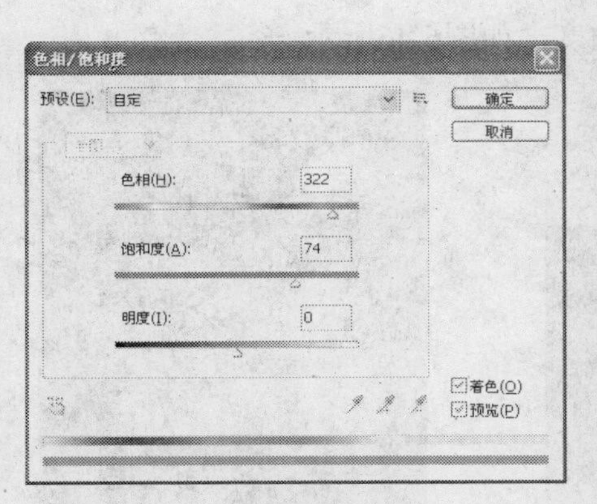

图6-38　“色相/饱和度”对话框

图6-39　“色相/饱和度”效果

图6-40　绘制正圆

选择椭圆工具后，在画面中单击鼠标并拖动，可创建椭圆形，按住Shift键拖动鼠标则可以创建圆形，椭圆工具选项栏与矩形工具选项栏基本相同，可以选择创建不受约束的椭圆形和圆形，也可选择创建固定大小和比例的图像。

（8）执行“图层”|“图层样式”|“渐变叠加”命令，弹出“图层样式”对话框，单击渐变条，在弹出的“渐变编辑器”对话框中设置颜色，如图6-41所示。其中，深蓝色的RGB

参考值分别为R0、G65、B92，蓝色的RGB参考值分别为R4、G103、B114，淡蓝色的RGB参考值分别为R0、G167、B225。

（9）单击“确定”按钮，返回“图层样式”对话框，设置参数如图6-42所示。

（10）单击“确定”按钮，退出“图层样式”对话框，添加的“渐变叠加”效果如图6-43所示。

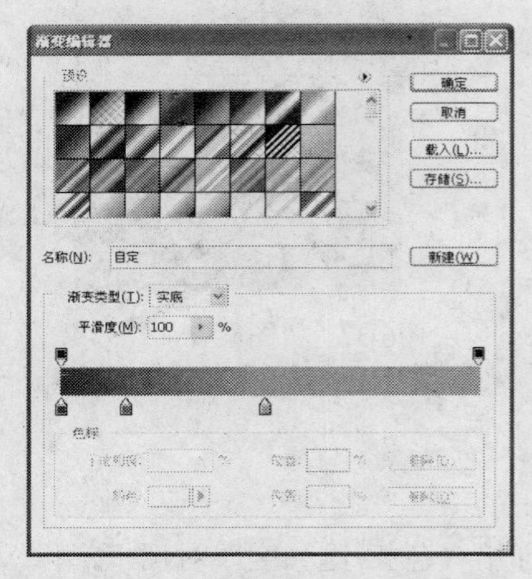

图6-41 “渐变编辑器”对话框

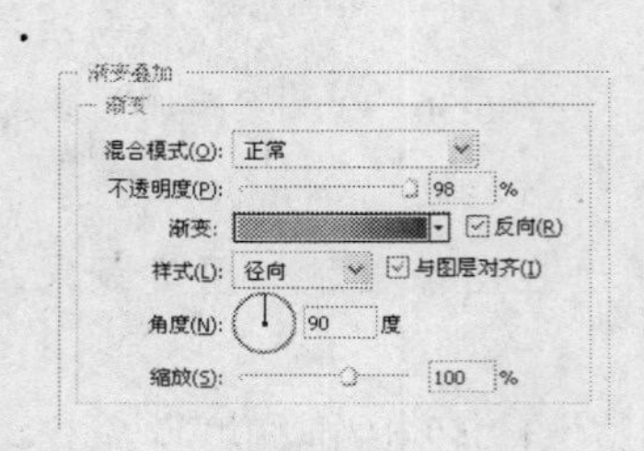

图6-42 “渐变叠加”参数

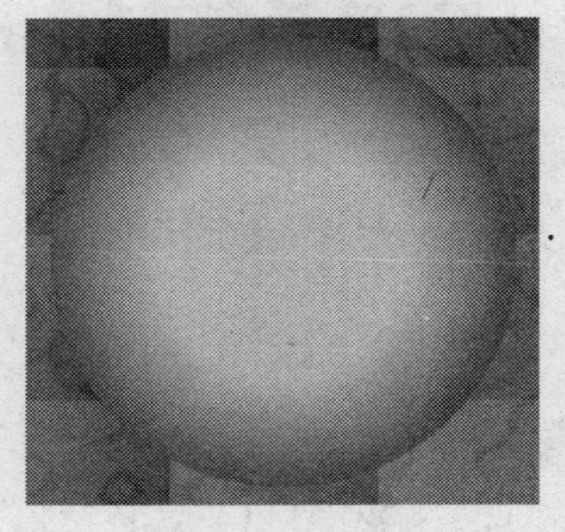

图6-43 “渐变叠加”效果

（11）设置前景色为白色，在工具箱中选择钢笔工具，按下“形状图层”按钮，在图像窗口中绘制如图6-44所示图形。

（12）单击“图层”面板上的“添加图层蒙版”按钮，为图层添加图层蒙版，按D键，恢复前景色和背景为默认的黑白颜色，选择渐变工具，按下“线性渐变”按钮，在图像窗口中按下并拖动鼠标，效果如图6-45所示。

（13）将正圆复制几层，并调整到合适的位置和角度，如图6-46所示。

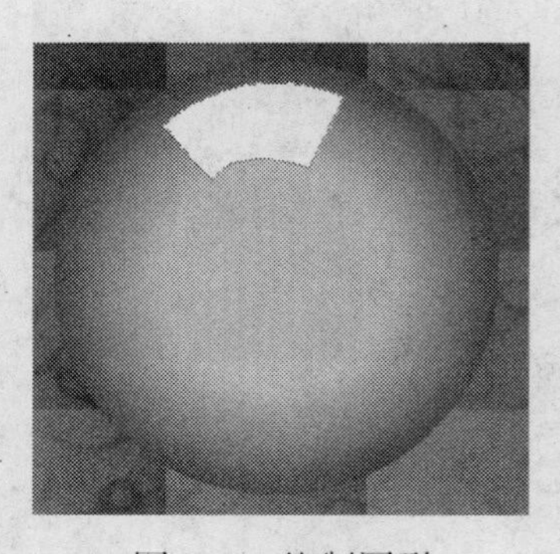

图6-44 绘制图形

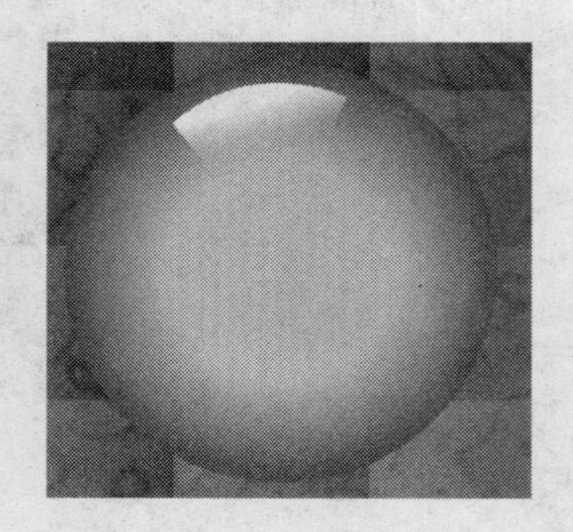

图6-45 添加图层蒙版

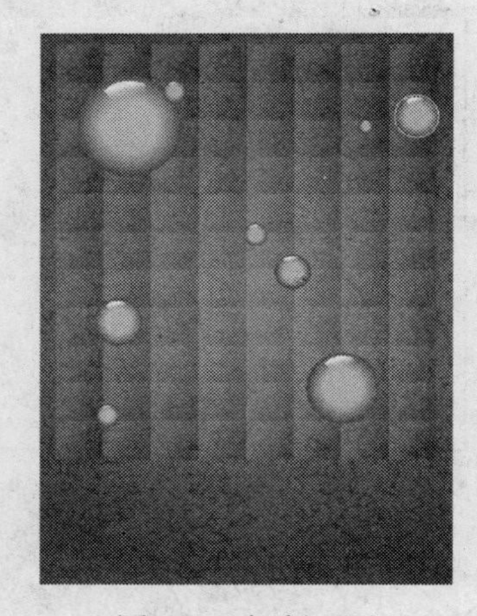

图6-46 复制正圆

（14）在工具箱中选择钢笔工具，按下“路径”按钮，在图像窗口中绘制如图6-47所示的正圆路径。

（15）选择画笔工具，设置前景色为白色，“大小”为“5像素”、“硬度”为100%，选择钢笔工具，在绘制的路径上单击鼠标右键，在弹出的快捷菜单中选择“描边路径”选项，在弹出的对话框中选择“画笔”选项，单击“确定”按钮，描边路径，按Ctrl+H快捷键隐藏路径，得到如图6-48所示的效果。

（16）将描边路径复制几层，调整好大小和位置，并填充不同的颜色，效果如图6-49所示。

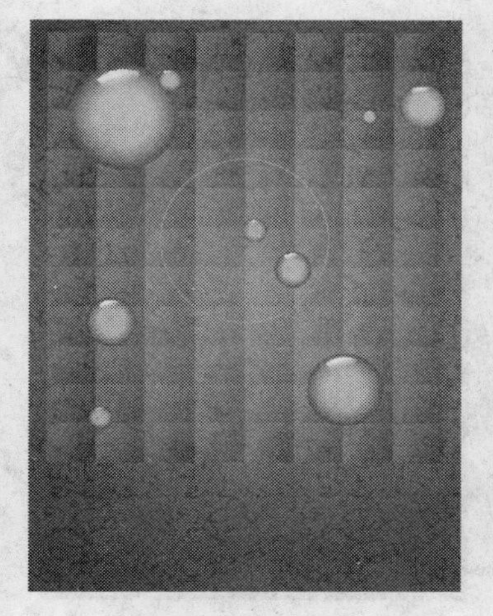

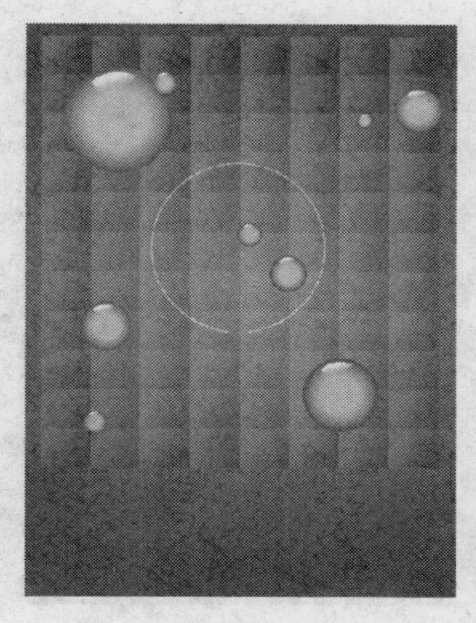

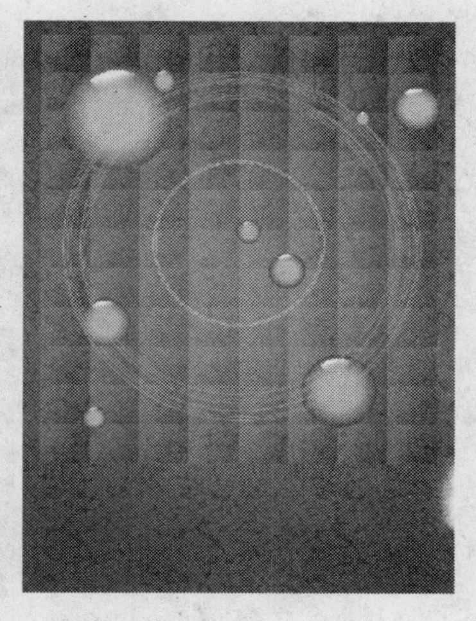

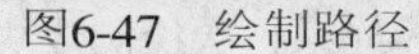

图6-47　绘制路径　　图6-48　描边路径　　图6-49　复制路径

（17）按Ctrl+O快捷键，弹出“打开”对话框，选择人物素材，单击“打开”按钮，运用移动工具，将素材添加至文件中，放置在合适的位置，如图6-50所示。

（18）设置前景色为土黄色（RGB参考值分别为R191、G166、B128），在工具箱中选择矩形工具，按下“形状图层”按钮，在图像窗口中拖动鼠标绘制矩形，如图6-51所示。

（19）在工具箱中选择椭圆工具，按下“从路径区域减去”按钮，按住Shift键的同时，在图像窗口中拖动鼠标绘制如图6-52所示正圆。

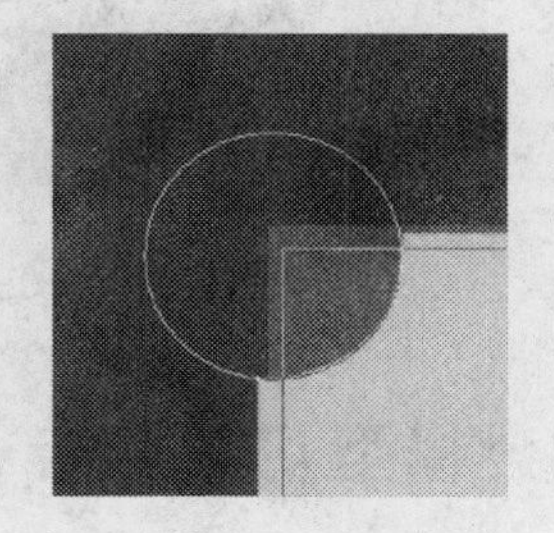

图6-50　添加人物素材　　图6-51　绘制矩形　　图6-52　绘制正圆

（20）按Ctrl+H快捷键，隐藏路径，得到从路径区域减去效果，如图6-53所示。

（21）在“图层”面板中单击“添加图层样式”按钮，选择“描边”选项，弹出“图层样式”对话框，设置参数如图6-54所示，其中描边颜色为土黄色（RGB参考值分别为R191、

G166、B128）。

（22）单击“确定”按钮，退出“图层样式”对话框，设置图层的“不透明度”为100%、“填充”为0%，效果如图6-55所示。

（23）运用同样的操作方法再次绘制边线，如图6-56所示。

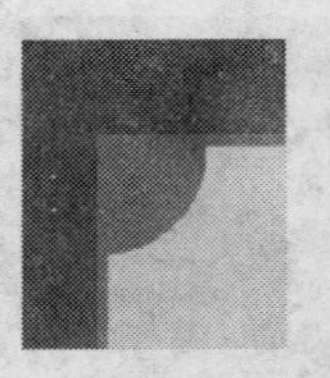

图6-53　从路径区域减去效果

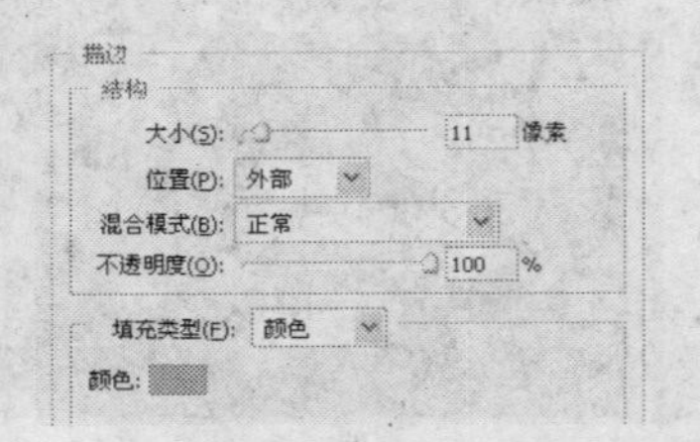

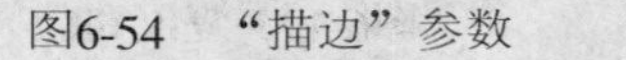

图6-54　“描边”参数

图6-55　“描边”效果

图6-56　再次绘制边线

（24）设置前景色为粉红色（RGB参考值分别为R231、G189、B211），在工具箱中选择横排文字工具T，设置“字体”为“方正平黑繁体”、“字体大小”为72点，输入文字，如图6-57所示。

（25）运用同样的操作方法输入其他文字，最终效果如图6-58所示。

图6-57　输入文字

图6-58　最终效果

6.4　横型灯箱广告——“鲜”听我说

本实例制作的是横型灯箱广告，以橙色为主色调，将人物置于画面的视觉中心点，通过人物的表情阐述果汁的诱惑力，水果的排列动静结合，沉稳而不失生机。制作完成的横型灯箱广告效果如图6-59所示。

图6-59　模型灯箱广告

（1）启用Photoshop后，执行“文件”|“新建”命令，弹出“新建”对话框，设置参数如图6-60所示，单击“确定”按钮，新建一个空白文件。

（2）在工具箱中选择渐变工具，在工具选项栏中单击渐变条，打开“渐变编辑器”对话框，设置参数如图6-61所示。其中，深黄色的RGB参考值分别为R221、G115、B10，橙色的RGB参考值分别为R248、G180、B0，黄色的RGB参考值分别为R255、G247、B167。

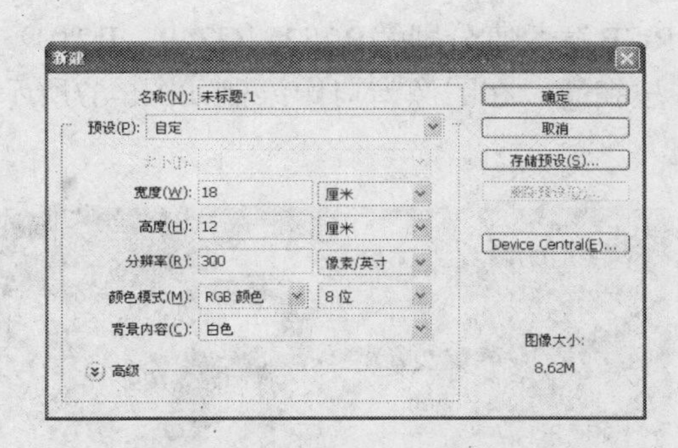

图6-60　“新建”对话框

图6-61　“渐变编辑器”对话框

（3）单击“确定”按钮，退出“渐变编辑器”对话框。按下“径向渐变”按钮，在窗口中按下并拖动鼠标填充渐变，如图6-62所示。

（4）新建一个图层，设置前景色为黄色（RGB参考值分别为R252、G249、B210），在工具箱中选择钢笔工具，按下“填充像素”按钮，在图像窗口中绘制如图6-63所示图形。

（5）执行“滤镜”|“模糊”|“高斯模糊”命令，参数设置如图6-64所示。

（6）单击“确定”按钮，退出“高斯模糊”对话框，效果如图6-65所示。

“高斯模糊”滤镜除了可以模糊图像外，还可以修饰图像。

图6-62　填充渐变

图6-63　绘制光芒区域

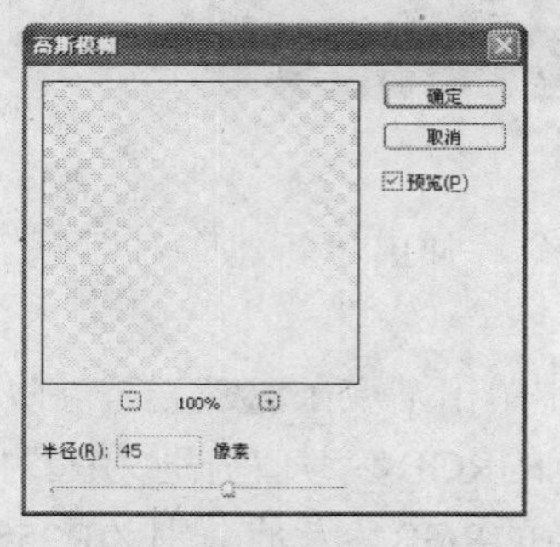

图6-64　“高斯模糊”对话框

图6-65　“高斯模糊”效果

（7）执行“文件”|“打开”命令，打开人物素材，运用移动工具将素材添加至文件中，调整至合适的大小和位置，如图6-66所示。

（8）新建一个图层，设置前景色为黄色（RGB参考值分别为R252、G249、B210），在工具箱中选择钢笔工具，按下“填充像素”按钮，在图像窗口中绘制如图6-67所示图形。

图6-66　添加人物素材

图6-67　绘制图形

（9）在“图层”面板中单击“添加图层样式”按钮，选择“斜面和浮雕”选项，弹出“图层样式”对话框，设置参数如图6-68所示。

（10）选择“渐变叠加”选项，单击渐变条，在弹出的“渐变编辑器”对话框中设置颜色如图6-69所示。其中，黄色的RGB参考值分别为R193、G183、B24，绿色的RGB参考值分别为R82、G142、B23。

（11）单击“确定”按钮，返回“图层样式”对话框，设置参数如图6-70所示。

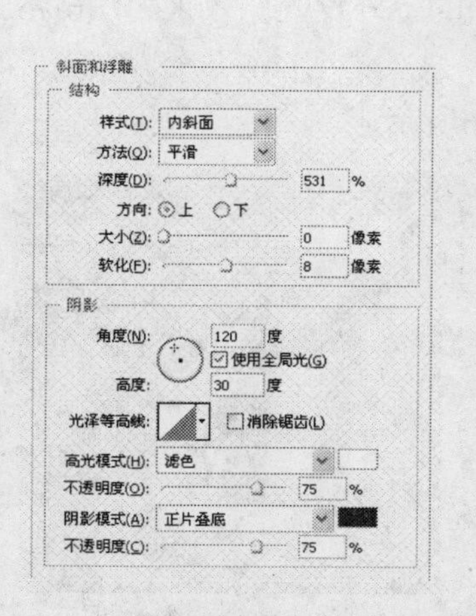

图6-68　“斜面和浮雕”参数

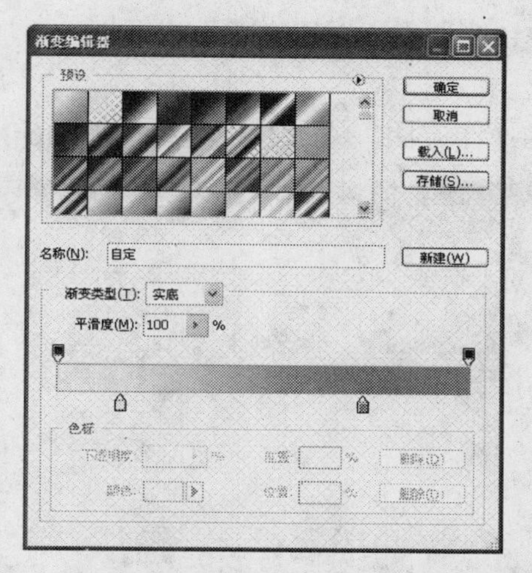

图6-69　“渐变编辑器”对话框

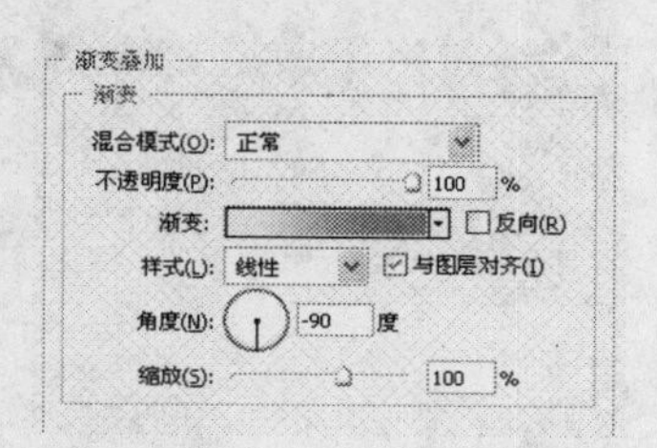

图6-70　“渐变叠加”参数

（12）单击“确定”按钮，退出“图层样式”对话框，添加的图层样式效果如图6-71所示。

（13）运用同样的操作方法再次制作图形，如图6-72所示。

图6-71　添加图层样式效果

图6-72　制作图形

（14）执行“文件”|“打开”命令，打开橙子和产品素材，运用移动工具将素材添加至文件中，调整至合适的大小和位置，如图6-73所示。

（15）选择产品图层，在“图层”面板中单击“添加图层样式”按钮，选择“外发光”选项，弹出“图层样式”对话框，设置参数如图6-74所示。

图6-73　添加橙子和产品素材

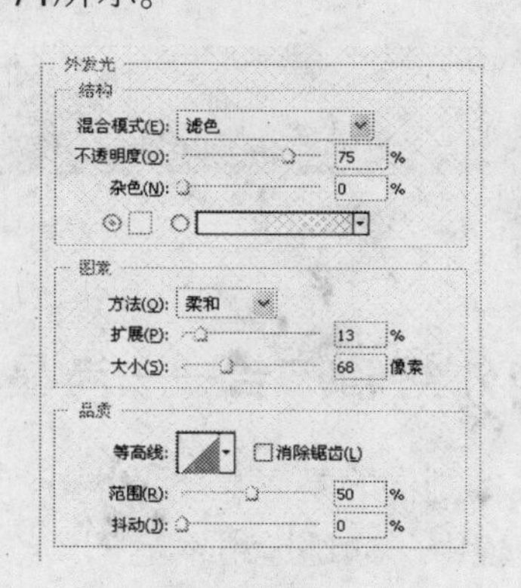

图6-74　“外发光”参数

（16）单击“确定”按钮，退出“图层样式”对话框，添加的“外发光”效果如图6-75所示。

（17）参照前面同样的操作方法，添加其他素材，如图6-76所示。

图6-75 “外发光”效果

图6-76 添加其他素材

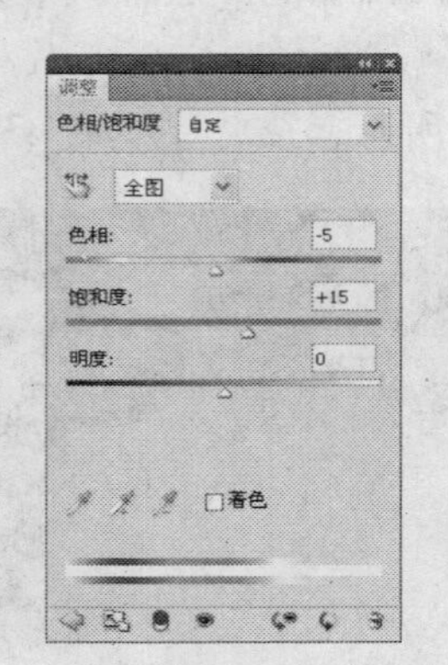

图6-77 “色相/饱和度”调整参数

（18）执行“图像”|“调整”|“色相/饱和度”命令，调整参数如图6-77所示。

（19）单击“确定”按钮，调整效果如图6-78所示。

（20）设置前景色为白色，在工具箱中选择横排文字工具T，设置“字体”为“方正平黑繁体”、“字体大小”为72点，输入文字，最终效果如图6-79所示。

图6-78 “色相/饱和度”调整效果

图6-79 最终效果

6.5 户外灯箱广告——尚晶空调

本实例制作的是尚晶空调户外灯箱广告，实例以人物为主体，将人物图像融入色调分明的背景环境中，通过运用钢笔工具绘制出流畅的线条，使整个画面富于动感，然后运用画笔工具绘制星光效果，既营造出高贵典雅的意境，又突出了尚晶空调的产品定位。制作完成的尚晶空调广告效果如图6-80所示。

（1）启用Photoshop后，执行“文件”|“新建”命令，弹出“新建”对话框，设置参数如图6-81所示，单击“确定”按钮，新建一个空白文件。

（2）设置前景色为黑色，填充背景为黑色。单击“图层”面板中的“创建新图层”按钮，新建一个图层，设置前景色为黄色（CMYK参考值分别为C5、M16、Y67、K0），按Alt+Delete快捷键，填充颜色。

（3）单击“图层”面板上的“添加图层蒙版”按钮，为图层添加图层蒙版。编辑图层蒙版，设置前景色为黑色，选择画笔工具，按“[”或“]”键调整合适的画笔大小，在图像上涂抹，如图6-82所示。

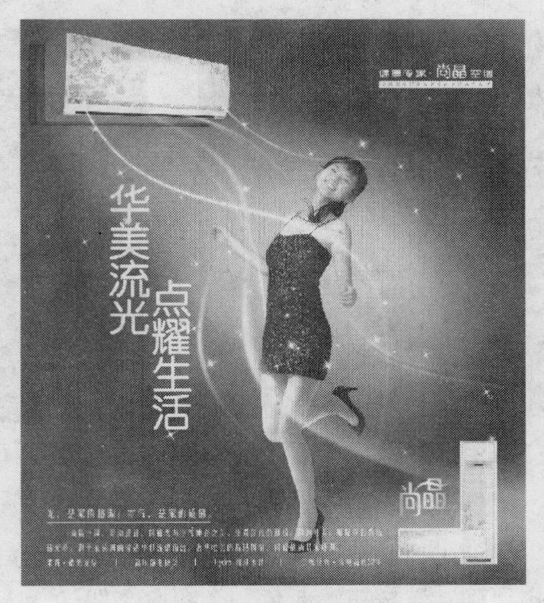

图6-80 尚晶空调广告

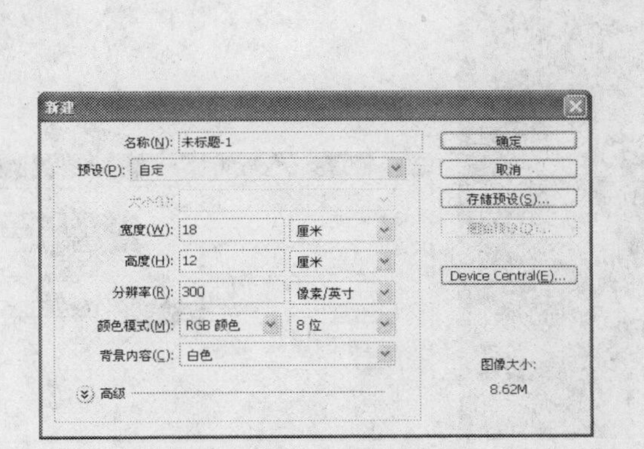

图6-81 “新建”对话框

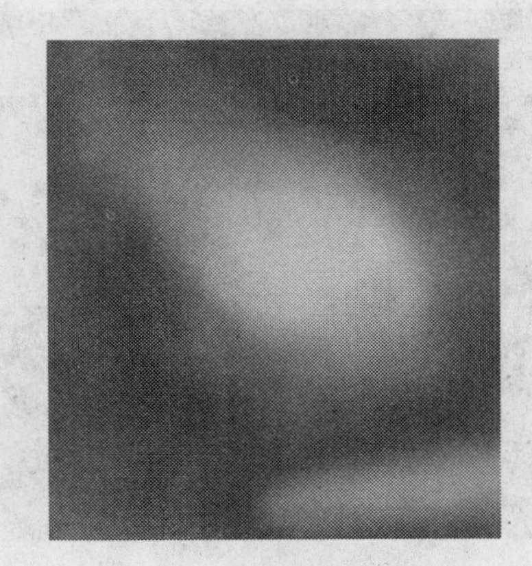

图6-82 添加图层蒙版

按下快捷键“[”和“]”键改变画笔大小时，必须在英文输入状态下才可以操作。

（4）按Ctrl+O快捷键，弹出“打开”对话框，选择空调和人物素材，单击“打开”按钮，运用移动工具，将素材添加至文件中，放置在合适的位置，如图6-83所示。

（5）在工具箱中选择钢笔工具，按下“路径”按钮，在图像窗口中绘制如图6-84所示路径。

（6）选择画笔工具，设置前景色为白色，“大小”为“5像素”、“硬度”为100%。选择钢笔工具，在绘制的路径上单击鼠标右键，在弹出的快捷菜单中选择“描边路径”选项，在弹出的对话框中选择“画笔”选项，单击“确定”按钮，描边路径，按Ctrl+H快捷键隐藏路径，得到如图6-85所示的效果。

（7）单击“图层”面板上的“添加图层蒙版”按钮，为图层添加图层蒙版。编辑图层蒙版，设置前景色为黑色，选择画笔工具，按“[”或“]”键调整合适的画笔大小，在图像上涂抹，如图6-86所示。

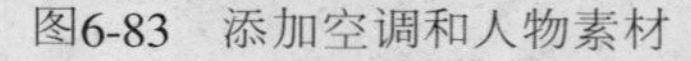

图6-83 添加空调和人物素材

图6-84 绘制路径

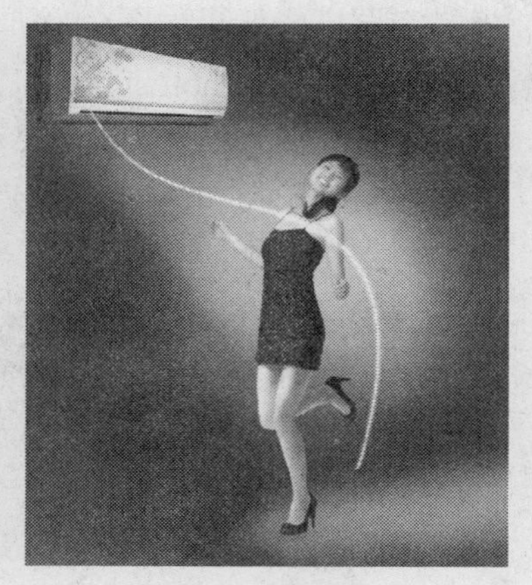

图6-85 描边路径

（8）运用同样的操作方法绘制其他路径，如图6-87所示。

（9）执行“文件”|“新建”命令，弹出“新建”对话框，设置参数如图6-88所示，单击“确定”按钮，新建一个图像文件。

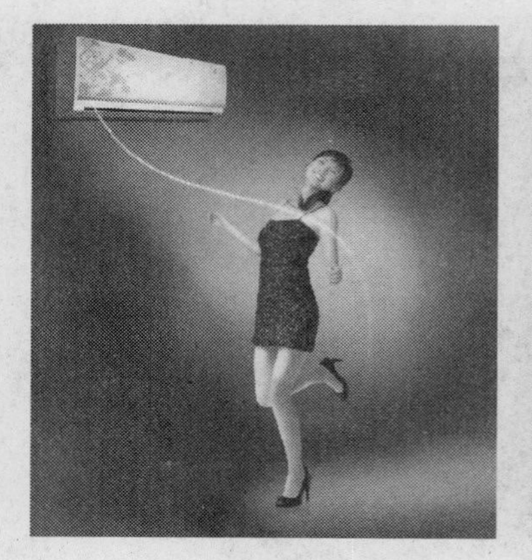

图6-86 添加图层蒙版

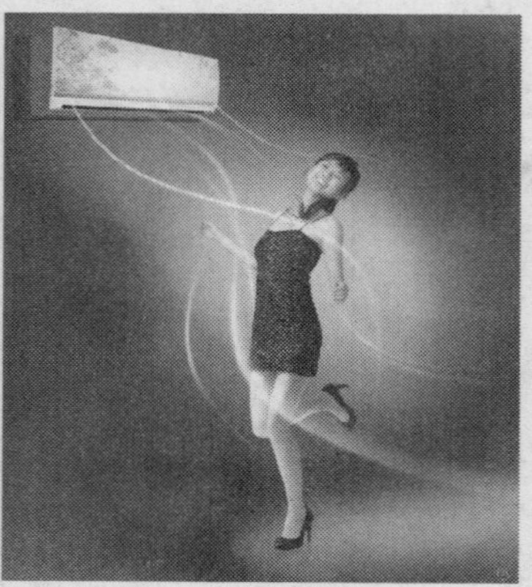

图6-87 绘制其他路径

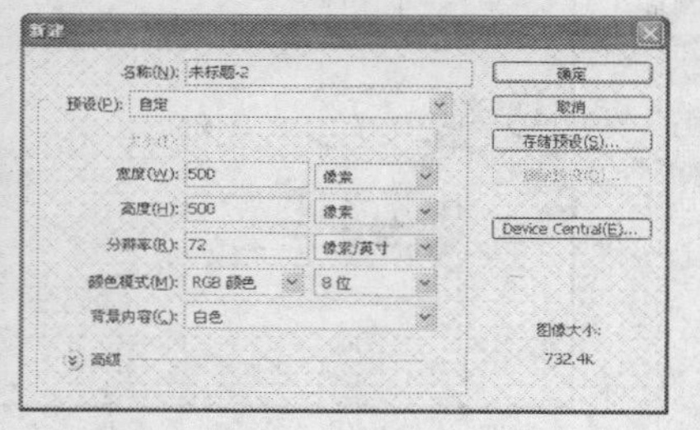

图6-88 “新建”对话框

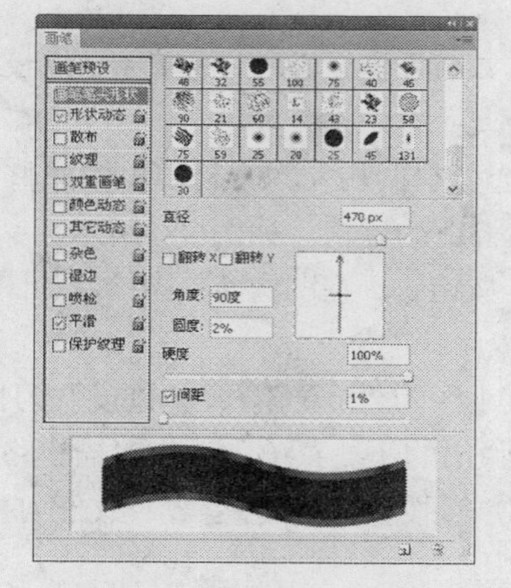

图6-89 “画笔”面板参数

（10）设置前景色为黑色，按F5键，弹出“画笔”面板，设置参数如图6-89所示，在图像窗口中绘制图形。

（11）继续在“画笔”面板中设置参数如图6-90所示，在图像窗口中绘制图形，得到如图6-91所示的效果。

（12）选择椭圆工具，新建一个图层，按下工具选项栏中的“填充像素”按钮，按住Shift键的同时，在图像窗口中拖动鼠标，绘制一个圆点，效果如图6-92所示。

（13）执行“图层”|“图层样式”|“外发光”命令，在弹出的“图层样式”对话框中设置参数如图6-93所示。单击“确定”按钮，效果如图6-94所示。

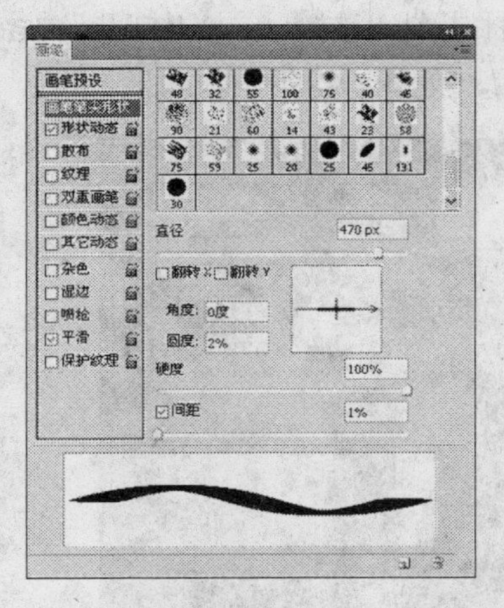

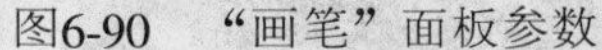

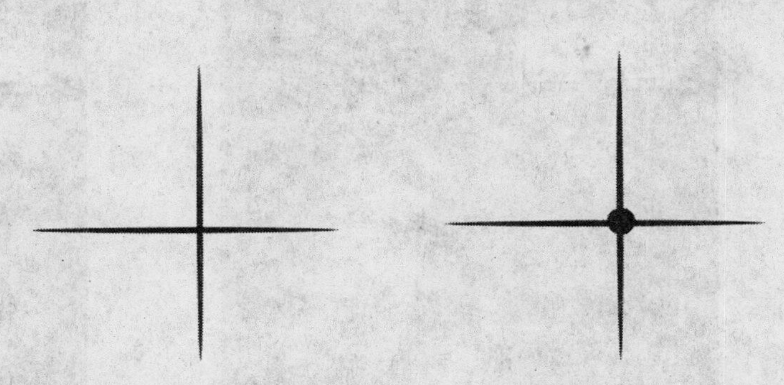

图6-90 “画笔”面板参数　　图6-91 绘制星形　　图6-92 绘制圆点

（14）执行“编辑”|“定义画笔预设”命令，弹出“画笔名称”对话框，设置“名称”为“星星”，如图6-95所示。

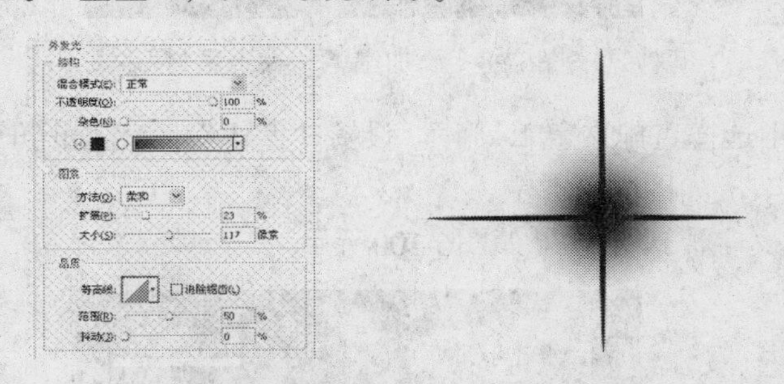

图6-93 “外发光”参数　　图6-94 “外发光”效果　　图6-95 “画笔名称”对话框

（15）切换至广告文件，选择画笔工具，按F5键，打开“画笔”面板，选择刚才定义的画笔，设置“角度”为“158度”、“间距”为100%、“大小抖动”为100%、“角度抖动”为100%、“散布”为150%，如图6-96所示。

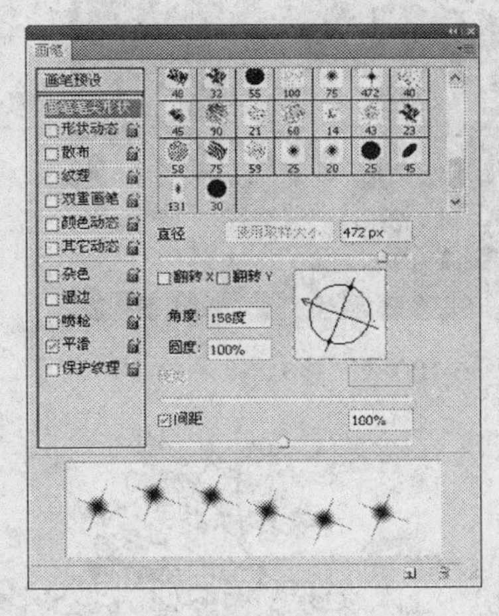

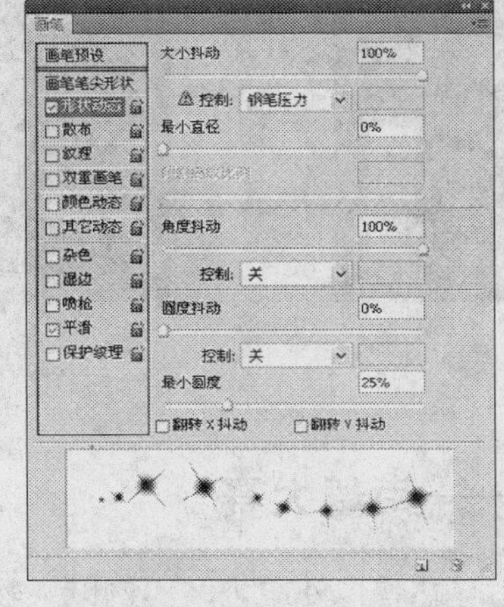

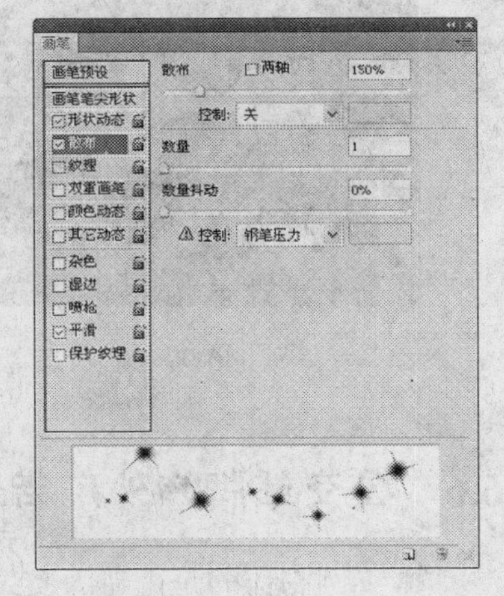

图6-96 “画笔”面板参数

（16）单击“创建新图层”按钮，新建一个图层，在图层中用刚才设好的画笔进行绘制，效果如图6-97所示。

（17）按Ctrl+O快捷键，弹出“打开”对话框，选择空调和标志素材，单击“打开”按钮，运用移动工具，将素材添加至文件中，放置在合适的位置，如图6-98所示。

图6-97　绘制星星

图6-98　添加空调和标志素材

（18）设置前景色为白色，在工具箱中选择直排文字工具[T]，设置“字体”为“方正准圆简体”、“字体大小”为80点，输入文字，如图6-99所示。

（19）运用同样的操作方法输入其他文字，最终效果如图6-100所示。

图6-99　输入文字

图6-100　最终效果

6.6　公交站牌户外广告——街舞大赛

本实例制作的是街舞大赛公交站牌户外广告，实例以人物为主体，将人物图像融入韵律感十足的音乐元素画面中，主要运用钢笔工具和画笔工具绘制光效，使人物成为整个画面的焦点，然后运用自定形状工具和渐变工具绘制时尚、激情的细节效果。制作完成的街舞大赛公交站牌户外广告效果如图6-101所示。

图6-101　街舞大赛公交站牌户外广告

（1）启用Photoshop后，执行“文件”|“新建”命令，弹出“新建”对话框，设置参数如图6-102所示，单击“确定”按钮，新建一个空白文件。

（2）选择工具箱中的渐变工具，在工具选项栏中单击渐变条，打开“渐变编辑器”对话框，设置参数如图6-103所示，其中淡绿色的RGB参考值分别为R83、G161、B163。

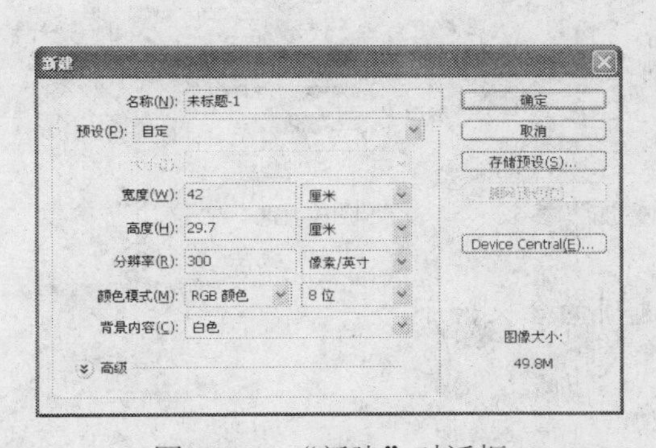

图6-102　“新建”对话框

图6-103　“渐变编辑器”对话框

（3）单击“确定”按钮，关闭“渐变编辑器”对话框。按下工具选项栏中的“径向渐变”按钮，在图像中按下并由上至下拖动鼠标，填充如图6-104所示渐变效果。

（4）按Ctrl+O快捷键，弹出“打开”对话框，选择乐器素材，单击“打开”按钮，运用移动工具，将素材添加至文件中，放置在合适的位置，如图6-105所示。

（5）新建一个图层组，然后新建一个图层。在工具箱中选择自定形状工具，然后单击选项栏“形状”下拉列表按钮，从形状列表中选择“五角星”形状，按下“填充像素”按钮，在图像窗口的右上角位置，拖动鼠标绘制一个“五角星”形状，如图6-106所示。

（6）双击图层，弹出“图层样式”对话框，选择“图案叠加”选项，设置参数如图6-107所示。

图6-104　填充渐变效果　　图6-105　添加乐器素材

添加图层样式既可以双击“图层缩览图”图标或空白处，也可以单击“添加图层样式”按钮fx.，在弹出的菜单中执行相关命令，都将弹出“图层样式”对话框。

（7）选择“描边”选项，设置参数如图6-108所示，描边颜色为深绿色（RGB参考值分别为R0、G41、B45）。

图6-106　绘制五角星

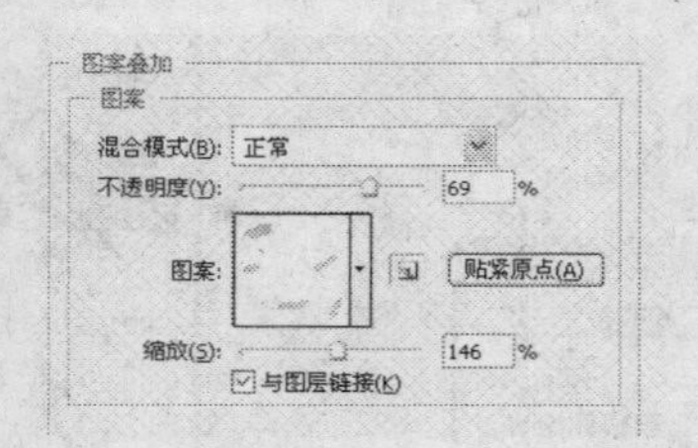

图6-107　“图案叠加”参数

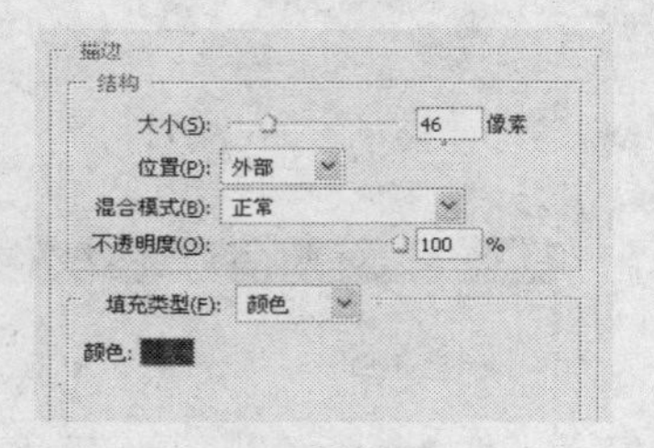

图6-108　“描边”参数

“图案叠加”图层样式对话框中主要选项的含义如下：
- 混合模式：用于选择混合模式。
- 不透明度：用于设置效果的不透明度。
- 图案：用于设置图案效果。
- 缩放：用于设置效果影响的范围。

（8）单击“确定”按钮，退出“图层样式”对话框，并调整图形到合适的位置和角度，如图6-109所示。

（9）运用同样的操作方法绘制五角星，并添加图层样式，如图6-110所示。

（10）选择工具箱的钢笔工具，按下工具选项栏中的“形状图层”按钮，绘制如图6-111所示路径。

（11）执行“图层”|“图层样式”|“渐变叠加”命令，弹出“图层样式”对话框，单击渐变条，在弹出的“渐变编辑器”对话框中设置颜色如图6-112所示，其中玫红色的RGB参考值分别为R250、G0、B138。

图6-109　添加图层样式效果

图6-110　绘制五角星

图6-111　绘制路径

（12）单击“确定”按钮，返回“图层样式”对话框，设置参数如图6-113所示。

（13）单击“确定”按钮，退出“图层样式”对话框，添加的“渐变叠加”效果如图6-114所示。

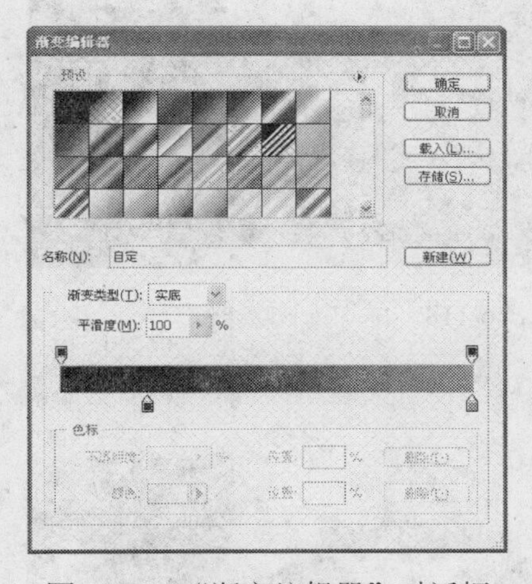

图6-112　“渐变编辑器”对话框

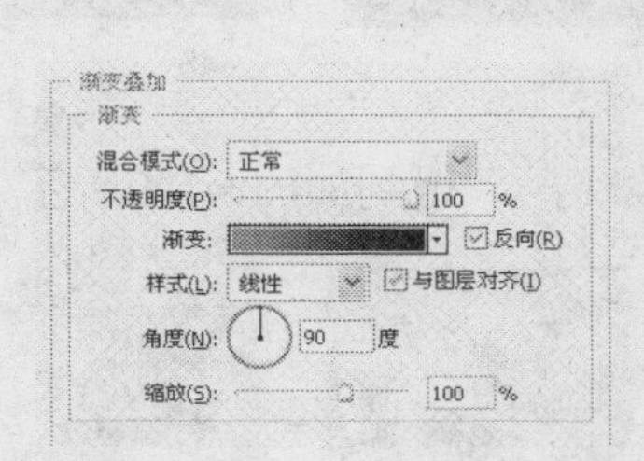

图6-113　“渐变叠加”参数

图6-114　“渐变叠加”效果

（14）运用同样的操作方法绘制其他路径，并添加“渐变叠加”图层样式，如图6-115所示。

（15）参照前面的实例，绘制圆环，如图6-116所示。

（16）设置前景色为黑色，选择画笔工具，在选项栏中设置“大小”为“柔角100像素”、“不透明度”为44%、“流量”为80%，在图像中涂抹，然后将光效复制几层，得到如图6-117所示效果。

（17）运用同样的操作方法，添加人物素材，效果如图6-118所示。

（18）选择画笔工具，设置前景色为白色，“大小”为“5像素”、“硬度”为100%。选择钢笔工具，在绘制的路径上单击鼠标右键，在弹出的快捷菜单中选择“描边路径”选项，在弹出的对话框中选择“画笔”选项，并选中“模拟压力”复选框，单击“确定”按钮，描边路径，得到如图6-119所示的效果。

图6-115　绘制其他路径

图6-116　绘制圆环

图6-117　绘制光效

图6-118　添加人物素材

（19）按Ctrl+H快捷键隐藏路径，得到如图6-120所示效果。

图6-119　描边路径

图6-120　光线效果

图6-121　绘制其他光线

（20）运用同样的操作方法，绘制其他光线，得到如图6-121所示效果。

（21）新建一个图层，设置前景色为白色，选择画笔工具，设置画笔“不透明度”为10%，然后在图像中涂抹，如图6-122所示。

（22）运用同样的操作方法添加文字、标志和音符素材，得到如图6-123所示最终效果。

图6-122　涂抹效果

图6-123　最终效果

6.7　户外灯箱广告——五一劳动节

本实例制作的是五一劳动节户外灯箱广告，实例以“5月1日劳动节”为主题，以橙色为主色调，将人物剪影效果融入艳丽、时尚的画面中，营造了热闹的劳动节气氛。制作完成的五一劳动节户外灯箱广告效果如图6-124所示。

图6-124　五一劳动节户外灯箱广告

（1）启用Photoshop后，执行“文件”|“新建”命令，弹出“新建”对话框，设置参数如图6-125所示，单击“确定”按钮，新建一个空白文件。

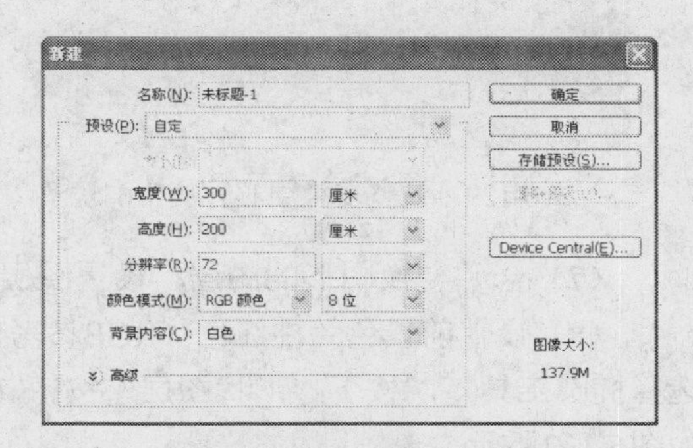

图6-125　“新建”对话框

（2）选择工具箱中的渐变工具，在工具选项栏中单击渐变条，打开“渐变编辑器”对话框，设置颜色为橙色（RGB参考值分别为R254、G104、B0）和黄色（RGB参考值分别为R241、G242、B0），如图6-126所示。

（3）单击“确定”按钮，关闭“渐变编辑器”对话框。按下工具选项栏中的“径向渐变”按钮，在图像中按下并由左至右拖动鼠标，填充如图6-127所示渐变效果。

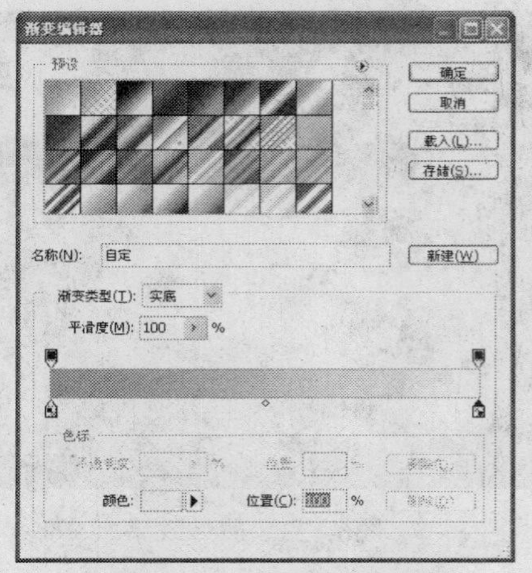

图6-126 “渐变编辑器”对话框

（4）设置前景色为白色，在工具箱中选择钢笔工具，按下“形状图层”按钮，在图像窗口中绘制如图6-128所示路径。

在使用渐变工具时，可以选择线性、径向、角度、对称、菱形等渐变类型，不同的渐变类型所创建的效果也各有特点。

（5）按Ctrl+Alt+T快捷键，变换图形，按住Alt键的同时，拖动中心控制点至下侧边缘位置，调整变换中心并旋转6°，如图6-129所示。

图6-127 填充渐变效果

图6-128 绘制白色图形

（6）按Ctrl+Alt+Shift+T快捷键，可在进行再次变换的同时复制变换对象，如图6-130所示为重复变换效果。

图6-129 调整变换中心并旋转6°

图6-130 重复变换效果

（7）合并变换图形的图层，设置图层的“混合模式”为“柔光”，如图6-131所示。

（8）设置前景色为桃红色（RGB参考值分别为R239、G107、B114），在工具选项栏中选择椭圆工具，按下“形状图层”按钮，按住Shift键的同时，拖动鼠标绘制一个正圆，如图6-132所示。

（9）按Ctrl+Alt+T快捷键，进入自由变换状态，按住Shift+Alt快捷键的同时，向内拖动控制柄，如图6-133所示。

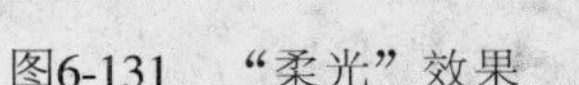

图6-131　“柔光”效果

图6-132　绘制正圆

图6-133　变换选区

（10）按Enter键确认调整，填充红色（RGB参考值分别为R203、G32、B54），如图6-134所示。

（11）继续按Ctrl+Alt+T快捷键，按住Shift+Alt快捷键的同时，向内拖动控制柄，如图6-135所示。

（12）按Enter键确认调整，填充橙色（RGB参考值分别为R245、G205、B42），如图6-136所示。

图6-134　填充红色

图6-135　变换选区

图6-136　填充橙色

（13）继续按Ctrl+Alt+T快捷键，按住Shift+Alt快捷键的同时，向内拖动控制柄，如图6-137所示。

（14）按Enter键确认调整，填充黄色（RGB参考值分别为R221、G235、B0），如图6-138所示。

（15）运用同样的操作方法重复制作图形，得到如图6-139所示的圆环效果。

图6-137　变换选区

图6-138　填充黄色

图6-139　制作圆环

（16）按Ctrl+O快捷键，弹出“打开”对话框，选择人物素材，单击“打开”按钮，然后选择工具箱中的魔棒工具，选择玫红色背景，按Ctrl+Shift+I快捷键，反选得到人物选区，运用移动工具，将素材添加至文件中，放置在合适的位置，如图6-140所示。

（17）按Ctrl+J快捷键，将人物图层复制两层，按Ctrl+T快捷键，进入自由变换状态，单击鼠标右键，在弹出的快捷菜单中选择“旋转”选项，调整至合适的位置和角度，如图6-141所示。

图6-140 添加人物素材

图6-141 调整人物素材

（18）打开文字、花纹和飘带等素材，将素材添加至文件中，放置在合适的位置，如图6-142所示。

（19）设置图层的“混合模式”为“颜色减淡”，如图6-143所示。

图6-142 添加文字、花纹和飘带等素材

图6-143 “颜色减淡”效果

（20）参照前面的实例，制作如图6-144所示星光。

（21）在工具箱中选择横排文字工具，设置“字体”为“方正大标宋简体”、“字体大小”为750点，输入文字，如图6-145所示。

（22）在“图层”面板中单击“添加图层样式”按钮，选择“外发光”选项，弹出“图层样式”对话框，设置参数如图6-146所示。

（23）选择“渐变叠加”选项，单击渐变条，在弹出的“渐变编辑器”对话框中设置颜色如图6-147所示，其中淡绿色的RGB参考值分别为R239、G237、B173。

（24）单击“确定”按钮，返回“图层样式”对话框，设置参数如图6-148所示。

（25）选择“描边”选项，设置参数如图6-149所示，描边颜色为红色（RGB参考值分别为R186、G39、B38）。

图6-144　绘制星光

图6-145　输入文字

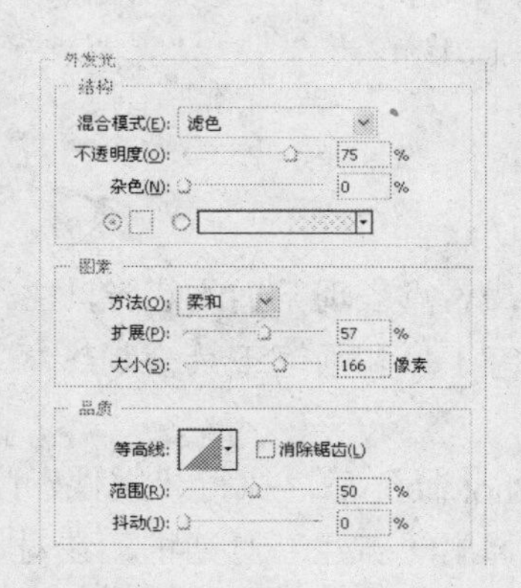

图6-146　“外发光”参数

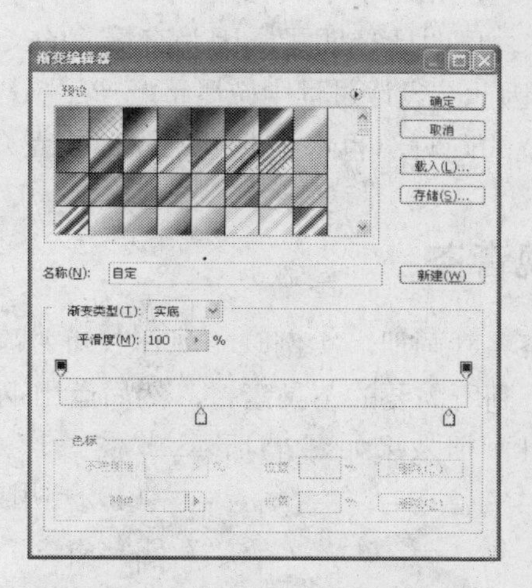

图6-147　“渐变编辑器”对话框

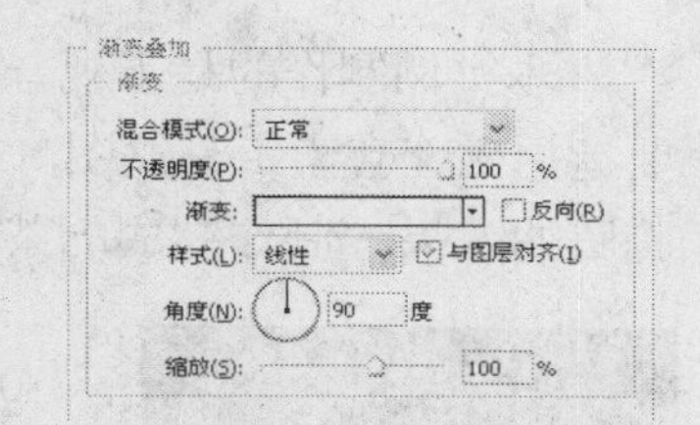

图6-148　“渐变叠加”“参数

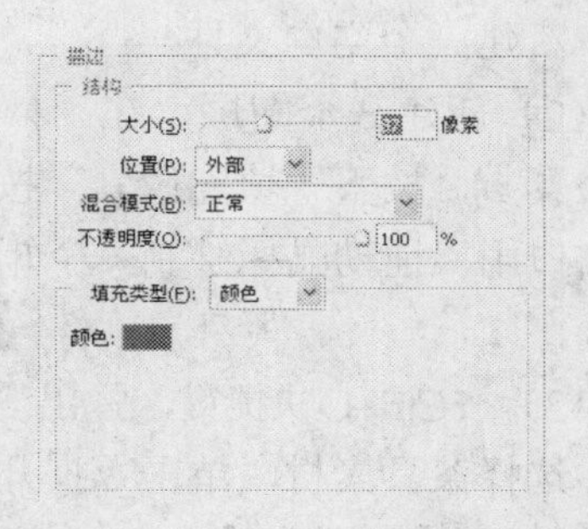

图6-149　“描边”参数

（26）单击“确定”按钮，退出“图层样式”对话框，添加图层样式的效果如图6-150所示。运用同样的操作方法输入其他文字，最终效果如图6-151所示。

图6-150　添加图层样式的效果

图6-151　最终效果

第7章

画册设计

传统意义上的画册目的在于宣传，是用来介绍产品或者企业的印刷品，也被称为手册。画册是图文并茂的一种理想表达，相对于单一的文字或是图册，画册都有着绝对的优势。画册非常醒目，能让人一目了然，同时比较明了，因为有精简的文字说明。产品宣传画册主要承载着宣传企业形象的责任，因此在设计过程中应尽量把产品图片和文字安排在主要的位置，在确立企业的形象和文化定位的同时，也将企业形象深植于受众心中。

7.1 茶叶画册——玉观音茶

本实例制作的是玉观音茶茶叶画册，实例以“观心”为主题，着重表现茶道的感觉，主要运用磁性套索工具抠图，得到所需要的茶具素材，然后运用钢笔工具和画笔工具绘制热气腾腾的效果。制作完成的茶叶画册效果如图7-1所示。

图7-1 玉观音茶茶叶画册

（1）启用Photoshop后，执行“文件”|“新建”命令，弹出“新建”对话框，在对话框中设置参数如图7-2所示，单击“确定”按钮，新建一个空白文件。

（2）新建一个图层，在工具箱中选择矩形工具，按下“填充像素”按钮，在图像窗口中，拖动鼠标绘制一个矩形，如图7-3所示。

（3）按Ctrl+O快捷键，弹出“打开”对话框，选择茶具素材，单击“打开”按钮。选择工具箱中的磁性套索工具，沿着茶具的外轮廓拖动鼠标，建立如图7-4所示的选区。

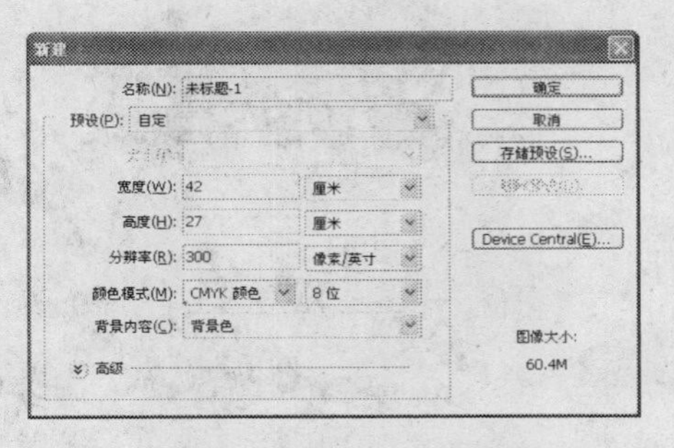

图7-2 “新建”对话框

图7-3 绘制矩形

（4）运用移动工具，将茶具素材添加至文件中，放置在合适的位置，如图7-5所示。

图7-4　绘制选区

图7-5　添加茶具素材

技巧　在使用套索工具或多边形套索工具时，按住Alt键可以在这两个工具之间相互切换。

（5）运用同样的操作方法，打开另一张素材图像，如图7-6所示。

（6）运用钢笔工具，绘制如图7-7所示的路径，按Enter+Ctrl快捷键，转换路径为选区。

图7-6　茶具素材

图7-7　绘制路径

（7）运用移动工具，将茶具素材添加至文件中，放置在合适的位置，如图7-8所示。

（8）选择椭圆选框工具，拖动鼠标绘制一个椭圆选区，如图7-9所示。

图7-8　添加茶具素材

图7-9　绘制椭圆选区

（9）选择工具箱中的渐变工具，在工具选项栏中单击渐变条，打开“渐变编辑器”对话框，设置参数如图7-10所示。

（10）单击“确定”按钮，关闭“渐变编辑器”对话框。按下工具选项栏中的“径向渐变”按钮，在图像中拖动鼠标填充渐变，按Ctrl+D快捷键，取消选区得到如图7-11所示效果。

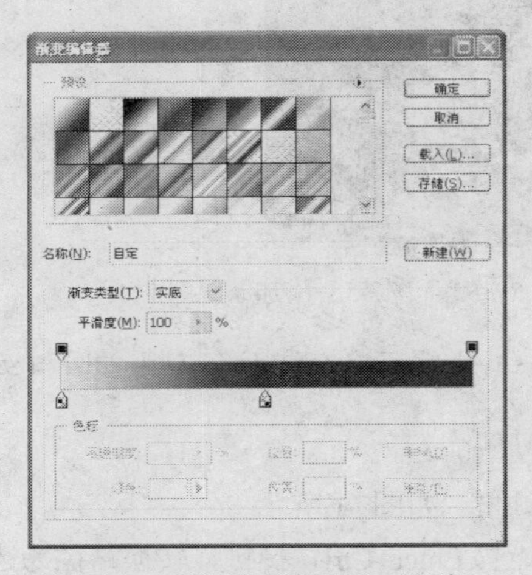

图7-10 “渐变编辑器”对话框

图7-11 填充渐变效果

（11）在“图层”面板中单击“添加图层样式”按钮，选择“描边”选项，参数设置如图7-12所示。

（12）选择“外发光”选项，参数设置如图7-13所示。

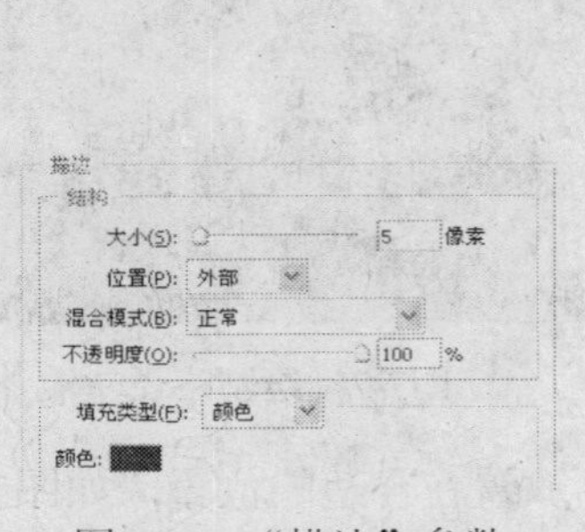

图7-12 “描边”参数

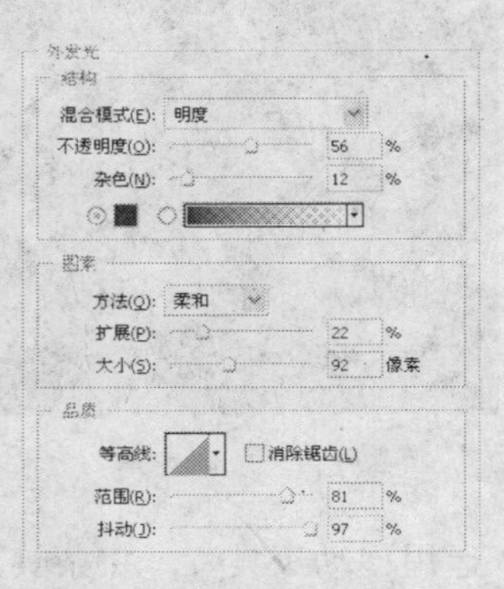

图7-13 “外发光”参数

（13）单击“确定”按钮，退出“图层样式”对话框，添加图层样式的效果如图7-14所示。

（14）单击“图层”面板上的“添加图层蒙版”按钮，为茶具图层添加图层蒙版。编辑图层蒙版，设置前景色为黑色，选择画笔工具，按“[”或“]”键调整合适的画笔大小，在茶具素材上涂抹，得到如图7-15所示效果。

（15）运用同样的操作方法，添加叶子素材，如图7-16所示。

（16）运用钢笔工具，绘制如图7-17所示的路径。

图7-14　添加图层样式效果

图7-15　添加图层蒙版效果

图7-16　添加叶子素材

图7-17　绘制路径

（17）设置前景色为红色（RGB参考值分别为R175、G1、B1），选择画笔工具，在工具选项栏中设置“主直径”为100px、“不透明度”为0%、“流量”为79%。

（18）选择工具箱中的钢笔工具，在绘制的路径上单击鼠标右键，在弹出的快捷菜单中选择“描边路径”选项，在弹出的对话框中选择“画笔”选项，单击“确定”按钮，描边路径，效果如图7-18所示。

（19）选择画笔工具，在工具选项栏中设置“主直径”为70%、“不透明度”为0%、“流量”为49%，然后沿着描边的选区边缘涂抹上色，效果如图7-19所示。

图7-18　描边路径

图7-19　涂抹选区边缘

（20）按Ctrl+J快捷键，将图层复制一层。

（21）新建一个图层，运用同样的操作方法，绘制路径、描边路径得到如图7-20所示效果。

（22）按Ctrl+O快捷键，弹出“打开”对话框，选择文字素材，单击“打开”按钮，如图7-21所示。

图7-20　制作热气效果

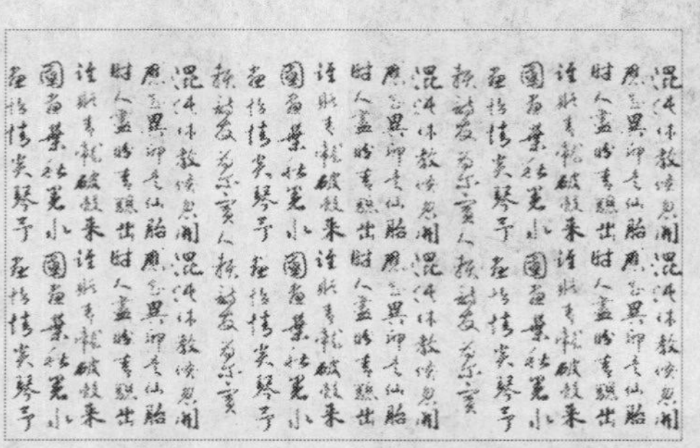

图7-21　文字素材

（23）运用移动工具，将文字素材添加至文件中，设置“不透明度”为76%，调整好大小、位置和图层顺序，得到如图7-22所示的效果。

（24）运用同样的操作方法，添加文字素材，得到如图7-23所示的效果。

图7-22　添加文字素材

图7-23　添加文字素材

（25）在工具箱中选择横排文字工具，设置“字体”为“方正中倩繁体”、“字体大小”为36点，输入文字，效果如图7-24所示。

（26）运用同样的操作方法，输入其他文字，最终效果如图7-25所示。

图7-24　输入文字

图7-25　最终效果

提示　在设计时，如果使用RGB模式，则在输出时应该转换为CMYK模式。因为RGB模式的色域比CMYK模式的色域大，所以转换为CMYK模式后可以及时了解并更改不能印刷的颜色。

7.2　企业画册——三垒机器

本实例制作的是大连三垒机器有限公司的画册，实例主要运用公司的企业运作图片，通过为图片创建剪贴蒙版，形象而生动地展示了公司的面貌，完成的画册效果如图7-26所示。

图7-26　三垒机器画册

（1）启用Photoshop后，执行“文件”|“新建”命令，弹出“新建”对话框，设置参数如图7-27所示，单击“确定”按钮，新建一个空白文件。

（2）执行“视图”|“新建参考线”命令，弹出“新建参考线”对话框，在对话框中设置参数，如图7-28所示。

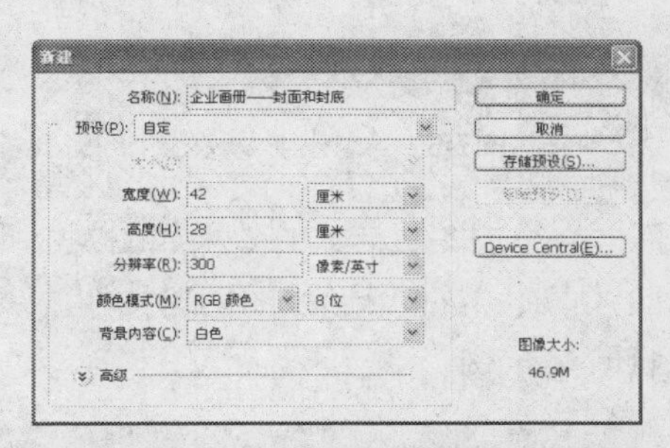

图7-27　“新建”对话框

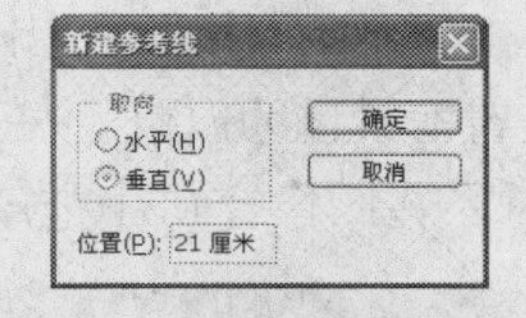

图7-28　“新建参考线”对话框

（3）单击“确定”按钮退出“新建参考线”对话框，新建参考线，设置前景色为蓝色（RGB参考值分别为R0、G77、B161），按Alt+Delete快捷键填充颜色。

（4）新建一个图层，选择工具箱中的钢笔工具，在工具选项栏中按下“路径”按钮，绘制如图7-29所示的图形。

（5）执行“图层”|“图层样式”|“渐变叠加”命令，弹出“图层样式”对话框，单击渐变条，在弹出的“渐变编辑器”对话框中设置颜色如图7-30所示。其中，深蓝色的CMYK参考值分别为C100、M80、Y0、K0，蓝色的CMYK参考值分别为C100、M50、Y0、K0。

图7-29　绘制路径

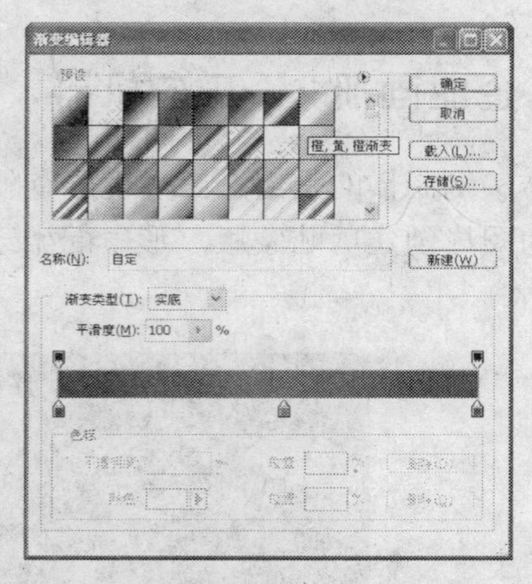
图7-30　“渐变编辑器”对话框

提示　按下Ctrl+H快捷键，可隐藏图像窗口中显示的当前路径，但当前路径并未关闭，编辑路径操作仍对当前路径有效。

（6）单击“确定”按钮，返回“图层样式”对话框，设置参数如图7-31所示。

（7）选择“投影”选项，设置参数如图7-32所示。

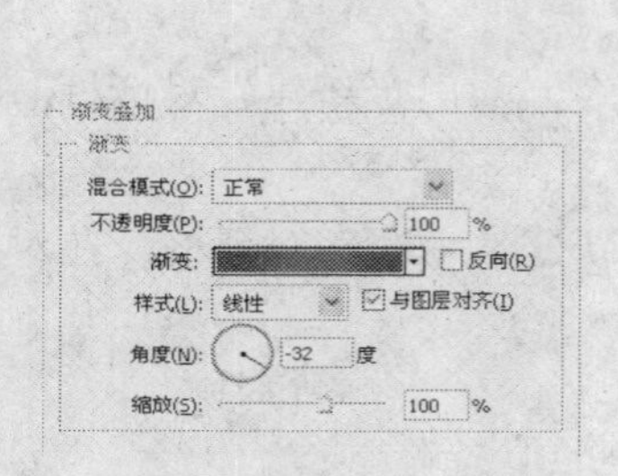
图7-31　“渐变叠加”参数

图7-32　“投影”参数

（8）单击“确定”按钮，退出“图层样式”对话框，添加图层样式的效果如图7-33所示。

（9）设置前景色为白色，在工具箱中选择椭圆工具，按下“形状图层”按钮，按住Shift键的同时，在图像窗口中拖动鼠标绘制如图7-34所示正圆。

图7-33　添加图层样式效果

图7-34　绘制正圆

按住Shift键拖动鼠标可以创建圆形，椭圆工具选项栏与矩形工具选项栏基本相同，可以选择创建不受约束的椭圆形和圆形，也选择创建固定大小和比例的图像。

（10）将正圆复制几层，调整好大小和位置，如图7-35所示。

（11）按Ctrl+O快捷键打开素材文件，运用移动工具，将素材添加至文件中，放置在合适的位置，按Ctrl+Alt+G快捷键创建剪贴蒙版，如图7-36所示。

图7-35　复制正圆

图7-36　创建剪贴蒙版

（12）运用同样的操作方法，添加其他图片素材，并创建如图7-37所示剪贴蒙版。

（13）设置前景色为白色，在工具箱中选择直线工具，按住Shift键的同时拖动鼠标绘制如图7-38所示的直线。

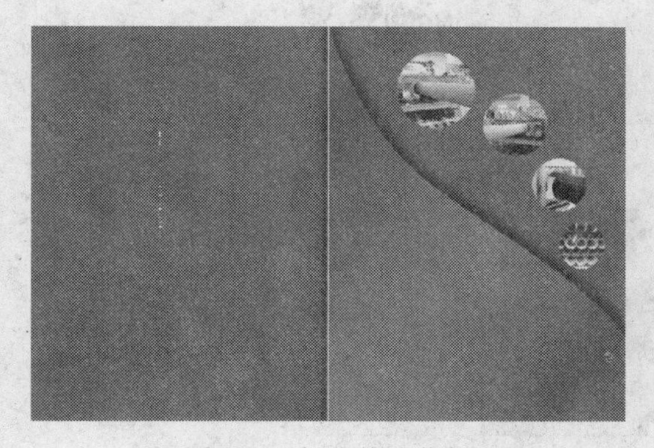

图7-37　创建剪贴蒙版

图7-38　绘制直线

（14）参照前面同样的操作方法，添加其他素材，如图7-39所示。

（15）选择工具箱中的横排文字工具，设置“字体”为“方正大黑简体”，“字体大小”为50点，输入文字，如图7-40所示。

（16）使用同样的方法输入其他文字，最终效果如图7-41所示。

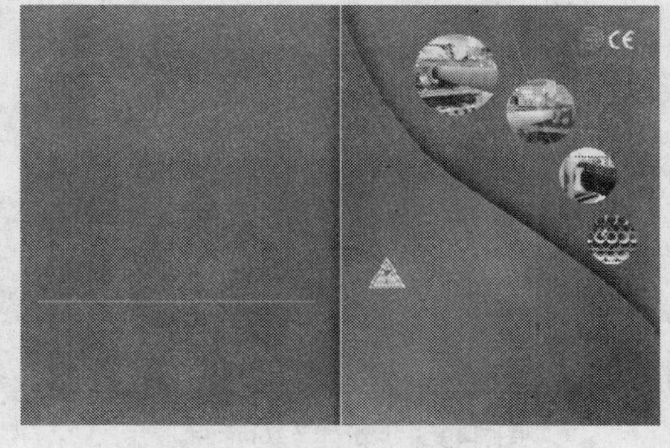

图7-39　添加其他素材

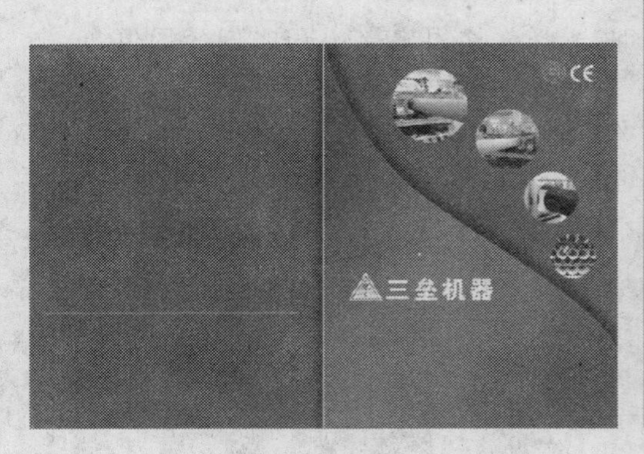

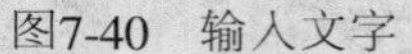
图7-40　输入文字

图7-41　最终效果

7.3　旅游画册——“三江两湖”黄金度假区

本实例制作的是“三江两湖”黄金度假区画册，实例以人物为主体，通过运用矩形工具绘制渐变的矩形，使矩形成递减的趋势，然后运用自定形状工具绘制绿色和白色的小花形状，丰富画面的层次。制作完成的旅游画册效果如图7-42所示。

图7-42　“三江两湖”黄金度假区画册

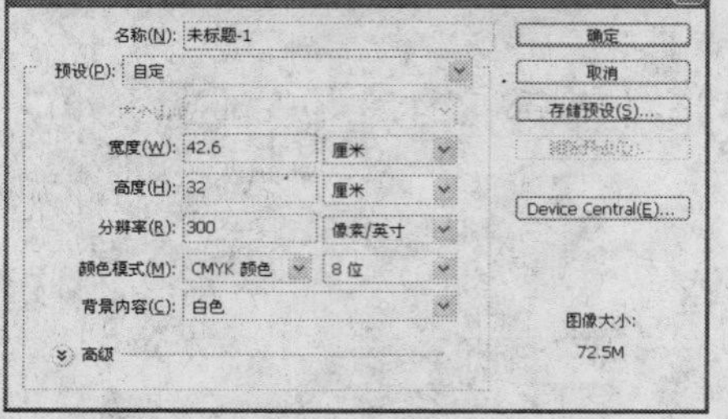

图7-43　“新建”对话框

（1）启用Photoshop后，执行“文件”|“新建”命令，弹出“新建”对话框，设置参数如图7-43所示，单击“确定”按钮，新建一个空白文件。

（2）执行“视图”|“新建参考线”命令，弹出“新建参考线”对话框，在对话框中设置参数，如图7-44所示。

（3）设置前景色为灰色（CMYK参考值分别为C56、M49、Y47、K46），新建一个图层，在工具箱中选择矩形工具，按下“形状图层”按钮，在图像窗口中拖动鼠标绘制一个矩形，如图7-45所示。

（4）按Ctrl+J快捷键，将矩形复制四层，调整至合适的大小，然后填充不同的颜色，如图7-46所示。

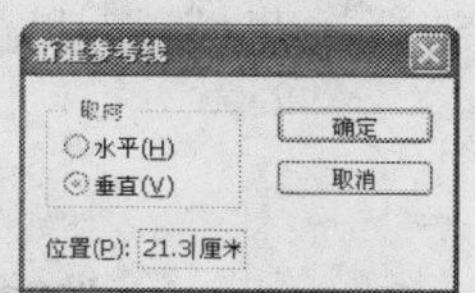

图7-44　“新建参考线”对话框

图7-45　绘制矩形

图7-46　复制矩形

（5）运用同样的操作方法，制作其他矩形，如图7-47所示。

（6）按Ctrl+O快捷键，弹出“打开”对话框，选择质感素材，单击“打开”按钮，运用移动工具，将素材添加至文件中，放置在合适的位置，如图7-48所示。

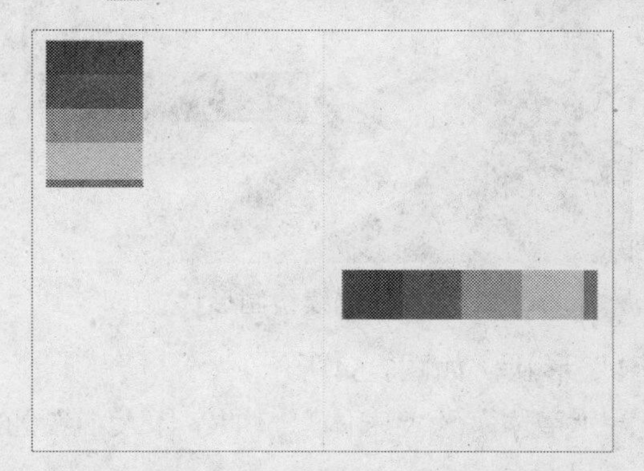

图7-47　再次绘制矩形

图7-48　添加质感素材

（7）打开一张人物图片，选择工具箱中的磁性套索工具，建立如图7-49所示的选区。

（8）运用移动工具，将素材添加至文件中，按Ctrl+T快捷键，进入自由变换状态，单击鼠标右键，在弹出的快捷菜单中选择“水平翻转”选项，水平翻转图层，然后调整至合适的位置和角度，如图7-50所示。

（9）新建一个图层，设置前景色为绿色（CMYK参考值分别为C60、M4、Y92、K1），在工具箱中选择自定形状工具，然后单击工具选项栏中的“形状”下拉列表按钮，

图7-49　建立选区

从形状列表中选择“花1”形状，如图7-51所示。

图7-50　添加人物素材

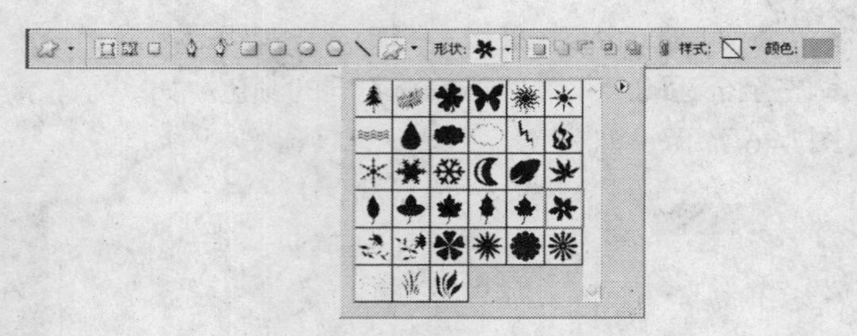

图7-51　选择“花1”形状

（10）按下“路径”按钮，在图像窗口的右上角位置拖动鼠标，绘制一个“花1”形状，如图7-52所示。

（11）新建一个图层，运用同样的操作方法，继续绘制形状，并将图层顺序下移一层，如图7-53所示。

图7-52　绘制形状

图7-53　继续绘制形状

（12）运用同样的操作方法绘制白色的“花1”形状，如图7-54所示。

（13）选择工具箱中的横排文字工具，设置“字体”为“宋体”、“字体大小”为30点，输入文字，如图7-55所示。

图7-54　再次绘制形状

图7-55　输入文字

（14）运用同样的操作方法输入其他文字，最终效果如图7-56所示。

图7-56　最终效果

7.4　翡翠画册——老庙黄金翡翠

本实例制作的是老庙黄金翡翠画册，实例以翡翠为主体，通过添加图层蒙版，将主体物品融入清新的丛林中，使整个画册的色调更和谐、统一。制作完成的老庙黄金翡翠画册效果如图7-57所示。

图7-57　老庙黄金翡翠画册

（1）启用Photoshop后，执行“文件”|“新建”命令，弹出“新建”对话框，设置参数如图7-58所示，单击“确定”按钮，新建一个空白文件。

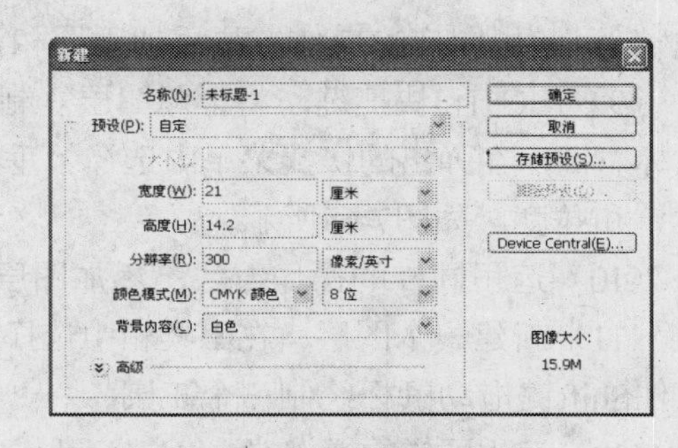

图7-58　“新建”对话框

（2）按Ctrl+O快捷键，弹出“打开”对话框，选择树叶图片，单击“打开”按钮，运用移动工具，将素材添加至文件中，放置在合适的位置，如图7-59所示。

（3）运用同样的操作方法添加叶子图片素材。

（4）单击“图层”面板上的“添加图层蒙版”按钮，为叶子图层添加图层蒙版。编辑图层蒙版，设置前景色为黑色，选择画笔工具，按“[”或“]”键调整合适的画笔大小，在图像上涂抹，设置图层的混合模式为“叠加”，如图7-60所示。

（5）设置前景色为黑色，在工具箱中选择钢笔工具，按下“形状图层”按钮，在图像窗口中拖动鼠标绘制如图7-61所示路径。

图7-59　添加素材

图7-60　添加图层蒙版

图7-61　绘制路径

（6）按Ctrl+J快捷键，将形状图层复制四层，并分别填充不同的颜色，如图7-62所示。

（7）按Ctrl+E快捷键，将各个形状图层合并，并再次复制合并的图层，调整至合适的位置，如图7-63所示。

图7-62　填充颜色

图7-63　复制图形

（8）运用同样的操作方法添加玉器和花纹素材，如图7-64所示。

（9）按Ctrl+J快捷键，将玉佩图层复制一层，按Ctrl+T快捷键，进入自由变换状态，单击鼠标右键，在弹出的快捷菜单中选择“垂直翻转”选项，垂直翻转图层，然后调整至合适的位置和角度，如图7-65所示。

（10）运用同样的操作方法，添加图层蒙版，如图7-66所示。

（11）新建一个图层，在工具箱中选择椭圆工具，按下“路径”按钮，在图像窗口中按住Shift键拖动鼠标绘制一个正圆。

（12）运用同样的操作方法复制正圆，并分别设置图层的不透明度，调整至合适的位置，如图7-67所示。

图7-64　添加玉器和花纹素材

图7-65　垂直翻转图层

图7-66　添加图层蒙版

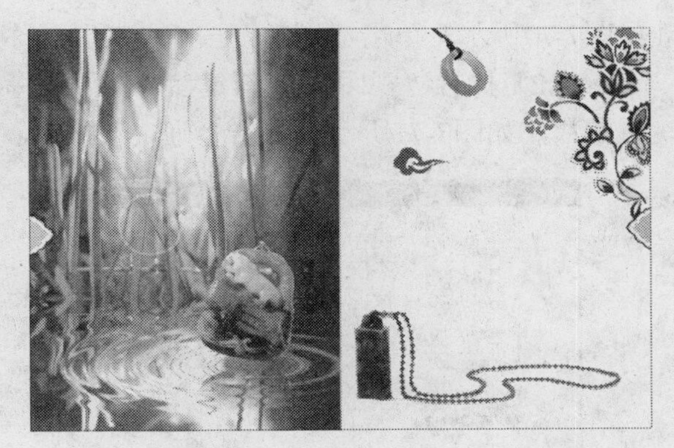

图7-67　绘制正圆

（13）设置前景色为白色，在工具箱中选择横排文字工具T，设置“字体”为“方正行楷繁体”、“字体大小”为60点，输入文字。

（14）运用同样的操作方法输入其他文字，最终效果如图7-68所示。

图7-68　最终效果

7.5　企业画册封面——设计公司

本实例制作的是某设计公司的宣传画册封面，画册的封面以黑色为主色调，而图片以清新、淡雅的色调为主，采用鲜明的对比色彩来吸引受众，从而将公司的设计理念完美地诠释出来。制作完成的画册封面效果如图7-69所示。

图7-69　设计公司宣传画册封面

（1）启用Photoshop后，执行“文件”|“新建”命令，弹出“新建”对话框，设置参数如图7-70所示，单击“确定”按钮，新建一个空白文件。

（2）执行“视图”|“新建参考线”命令，弹出“新建参考线”对话框，在对话框中设置参数，如图7-71所示。单击“确定”按钮，新建参考线。

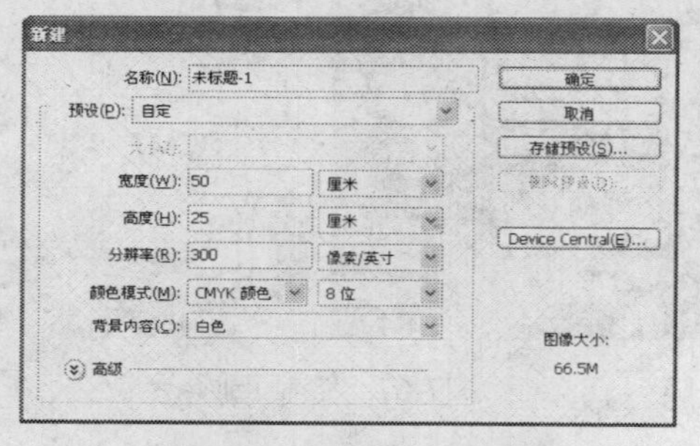

图7-70　“新建”对话框

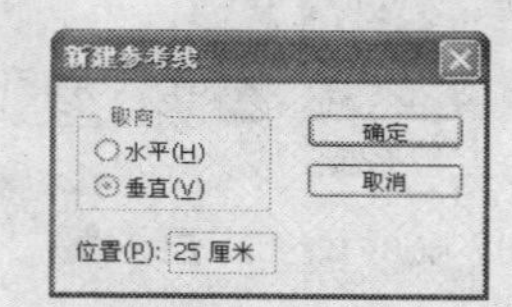

图7-71　“新建参考线”对话框

（3）设置前景色为黑色，新建一个图层，在工具箱中选择矩形工具，按下“填充像素”按钮，在图像窗口中拖动鼠标绘制一个矩形，如图7-72所示。

（4）按Ctrl+O快捷键，弹出“打开”对话框，选择天空素材，单击“打开”按钮，运用移动工具，将素材添加至文件中，放置在合适的位置，如图7-73所示。

图7-72　绘制矩形

图7-73　添加天空素材

（5）设置前景色为黑色，新建一个图层，在工具箱中选择椭圆工具，按下“填充像素”按钮，按住Shift键的同时，拖动鼠标绘制一个正圆，如图7-74所示。

（6）执行“图层”|“图层样式”|“渐变叠加”命令，弹出“图层样式”对话框，单击渐变条，在弹出的“渐变编辑器”对话框中设置颜色如图7-75所示。其中，红棕色的CMYK参考值分别为C0、M94、Y100、K65，橙色的CMYK参考值分别为C0、M70、Y92、K0，黄

色的CMYK参考值分别为C2、M0、Y100、K1。

图7-74　绘制正圆

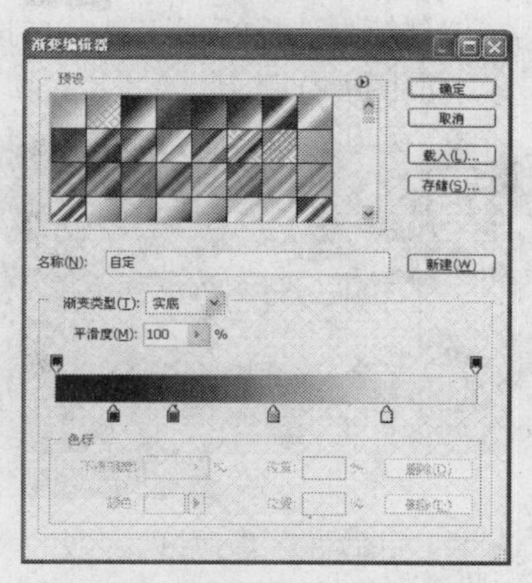

图7-75　“渐变编辑器”对话框

（7）单击“确定”按钮，返回“图层样式”对话框，设置参数如图7-76所示。

（8）单击“确定”按钮，退出“图层样式”对话框，添加的“渐变叠加”效果如图7-77所示。

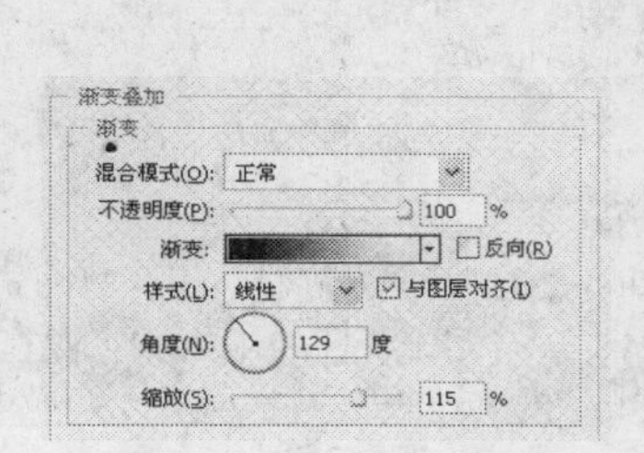

图7-76　“渐变叠加”参数

图7-77　“渐变叠加”效果

（9）复制正圆，并调整到合适的大小和位置，如图7-78所示。

（10）按Ctrl+O快捷键，弹出“打开”对话框，选择草堆素材，单击“打开”按钮，如图7-79所示。

图7-78　复制正圆

图7-79　草堆素材

（11）单击“图层”面板上的“添加图层蒙版”按钮，为图层添加图层蒙版。编辑图层蒙版，设置前景色为黑色，选择画笔工具，按“[”或“]”键调整合适的画笔大小，在图像上涂抹，如图7-80所示。

（12）设置前景色为绿色（CMYK参考值分别为C93、M0、Y100、K69），新建一个图层，在工具箱中选择矩形工具，按下“填充像素”按钮，在图像窗口中拖动鼠标绘制一个矩形，如图7-81所示。

图7-80　添加图层蒙版

图7-81　绘制矩形

（13）打开椅子和花纹素材，运用移动工具，将素材添加至文件中，放置在合适的位置，选择椅子图层，设置图层的“混合模式”为“明度”，如图7-82所示。

（14）设置前景色为绿色（CMYK参考值分别为C92、M9、Y99、K61），新建一个图层，绘制阴影，如图7-83所示。

图7-82　添加椅子和花纹素材

图7-83　绘制阴影

（15）将椅子图层复制一层，然后绘制阴影，如图7-84所示。

（16）运用同样的操作方法，添加桌子和照片素材，如图7-85所示。

图7-84　复制椅子

图7-85　添加其他素材

（17）选择工具箱中的横排文字工具，设置“字体”为Arial Black、“字体大小”为43点，输入文字，如图7-86所示。运用同样的操作方法，输入其他文字，最终效果如图7-87所示。

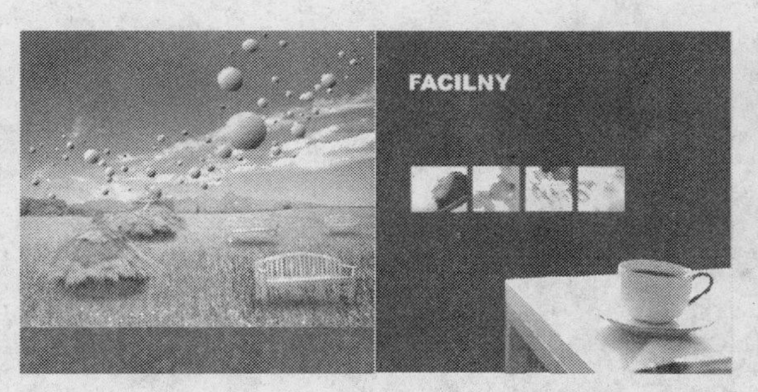

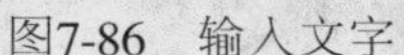
图7-86 输入文字

图7-87 最终效果

7.6 软件画册封面——网上开店软件专家

本实例制作的是网上开店软件画册封面，画册的封面以蓝色作为视觉中心，带给人舒适的视觉享受。制作完成的画册封面效果如图7-88所示。

图7-88 网上开店软件专家画册

（1）启用Photoshop后，执行“文件”|“新建”命令，弹出“新建”对话框，设置参数如图7-89所示，单击“确定”按钮，新建一个空白文件。

（2）新建参考线，设置前景色为灰色（CMYK参考值分别为C0、M0、Y0、K15），按Alt+Delete快捷键，填充灰色。新建一个图层，设置前景色为白色，在工具箱中选择圆角矩形工具，按下“填充像素”按钮，在图像窗口中拖动鼠标绘制一个圆角矩形，如图7-90所示。

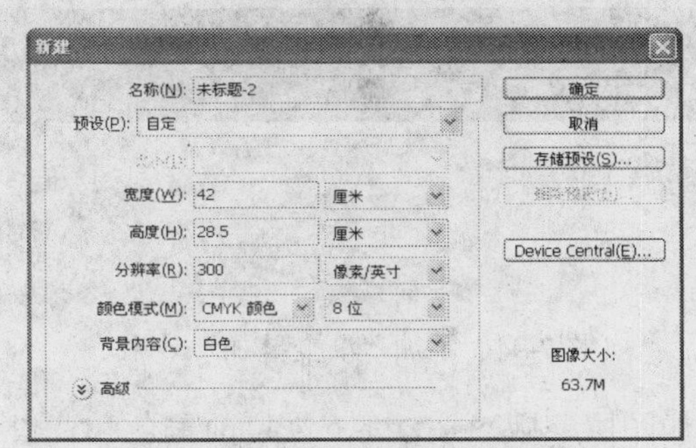

图7-89 “新建”对话框

（3）新建一个图层，设置前景色为白色，在工具箱中选择矩形工具，按下“填充像素”按钮，在图像窗口中拖动鼠标绘制一个如图7-91所示的矩形。新建一个图层，运用同样的操作方法绘制矩形。

图7-90　绘制图形

图7-91　继续绘制图形

（4）执行“图层”|“图层样式”|“渐变叠加”命令，弹出“图层样式”对话框，单击渐变条，在弹出的“渐变编辑器”对话框中设置颜色如图7-92所示。其中，黄色的CMYK参考值分别为C100、M5、Y33、K5，绿色的CMYK参考值分别为C100、M70、Y0、K52。

（5）单击“确定”按钮，返回“图层样式”对话框，设置参数如图7-93所示。

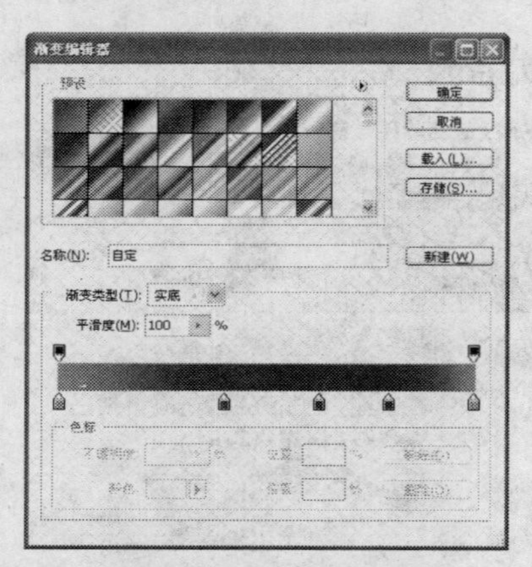

图7-92　“渐变编辑器”对话框

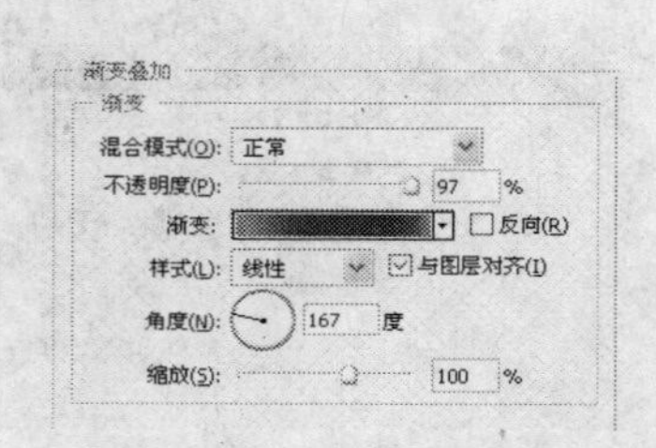

图7-93　“渐变叠加”参数

图7-94　添加“渐变叠加”效果

（6）单击“确定”按钮，退出“图层样式”对话框，添加的“渐变叠加”效果如图7-94所示。

（7）按Ctrl+O快捷键，弹出“打开”对话框，选择背景、手势和球体图片，单击“打开”按钮。运用移动工具，将素材添加至文件中，放置在合适的位置。将背景图层复制一层，放置在合适的位置。

（8）单击“图层”面板上的“添加图层蒙版”按钮，分别为背景和手势图层添加图层蒙版。按D键，恢复前景色和背景为默认的黑白颜色，选择渐变工具，按下“线性渐变”按钮，在图像窗口中按下并拖动鼠标，效果如图7-95所示。

（9）新建一个图层，设置前景色为白色，选择画笔工具，在工具选项栏中设置“硬度”为0%、“不透明度”和“流量”均为80%，在图像窗口中单击鼠标，绘制如图7-96所示的光点。

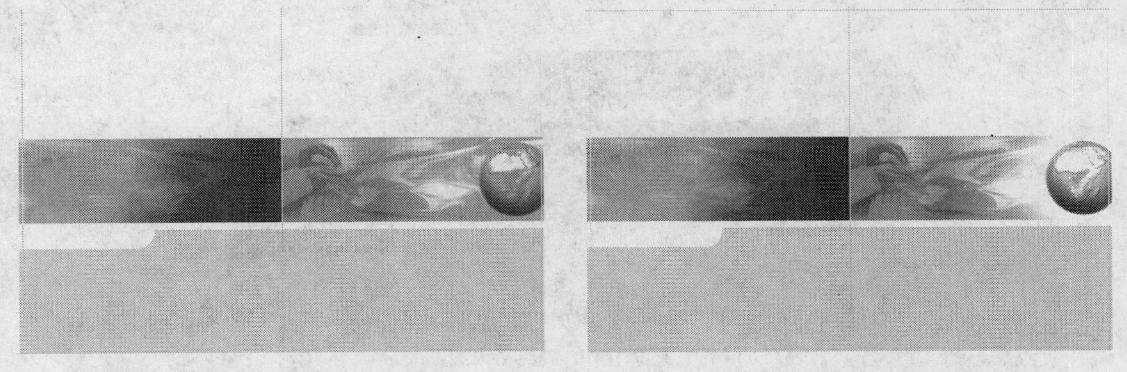

图7-95　添加图层蒙版　　　　图7-96　绘制光点

执行“选择”|“取消选择”命令，或按下Ctrl+D快捷键，可取消所有已经创建的选区。如果当前激活的是选择工具（如选框工具、套索工具），移动光标至选区内单击鼠标，也可以取消当前的选择。

（10）运用同样的操作方法绘制矩形，并设置图层的不透明度，如图7-97所示。

（11）运用同样的操作方法，添加标志，如图7-98所示。

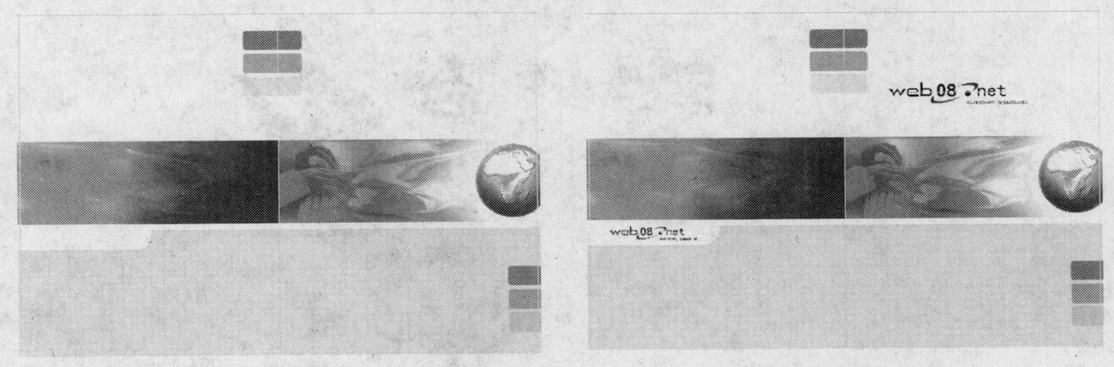

图7-97　绘制矩形　　　　图7-98　添加标志

（12）双击图层，弹出“图层样式”对话框，选择“投影”选项，设置参数如图7-99所示，单击“确定”按钮，退出“图层样式”对话框，添加“投影”效果。

（13）输入文字，得到如图7-100所示最终效果。

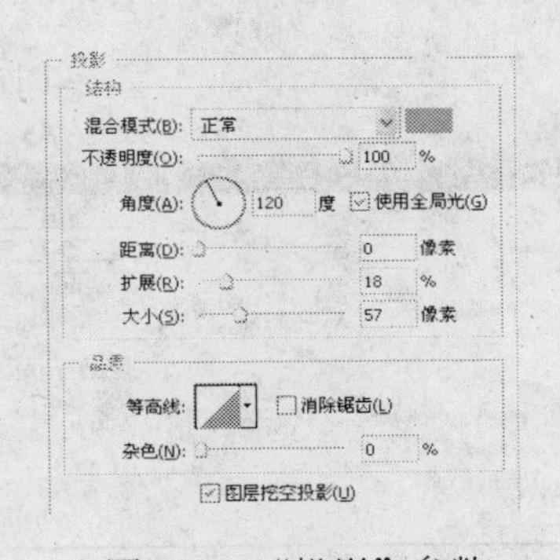

图7-99　“投影”参数

图7-100　最终效果

7.7　保健酒画册——生态保健酒

本实例制作的是生态保健酒画册，实例主要以“生态”为主题，体现了公司一系列产品的脱颖而出的特点，以清新的绿色为主色调，带给人舒适的视觉享受，通过对文字“生态”创建剪贴蒙版，使文字更加生动、传神。制作完成的生态保健酒画册效果如图7-101所示。

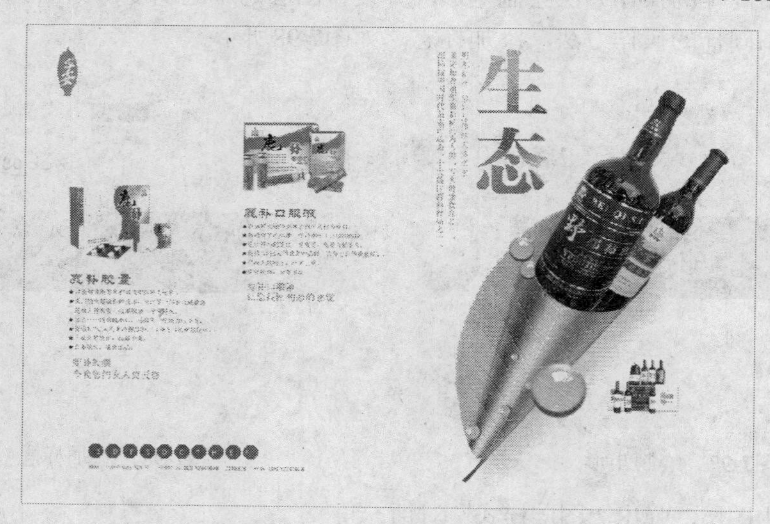

图7-101　生态保健酒画册

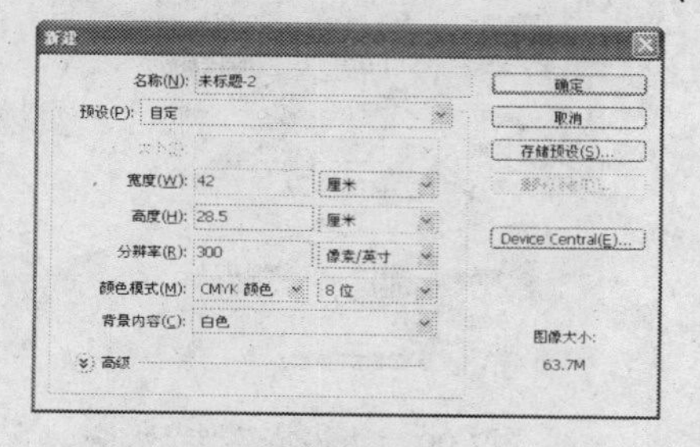

图7-102　“新建”对话框

（1）启用Photoshop后，执行“文件”|“新建”命令，弹出“新建”对话框，设置参数如图7-102所示，单击“确定”按钮，新建一个空白文件。

（2）新建一个图层，设置前景色为淡绿色（CMYK参考值分别为C5、M0、Y11、K0），按Alt+Delete快捷键，填充颜色为淡绿色。执行“图层”|“图层样式”|“斜面和浮

雕”命令，设置参数如图7-103所示。

（3）选择“图案叠加”选项，设置参数如图7-104所示。单击“确定”按钮，退出“图层样式”对话框。

（4）按Ctrl+O快捷键，弹出“打开”对话框，选择叶子图片，单击“打开”按钮，然后选择工具箱中的魔棒工具，选择如图7-105所示白色背景，按Ctrl+Shift+I快捷键，反选得到叶子选区。

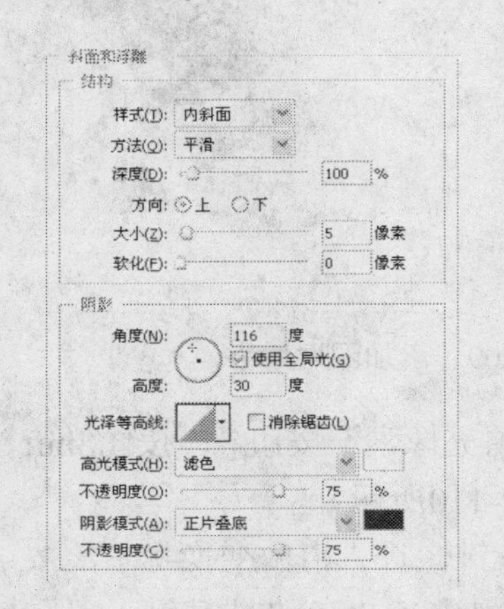

图7-103　“斜面和浮雕”参数

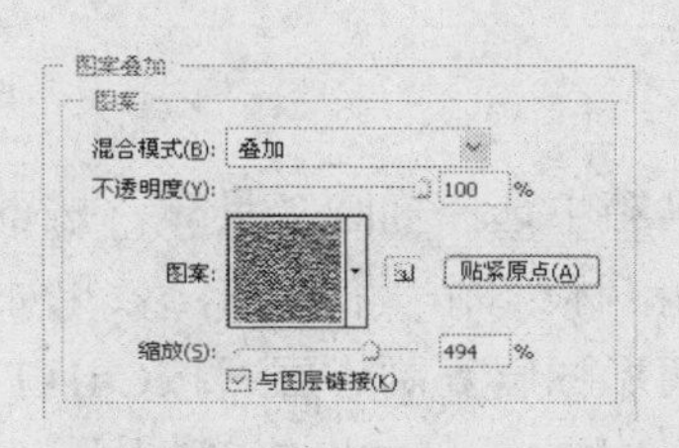

图7-104　“纹理”参数

图7-105　建立选区

“图案叠加”下主要选项的含义如下：

- 混合模式：用于选择混合模式。
- 不透明度：用于设置效果的不透明度。
- 图案：用于设置图案效果。
- 缩放：用于设置效果影响的范围。

（5）运用移动工具，将叶子素材添加至文件中，放置在合适的位置。

（6）双击图层，弹出“图层样式”对话框，选择“投影”选项，设置参数如图7-106所示，单击“确定”按钮，退出“图层样式”对话框，添加的“投影”效果如图7-107所示。

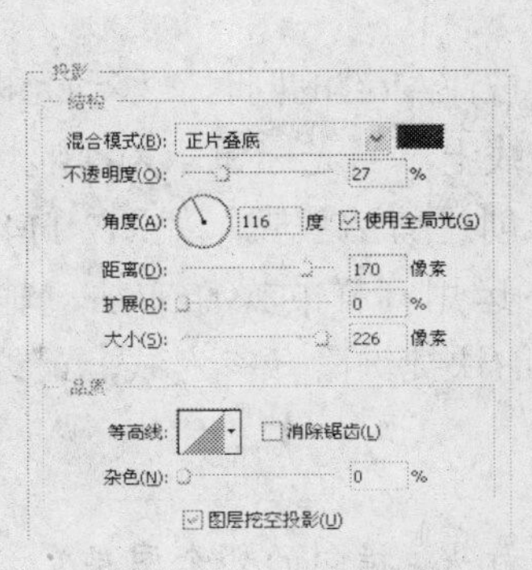

图7-106　“投影”参数

图7-107　“投影”效果

（7）运用同样的操作方法添加其他素材，如图7-108所示。

（8）单击“图层”面板上的“添加图层蒙版”按钮，为保健酒瓶了添加图层蒙版。

编辑图层蒙版，设置前景色为黑色，选择画笔工具，按“[”或“]”键调整合适的画笔大小，在图像上涂抹，并调整成如图7-109所示效果。

图7-108 添加其他素材

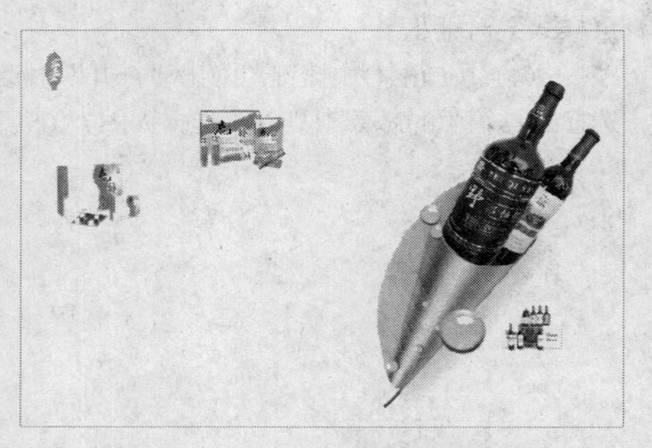

图7-109 添加图层蒙版

（9）新建一个图层，在工具箱中选择椭圆工具，按下“填充像素”按钮，按住Shift键的同时，在图像窗口中，拖动鼠标绘制一个正圆，效果如图7-110所示。

（10）按Ctrl+J快捷键，将圆形图层复制一层。按Ctrl+T快捷键，进入自由变换状态，按住Shift键的同时，拖动圆形至合适的位置，如图7-111所示。按Ctrl+Alt+Shift+T快捷键，可在进行再次变换的同时复制变换对象，然后合并变换图形所在图层。

（11）在工具箱中选择横排文字工具，设置“字体”为Myriad Pro、“字体大小”为12点，输入文字，效果如图7-112所示。

图7-110 绘制正圆

图7-111 复制图形

图7-112 输入文字

生
态

图7-113 输入文字

（12）运用同样的操作方法，输入文字，如图7-113所示。

（13）按住Alt键的同时，移动光标至分隔两个图层的实线上，当光标显示为形状时，单击鼠标左键，创建剪贴蒙版，如图7-114所示。

（14）运用同样的操作方法，输入其他文字，按Ctrl+H快捷键隐藏参考线，最终效果如图7-115所示。

在剪贴蒙版中，最下面的图层为基底图层（即箭头指向的那个图层），上面的图层为内容图层。基底图层名称带有下画线，内容图层的缩览图是缩进的，并显示一个剪贴蒙版标志。

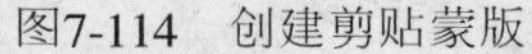
图7-114　创建剪贴蒙版

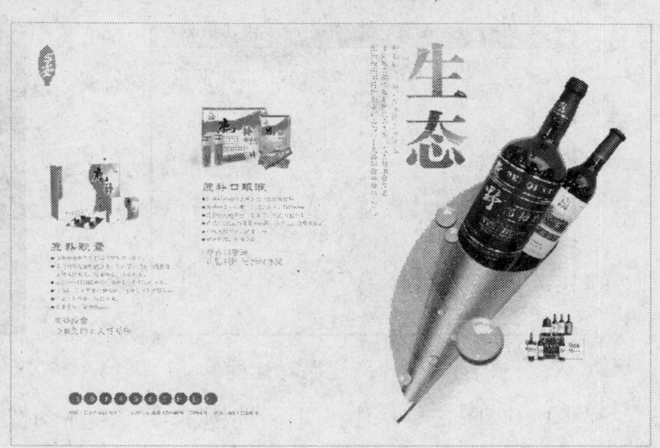

图7-115　最终效果

7.8　酒店画册封面——浪琴屿酒店

本实例制作的是浪琴屿酒店画册封面，封面使用传统的红色作为主色，传统风格的花纹图案作为背景，突出民族特色，黑色的背景色将红色完美地衬托出来，采用鲜明的对比色彩来吸引受众。制作完成的画册封面效果如图7-116所示。

图7-116　浪琴屿酒店画册封面

（1）启用Photoshop后，执行“文件”|“新建”命令，弹出“新建”对话框，在对话框中设置参数如图7-117所示，单击“确定”按钮，新建一个空白文件。

（2）新建一个图层，按D键，恢复前景色和背景色的默认设置，按Alt+Delete快捷键，填充颜色为黑色。

（3）新建一个图层，设置前景色为红色（RGB参考值分别为R22、G233、B9），选择画笔工具，在工具选项栏中设置“硬度”为0%、“不透明度”和“流量”均为80%，在图像窗口中单击鼠标，绘制如图7-118所示的光点。在绘制的时候，可通过按“]”键和“[”键调整画笔的大小，以便绘制出合适大小的光点。

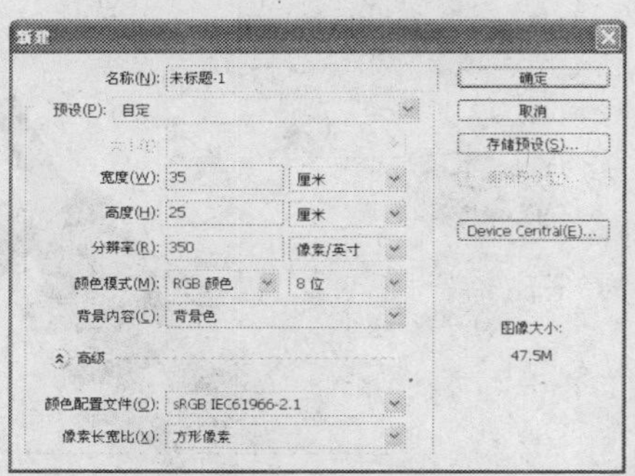

图7-117 “新建”对话框

图7-118 绘制光点

（4）选择工具箱中的矩形选框工具，在图像窗口中按下鼠标并拖动，绘制如图7-119所示选区。

（5）按Delete键，删除选区，得到如图7-120所示效果。

图7-119 绘制选区

图7-120 删除选区

（6）按Ctrl+O快捷键，弹出“打开”对话框，选择碟子素材，单击“打开”按钮，运用移动工具，将碟子素材添加到文件中，放置在合适的位置，如图7-121所示。

（7）按Ctrl+X快捷键，剪切选区中的图像，按Ctrl+V快捷键进行复制，设置碟子图层的“混合模式”为“滤色”，效果如图7-122所示。

图7-121 添加碟子素材文件

图7-122 “滤色”效果

（8）设置复制的碟子图层的“不透明度”为40%，效果如图7-123所示。

（9）运用同样的操作方法，将红枫叶素材添加到文件中，放置在合适的位置，如图7-124所示。

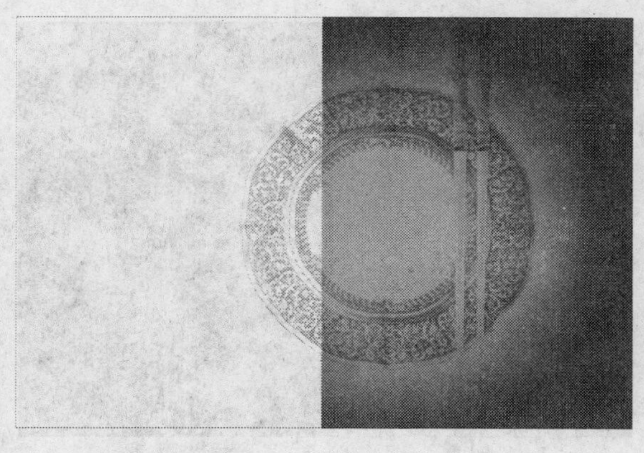

图7-123　“不透明度”效果

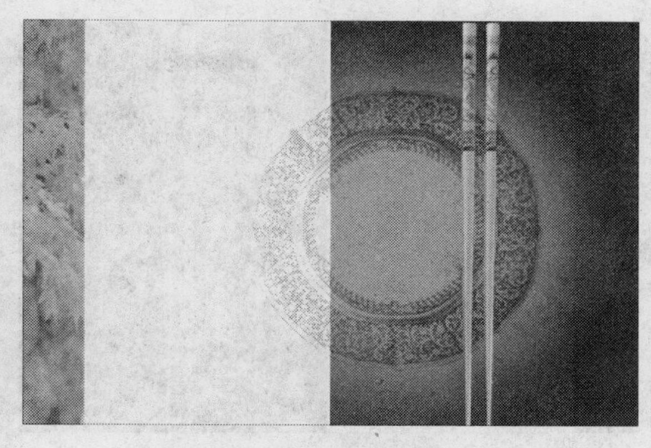

图7-124　添加红枫叶素材

（10）单击“图层”面板上的“添加图层蒙版”按钮，为图层添加图层蒙版。选择渐变工具，单击工具选项栏渐变列表下拉按钮，从弹出的渐变列表中选择“黑白”渐变，按下“线性渐变”按钮，在图像窗口中按下并拖动鼠标，填充黑白线性渐变，效果如图7-125所示。

（11）选择工具箱中的矩形选框工具，在图像窗口中按下并拖动鼠标，绘制如图7-126所示选区。

图7-125　添加图层蒙板

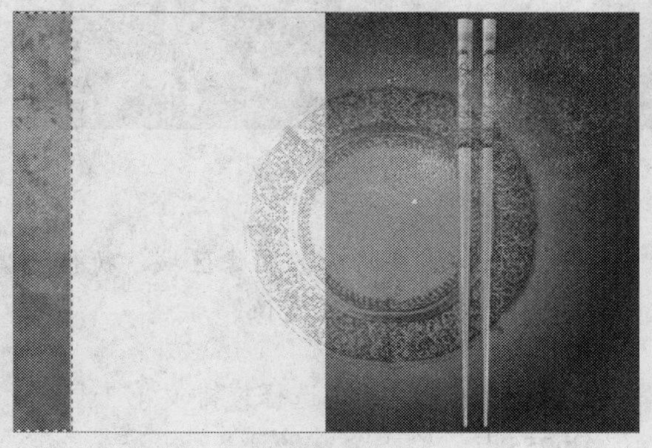

图7-126　绘制选区

在Photoshop中，蒙版就是遮罩，控制着图层或图层组中的不同区域如何隐藏和显示。通过更改蒙版，可以对图层应用各种特殊效果，而不会影响该图层上的实际像素。

（12）按D键，恢复前景色和背景色为系统默认的黑白颜色。选择工具箱中的渐变工具，运用同样的操作方法，填充渐变，得到如图7-127所示效果。

（13）运用同样的操作方法绘制矩形选框，填充颜色为黑色，得到如图7-128所示效果。

（14）在工具箱中选择横排文字工具，设置“字体”为“方正大标宋繁体”、“字体大小”为220点，输入文字“菜”，效果如图7-129所示。

（15）在文字图层缩览图上单击鼠标右键，选择“栅格化文字”选项，运用矩形选框工具绘制如图7-130所示的矩形选区，按Delete键删除选区。

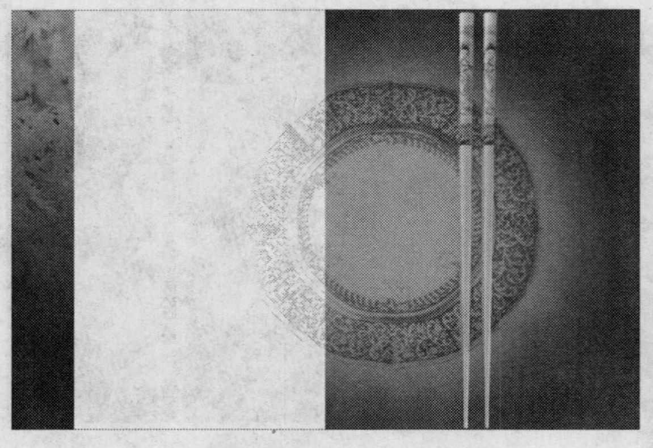

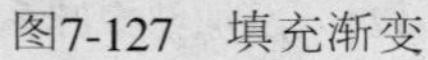

图7-127　填充渐变

图7-128　填充黑色

图7-129　输入文字

图7-130　绘制选区

提示　选择需要清除的图像区域，执行“编辑”|“清除”命令，或直接按Delete键均可清除选区内的图像。

（16）在工具箱中选择横排文字工具T，设置“字体”为“方正康体繁体”、“字体大小”为255点，输入文字“谱”。

（17）双击文字图层，弹出“图层样式”对话框，选择“描边”、“外发光”选项，参数设置分别如图7-131、图7-132所示。

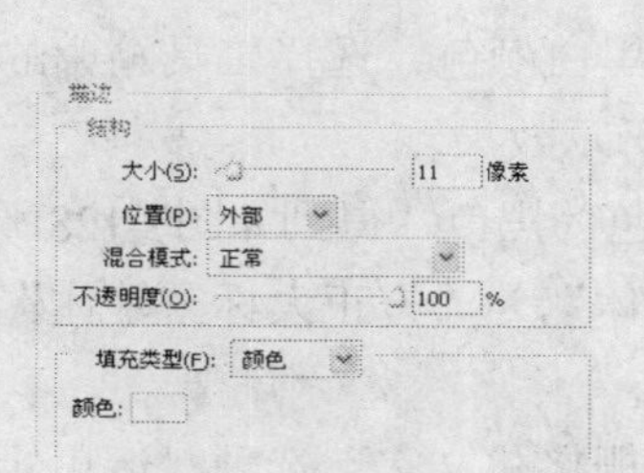

图7-131　“描边”参数

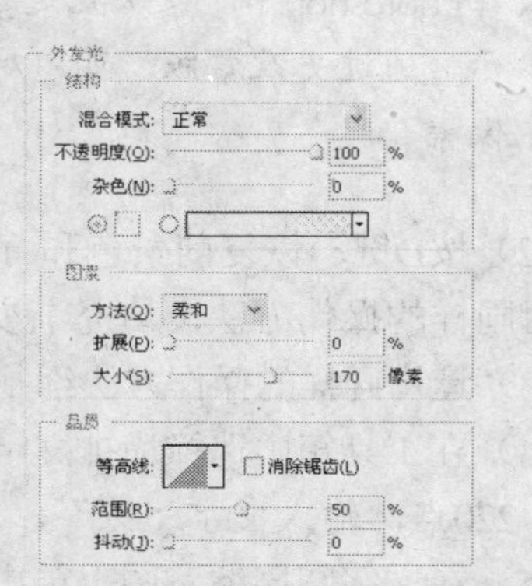

图7-132　“外发光”参数

（18）单击“确定”按钮，添加图层样式效果如图7-133所示。

（19）按Ctrl+O快捷键，弹出“打开”对话框，选择Logo素材，单击“打开”按钮，运用移动工具，将Logo素材添加至文件中，放置在合适的位置，如图7-134所示。

图7-133　添加图层样式效果

图7-134　添加Logo素材

（20）运用同样的操作方法添加“描边”效果，如图7-135所示。

（21）新建一个图层，在工具箱中选择矩形工具，按下“路径”按钮，在图像窗口的右上角位置，拖动鼠标绘制一个矩形，运用同样的操作方法添加“描边”效果，得到如图7-136所示效果。

图7-135　添加“描边”效果

图7-136　绘制矩形

提示　使用矩形工具可绘制出矩形、正方形的形状、路径或填充区域，使用方法也比较简单。

（22）在工具箱中选择横排文字工具，设置“字体”为“方正准圆简体”、“字体大小”为36点，输入文字，效果如图7-137所示。

（23）执行“图层”|“图层样式”|“渐变叠加”命令，设置参数如图7-138所示。

（24）选择“描边”选项，设置参数如图7-139所示，单击“确定”按钮，得到如图7-140所示效果。

（25）按Ctrl+J快捷键，复制Logo组，得到如图7-141所示效果。

图7-137　输入文字

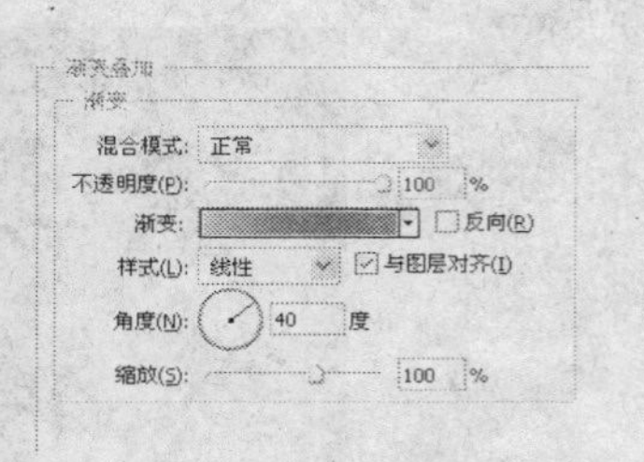

图7-138　“渐变叠加”参数

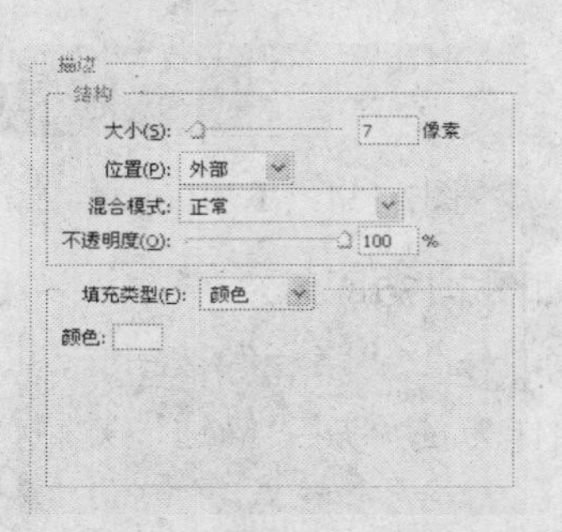

图7-139　“描边”参数

图7-140　添加图层样式效果

（26）运用同样的操作方法，添加其他文字和素材，最终效果如图7-142所示。

图7-141　复制Logo效果

图7-142　最终效果

第8章

标 志 设 计

企业标志是特定的企业象征性识别符号，是CIS设计系统的核心基础。企业标志通过简洁的造型、生动的形象来传达企业的理念、内容、产品特性等信息。标志的设计不仅要具有强烈的视觉冲击力，而且要表达出独特的个性和时代感。

8.1 房产标志设计——珠江国际

本实例制作的是珠江国际房产标志，标志以红色为主色调，通过运用椭圆工具绘制椭圆形，然后通过添加图层样式增加质感，使标志更有立体感，运用色彩的感觉与联想信息，激发消费者的心理联想与欲望，树建自己的品牌个性。制作完成的珠江国际房产标志效果如图8-1所示。

图8-1 珠江国际标志

（1）打开Photoshop，执行“文件”|“新建”命令，弹出“新建”对话框，设置参数如图8-2所示。单击“确定”按钮，关闭对话框，新建一个图像文件。

（2）单击“图层”面板中的“创建新图层”按钮，新建图层。选择椭圆工具，在工具选项栏中按下“路径”按钮，在图像窗口中单击并拖动鼠标，绘制一个椭圆，如图8-3所示。

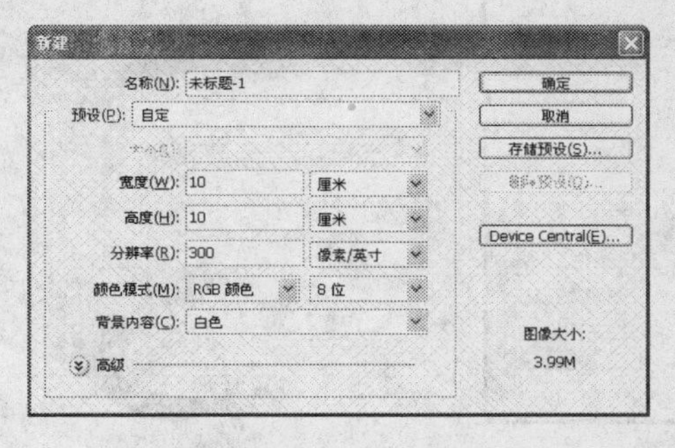

图8-2 “新建”对话框

图8-3 绘制椭圆

（3）运用直接选择工具，调整椭圆路径为如图8-4所示的形状。按下工具选项栏中的“从路径区域减去”按钮，运用路径选择工具选择路径，按Ctrl+T快捷键，进入自由变换状态，按住Shift+Alt键的同时，向内拖动控制柄，按Enter键确认调整，得到如图8-5所示的图形。

(4) 单击鼠标右键，在弹出的快捷菜单中选择“建立选区”选项，在弹出的“建立选区”对话框中单击“确定”按钮，建立选区。选择工具箱中的渐变工具，在工具选项栏中单击渐变条，打开“渐变编辑器”对话框，设置参数如图8-6所示。其中，黄色的RGB参考值分别为R230、G201、B147，浅黄色的RGB参考值分别为R244、G244、B200。

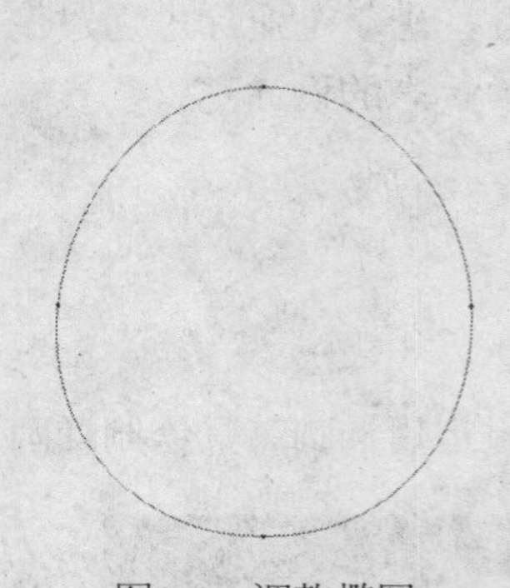

图8-4 调整椭圆

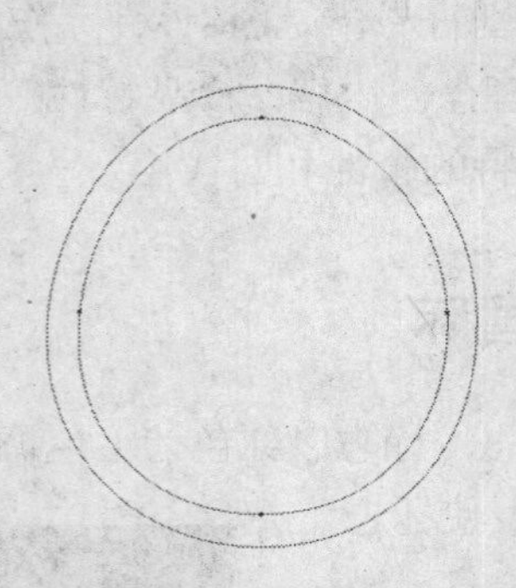

图8-5 调整椭圆

图8-6 “渐变编辑器”对话框

(5) 单击“确定”按钮，关闭“渐变编辑器”对话框。按下工具选项栏中的“线性渐变”按钮，在图像窗口中拖动鼠标，填充渐变效果如图8-7所示。

(6) 选择矩形选框工具，按住Alt键的同时，绘制矩形，减选左侧的选区。选择工具箱中的渐变工具，在“渐变编辑器”对话框中设置参数如图8-8所示。其中，黑色的RGB参考值分别为R45、G14、B2，棕色的RGB参考值分别为R156、G82、B24，黄色的RGB参考值分别为R220、G171、B75，淡黄色的RGB参考值分别为R245、G245、B200。

(7) 单击“确定”按钮，关闭“渐变编辑器”对话框。按下工具选项栏中的“线性渐变”按钮，在图像窗口中拖动鼠标，填充渐变效果如图8-9所示。

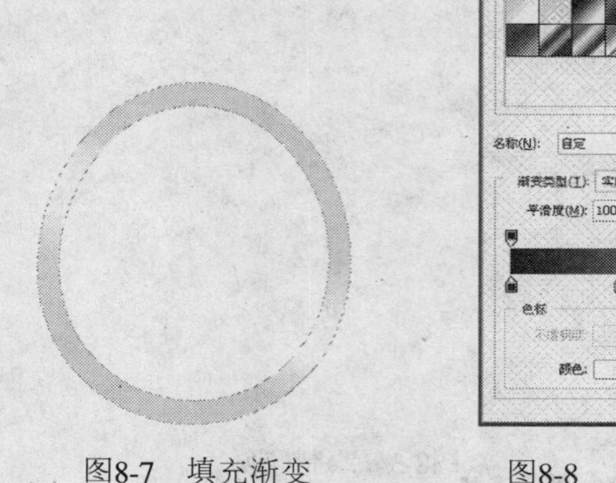

图8-7 填充渐变

图8-8 “渐变编辑器”对话框

图8-9 填充渐变

在绘制椭圆和矩形选区时，按下空格键可以快速移动选区。

（8）双击图层，弹出“图层样式”对话框，选择“投影”选项，设置参数如图8-10所示。

（9）选择“内阴影”选项，设置参数如图8-11所示，其中粉红色的RGB参考值分别为R252、G183、B197。

（10）选择“斜面和浮雕”选项，设置参数如图8-12所示。

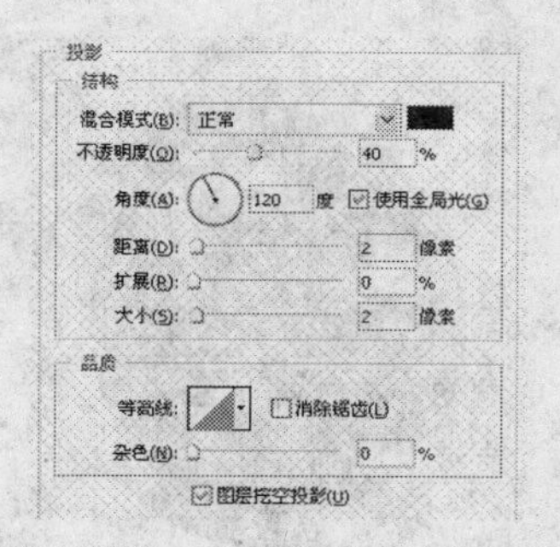

图8-10　“投影”参数

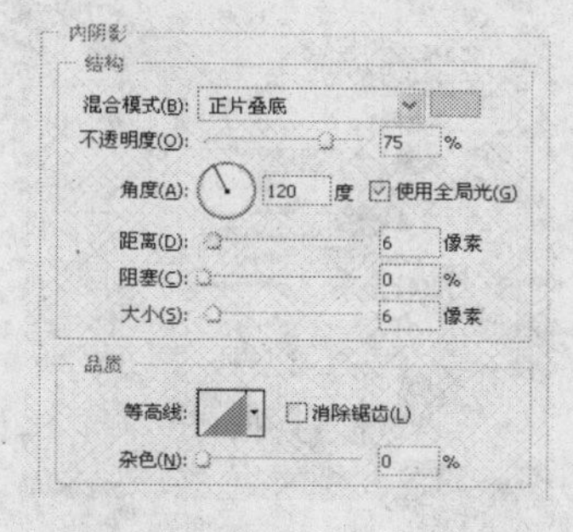

图8-11　“内阴影”参数

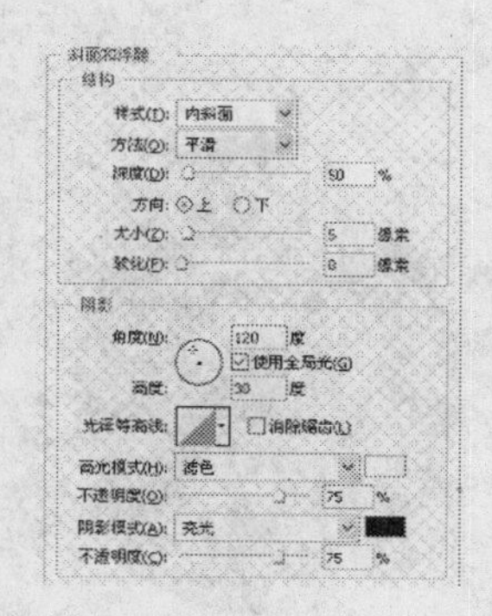

图8-12　“斜面和浮雕”参数

（11）单击“确定”按钮，退出“图层样式”对话框，添加图层样式的效果如图8-13所示。

（12）选择椭圆工具，在图像窗口中单击并拖动鼠标，绘制一个椭圆，填充颜色为红色（RGB参考值分别为R90、G0、B29），将图层顺序向下移一层，如图8-14所示。

（13）选择椭圆选框工具，按住Shift键的同时，绘制一个正圆选区。选择工具箱中的渐变工具，在“渐变编辑器”对话框中设置参数如图8-15所示。其中，深红色的RGB参考值分别为R230、G49、B0，红色的RGB参考值分别为R255、G30、B47。

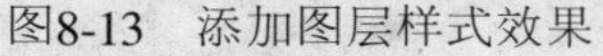
图8-13　添加图层样式效果

图8-14　绘制红色图形

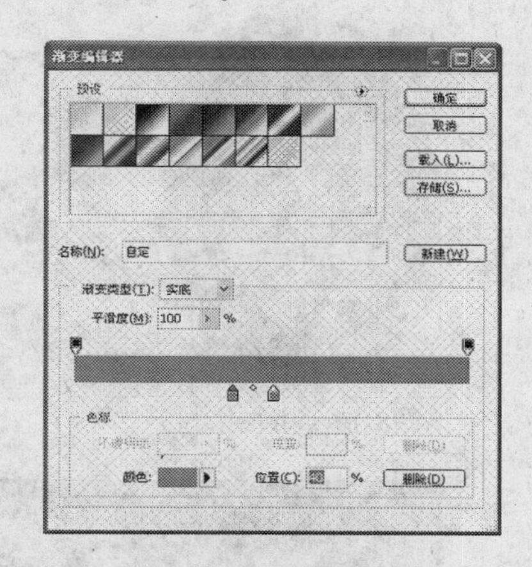

图8-15　“渐变编辑器”对话框

椭圆选框工具用于创建椭圆或正圆选区。

在工具箱中右击矩形选框工具，或者按住矩形选框工具保持一定时间，在弹出的选框工具列表中即可选择椭圆选框工具。创建椭圆选区的方法与矩形基本相同，若按住Shift键拖动鼠标，可以创建正圆选区；若按住Alt+Shift键拖动鼠标，则可以建立以起点为圆心的正圆选区。

（14）单击“确定”按钮，关闭“渐变编辑器”对话框。按下工具选项栏中的“径向渐变”

按钮，在图像窗口中拖动鼠标，填充渐变效果如图8-16所示，按Ctrl+D快捷键取消选择。

（15）双击正圆图层，弹出“图层样式”对话框，选择“外发光”选项，设置参数如图8-17所示，其中深红色的RGB参考值分别为R157、G0、B0。

（16）单击“确定”按钮，添加的“外发光”效果如图8-18所示。

图8-16　填充渐变

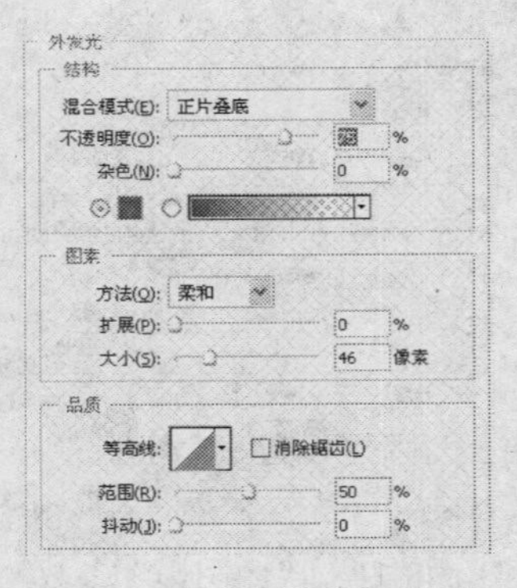

图8-17　“外发光”参数

图8-18　“外发光”效果

（17）执行“文件”|“打开”命令，打开一张素材图像，运用移动工具将素材添加至文件中，如图8-19所示。

（18）按住Ctrl键的同时，单击红色椭圆图层，载入选区。新建一个图层，使用画笔工具（大小设置为300左右），将前景色设为深红色（RGB参考值分别为R136、G0、B29），沿着选区的边缘进行涂抹，效果如图8-20所示。

（19）运用同样的操作方法，制作白色的高光图形，如图8-21所示。

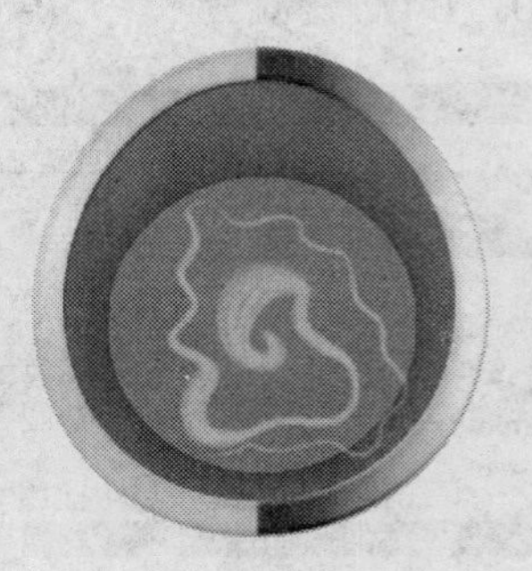

图8-19　添加素材

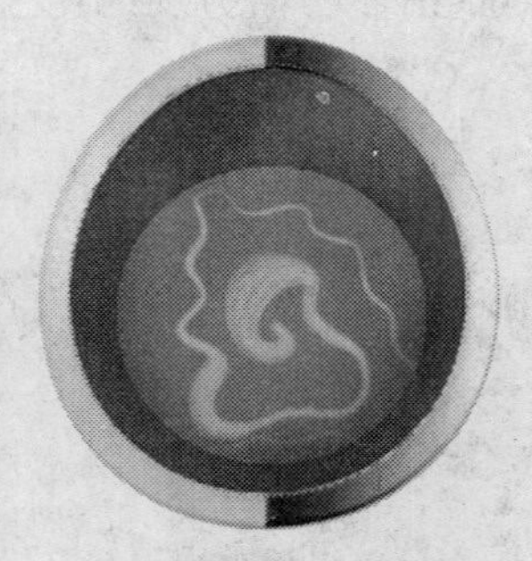

图8-20　涂抹效果

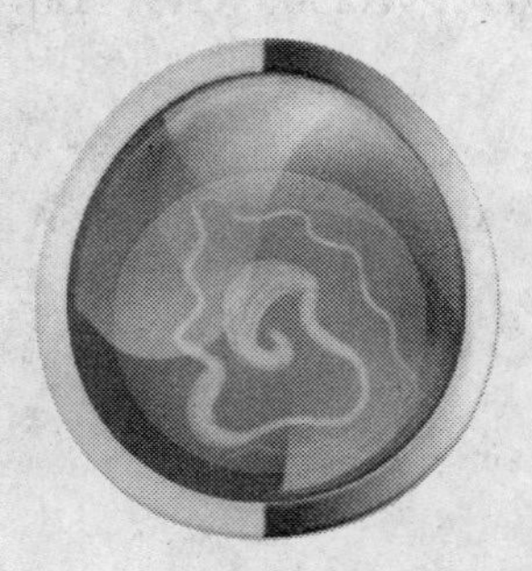

图8-21　高光图形

图8-22　最终效果

（20）选择背景图层，填充颜色为黑色。输入文字，完成实例的制作，最终效果如图8-22所示。

提示　标志设计不仅仅是一个图案设计，而是要创造出一个具有商业价值的符号，并兼有艺术欣赏价值。标志图案是形象化的艺术概括。

8.2 科技产品标志设计——科地

本实例制作的是科地科技产品标志，标志以清新淡雅的黄绿色为主色调，通过运用椭圆工具绘制出标志的大体轮廓，然后通过细节的绘制使标志更有层次感。制作完成的科地科技产品标志效果如图8-23所示。

（1）打开Photoshop，执行“文件”|“新建”命令，弹出“新建”对话框，设置参数如图8-24所示。单击“确定”按钮，关闭对话框，新建一个空白文件。

图8-23 科地标志

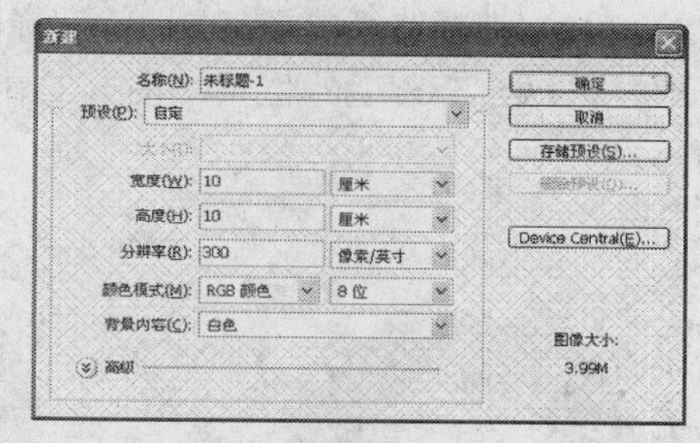

图8-24 “新建”对话框

（2）设置前景色为深绿色（RGB参考值分别为R0、G131、B54）。单击“图层”面板中的“创建新图层”按钮，新建图层。选择椭圆工具，在工具选项栏中按下“形状图层”按钮，按住Shift键的同时，在图像窗口中单击并拖动鼠标，绘制一个正圆，如图8-25所示。

（3）选择路径选择工具，选择圆形形状的路径，按Ctrl+Alt+T快捷键调出自由变换并复制控制框，在工具选项栏中设置宽和高均为60%，如图8-26所示。

（4）按Enter键确认，按下工具选项栏中的“从路径区域减去”按钮，效果如图8-27所示。

图8-25 绘制正圆

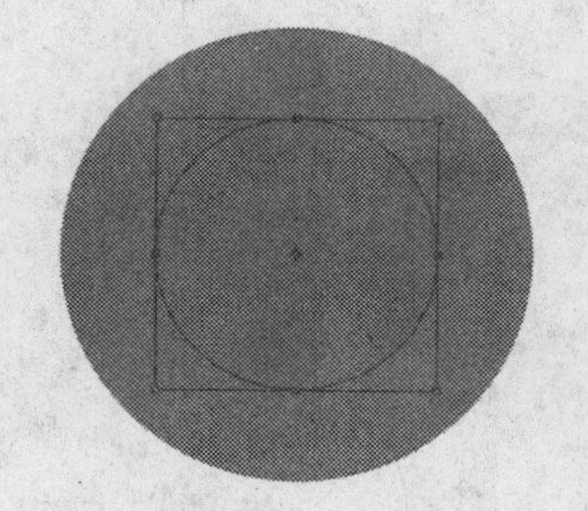
图8-26 复制路径

图8-27 圆环图形

（5）将圆环图形复制3份，并隐藏图层。

（6）选择路径选择工具，选择圆形形状的路径，按住Alt键的同时拖动鼠标，复制一个路径，调整至合适的位置，按下工具选项栏中的“交叉路径区域”按钮，效果如图8-28所示。

（7）显示复制的图层，填充颜色为淡绿色（RGB参考值分别为R156、G202、B33），放置在深绿色圆环图形的下方，如图8-29所示。

（8）选择路径选择工具，选择圆形形状的路径，按住Alt键的同时拖动鼠标，复制一个路径，调整至合适的位置，按下工具选项栏中的“交叉路径区域”按钮，效果如图8-30所示。

（9）显示复制的图层，填充颜色为黄绿色（RGB参考值分别为R202、G225、B13），放置在深绿色圆环图形的下方，如图8-31所示。

图8-28　交叉路径区域

图8-29　填充淡绿色

图8-30　交叉路径区域

（10）选择路径选择工具，选择圆形形状的路径，按住Alt键的同时拖动鼠标，复制一个路径，调整至合适的大小和位置，按下工具选项栏中的“交叉路径区域”按钮，效果如图8-32所示。

（11）显示复制的图层，填充颜色为白色，调整好图层顺序和路径大小。

（12）选择路径选择工具，选择圆形形状的路径，按住Alt键的同时拖动鼠标，复制一个路径，调整至合适的位置，按下工具选项栏中的“交叉路径区域”按钮，效果如图8-33所示。

图8-31　填充黄绿色

图8-32　交叉路径区域

图8-33　交叉路径区域

图8-34　从路径区域减去

（13）选择路径选择工具，选择圆形形状的路径，按住Alt键的同时拖动鼠标，复制一个路径，调整至合适的大小和位置，按下工具选项栏中的“从路径区域减去”按钮，去除多余的部分，效果如图8-34所示。

（14）设置前景色为黄色（RGB参考值分别为R255、G214、B0），选择钢笔工具，按下工具选项栏中的“形状图层”按钮，绘制路径，如图8-35所示。

（15）设置前景色为黄绿色（RGB参考值分别为R202、G225、B13），继续运用钢笔工具绘制路径，如图8-36所示。

（16）选择横排文字工具，设置“字体”为“方正综艺繁体”字体、“字体大小”为55点，输入文字，如图8-37所示。

图8-35　绘制路径

图8-36　绘制路径

图8-37　最终效果

8.3　网吧标志设计——傅邦网吧

本实例制作的是傅邦网吧标志，标志以清爽的绿色为主色调来表现轻松、愉快的感觉，以吸引年轻的消费群体，通过运用圆角矩形和矩形选框工具绘制出标志的大体轮廓，然后使用路径选择工具调整图形，使线条更加流畅。制作完成的傅邦网吧标志效果如图8-38所示。

图8-38　傅邦网吧标志

（1）打开Photoshop，执行“文件”|“新建”命令，弹出“新建”对话框，设置参数如图8-39所示。单击“确定”按钮，关闭对话框，新建一个图像文件。

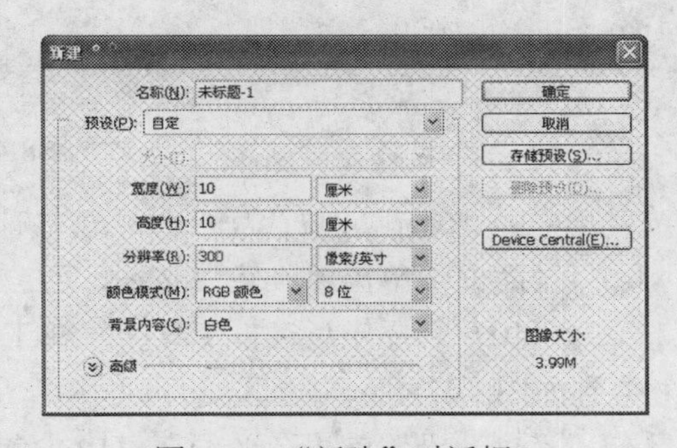

图8-39　“新建”对话框

（2）选择圆角矩形工具，在工具选项栏中按下“路径”按钮，设置“半径”为30px，绘制一个圆角矩形，如图8-40所示。

（3）单击鼠标右键，在弹出的快捷菜单中选择“建立选区”选项，在弹出的“建立选区”对话框中单击“确定”按钮，建立选区。

（4）选择矩形选框工具，按住Shift键的同时，绘制矩形选区，并加选右上角和左下角的选区，得到如图8-41所示的效果。

（5）设置前景色为绿色（RGB参考值分别为R185、G219、B125），新建一个图层，按Alt+Delete快捷键，填充颜色。然后按Ctrl+D快捷键，取消选择，效果如图8-42所示。

图8-40　绘制圆角矩形

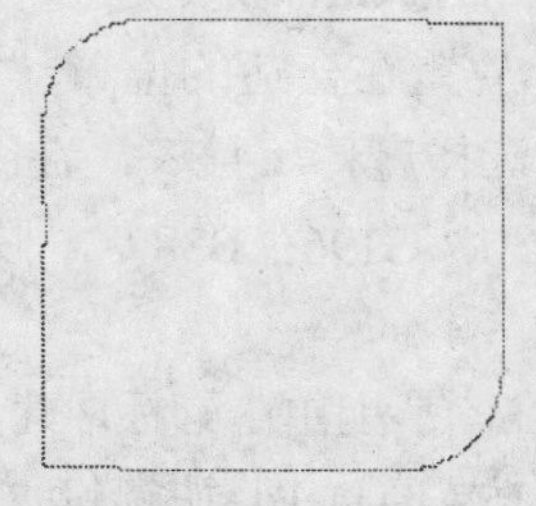

图8-41　建立选区

图8-42　填充颜色

矩形选框工具是最常用的选框工具，使用该工具可创建矩形选区。

（6）将绘制的图形复制多份，并放置在合适的位置，如图8-43所示。

（7）选择圆角矩形工具，在工具选项栏中按下“路径”按钮，设置“半径”为70px，绘制一个圆角矩形，如图8-44所示。

（8）按住Alt键的同时，运用路径选择工具拖动圆角矩形，得到复制的圆角矩形，如图8-45所示。

图8-43 复制图形　　图8-44 绘制路径　　图8-45 复制路径

Photoshop的对齐和分布功能用于准确定位图层的位置。在进行对齐和分布操作之前，需要首先选择这些图层，直接单击选择工具选项栏的相应按钮，进行对齐和分布操作，如图8-46所示。

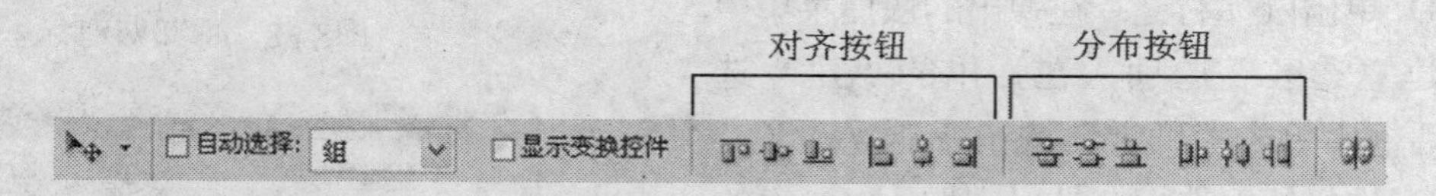

图8-46 选择工具选项栏

（9）单击鼠标右键，在弹出的快捷菜单中选择“建立选区”选项，在弹出的“建立选区”对话框中单击“确定”按钮，建立选区。

（10）选择矩形选框工具，在工具选项栏中按下“与选区交叉”按钮，绘制矩形，得到如图8-47所示的选区。

（11）设置前景色为绿色（RGB参考值分别为R185、G219、B125），新建一个图层，按Alt+Delete快捷键，填充颜色。然后按Ctrl+D快捷键，取消选择，效果如图8-48所示。

（12）将绿色图形复制两份，放置在合适的位置，如图8-49所示。

（13）将标志图层合并，然后选择魔棒工具，在图形上单击鼠标，建立选区，设置前景色为绿色（RGB参考值分别为R130、G196、B38），按Alt+Delete快捷键，填充颜色，如图8-50所示。

（14）继续运用魔棒工具，在图形上单击鼠标，建立选区，设置前景色为深绿色（RGB参考值分别为R0、G146、B65），按Alt+Delete快捷键，填充颜色，如图8-51所示。

图8-47　交叉选区　　图8-48　填充颜色　　图8-49　复制图形

（15）按Ctrl+D快捷键，取消选择，执行“编辑”|“变换”|“斜切”命令，调整图形为倾斜状态，如图8-52所示。

图8-50　填充颜色

图8-51　填充颜色

图8-52　倾斜效果

技巧　在魔棒工具的工具选项栏的“容差”文本框中，可输入0～255之间的数值来确定选取的颜色范围。其值越小，选取的颜色范围与鼠标单击位置的颜色越相近，同时选取的范围也越小；值越大，选取的范围就越大。

（16）按Enter键确认调整，双击图层，弹出“图层样式”对话框，选择“投影”选项，设置参数如图8-53所示，单击“确定”按钮，效果如图8-54所示。

图8-53　“投影”参数

图8-54　“投影”效果

（17）选择横排文字工具，设置“字体”为Arial Black、“字体大小”为17点，输入文字，如图8-55所示。

（18）执行“编辑”|“变换”|“斜切”命令，调整文字为倾斜状态，按Enter键确认调

整，如图8-56所示。

图8-55 输入文字

图8-56 倾斜效果

图8-57 制作绿色三角形

（19）选择多边形套索工具，在字母“A”中间位置建立选区，新建一个图层，设置前景色为绿色（RGB参考值分别为R185、G219、B125），按Alt+Delete快捷键，填充颜色。然后按Ctrl+D快捷键，取消选择，效果如图8-57所示。

（20）运用同样的操作方法，制作另一行文字，如图8-58所示。

（21）运用同样的操作方法，为文字添加阴影效果，完成标志的设计，如图8-59所示。

图8-58 制作文字

图8-59 最终效果

8.4 儿童摄影标志设计——卡酷儿童摄影

本实例制作的是卡酷儿童摄影标志，标志以轻松、活跃的卡通形象为视觉中心，结合可爱、俏皮的字体，表现出儿童的稚气。制作完成的卡酷儿童摄影标志效果如图8-60所示。

图8-60 卡酷儿童摄影标志

（1）打开Photoshop，执行“文件”|“新建”命令，弹出“新建”对话框，设置“宽度”和“高度”均为10厘米，如图8-61所示。单击“确定”按钮，关闭对话框，新建一个图像文件。

（2）设置前景色为橙色（RGB参考值分别为R244、G115、B34）。

（3）选择矩形工具，按下工具选项栏中的“形状图层”按钮，单击自定形状工具右侧的下拉按钮，打开“矩形选项”面板，选中“固定大小”单选按钮，设置宽和高均为3厘米，如图8-62所示。

（4）在图像窗口中单击鼠标左键，即可绘制一个橙色的、宽和高均为3厘米的正方形，执行“编辑”|“变换”|“旋转”命令，在工具选项栏中设置旋转45°，按Enter键确定，效果如图8-63所示。

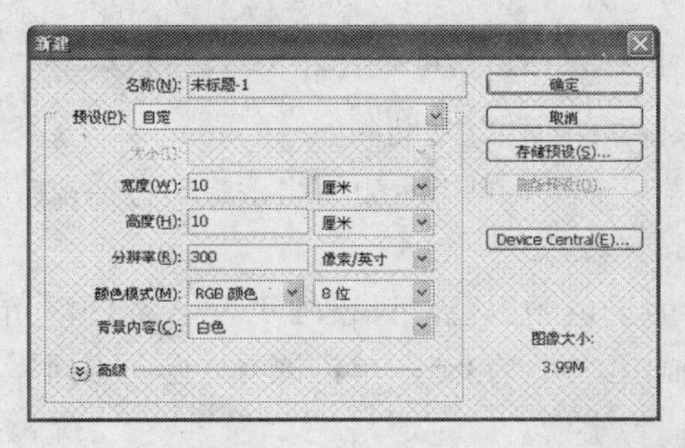

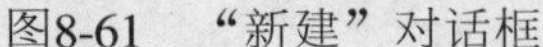
图8-61　“新建”对话框

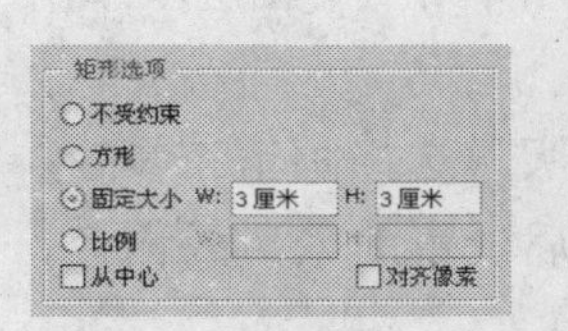

图8-62　设置参数

图8-63　旋转45°

（5）按Ctrl+T快捷键，进入自由变换状态，在工具选项栏中设置宽为120%，如图8-64所示。按Enter键确定，效果如图8-65所示。

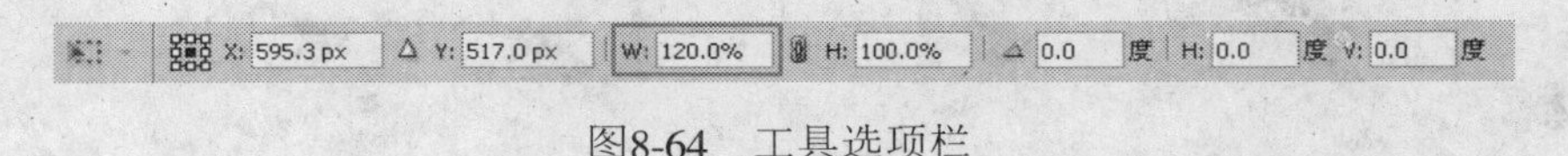

图8-64　工具选项栏

（6）选择路径选择工具，选择矩形形状的路径，按Ctrl+Alt+T快捷键调出自由变换控制框并复制路径，在工具选项栏中设置宽和高均为85%，效果如图8-66所示。

图8-65　宽为120%

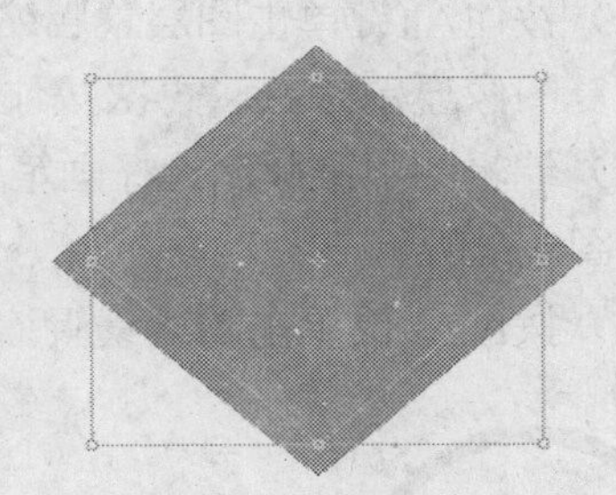
图8-66　复制路径

（7）按Enter键确认，按下工具选项栏中的“从路径区域减去”按钮，得到如图8-67效果。

（8）选择椭圆工具，按住Shift键的同时，在图像窗口中单击并拖动鼠标，绘制一个正圆，如图8-68所示。

（9）选择路径选择工具，选择圆形形状的路径，按Ctrl+Alt+T快捷键调出自由变换并复制控制框，在工具选项栏中设置宽和高均为85%，按Enter键确认，按下工具选项栏中的“从路径区域减去”按钮，效果如图8-69所示。

（10）选择矩形图层，单击鼠标右键，在弹出的快捷菜单中选择“栅格化图层”选项，将图层转换为普通图层，选择多边形套索工具，绘制如图8-70所示的选区。

图8-67 从路径区域减去效果

图8-68 绘制正圆

图8-69 从路径区域减去效果

（11）按Delete键删除选区内的图形，得到如图8-71所示的效果。

（12）将两个图层合并为一个图层，单击“图层”面板上的“添加图层蒙版”按钮，为图层添加蒙版。

（13）编辑图层蒙版，选择画笔工具，设置前景色为黑色，设置画笔大小为430，单击鼠标，隐藏图形，然后设置前景色为白色，设置画笔大小为385，单击鼠标，显示图形，如图8-72所示。

图8-70 建立选区

图8-71 删除图形

图8-72 添加图层蒙版

（14）按住Alt键单击图层蒙版缩览图，图像窗口中会显示出蒙版图像，如图8-73所示，如果要恢复图像显示状态，再次按住Alt键单击蒙版缩览图即可。

（15）编辑图层蒙版，选择画笔工具，设置前景色为白色，涂抹显示左上角和右下角图形，如图8-74所示。

（16）按住Alt键单击图层蒙版缩览图，图像窗口中会显示出蒙版图像，如图8-75所示。

图8-73 显示图层蒙版

图8-74 编辑图层蒙版

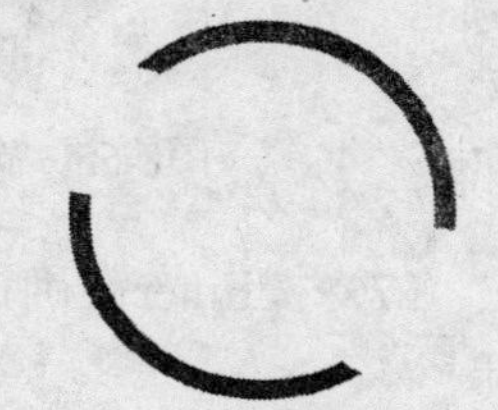

图8-75 显示图层蒙版

（17）将图层复制一层，删除图层蒙版，在弹出的系统提示框中，单击“应用”按钮，如图8-76所示。

（18）按住Ctrl键的同时，单击复制的图层，载入选区，填充颜色为白色。双击图层，弹出“图层样式”对话框，选择“描边”选项，设置颜色为黄色（RGB参考值分别为R249、G216、B165），“大小”为“5像素”，如图8-77所示。

图8-76 系统提示框

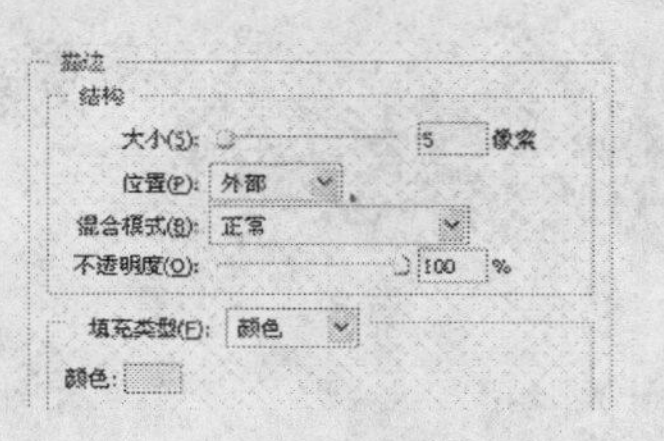

图8-77 “描边”参数

（19）单击“确定”按钮，关闭“图层样式”对话框。将图层向下移一层，按Ctrl+T快捷键，进入自由变换状态，在工具选项栏中设置宽和高均为103%，按Enter键确认，效果如图8-78所示。

（20）设置前景色为橙色（RGB参考值分别为R254、G206、B138）。选择椭圆工具，按住Shift键的同时，在图像窗口中单击并拖动鼠标，绘制一个正圆，双击图层，弹出“图层样式”对话框，选择“描边”选项，设置颜色为橙色（RGB参考值分别为R245、G180、B102），“大小”为“5像素”，单击“确定”按钮，关闭“图层样式”对话框，效果如图8-79所示。

（21）将图层复制一层，放置在合适的位置，如图8-80所示。

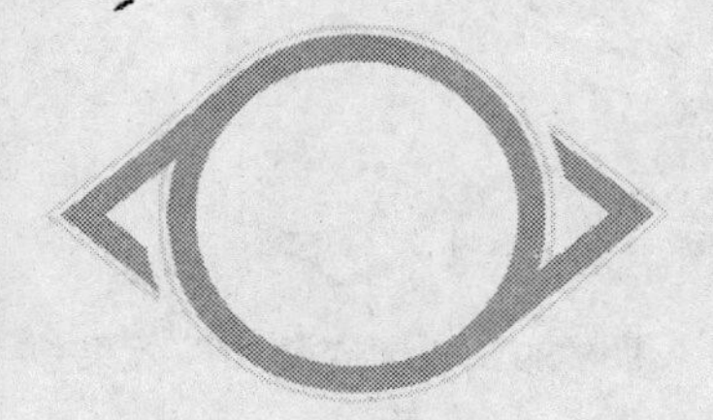

图8-78 “描边”效果

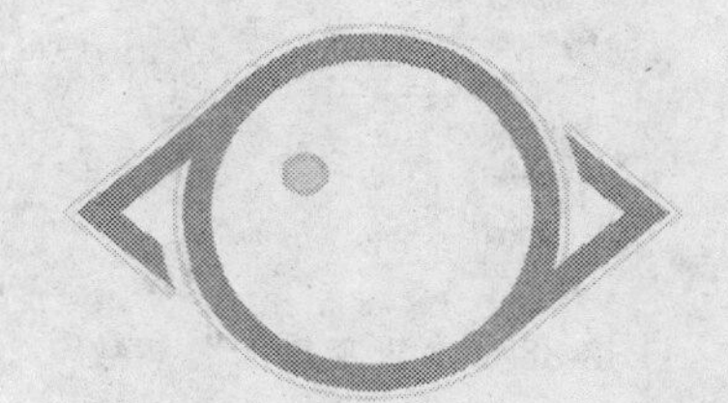

图8-79 绘制正圆

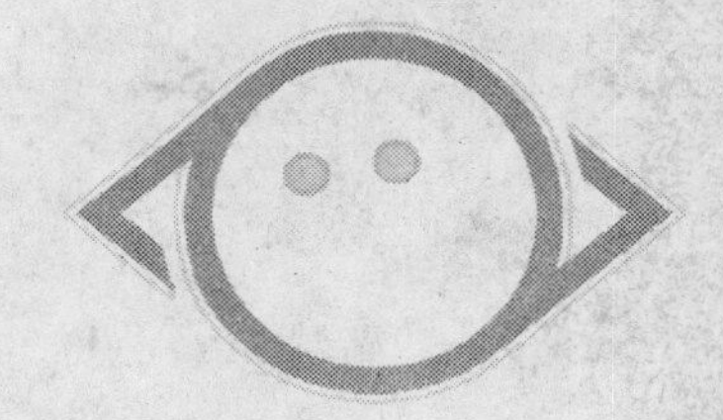

图8-80 复制正圆

（22）继续运用椭圆工具，绘制正圆，如图8-81所示。

（23）选择路径选择工具，选择圆形形状的路径，按住Alt键的同时，拖动路径复制一份，调整好大小和位置，按下工具选项栏中的“从路径区域减去”按钮，效果如图8-82所示。

（24）设置前景色为橙色（RGB参考值分别为R244、G115、B34）。选择钢笔工具，按下工具选项栏中的“形状图层”按钮，绘制形状，如图8-83所示。

图8-81 绘制正圆

图8-82 从路径区域减去效果

图8-83 绘制形状

（25）将绘制的图形复制两份，调整好位置和角度，如图8-84所示。

（26）参照前面同样的操作方法，制作边缘效果，如图8-85所示。

（27）在工具箱中选择横排文字工具，设置“字体”为Arial Black、“字体大小”为59点，输入文字，如图8-86所示。

图8-84　复制图形

图8-85　制作边缘效果

图8-86　输入文字

（28）执行“编辑”|“变换”|“斜切”命令，调整文字为倾斜状态，按Enter键确认调整，如图8-87所示。

（29）双击图层，弹出“图层样式”对话框，选择“渐变叠加”选项，设置颜色为黄色（RGB参考值分别为R254、G226、B38）到淡黄色（RGB参考值分别为R249、G255、B195）的渐变色，如图8-88所示。

（30）单击“确定”按钮，关闭“图层样式”对话框，效果如图8-89所示。

图8-87　倾斜文字

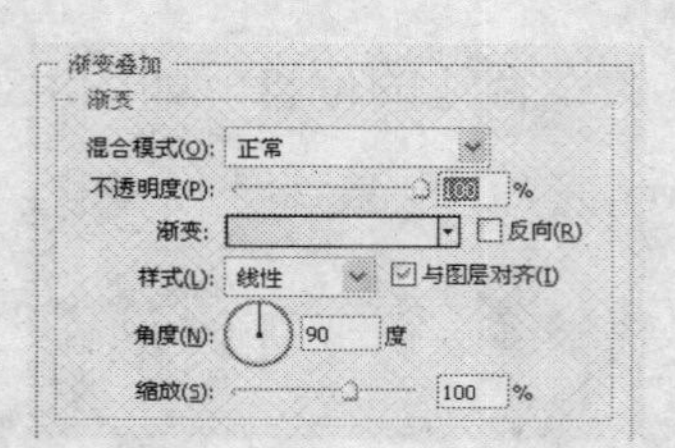

图8-88　“渐变叠加”参数

图8-89　“渐变叠加”效果

（31）运用同样的操作方法，制作其他的文字，并添加“渐变叠加”效果。其中“cool”文字的参数如图8-90所示，蓝色的RGB参考值分别为R141、G229、B238，效果如图8-91所示。

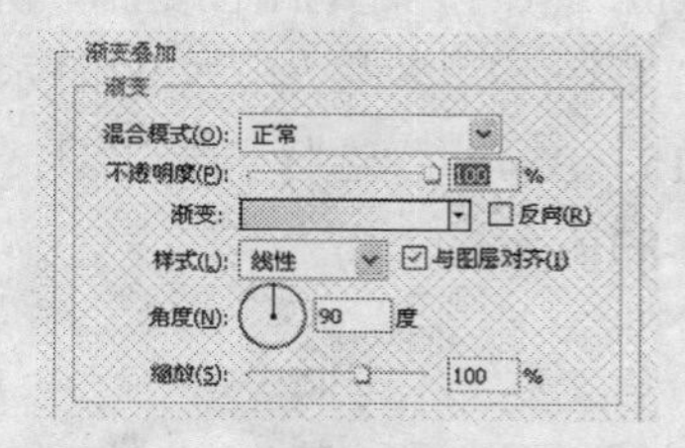

图8-90　“渐变叠加”参数

图8-91　文字效果

（32）将文字图层合并并复制一层，按住Ctrl键的同时，单击复制的图层，载入选区，填充颜色为淡紫色（RGB参考值分别为R207、G166、B232）。双击图层，弹出“图层样式”对话框，选择“描边”选项，设置颜色为深紫色（RGB参考值分别为R140、G3、B109），“大小”为“8像素”，如图8-92所示。

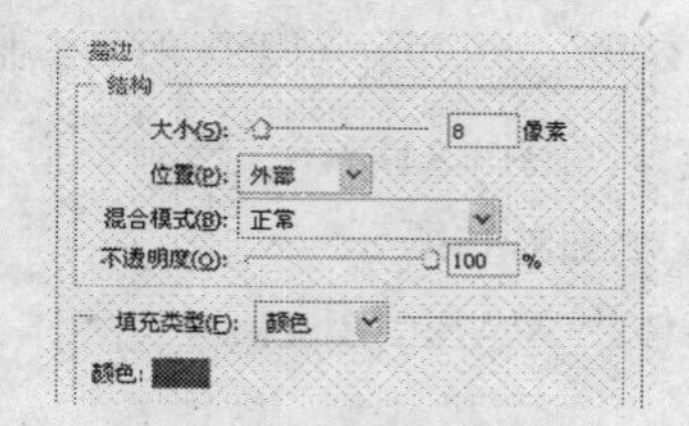

图8-92　“描边”参数

（33）单击“确定”按钮，关闭“图层样式”对话框，调整好图层的位置和顺序，效果如图8-93所示。

（34）设置前景色为深紫色（RGB参考值分别为R140、G3、B109），选择横排文字工具，设置“字体”为“方正毡笔黑简体”，“字体大小”为28点，输入文字，最终效果如图8-94所示。

图8-93 “描边”效果

图8-94 最终效果

8.5 车友会标志设计——湖南车友会

本实例制作的是湖南车友会标志，实例运用5种颜色加强标志的视觉效果，通过运用钢笔工具绘制出其中一个图形，通过对图形进行变形，使整个构图饱满、和谐。制作完成的湖南车友会标志效果如图8-95所示。

图8-95 湖南车友会标志

（1）打开Photoshop，执行“文件”|“新建”命令，弹出“新建”对话框，设置参数如图8-96所示。单击“确定”按钮，关闭对话框，新建一个图像文件。

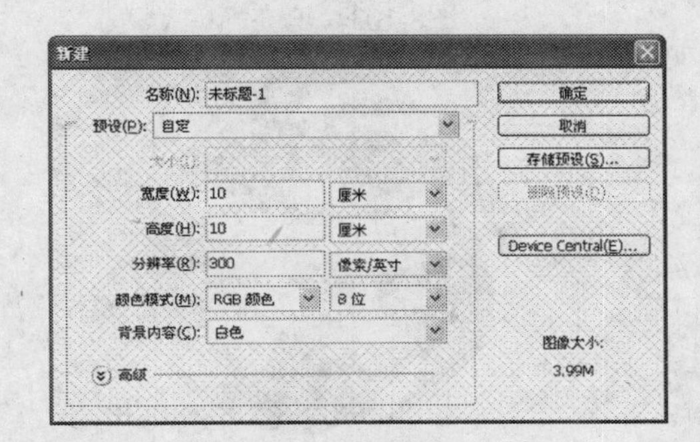

图8-96 “新建”对话框

（2）选择钢笔工具，按下工具选项栏中的“路径”按钮，绘制路径，如图8-97所示。

（3）单击鼠标右键，在弹出的快捷菜单中选择“建立选区”选项，转换路径为选区，填充颜色为黑色，如图8-98所示。

（4）按Ctrl+Alt+T快捷键，变换图形，按住Alt键的同时，拖动中心控制点至右侧边缘位置，如图8-99所示 。

（5）调整变换中心并旋转-72°，如图8-100所示。

（6）按Enter键确定，按Ctrl+Alt+Shift+T快捷键3次，可在进行再次变换的同时复制变换对象，得到如图8-101所示的图形。

（7）按住Ctrl键的同时，单击“图层1”图层，载入图层选区。

（8）在工具箱中选择渐变工具，单击工具选项栏中的渐变条，弹出“渐变编辑器”对话框，设置参数如图8-102所示。其中，黄色的RGB参考值分别为R354、G194、B10，橙色的RGB参考值分别为R243、G107、B33。

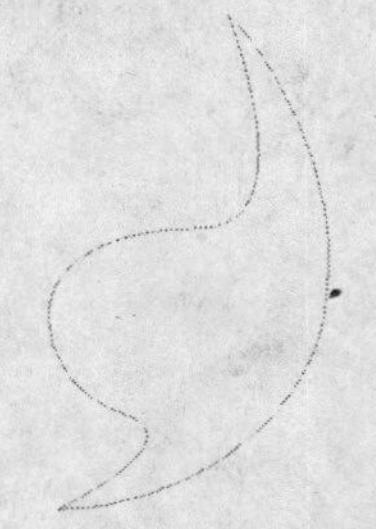

图8-97　绘制路径

图8-98　填充颜色

图8-99　变换图形

图8-100　旋转图形

图8-101　变换图形

图8-102　“渐变编辑器”对话框

图8-103　填充渐变

（9）按下“径向渐变”按钮，选择“图层1”图层，在图像窗口中从下至上拖动鼠标，填充渐变，按Ctrl+D快捷键，取消选择，效果如图8-103所示。

（10）运用同样的操作方法，为其他的图形填充渐变，效果如图8-104所示。

（11）添加上文字效果和标志素材，完成实例的制作，最终效果如图8-105所示。

图8-104　填充渐变

图8-105　最终效果

8.6　酒类标志设计——红高粱

本实例制作的是红高粱酒标志，实例以传统的红色作为主色调，主要通过椭圆工具绘制正圆，然后运用钢笔工具绘制出花瓣和高粱图形，将产品的内涵诠释得淋漓尽致，整个构图饱满、和谐，直接表明主题，使人一目了然。制作完成的红高粱酒标志效果如

图8-106所示。

（1）启用Photoshop后，执行“文件”|“新建”命令，弹出“新建”对话框，设置参数如图8-107所示，单击“确定”按钮，新建一个空白文件。

（2）设置前景色为红棕色（RGB参考值分别为R96、G21、B21），填充背景。在工具箱中选择椭圆工具，按下“形状图层”按钮，在图像窗口中绘制正圆，如图8-108所示。

（3）执行“图层”|“图层样式”|“渐变叠加”命令，弹出“图层样式”对话框，单击渐变条，在弹出的“渐变编辑器”对话框中设置颜色如图8-109所示。其中，大红色的RGB参考值分别为R252、G0、B11，深红色的RGB参考值分别为R127、G 0、B0。单击“确定”按钮，返回“图层样式”对话框，设置参数如图8-110所示。

图8-106 红高粱酒标志

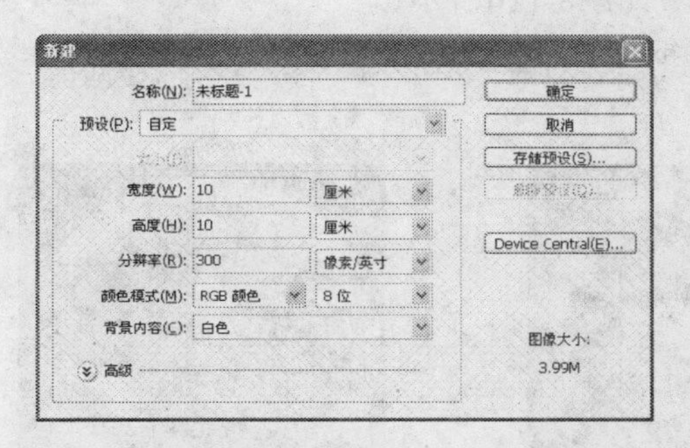

图8-107 “新建”对话框

图8-108 绘制正圆

（4）单击“确定”按钮，退出“图层样式”对话框，添加的“渐变叠加”效果如图8-111所示。

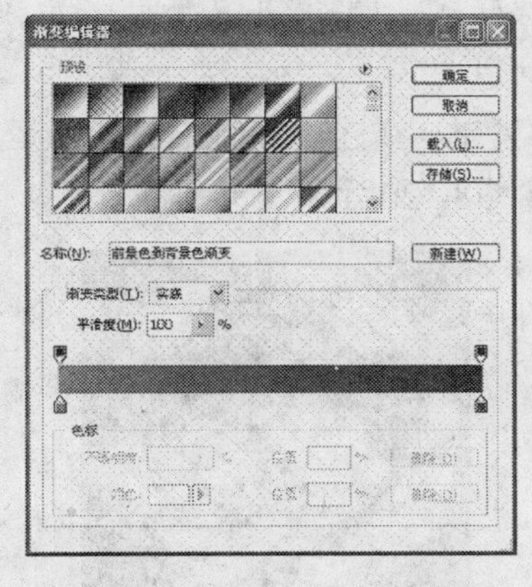

图8-109 “渐变编辑器”对话框

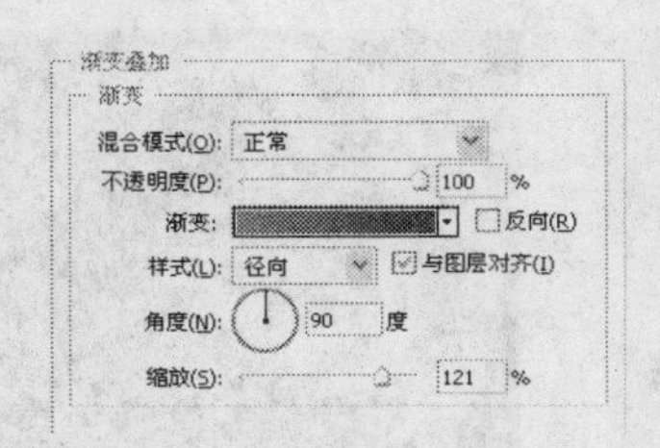

图8-110 “渐变叠加”参数

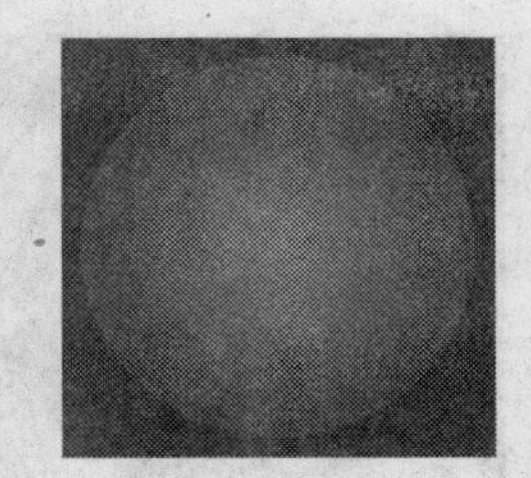

图8-111 “渐变叠加”效果

（5）运用同样的操作方法绘制正圆，并添加“渐变叠加”效果，如图8-112所示。

（6）按下工具栏选项栏的“从路径区域减去”按钮，再次绘制正圆，如图8-113所示。

（7）按Ctrl+T快捷键，进入自由变换状态，单击鼠标右键，在弹出的快捷菜单中选择“缩放”选项，按住Shift键的同时，向内拖动控制柄，按Enter键确认调整。参照前面同样的操作方法，添加“渐变叠加”图层样式，如图8-114所示。

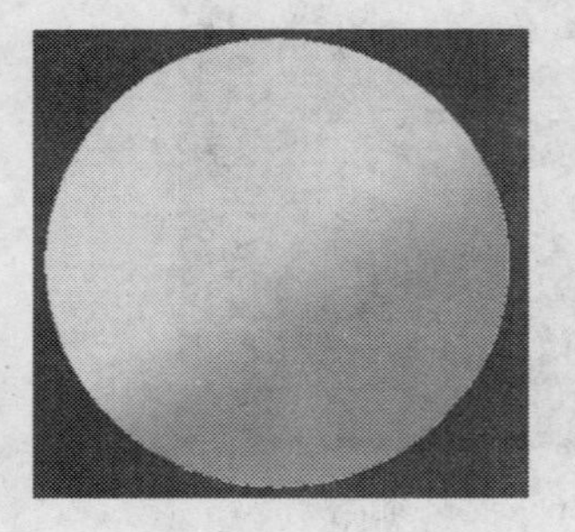
图8-112 绘制正圆

图8-113 绘制正圆

图8-114 添加“渐变叠加”图层样式

（8）参照前面的实例制作圆环，如图8-115所示。

（9）将圆环复制一层，放置在合适的位置，如图8-116所示。

（10）设置前景色为白色，在工具箱中选择钢笔工具，按下“形状图层”按钮，在图像窗口中，绘制如图8-117所示路径。

图8-115 绘制圆环

图8-116 复制圆环

图8-117 绘制图形

（11）参照前面同样的操作方法，添加“渐变叠加”图层样式，如图8-118所示。

（12）参照前面同样的操作方法制作图形，如图8-119所示。

（13）按Ctrl+O快捷键，弹出“打开”对话框，选择高粱素材，单击“打开”按钮，运用移动工具，将素材添加至文件中，放置在合适的位置，如图8-120所示。

图8-118 添加“渐变叠加”图层样式

图8-119 重复绘制图形

图8-120 添加高粱素材

（14）新建一个图层，在工具箱中选择自定形状工具，然后单击工具选项栏“形状”下拉列表按钮，从形状列表中选择“装饰5”形状，如图8-121所示。

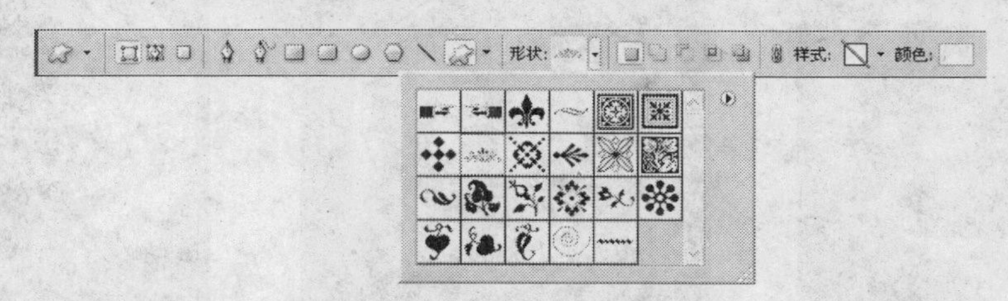

图8-121 选择“装饰5”形状

（15）按下“路径”按钮，在图像窗口中拖动鼠标绘制一个“装饰5”形状，如图8-122所示。

（16）执行“图层”|“图层样式”|“渐变叠加”命令，弹出“图层样式”对话框，单击渐变条，在弹出的“渐变编辑器”对话框中设置颜色如图8-123所示。其中，黄色的RGB参考值分别为R255、G203、B56，红色的RGB参考值分别为R254、G23、B5。

（17）单击“确定”按钮，返回“图层样式”对话框，设置参数如图8-124所示。

图8-122 绘制图形

图8-123 “渐变编辑器”对话框

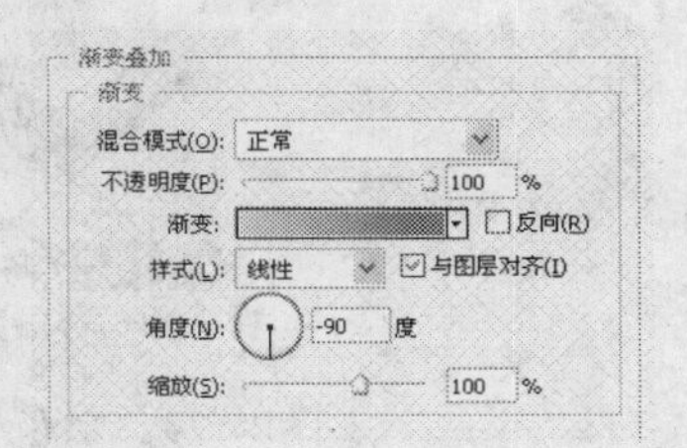

图8-124 “渐变叠加”参数

（18）单击“确定”按钮，退出“图层样式”对话框，添加的“渐变叠加”效果如图8-125所示。

图8-125 添加“渐变叠加”的效果

（19）在工具箱中选择横排文字工具，设置“字体”为“方正综艺简体”、“字体大小”为24点，输入文字，如图8-126所示。

（20）参照前面同样的操作方法添加“渐变叠加”图层样式，如图8-127所示。

（21）选择椭圆选框工具，在工具选项栏中设置“羽化”为20px，按住Shift键的同时拖动鼠标，绘制一个正圆选区，填充颜色为黑色，将图层顺序放置在底层，得到标志的阴影，最终效果如图8-128所示。

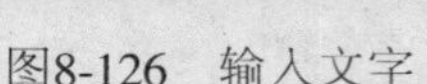

图8-126　输入文字

图8-127　添加“渐变叠加”图层样式

图8-128　最终效果

8.7　教育标志设计——文涵教育

本实例制作的是文涵教育标志，标志以蓝色为主色调，体现了文涵教育学校的沉着、稳重，实例主要通过圆角矩形工具、矩形工具绘制出标志的大体效果，然后通过椭圆工具绘制标志的细节部分。制作完成的文涵教育标志效果如图8-129所示。

图8-129　文涵教育标志

（1）启用Photoshop后，执行“文件”|“新建”命令，弹出“新建”对话框，设置参数如图8-130所示，单击“确定”按钮，新建一个空白文件。

（2）设置前景色为白色，在工具箱中选择圆角矩形工具，按下“形状图层”按钮，设置“半径”为35px，在图像窗口中绘制如图8-131所示圆角矩形。

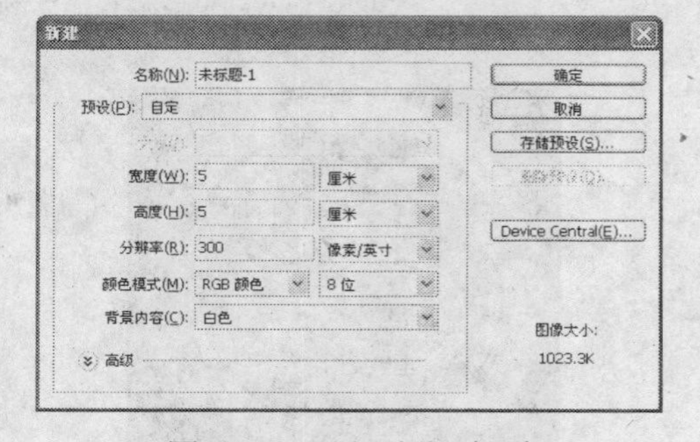

图8-130　“新建”对话框

图8-131　绘制圆角矩形

（3）执行“图层”|“图层样式”|“渐变叠加”命令，弹出“图层样式”对话框，单击渐变条，在弹出的“渐变编辑器”对话框中设置颜色如图8-132所示。其中，浅蓝色的RGB参考值分别为R81、G164、B210，深蓝色的RGB参考值分别为R32、G39、B118。单击“确定”按钮，返回“图层样式”对话框，设置参数如图8-133所示。

（4）单击“确定”按钮，退出“图层样式”对话框，添加的“渐变叠加”效果如图8-134所示。

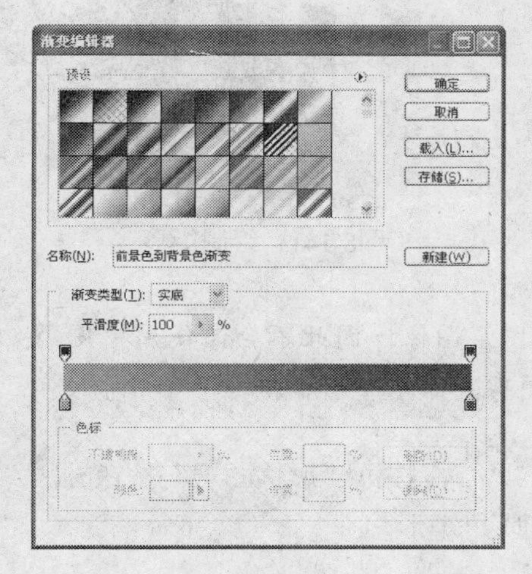

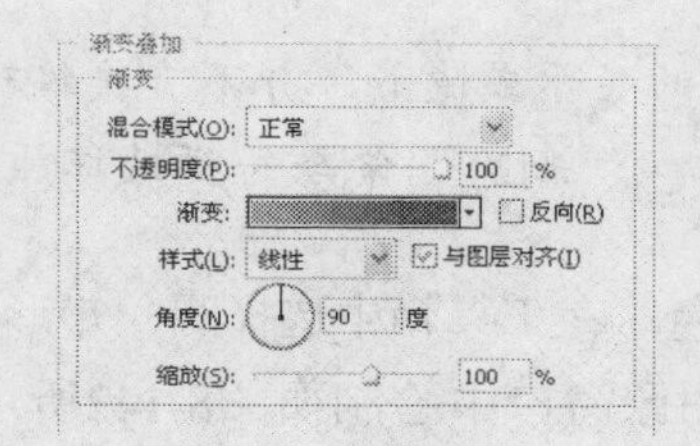

图8-132　“渐变编辑器”对话框　　图8-133　“渐变叠加”参数　　图8-134　“渐变叠加”效果

（5）设置前景色为蓝色（RGB参考值分别为R85、G156、B212），在工具箱中选择钢笔工具，按下“形状图层”按钮，在图像窗口中绘制图形，设置图层的不透明度为“40%”，如图8-135所示。

（6）设置前景色为蓝色（RGB参考值分别为R20、G98、B165），在工具箱中选择矩形工具，按下“形状图层”按钮，在图像窗口中绘制矩形，如图8-136所示。

（7）将矩形复制一层，按Ctrl+T快捷键，进入自由变换状态，按住Shift键的同时，将复制的矩形向右拖动至合适的位置，按Ctrl+Alt+Shift+T快捷键，可在进行再次变换的同时复制变换对象，效果如图8-137所示。

（8）将矩形图层合并，调整至合适的位置和角度，如图8-138所示。

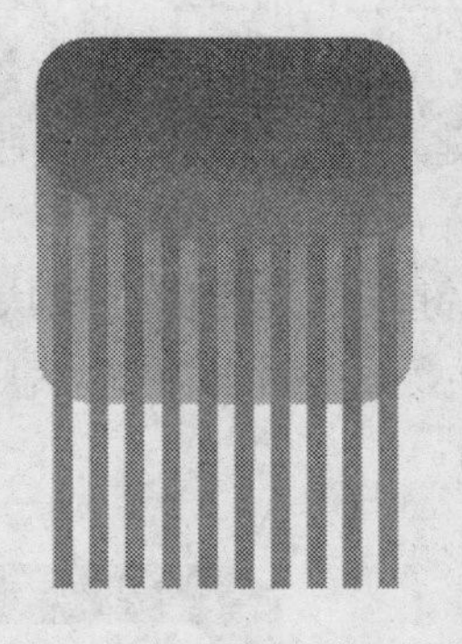

图8-135　绘制图形　　图8-136　绘制矩形　　图8-137　重复变换效果　　图8-138　调整图形

（9）单击“图层”面板上的“添加图层蒙版”按钮，为图层添加图层蒙版。按D键，恢复前景色和背景为默认的黑白颜色，选择渐变工具，按下“径向渐变”按钮，在图像窗口中按下并拖动鼠标，如图8-139所示。

（10）设置前景色为白色，在工具箱中选择圆角矩形工具，按下“形状图层”按钮，在图像窗口中绘制圆角矩形，如图8-140所示。

（11）按下“从路径区域减去”按钮，绘制矩形，如图8-141所示。

图8-139　添加图层蒙版

图8-140　绘制圆角矩形

图8-141　绘制矩形

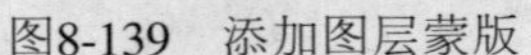

提示　使用蒙版控制图层的显示或隐藏，并不直接编辑图层图像，因此不会像使用橡皮擦工具、"剪切"、"删除"命令一样破坏原图像。

（12）设置前景色为橙色，在工具箱中选择圆角矩形工具，按下"形状图层"按钮，设置"半径"为115px，在图像窗口中绘制如图8-142所示圆角矩形。

（13）再次绘制矩形，如图8-143所示。

（14）参照前面的操作方法，添加"渐变叠加"效果，如图8-144所示。

图8-142　绘制圆角矩形

图8-143　绘制矩形

图8-144　"渐变叠加"效果

（15）设置前景色为白色，在工具箱中选择钢笔工具，按下"形状图层"按钮，在图像窗口中绘制图形，设置图层的不透明度为"40%"，如图8-145所示。

（16）按Ctrl+J快捷键，将绘制的图形复制一层，并调整到合适的位置和角度，如图8-146所示。

（17）按Ctrl+T快捷键，进入自由变换状态，单击鼠标右键，在弹出的快捷菜单中选择"水平翻转"选项，水平翻转整个图形，然后调整至合适的位置和角度，如图8-147所示。

图8-145　绘制图形

图8-146　复制图形

图8-147　调整图形

（18）在工具箱中选择横排文字工具T，设置“字体”为“方正华隶简体”、“字体大小”22点，输入文字，如图8-148所示。

（19）运用同样的操作方法，输入其他文字，最终效果如图8-149所示。

图8-148　输入文字

图8-149　最终效果

第9章

卡片设计

卡片已经成为现代都市人不可缺少的物品之一。常见的卡片类型有打折卡、银行卡、贵宾卡、会员卡，以及名片和请柬等。

9.1 KTV会员卡——西域钱柜量贩KTV

本实例制作的是西域钱柜量贩KTV会员储值卡，卡片以“放声歌唱”为主题，将潮流人物置于卡片中，体现出现代人的生活追求和对音乐的热情。制作完成的KTV会员储值卡效果如图9-1所示。

图9-1 西域钱柜量贩KTV会员储值卡

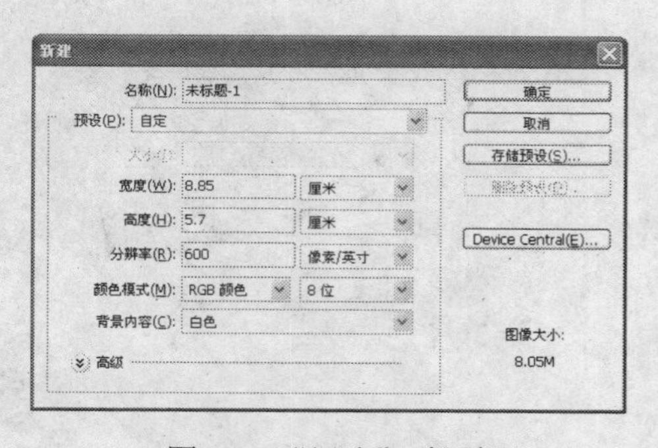

图9-2 “新建”对话框

（1）启用Photoshop后，执行“文件”|“新建”命令，弹出“新建”对话框，设置参数如图9-2所示。单击“确定”按钮，新建一个空白文件。

（2）设置前景色为玫红色（RGB参考值分别为R102、G204、B51），在工具箱中选择圆角矩形工具，按下“形状图层”按钮，单击几何选项下拉按钮，在弹出的面板中设置参数如图9-3所示。在图像窗口中，拖动鼠标绘制一个圆角矩形，如图9-4所示。

（3）执行“图层”|“图层样式”|“渐变叠加”命令，弹出“图层样式”对话框，单击渐变条，在弹出的“渐变编辑器”对话框中设置颜色如图9-5所示。其中，玫红色的RGB参考值分别为R102、G204、B51，深紫色的RGB参考值分别为R132、G0、B83。

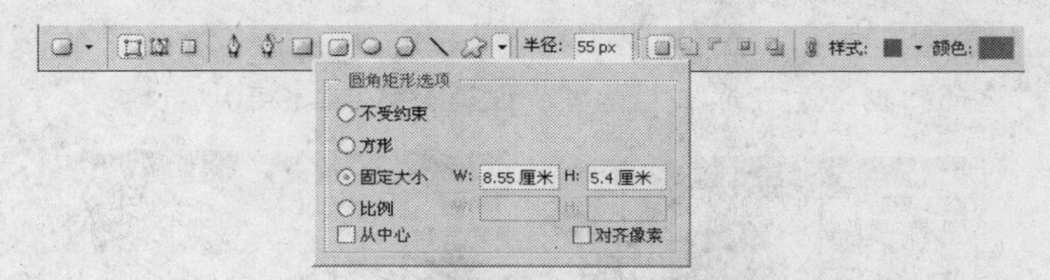

图9-3　圆角矩形选项面板

图9-4　绘制圆角矩形

图9-5　“渐变编辑器”对话框

（4）单击“确定”按钮，返回“图层样式”对话框，设置参数如图9-6所示。

（5）选择“投影”选项，设置参数如图9-7所示。

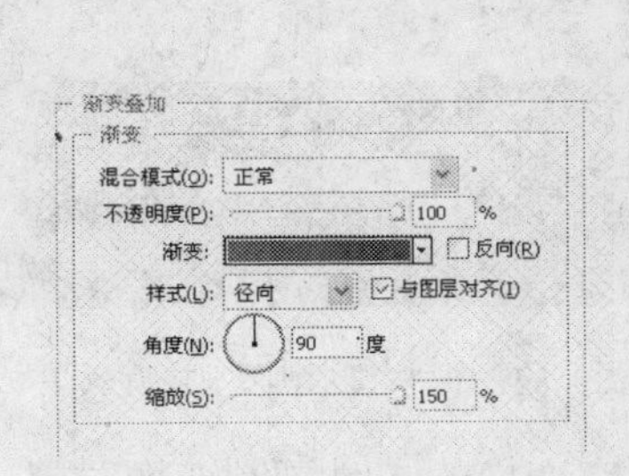

图9-6　“渐变叠加”参数

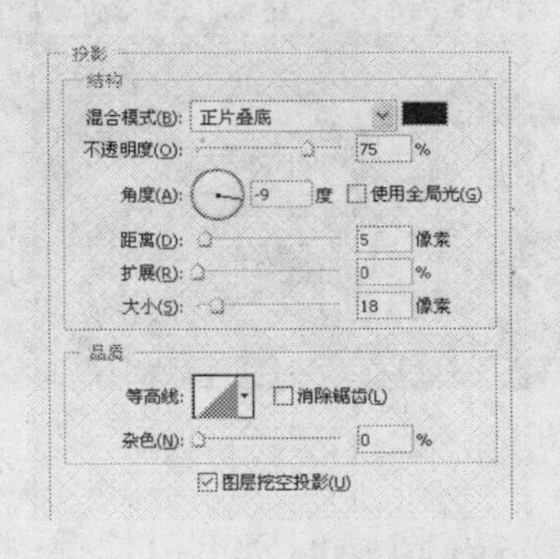

图9-7　“投影”参数

（6）单击“确定”按钮，退出“图层样式”对话框，添加图层样式的效果如图9-8所示。

（7）新建一个图层，选择工具箱中的钢笔工具，按下工具选项栏中的“路径”按钮，在图像中绘制路径，如图9-9所示。

图9-8　添加图层样式效果

图9-9　绘制路径

（8）设置前景色为白色，选择画笔工具，按F5键，打开“画笔”面板，设置画笔主直径为50像素，选择“画笔笔尖形状”选项，设置参数如图9-10所示。

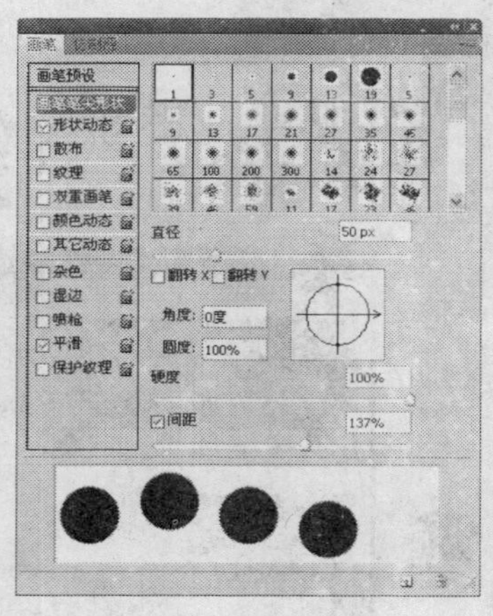

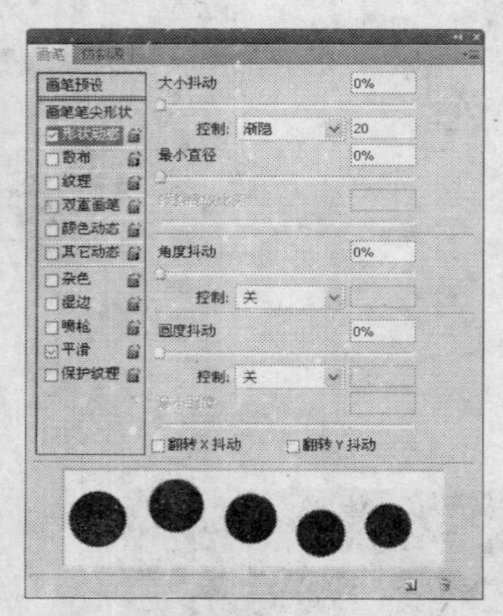

图9-10　设置画笔参数

（9）选择钢笔工具，在绘制的路径上单击鼠标右键，在弹出的快捷菜单中选择“描边路径”选项，在弹出的对话框中选择“画笔”选项，单击“确定”按钮，描边路径，按Ctrl+H快捷键隐藏路径，得到如图9-11所示的效果。

（10）按Ctrl+Alt+T快捷键，变换图形，按住Alt键的同时，拖动中心控制点至下侧边缘位置，调整变换中心并旋转7°，如图9-12所示。

图9-11　描边路径

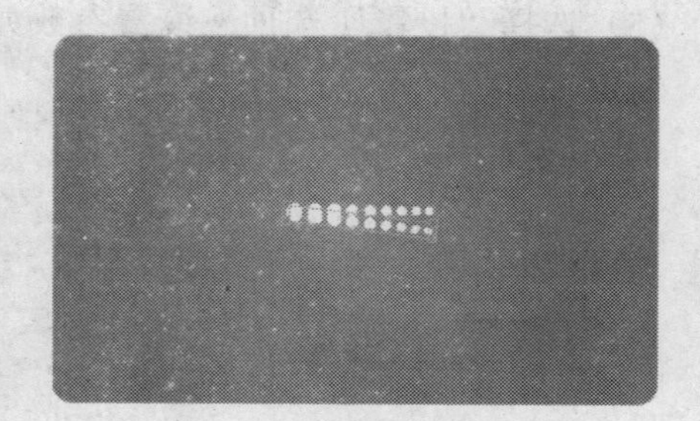

图9-12　调整变换中心并旋转7°

（11）按Ctrl+Alt+Shift+T快捷键多次，可在进行再次变换的同时复制变换对象，效果如图9-13所示。

（12）合并变换图形的图层。选择工具箱中的椭圆选框工具，按住Shift键的同时绘制正圆选区。按Delete键删除选区内的多余图形，如图9-14所示。按Ctrl+D快捷键取消选区。

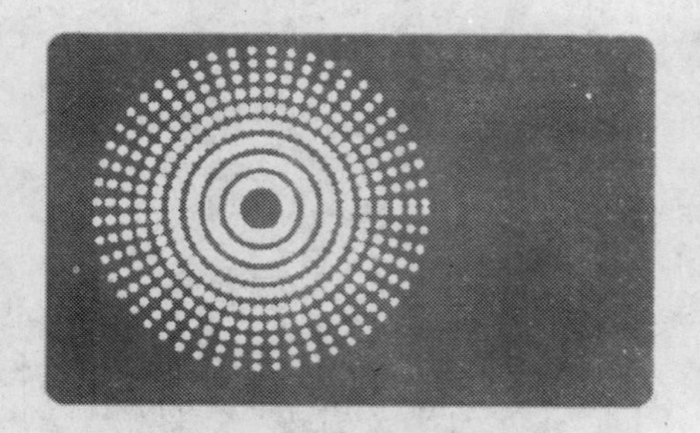

图9-13　重复变换效果

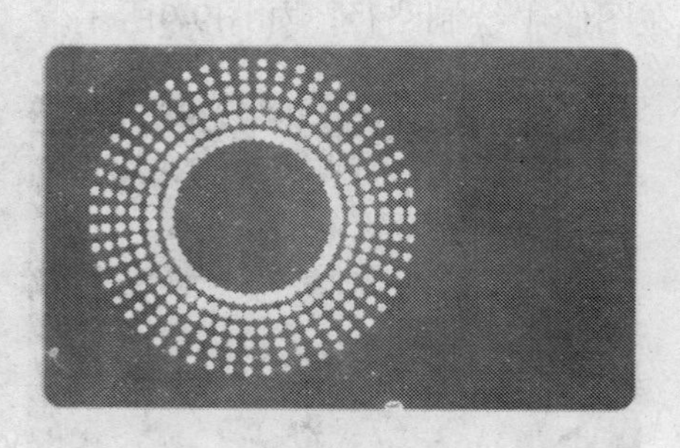

图9-14　删除多余图形

（13）按Ctrl+T快捷键，调整图形至合适的大小和位置，按Enter键确定，效果如图9-15所示。

（14）在“图层”面板中设置图层的“混合模式”为“叠加”、“不透明度”为73%，效果如图9-16所示。

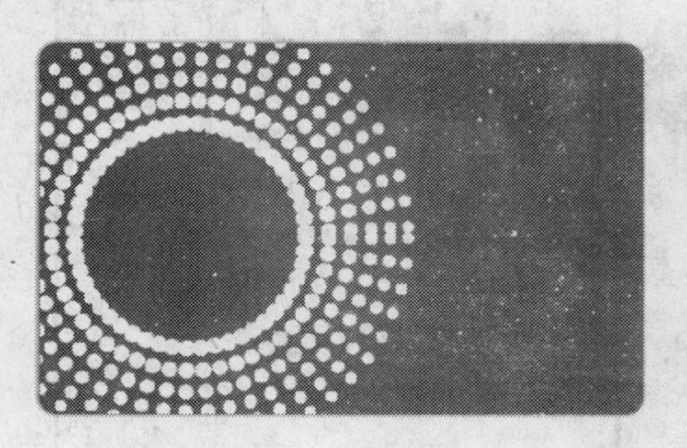

图9-15 调整图形

图9-16 “叠加”效果

（15）按Ctrl+O快捷键，弹出“打开”对话框，选择人物和标志素材，单击“打开”按钮，运用移动工具，将素材添加至文件中，放置在合适的位置，如图9-17所示。

（16）在“图层”面板中单击“添加图层样式”按钮，在弹出的快捷菜单中选择“外发光”选项，弹出“图层样式”对话框，设置参数如图9-18所示，其中外发光颜色为黄色（RGB参考值分别为R249、G247、B189）。

图9-17 添加人物和标志素材

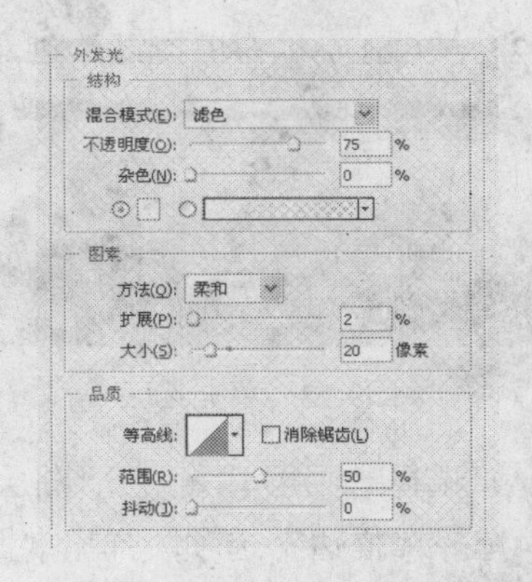

图9-18 “外发光”参数

（17）新建一个图层，选择工具箱中的圆角矩形工具，在选项栏中按下“路径”按钮，设置圆角半径为250像素，绘制如图9-19所示路径。

（18）设置前景色为黑色，按Ctrl+Enter快捷键转换路径为选区，然后按Alt+Delete快捷键填充选区，按Ctrl+D快捷键取消选择，如图9-20所示。

图9-19 绘制路径

图9-20 填充选区

（19）新建一个图层，选择工具箱中的钢笔工具，在选项栏中按下“路径”按钮，在图中绘制如图9-21所示的路径。

（20）按Ctrl+Enter快捷键转换路径为选区，选择工具箱中的渐变工具，在工具选项栏中单击渐变条，打开“渐变编辑器”对话框，设置参数如图9-22所示。

图9-21　绘制路径

图9-22　“渐变编辑器”对话框

（21）单击“确定”按钮，关闭“渐变编辑器”对话框。按下工具选项栏中的“线性渐变”按钮，在图像中按下并由下至上拖动鼠标，填充渐变效果，按Ctrl+D快捷键取消选择，如图9-23所示。

（22）按Ctrl+Alt+G快捷键，创建剪贴蒙版，如图9-24所示。

图9-23　填充选区

图9-24　创建剪贴蒙版

（23）选择“图层4”，在“图层”面板中单击“添加图层样式”按钮，在弹出的快捷菜单中选择“描边”选项，弹出“图层样式”对话框，选择填充类型为“渐变填充”，单击渐变条，在弹出的“渐变编辑器”对话框中设置颜色如图9-25所示。其中，橙色的RGB参考值分别为R255、G110、B2，黄色的RGB参考值分别为R255、G255、B0。

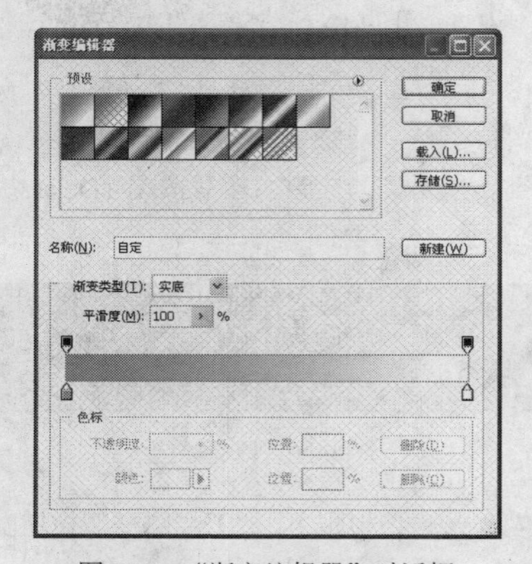

图9-25　“渐变编辑器”对话框

（24）单击“确定”按钮，返回“图层样式”对话框，设置参数如图9-26所示。

（25）单击“确定”按钮，退出“图层样式”对话框，效果如图9-27所示。

（26）新建一个图层，设置前景色为白色，选择工具箱中的椭圆工具，按下“填充像素”按钮，按住Shift键的同时拖动鼠标绘制一个正圆，如图9-28所示。

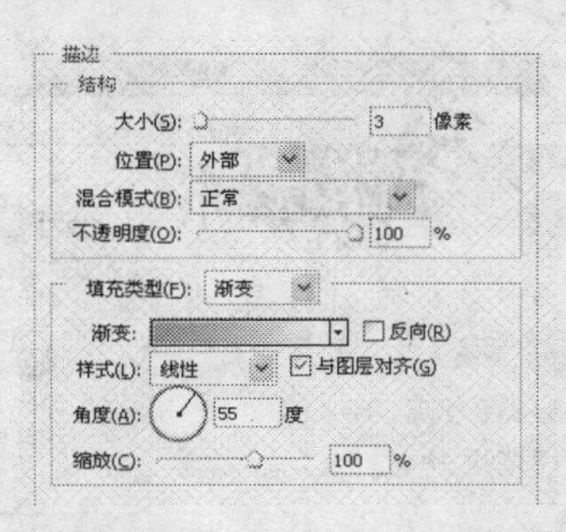

图9-26　“描边”参数

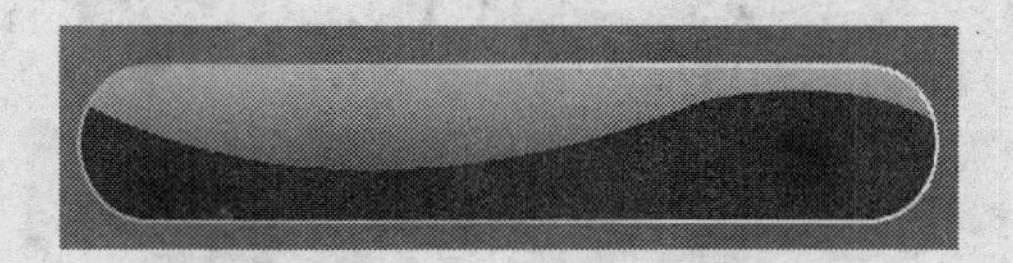

图9-27　添加图层样式效果

（27）按住Ctrl键的同时，选择正圆，载入选区，切换到“通道”面板，新建Alpha1通道。

（28）执行“选择”|“修改”|“扩展”命令，弹出“扩展选区”对话框，设置扩展量为80像素，单击“确定”按钮，退出“扩展选区”对话框，扩展选区如图9-29所示。单击鼠标右键，在弹出的快捷菜单里选择“羽化”选项，弹出“羽化”对话框，设置“羽化半径”为100素，单击“确定”按钮，得到如图9-30所示效果。

图9-28　绘制正圆

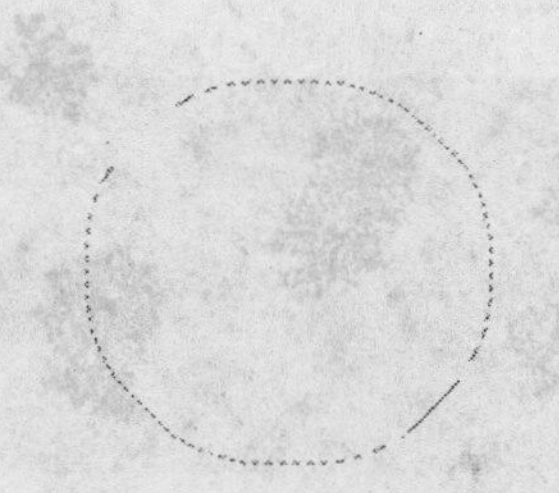

图9-29　扩展选区

（29）按D键，恢复前景色和背景色的默认设置，按Alt+Delete快捷键，填充颜色为黑色，如图9-31所示。

（30）执行“滤镜”|“像素化”|“彩色半调”命令，弹出“彩色半调”对话框，设置“最大半径”为20像素，单击“确定”按钮，效果如图9-32所示。

图9-30　羽化效果

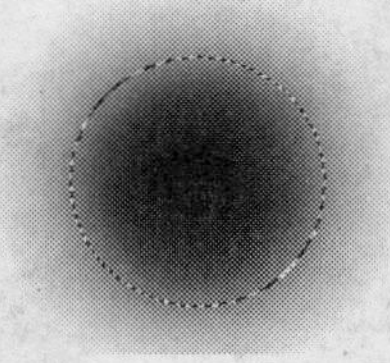

图9-31　填充黑色

图9-32　彩色半调效果

（31）按住Ctrl键的同时单击Alpha1通道，载入选区，返回到“图层”面板，新建一个图层，按Ctlt+Delete快捷键，填充白色，并放置合适的位置，如图9-33所示。

（32）单击“将通道作为选区载入”按钮，载入选区，返回到“图层”面板，新建一个图层，选择渐变工具，打开“渐变编辑器”对话框，设置参数如图9-34所示。

图9-33　填充白色

图9-34　“渐变编辑器”对话框

（33）单击“确定”按钮，关闭“渐变编辑器”对话框。按下工具选项栏中的“线性渐变”按钮，填充渐变效果，如图9-35所示。

（34）按Ctrl+O快捷键打开添加花纹素材，运用移动工具，将素材添加至文件中，放置在合适的位置，如图9-36所示。

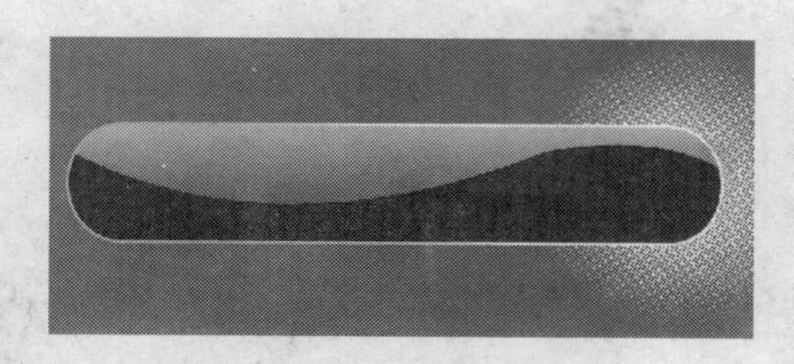

图9-35　填充渐变效果

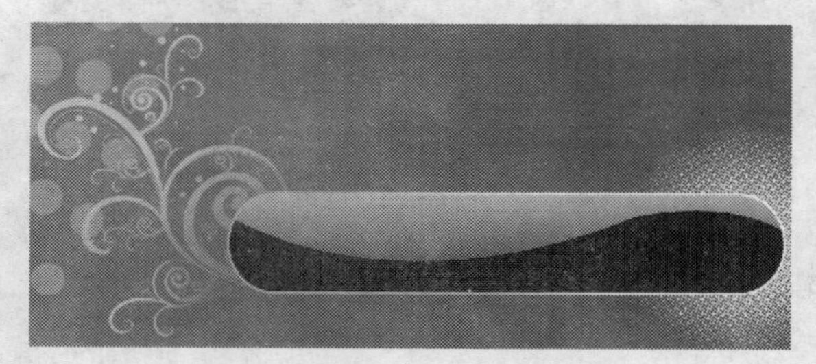

图9-36　添加花纹素材

（35）将花纹素材复制一层，调整到合适的大小和位置，如图9-37所示。

（36）新建一个图层，设置前景色为黄色（RGB参考值分别为R253、G208、B0），选择工具箱中的椭圆工具，在工具选项栏中按下“填充像素”按钮，按住Shift键的同时拖动鼠标，绘制一个如图9-38所示的正圆。

图9-37　复制花纹素材

图9-38　绘制正圆

（37）按Ctrl+Alt+T快捷键，变换图形，按住Alt键的同时，向内拖动控制柄，调整图形，如图9-39所示。

（38）按Enter键确定，按下工具选项栏中的“从路径区域减去”按钮，减去多余部分，如图9-40所示。

图9-39　缩放正圆

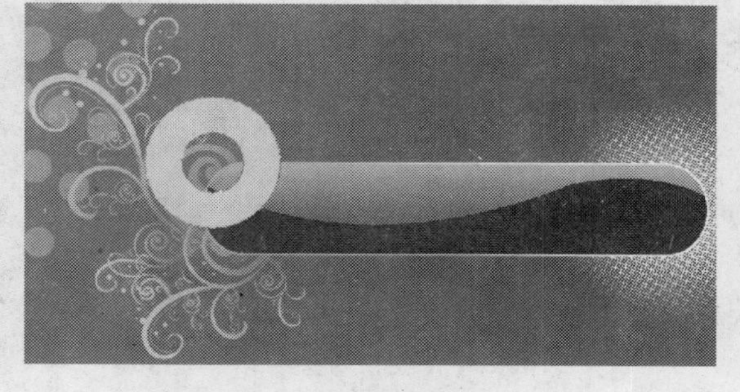

图9-40　从路径区域减去效果

（39）将图形复制一层，并填充白色，按Ctrl+T快捷键，调整白色正圆图形至合适的大小，如图9-41所示。

（40）按Enter键确定调整，效果如图9-42所示。

图9-41　复制图形

图9-42　调整图形效果

（41）将圆环复制几层，并调整到合适的位置，如图9-43所示。

（42）设置前景色为红色（RGB参考值分别为R212、G0、B127），选择工具箱中的横排文字工具，设置“字体”为“经典综艺体简”、“字体大小”为24点，输入文字，如图9-44所示。

图9-43　复制圆环

图9-44　输入文字

（43）在“图层”面板中单击“添加图层样式”按钮，在弹出的快捷菜单中选择“描边”选项，弹出“图层样式”对话框，设置参数如图9-45所示。

（44）单击“确定”按钮，退出“图层样式”对话框，效果如图9-46所示。

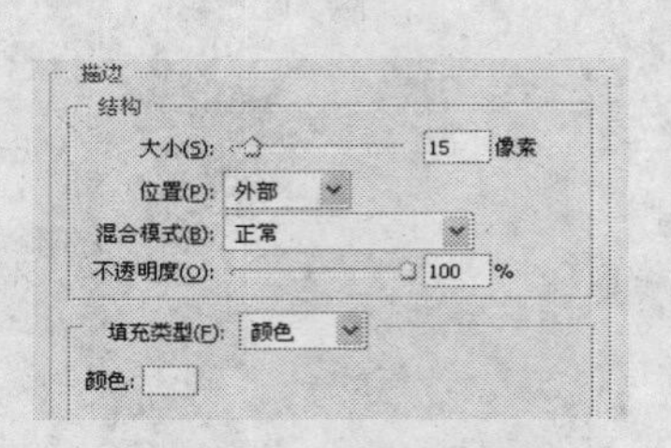

图9-45 “描边”参数

图9-46 “描边”效果

（45）运用同样的操作方法继续输入文字，如图9-47所示。

（46）执行“图层”|“图层样式”|“渐变叠加”命令，弹出“图层样式”对话框，单击渐变条，在弹出的“渐变编辑器”对话框中设置颜色如图9-48所示。其中，黄色的RGB参考值分别为R253、G208、B0，淡黄色的RGB参考值分别为R255、G247、B153。

图9-47 继续输入文字

图9-48 “渐变编辑器”对话框

（47）单击“确定”按钮，返回“图层样式”对话框，设置参数如图9-49所示。

（48）选择“斜面和浮雕”选项，设置参数如图9-50所示。

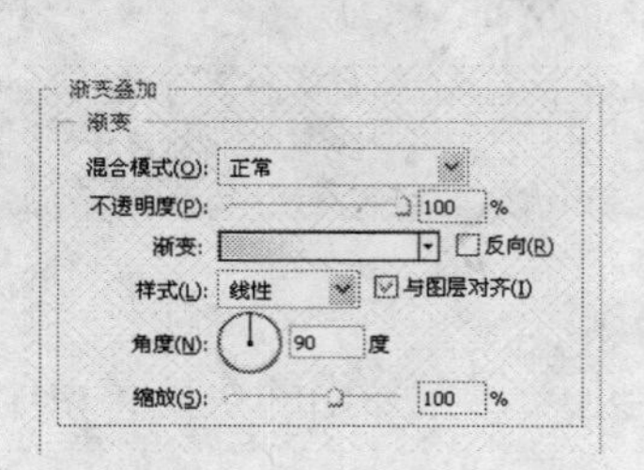

图9-49 “渐变叠加”参数

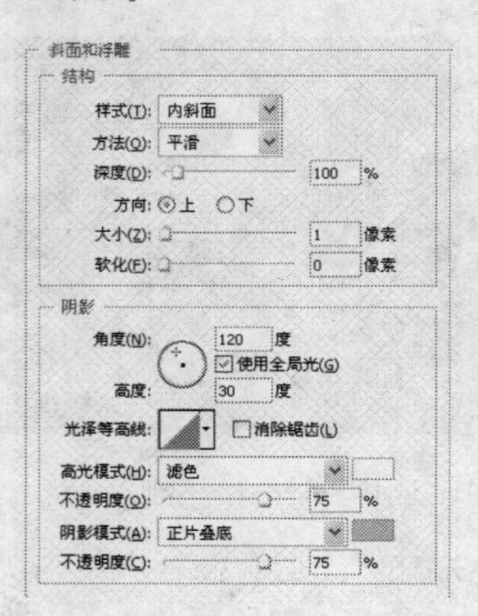

图9-50 “斜面和浮雕”参数

（49）单击“确定”按钮，退出“图层样式”对话框，添加图层样式效果。参照前面同样的操作方法输入其他文字，最终效果如图9-51所示。

图9-51 最终效果

9.2 餐厅现金券——甜梦园中西餐厅

本实例制作的是甜梦园中西餐厅现金券，实例主要通过钢笔工具绘制出随意的形状，然后对花纹和形状创建剪贴蒙版，将花纹完美地融入形状中，制作出金黄色为主色调的现金券，将餐厅的宣传目的完美地诠释出来，最后运用横排文字工具输入文字，并对文字添加“描边”图层样式，将文字突出显示起到画龙点睛的作用。制作完成的现金券效果如图9-52所示。

图9-52 甜梦园中西餐厅现金券

（1）启用Photoshop后，执行“文件”|“新建”命令，弹出“新建”对话框，设置参数如图9-53所示。单击“确定”按钮，新建一个空白文件。

（2）选择工具箱中的渐变工具，在工具选项栏中单击渐变条，在弹出的“渐变编辑器”对话框中设置颜色如图9-54所示。其中，深红色的RGB参考值分别为R57、G15、B18，红色的RGB参考值分别为R149、G25、B29。

（3）单击“确定”按钮，关闭“渐变编辑器”对话框。按下工具选项栏中的“线性渐变”按钮，在图像中拖动鼠标，填充渐变效果如图9-55所示。

（4）选择工具箱中的钢笔工具，在工具选项栏中按下“形状图层”按钮，绘制如图9-56所示图形。

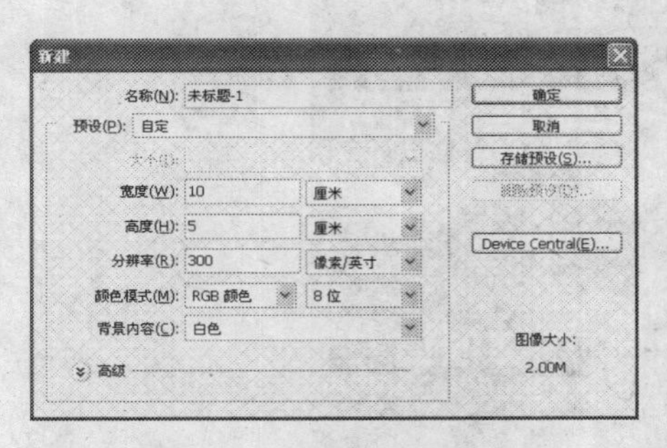

图9-53　“新建”对话框

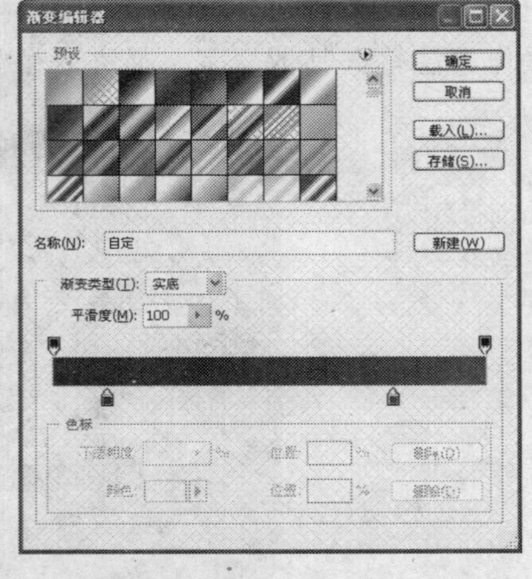

图9-54　“渐变编辑器”对话框

图9-55 渐变效果

图9-56　绘制图形

（5）选择工具箱中的渐变工具，在工具选项栏中单击渐变条，在弹出的“渐变编辑器”对话框中设置颜色如图9-57所示。其中，土黄色的RGB参考值分别为R164、G154、B96，金黄色的RGB参考值分别为R228、G228、B157，黄色的RGB参考值分别为R207、G198、B108。

（6）单击“确定”按钮，关闭“渐变编辑器”对话框。按下工具选项栏中的“线性渐变”按钮，在图像中拖动鼠标，填充渐变效果如图9-58所示。

图9-57　“渐变编辑器”对话框

图9-58　渐变效果

（7）按Ctrl+O快捷键打开花纹素材，运用移动工具，将素材添加至文件中，放置在合适的位置，如图9-59所示。

（8）按Ctrl+Alt+G快捷键，创建剪贴蒙版，如图9-60所示。

图9-59 添加花纹素材

图9-60 添加图层蒙版

选择剪贴蒙版中的基底图层后，执行“图层”|“释放剪贴蒙版”命令，或按Alt+Ctrl+G快捷键，可释放全部剪贴蒙版。

（9）参照前面同样的操作方法，添加咖啡杯素材，如图9-61所示。

（10）选择工具箱中的钢笔工具，在工具选项栏中按下“形状图层”按钮，绘制如图9-62所示图形。

图9-61 添加咖啡杯素材

图9-62 绘制图形

（11）执行“图层”|“图层样式”|“渐变叠加”命令，弹出“图层样式”对话框，单击渐变条，在弹出的“渐变编辑器”对话框中设置颜色如图9-63所示。其中，土黄色的RGB参考值分别为R164、G154、B96，金黄色的RGB参考值分别为R228、G228、B157，黄色的RGB参考值分别为R207、G198、B108。

（12）单击“确定”按钮，返回“图层样式”对话框，设置参数如图9-64所示。

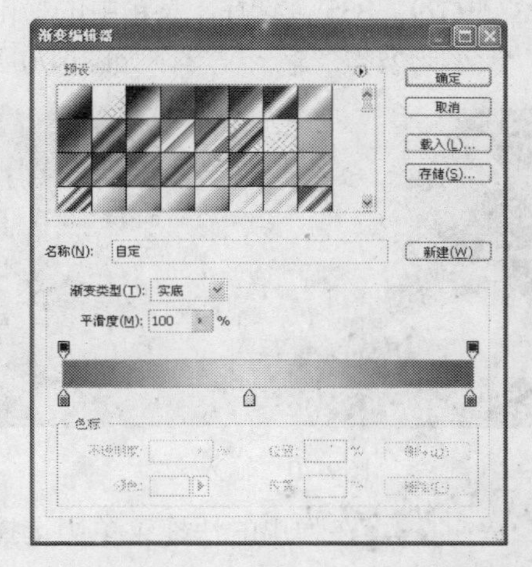

图9-63 “渐变编辑器”对话框

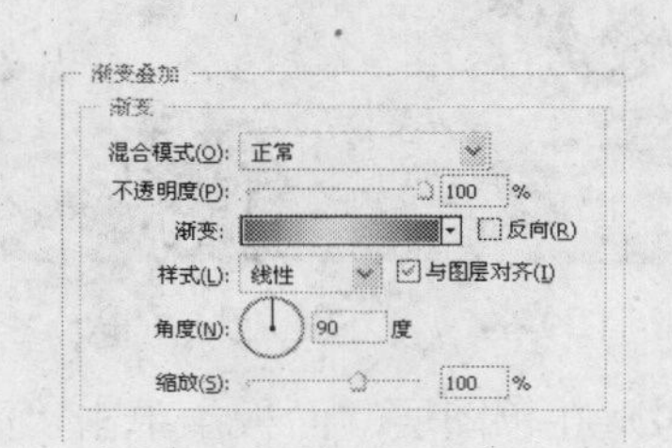

图9-64 “渐变叠加”参数

（13）单击“确定”按钮，退出“图层样式”对话框，添加的“渐变叠加”效果如图9-65所示。

（14）运用同样的操作方法，再次绘制图形，如图9-66所示。

图9-65 “渐变叠加”效果

图9-66 再次绘制图形

（15）按Ctrl+O快捷键打开“甜梦园中西餐厅”和“美食叹世界精彩甜梦园”两个文字素材，运用移动工具，将素材添加至文件中，放置在合适的位置，如图9-67所示。

（16）在“图层”面板中单击“添加图层样式”按钮，在弹出的快捷菜单中选择“外发光”选项，弹出“图层样式”对话框，设置参数如图9-68所示。

图9-67 添加文字素材

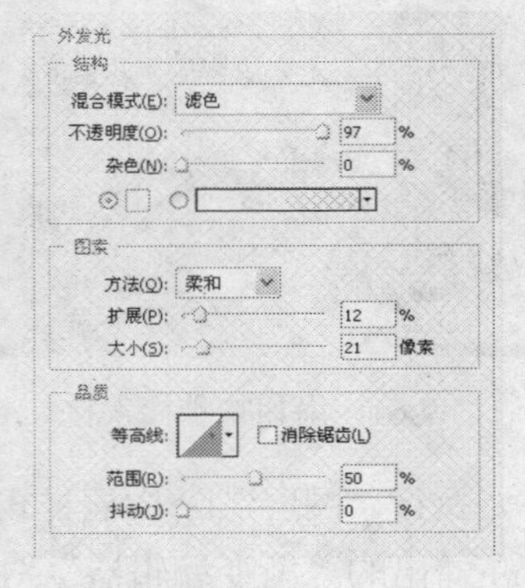

图9-68 “外发光”参数

（17）单击“确定”按钮，退出“图层样式”对话框，添加的“外发光”效果如图9-69所示。

（18）设置前景色为红色（RGB参考值分别为R237、G29、B35），选择工具箱中的横排文字工具，设置“字体”为“方正粗宋繁体”、“字体”大小为24点，输入文字，如图9-70所示。

图9-69 “外发光”效果

图9-70 输入文字

（19）在“图层”面板中单击“添加图层样式”按钮，在弹出的快捷菜单中选择“投影”选项，弹出“图层样式”对话框，设置参数如图9-71所示。

（20）选择“外发光”选项，设置参数如图9-72所示。

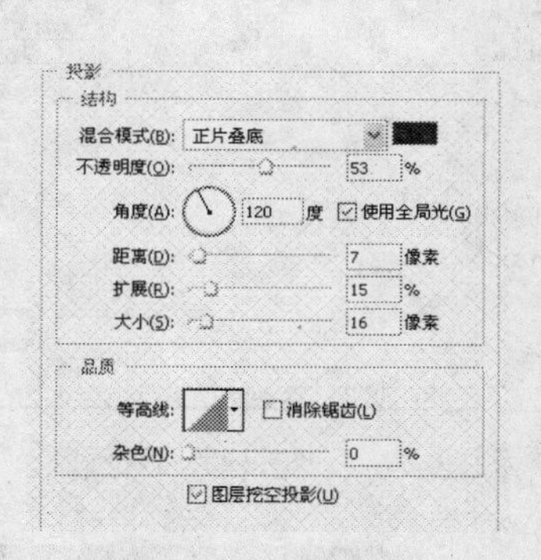

图9-71　“投影”参数

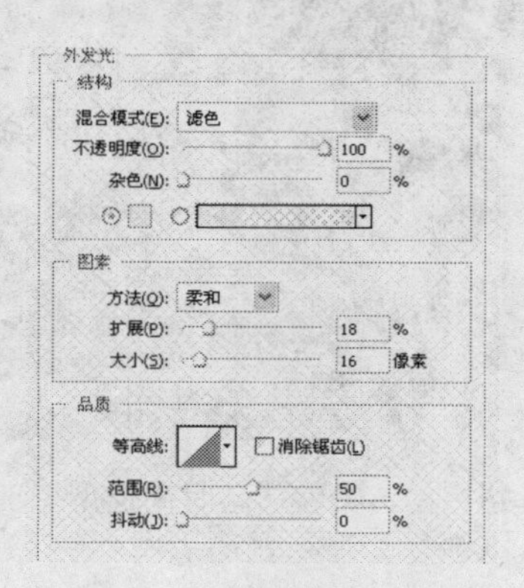

图9-72　“外发光”参数

（21）选择“斜面和浮雕”选项，设置参数如图9-73所示。单击“确定”按钮，退出“图层样式”对话框。

（22）参照前面同样的操作方法，输入其他文字，并添加图层样式效果，最终效果如图9-74所示。

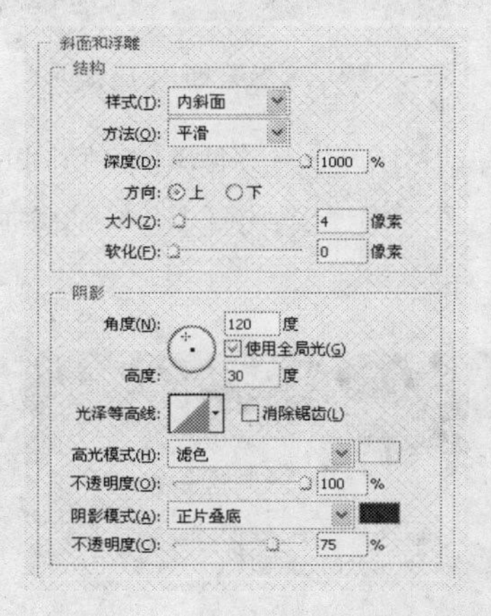

图9-73　“斜面和浮雕”参数

图9-74　最终效果

9.3　时尚造型护理卡——新感觉 · 创作

本实例制作的是美容美发店的时尚造型护理卡，实例主要将时尚插画人物作为视觉的中心，通过人物形象诠释出美容美发店的创作理念和对时尚的态度及追求。制作完成的时尚造型护理卡效果如图9-75所示。

（1）启用Photoshop后，执行“文件”|“新建”命令，弹出“新建”对话框，设置参数如图9-76所示。单击“确定”按钮，新建一个空白文件。

（2）设置前景色为玫红色（RGB参考值分别为R167、G0、B112），在工具箱中选择圆角矩形工具，按下“形状图层”按钮，单击几何选项下拉按钮，在弹出的面板中设置参数如图9-77所示。在图像窗口中，拖动鼠标绘制一个圆角矩形，如图9-78所示。

（3）按Ctrl+O快捷键打开旧纸素材，如图9-79所示。

图9-75　美容美发店的时尚造型护理卡

图9-76　“新建”对话框

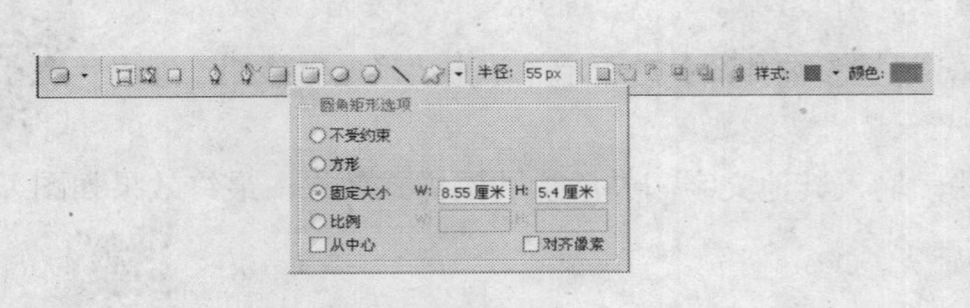

图9-77　圆角矩形选项面板

图9-78　绘制圆角矩形

（4）运用移动工具，将素材添加至文件中，放置在合适的位置。按住Alt键的同时，移动光标至分隔两个图层的实线上，当光标显示为形状时，单击鼠标左键创建剪贴蒙版，如图9-80所示。

图9-79　旧纸素材

图9-80　创建剪贴蒙版

（5）设置图层的“混合模式”为“正片叠底”，效果如图9-81所示。

（6）运用同样的操作方法添加人物和水墨素材，如图9-82所示。

（7）按Ctrl+Alt+G快捷键，对人物图层和圆角矩形图层创建剪贴蒙版，设置水墨图层的“混合模式”为“柔光”，效果如图9-83所示。

（8）设置前景色为白色，在工具箱中选择矩形工具，按下“填充像素”按钮，按住Shift键的同时，在图像窗口中拖动鼠标绘制如图9-84所示正方形。

（9）新建一个图层，选择画笔工具，按F5键，弹出“画笔”面板，设置参数如图9-85所示。

图9-81 “正片叠底”效果

图9-82 添加人物和水墨素材

图9-83 “柔光”效果

图9-84 绘制正方形

（10）单击“图层”面板上的“添加图层蒙版”按钮，为正方形图层添加图层蒙版。编辑图层蒙版，设置前景色为黑色，运用画笔工具，按住Shift键的同时在边缘拖动鼠标，绘制图形如图9-86所示。

（11）按Ctrl+O快捷键打开纸纹素材，运用移动工具，将素材添加至文件中，放置在合适的位置。按住Alt键的同时，移动光标至分隔纸纹图层和正方形图层的实线上，当光标显示为形状时，单击鼠标左键创建剪贴蒙版，如图9-87所示。

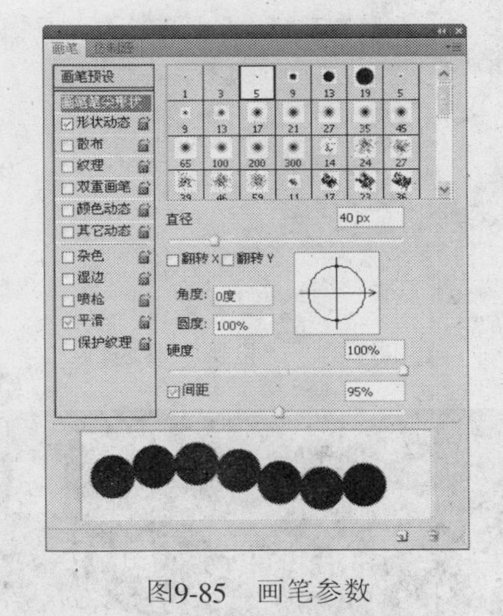

图9-85 画笔参数

（12）设置前景色为红色（RGB参考值分别为R176、G98、B107)，选择工具箱中的横排文字工具，设置“字体”为“方正准圆简体”、“字体大小”为5点，输入文字，如图9-88所示。

（13）设置前景色为白色，选择工具箱中的横排文字工具，设置“字体”为“方正粗宋简体”、“字体大小”为20点，输入文字，如图9-89所示。

（14）将纸纹素材复制一层，调整图层顺序至文字图层的上方，按Ctrl+Alt+G快捷键，创建剪贴蒙版，并调整好大小和位置，如图9-90所示。

图9-86　绘制图形

图9-87　创建剪贴蒙版

图9-88　输入文字

图9-89　输入文字

图9-90　创建剪贴蒙版

图9-91　“投影”参数

（15）选择“新感觉·创作”文字图层，双击图层，弹出“图层样式”对话框，选择“投影”选项，设置参数如图9-91所示。

（16）单击“确定”按钮，退出“图层样式”对话框，添加的“投影”效果如图9-92所示。

（17）运用同样的操作方法制作其他文字，最终效果如图9-93所示。

图9-92　“投影”效果

图9-93　最终效果

9.4　VIP积分卡——典雅妆品

本实例制作的是典雅妆品VIP积分卡，实例主要通过人物和产品来表现产品的定位，“典雅妆品VIP”文字也经过了精心设计，然后以烫金工艺来体现卡片和化妆品的品质。制作完成的VIP积分卡效果如图9-94所示。

图9-94　典雅妆品VIP积分卡

（1）启用Photoshop后，执行“文件”|“新建”命令，弹出“新建”对话框，设置参数如图9-95所示。单击“确定”按钮，新建一个空白文件。

（2）设置前景色为白色，在工具箱中选择圆角矩形工具，按下“形状图层”按钮，单击几何选项下拉按钮，在弹出的面板中设置参数如图9-96所示。

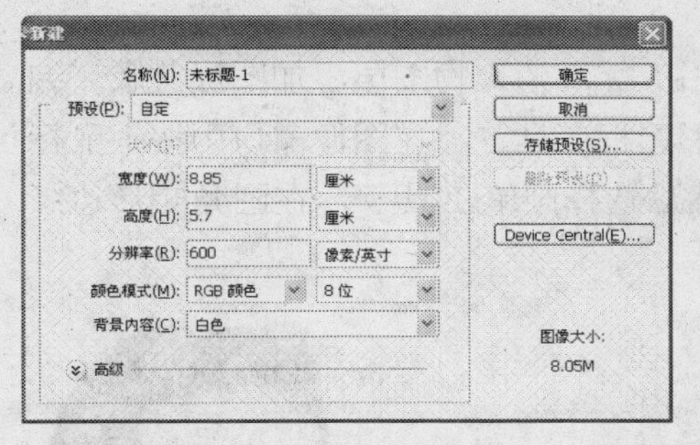

图9-95　“新建”对话框

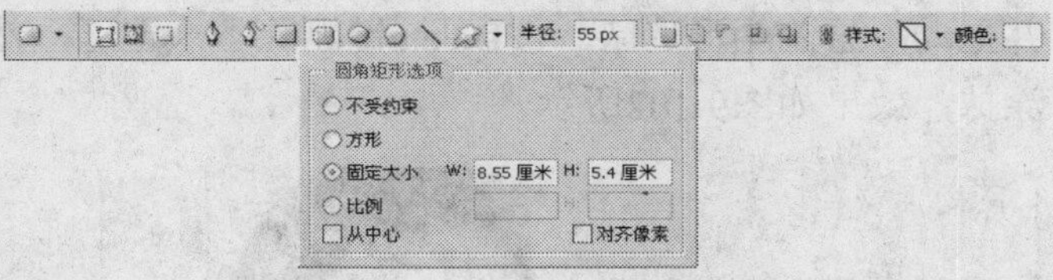

图9-96　圆角矩形选项面板

（3）在图像窗口中，拖动鼠标绘制一个圆角矩形。选择圆角矩形图层，在“图层”面板中单击“添加图层样式”按钮，在弹出的快捷菜单中选择“投影”选项，弹出“图层样式”对话框，设置参数如图9-97所示。

（4）单击“确定”按钮，退出“图层样式”对话框，添加的“投影”效果如图9-98所示。

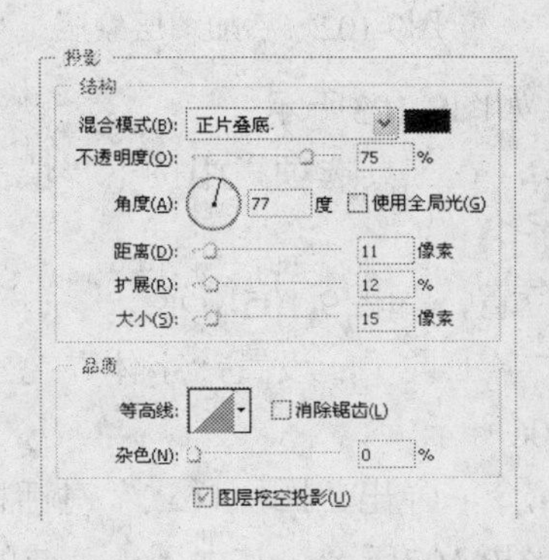

图9-97　“投影”参数

图9-98　“投影”效果

（5）按Ctrl+O快捷键打开背景素材，如图9-99所示。

（6）运用移动工具，将素材添加至文件中，放置在合适的位置。按住Alt键的同时，移动光标至分隔两个图层的实线上，当光标显示为形状时，单击鼠标左键创建剪贴蒙版，如图9-100所示。

图9-99 背景素材

图9-100 添加背景素材

（7）按Ctrl+O快捷键打开人物素材，运用移动工具，将素材添加至文件中，放置在合适的位置，如图9-101所示。

（8）单击“图层”面板上的“添加图层蒙版”按钮，为人物图层添加图层蒙版。编辑图层蒙版，设置前景色为黑色，选择工具箱中的矩形选框工具，在图像窗口中按下鼠标并拖动，绘制矩形选区，按Delete键删除多余选区，然后选择画笔工具，在圆角矩形边缘涂抹，效果如图9-102所示。

图9-101 添加人物素材

图9-102 添加图层蒙版

（9）参照前面同样的操作方法，添加产品素材，如图9-103所示。

（10）新建一个图层，选择工具箱中的钢笔工具，在工具选项栏中按下“填充像素”按钮，绘制如图9-104所示图形。

（11）将绘制的图形复制几层，并调整到合适的位置，如图9-105所示。

（12）设置前景色为黑色，选择工具箱中的横排文字工具，设置“字体”为“方正细倩简体”、“字体大小”为18点，输入文字，如图9-106所示。

（13）执行“图层”|“图层样式”|“渐变叠加”命令，弹出“图层样式”对话框，单击渐变条，在弹出的“渐变编辑器”对话框中设置颜色如图9-107所示。其中，土黄色的RGB参考值分别为R206、G148、B4，黄色的RGB参考值分别为R225、G67、B43。

图9-103 添加产品素材

图9-104 绘制图形

图9-105 复制图形

图9-106 输入文字

（14）单击“确定”按钮，返回“图层样式”对话框，设置参数如图9-108所示。

（15）选择“投影”选项，设置参数如图9-109所示。

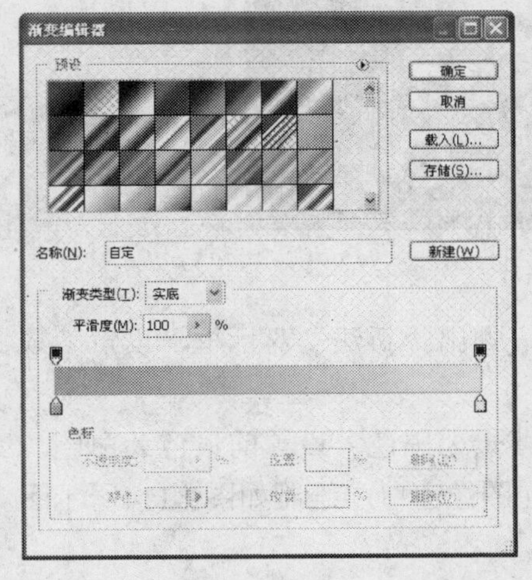

图9-107 “渐变编辑器”对话框

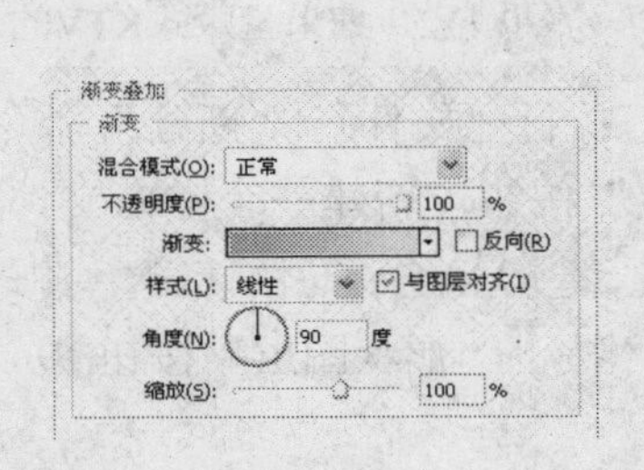

图9-108 “渐变叠加”参数

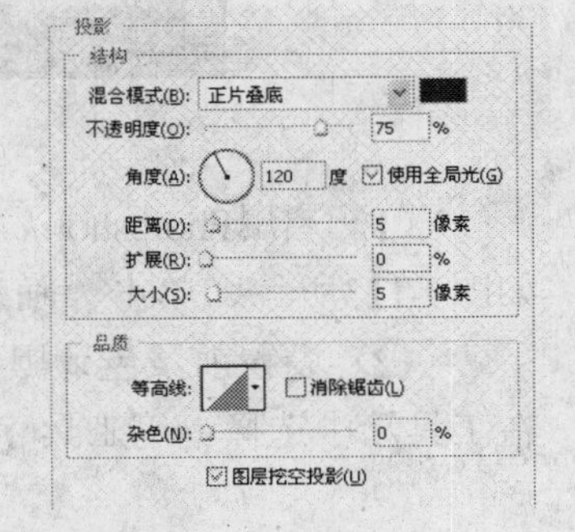

图9-109 “投影”参数

（16）单击“确定”按钮，退出“图层样式”对话框，添加图层样式的效果如图9-110所示。

（17）运用同样的操作方法，输入其他文字，最终效果如图9-111所示。

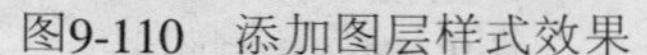
图9-110 添加图层样式效果

图9-111 最终效果

9.5 KTV名片——糖果量贩式KTV

本实例制作的是糖果量贩式KTV的名片，实例以黑色为主色调，通过添加人物剪影素材和使用自定形状工具绘制白色的潮流元素，采用鲜明的色彩对比来加强视觉效果。制作完成的名片效果如图9-112所示。

图9-112 糖果量贩式KTV的名片

（1）启用Photoshop后，执行“文件”|“新建”命令，弹出“新建”对话框，设置参数如图9-113所示。单击“确定”按钮，新建一个空白文件。

（2）设置前景色为黑色，按Alt+Delete快捷键，填充背景为黑色。设置前景色为白色，在工具箱中选择钢笔工具，按下“形状图层”按钮，在图像窗口中绘制如图9-114所示图形。

名片设计的分类如下。

- 根据用途划分：企业名片、商用名片、私人名片。
- 根据印刷方式划分：数码打印名片、胶印名片、特种名片。
- 根据排版和样式划分：横式名片、竖式名片、折卡式名片。
- 根据印刷色彩划分：单色名片、双色名片、彩色名片和真彩色名片。
- 根据印刷表面划分：单面印刷和双面印刷。

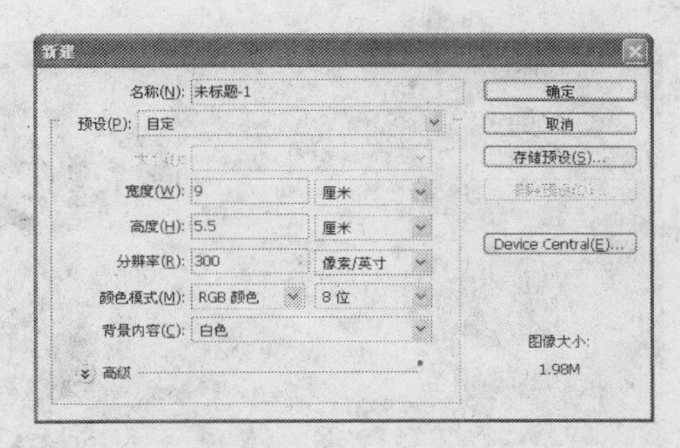

图9-113　“新建”对话框

图9-114　绘制图形

（3）按Alt+Ctrl+T快捷键，进入自由变换状态，如图9-115所示。

（4）按住Alt键的同时，拖动中心控制点至三角形尖角位置，调整变换中心并旋转-26°，如图9-116所示。

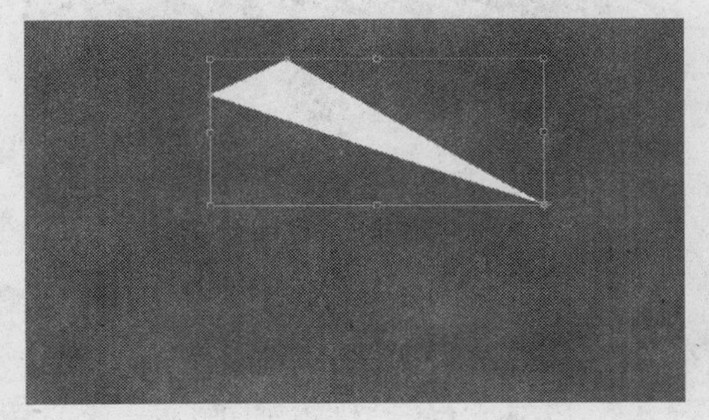

图9-115　变换图形

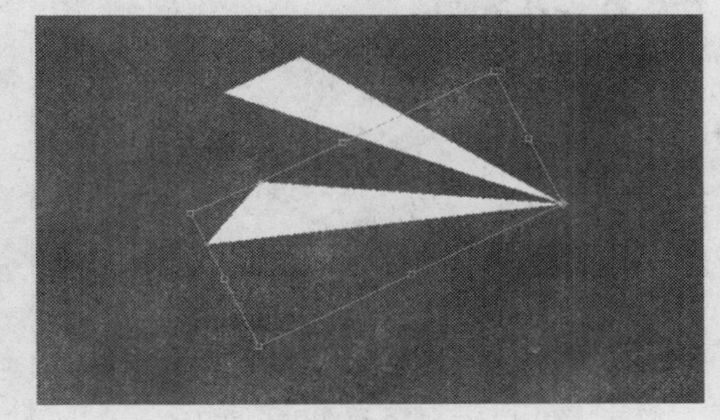

图9-116　调整变换中心并旋转-26°

（5）按Enter键确认调整，按Ctrl+Alt+Shift+T快捷键，可在进行再次变换的同时复制变换对象，如图9-117所示。

（6）单击“图层”面板上的“添加图层蒙版”按钮，为图层添加图层蒙版。按D键，恢复前景色和背景为默认的黑白颜色，选择渐变工具，按下“径向渐变”按钮，在图像窗口中按下并拖动鼠标，效果如图9-118所示。

图9-117　重复变换复制图形

图9-118　添加图层蒙版

（7）设置图层的“不透明度”为40%，如图9-119所示。

（8）设置前景色为红色（RGB参考值分别为R255、G27、B0），在工具箱中选择钢笔工具，按下“形状图层”按钮，在图像窗口中绘制如图9-120所示图形。

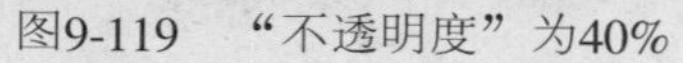

图9-119　“不透明度”为40%

图9-120　绘制图形

（9）设置图层的“不透明度”为35%，如图9-121所示。

（10）运用同样的操作方法，绘制其他图形，如图9-122所示。

图9-121　“不透明度”为35%

图9-122　绘制其他图形

（11）按Ctrl+O快捷键，弹出“打开”对话框，选择人物剪影素材，单击“打开”按钮，如图9-123所示。

（12）选择工具箱中的魔棒工具，选择白色背景，按Ctrl+Shift+I快捷键，反选得到人物选区，并填充白色，然后运用移动工具，将素材添加至文件中，调整大合适的大小和位置，如图9-124所示。

图9-123　打开人物剪影素材

图9-124　添加人物剪影素材

（13）设置前景色为白色，选择工具箱中的椭圆工具，在工具选项栏中按下“形状图层”按钮，按住Shift键的同时拖动鼠标，绘制一个正圆，如图9-125所示。

（14）按Ctrl+Alt+T键，变换图形，按住Alt键的同时，向内拖动控制柄，按Enter键确认调整，如图9-126所示。

（15）单击工具选项栏中的“从路径区域减去”按钮，减去多余部分，如图9-127所示。

图9-125　绘制正圆

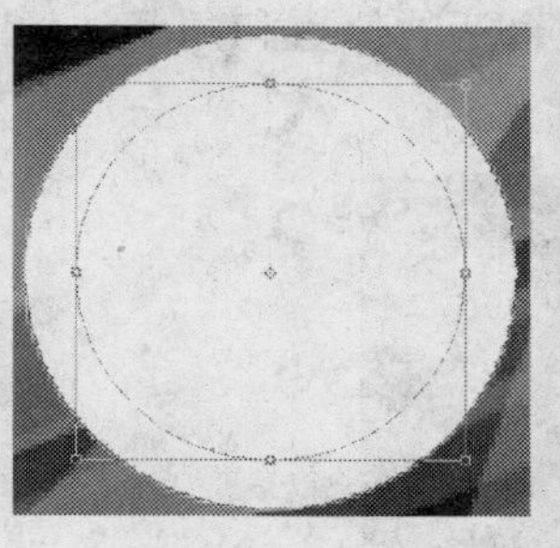

图9-126　变换图形

图9-127　从路径区域减去效果

（16）再次按Ctrl+Alt+T键，变换图形，按住Alt键的同时，向内拖动控制柄，按Enter键确认调整，如图9-128所示。

（17）单击工具选项栏中的“添加到路径区域”按钮，添加如图9-129所示图形。

（18）运用同样的操作方法，得到如图9-130所示的圆环。

图9-128　变换图形

图9-129　添加到路径区域效果

图9-130　制作圆环

（19）运用同样的操作方法，绘制其他圆环，如图9-131所示。

（20）新建一个图层，在工具箱中选择自定形状工具，然后单击工具选项栏“形状”下拉列表按钮，从形状列表中选择“蝴蝶”形状，如图9-132所示。

图9-131　绘制其他圆环

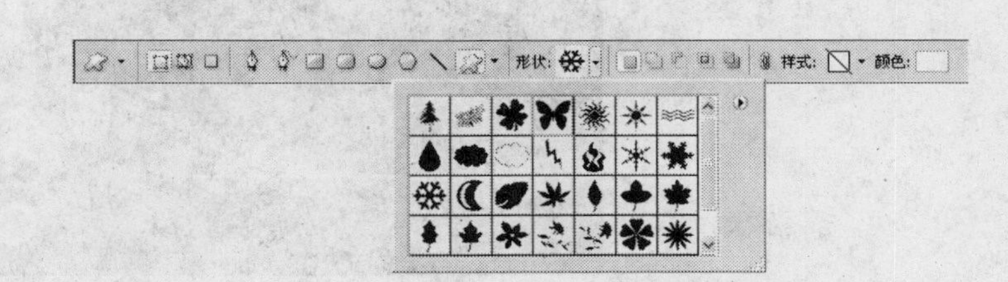

图9-132　选择“蝴蝶”形状

（21）按下“填充像素”按钮，在图像窗口中，拖动鼠标绘制一个“蝴蝶”形状，如图9-133所示。

（22）按Ctrl+T快捷键，进入自由变换状态，单击鼠标右键，在弹出的快捷菜单中选择“旋转”选项，调整至合适的位置和角度，如图9-134所示。

图9-133　绘制蝴蝶形状

图9-134　调整蝴蝶形状

（23）运用同样的操作方法，绘制其他形状，如图9-135所示。

（24）按Ctrl+O快捷键，弹出“打开”对话框，选择标志素材，单击“打开”按钮，运用移动工具，将素材添加至文件中，放置在合适的位置，如图9-136所示。

图9-135　绘制其他形状

图9-136　添加标志素材

（25）选择工具箱中的直线工具，设置前景色为黄色（RGB参考值分别为R255、G241、B0），按住Shift键的同时，拖动鼠标绘制直线，如图9-137所示。

图9-137　绘制直线

（26）选择工具箱中的横排文字工具T，设置“字体”为“宋体”、“字体大小”为“24点”，输入文字，如图9-138所示。

（27）运用同样的操作方法输入其他文字，最终效果如图9-139所示。

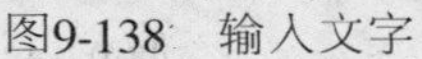
图9-138 输入文字

图9-139 最终效果

9.6 贺卡——母亲节

本实例制作的是母亲节贺卡，实例以绿色为主色调，通过设置图层的混合模式和不透明度，使各元素过渡自然、融洽，通过对文字进行变形，将文字作为贺卡的点睛之笔，将主题深化。制作完成的贺卡效果如图9-140所示。

图9-140 母亲节贺卡

（1）启用Photoshop后，执行“文件”|“新建”命令，弹出“新建”对话框，设置参数如图9-141所示。单击“确定”按钮，新建一个空白文件。

（2）按Ctrl+O快捷键打开底纹素材，运用移动工具，将素材添加至文件中，放置在合适的位置，如图9-142所示。

（3）新建一个图层，单击工具箱中的■图标，或按D键，恢复前景色和背景色为系统默认的黑白颜色。单击“前景色”色块，在打开的“拾色器”对话框中设置颜色为绿色（RGB参考值分别为R113、G188、B75）。在工具箱中选择渐变工具，单击渐变条，打开“渐变编辑器”对话框，设置参数如图9-143所示。

（4）按下“线性渐变”按钮，单击工具选项栏渐变列表下拉按钮，从弹出的渐变列表中选择“前景色到背景”渐变。在图像中拖动鼠标，填充渐变效果如图9-144所示。

新建
名称(N): 未标题-1
预设(P): 自定
宽度(W): 21 厘米
高度(H): 31 厘米
分辨率(R): 300 像素/英寸
颜色模式(M): RGB 颜色 8位
背景内容(C): 白色
高级
确定
取消
存储预设(S)...
Device Central(E)...
图像大小:
26.0M

图9-141 “新建”对话框

图9-142　添加底纹素材

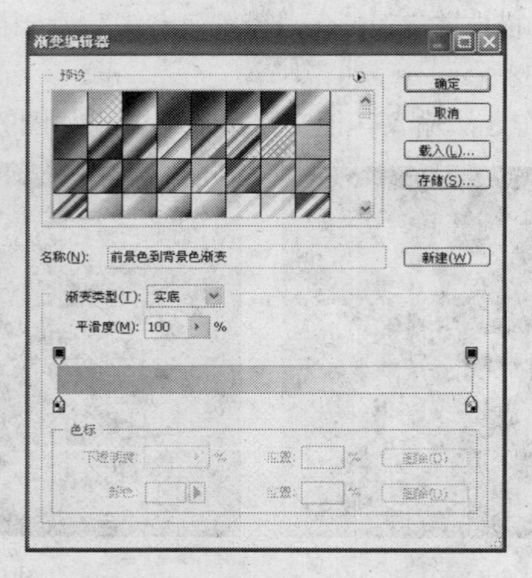

图9-143　“渐变编辑器”对话框

图9-144　填充渐变

（5）新建一个图层，按D键，恢复前景色和背景色为系统默认的黑白颜色。单击“前景色”色块，在打开的“拾色器”对话框中设置颜色为绿色（RGB参考值分别为R0、G217、B63）。在工具箱中选择渐变工具，单击渐变条，打开“渐变编辑器”对话框，设置参数如图9-145所示。

（6）按下“线性渐变”按钮，单击工具选项栏渐变列表下拉按钮，从弹出的渐变列表中选择“前景色到透明”渐变。在图像中按下并由上至下拖动鼠标，填充渐变效果如图9-146所示。

（7）按Ctrl+O快捷键打开条纹素材，运用移动工具，将素材添加至文件中，放置在合适的位置，如图9-147所示。

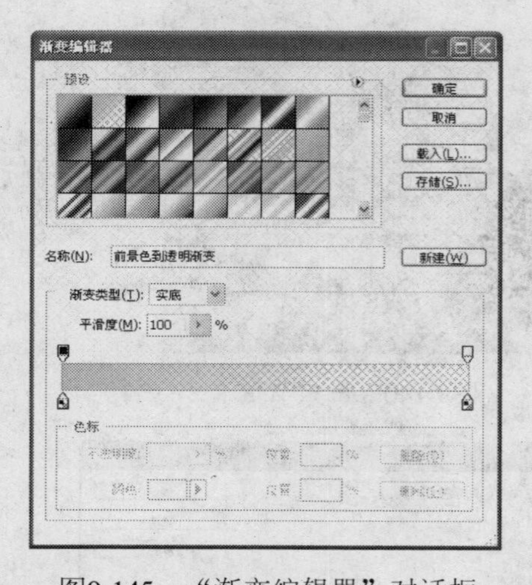

图9-145　“渐变编辑器”对话框

图9-146　填充渐变

图9-147　添加条纹素材

（8）设置图层的“混合模式”为“明度”、“不透明度”为50%，如图9-148所示。

（9）新建一个图层，选择工具箱中的钢笔工具，在工具选项栏中按下“路径”按钮，绘制如图9-149所示路径。

（10）设置前景色为黄色（RGB参考值分别为R233、G255、B117），选择画笔工具，设置“大小”为“3像素”、“硬度”为100%。选择钢笔工具，在绘制的路径上单击鼠标右键，在弹出的快捷菜单中选择“描边路径”选项，在弹出的对话框中选择“画笔”选项，单击“确定”按钮，描边路径，按Ctrl+H快捷键隐藏路径，如图9-150所示。

图9-148　“不透明度”为50%

图9-149　绘制路径

（11）按Ctrl+O快捷键打开草地素材，运用移动工具，将素材添加至文件中，放置在合适的位置，如图9-151所示。

图9-150　描边路径

图9-151　添加草地素材

（12）运用同样的操作方法添加人物、花瓣和叶子素材，选择叶子素材，设置图层的“混合模式”为“明度”，如图9-152所示。

（13）选择人物素材，单击“图层”面板上的“添加图层蒙版”按钮，为人物图层添加图层蒙版。编辑图层蒙版，设置前景色为黑色，选择画笔工具，按“[”或“]”键调整合适的画笔大小，在图像上涂抹，效果如图9-153所示。

在编辑图层蒙版时，必须掌握以下规律：

因为蒙版是灰度图像，因而可使用画笔工具、铅笔工具或渐变填充等绘图工具进行编辑，也可以使用色调调整命令和滤镜。

使用黑色在蒙版中绘图，将隐藏图层图像；使用白色绘图将显示图层图像；使用介于黑色与白色之间的灰色绘图，将得到若隐若现的效果。

（14）在“图层”面板中单击“添加图层样式”按钮 fx，在弹出的快捷菜单中选择“外发光”选项，弹出“图层样式”对话框，设置参数如图9-154所示。

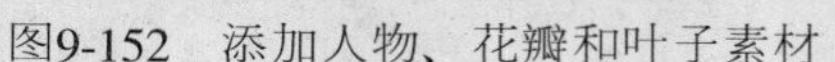

图9-152　添加人物、花瓣和叶子素材

图9-153　添加图层蒙版

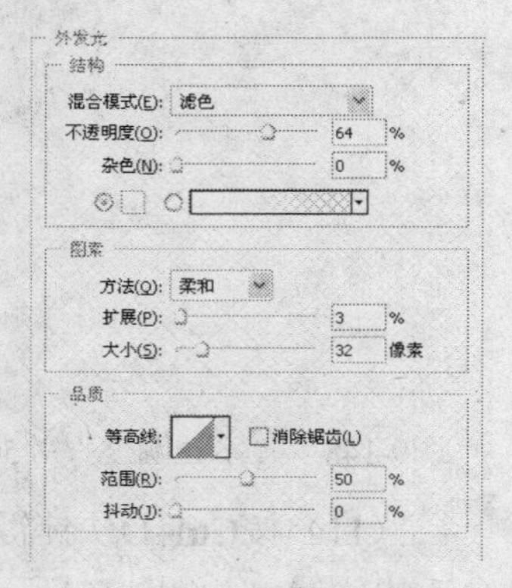

图9-154　“外发光”参数

（15）单击“确定”按钮，退出“图层样式”对话框，添加的“外发光”效果如图9-155所示。

（16）在工具箱中选择横排文字工具 T，设置“字体”为“方正粗活意简体”、“字体大小”为48点，输入文字，如图9-156所示。

（17）按Ctrl+E快捷键将文字图层合并，执行“图层”|“文字”|“转换为形状”命令，转换文字为形状，如图9-157所示。

图9-155　“外发光”效果

图9-156　输入文字

图9-157　转换文字为形状

（18）运用直接选择工具，删除多余的节点，选择钢笔工具，在工具选项栏中按下“添加到形状区域”按钮，绘制文字之间的连接部分，如图9-158所示。

（19）按Ctrl+H快捷键隐藏路径，如图9-159所示。

图9-158　制作变形效果

图9-159　隐藏路径

（20）在“图层”面板中单击“添加图层样式”按钮，在弹出的快捷菜单中选择“描边”选项，弹出“图层样式”对话框，设置参数如图9-160所示，其中颜色为绿色（RGB参考值分别为R0、G127、B0）。

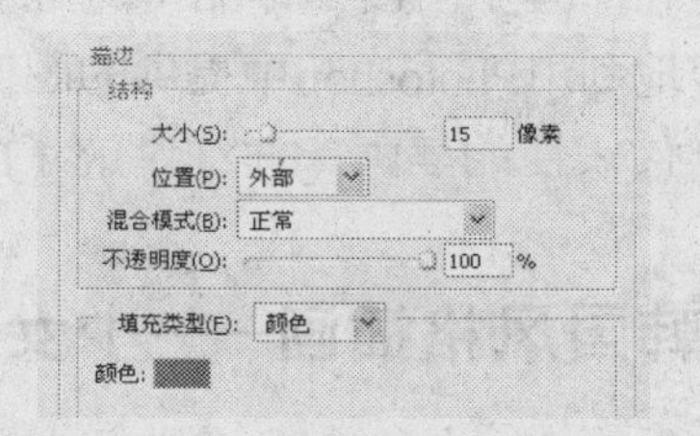

图9-160　“描边”参数

（21）单击“确定”按钮，退出“图层样式”对话框，添加的“描边”效果如图9-161所示。

（22）运用同样的操作方法输入其他文字，最终效果如图9-162所示。

图9-161　“描边”效果

图9-162　最终效果

第10章

插 画 设 计

在现代设计领域中，插画设计可以说是最具有表现意味的，它与绘画艺术有着亲近的血缘关系。在一些平面设计作品中，常常会在画面中使用插画，借以表现独特的视觉效果。合理和巧妙地利用Photoshop中提供的图像编辑工具，就可以绘制出以假乱真的插画效果。本章通过最具代表性的插画，详细讲解了Photoshop的绘制技巧和制作过程。

10.1　韩国风格插画——少女

本实例绘制的是韩国风格的少女插画，主要运用画笔在图像中描绘，通过画笔笔触的不同柔和感来表现人物五官的立体感与质感。制作完成的韩国风格的少女插画效果如图10-1所示。

图10-1　少女

（1）启用Photoshop后，执行“文件”|“新建”命令，弹出“新建”对话框，设置参数如图10-2所示。单击“确定”按钮，新建一个空白文件。

（2）新建一个图层，选择工具箱中的钢笔工具，按下“路径”按钮，绘制如图10-3所示路径。

按Ctrl+H快捷键，可隐藏图像窗口中显示的当前路径，但当前路径并未关闭，编辑路径操作仍对当前路径有效。

（3）设置前景色为黑色，按F5键，弹出“画笔”面板，设置参数如图10-4所示。

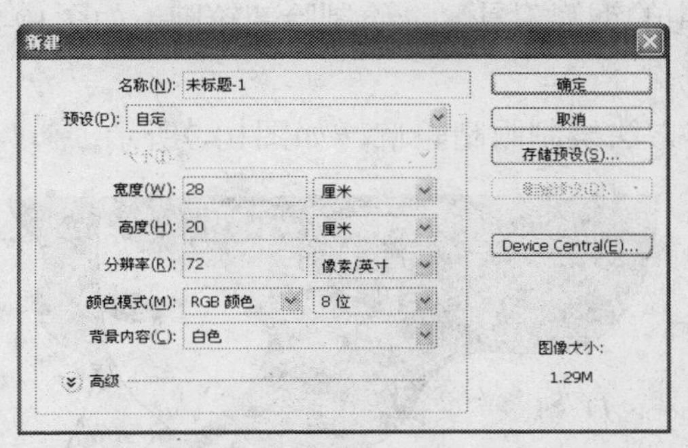

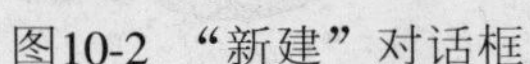
图10-2 “新建”对话框

图10-3　绘制路径

（4）选择画笔工具，设置前景色黑色，画笔“大小”为“5像素”、“硬度”为100%。选择钢笔工具，在绘制的路径上单击鼠标右键，在弹出的快捷菜单中选择“描边路径”选项，在弹出的对话框中选择“画笔”选项，单击“确定”按钮，描边路径，按Ctrl+H快捷键隐藏路径，效果如图10-5所示。

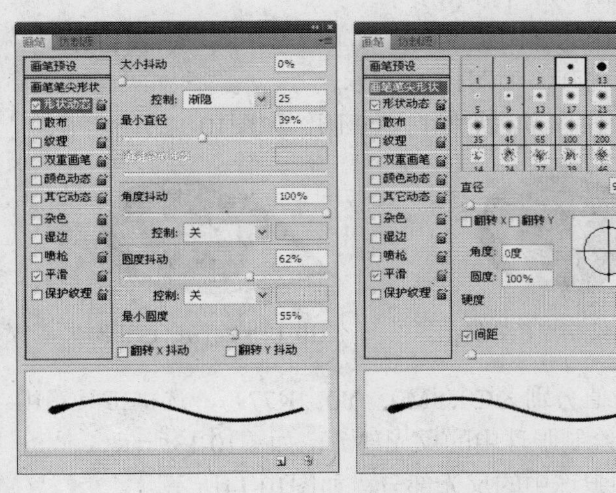

图10-4　“画笔”参数

图10-5　描边路径

（5）运用同样的操作方法，绘制其他路径并描边，得到人物的轮廓，如图10-6所示。

（6）设置前景色为红色（CMYK参考值分别为C5、M100、Y45、K9），选择工具箱中的钢笔工具，按下“形状图层”按钮，绘制如图10-7所示图形。

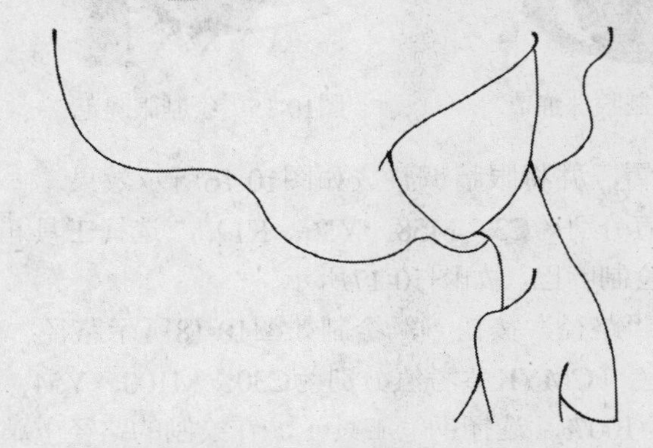
图10-6　重复绘制和描边路径

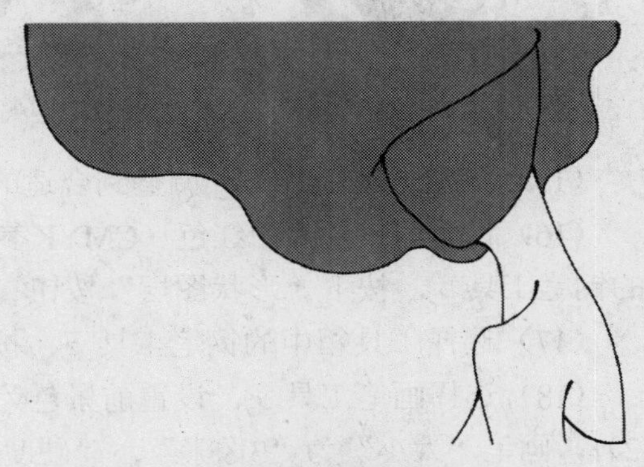
图10-7　绘制图形

（7）设置前景色为白色，继续运用工具箱中的钢笔工具，绘制脸部轮廓，如图10-8所示。

（8）设置前景色为黑色，运用同样的操作方法绘制眼睛轮廓，如图10-9所示。

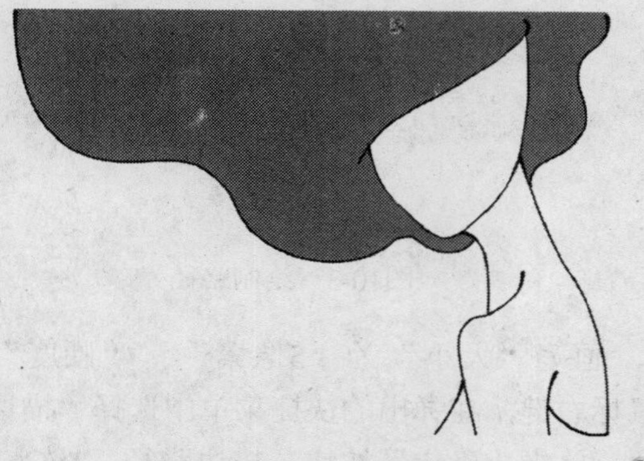

图10-8 绘制脸部轮廓

图10-9 绘制眼睛轮廓

（9）继续运用钢笔工具绘制眼睛细节，如图10-10所示。

（10）设置前景色为黑色，选择工具箱中的椭圆工具，按下"形状图层"按钮，在图像窗口中，按住Shift键拖动鼠标绘制一个正圆，如图10-11所示。

（11）设置前景色为白色，运用同样的操作方法绘制白色正圆，如图10-12所示。

图10-10 绘制眼睛细节

图10-11 绘制黑色正圆

图10-12 绘制白色正圆

（12）设置前景色为灰色（CMYK参考值分别为C0、M0、Y0、K77），选择工具箱中的钢笔工具，按下"形状图层"按钮，绘制眼珠中的反光部分，如图10-13所示。

（13）运用同样的操作方法，继续绘制眼珠中的反光部分，如图10-14所示。

（14）运用同样的操作方法，绘制眼睫毛，如图10-15所示。

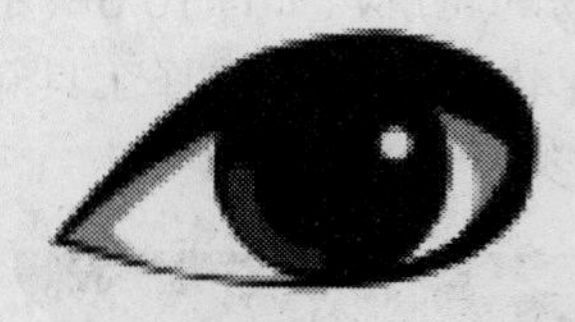

图10-13 绘制眼珠细节

图10-14 绘制眼珠细节

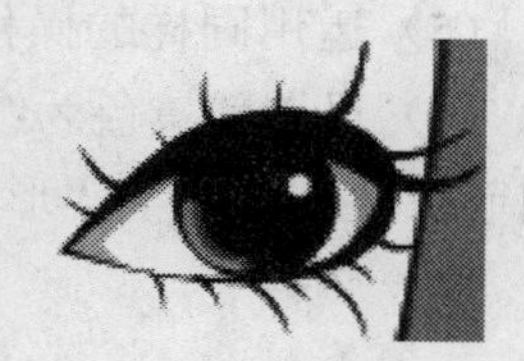

图10-15 绘制眼睫毛

（15）将左眼复制一份，调整到合适的位置，并将眼睛调整成如图10-16所示效果。

（16）设置前景色为粉红色（CMYK参考值分别为C3、M58、Y36、K1），选择工具箱中的钢笔工具，按下"形状图层"按钮，绘制嘴巴，如图10-17所示。

（17）选择工具箱中的钢笔工具，按下"路径"按钮，绘制如图10-18所示路径。

（18）选择画笔工具，设置前景色为红色（CMYK参考值分别为C30、M100、Y54、K12），画笔"大小"为"3像素"、"硬度"为100%。选择钢笔工具，在绘制的路径上单击鼠标右键，在弹出的快捷菜单中选择"描边路径"选项，在弹出的对话框中选择"画笔"

选项，单击“确定”按钮，描边路径，按Ctrl+H快捷键隐藏路径，效果如图10-19所示。

图10-16 右眼效果

图10-17 绘制嘴巴

（19）运用同样的操作方法绘制其他路径，并描边路径，效果如图10-20所示。

图10-18 绘制路径

图10-19 描边路径

图10-20 绘制并描边其他路径

（20）新建一个图层，设置前景色为粉红色（CMYK参考值分别为C5、M73、Y44、K1）。选择画笔工具，在工具选项栏中设置“硬度”为0%、“不透明度”和“流量”均为80%，在嘴唇上涂抹，效果如图10-21所示。

（21）运用同样的操作方法，绘制嘴唇亮部，如图10-22所示。

（22）新建一个图层，设置前景色为白色。选择画笔工具，在工具选项栏中设置“硬度”为0%、“不透明度”和“流量”均为80%，在图像窗口中单击鼠标绘制光点，如图10-23所示。

图10-21 绘制嘴唇暗部

图10-22 绘制嘴唇亮部

图10-23 绘制高光

（23）运用同样的操作方法，重复绘制光点，如图10-24所示。

（24）参照前面同样的操作方法绘制人物的耳朵和鼻子，如图10-25所示。

（25）新建一个图层，设置前景色为肉色（CMYK参考值分别为C1、M16、Y11、K0）。选择画笔工具，在工具选项栏中设置“硬度”为0%、“不透明度”和“流量”均为

图10-24 继续绘制光点

80%，在图像窗口中涂抹，为人物颈部皮肤添加颜色，如图10-26所示。

图10-25　绘制人物的耳朵和鼻子

图10-26　添加颜色

（26）运用同样的操作方法，为人物其他部分皮肤添加颜色，如图10-27所示。

（27）运用同样的操作方法，为人物脸部绘制腮红，如图10-28所示。

图10-27　继续添加颜色

图10-28　绘制腮红

（28）运用同样的操作方法，绘制右脸的腮红，如图10-29所示。

（29）新建一个图层，设置前景色为黑色。选择画笔工具，在工具选项栏中设置“硬度”为0%、“不透明度”和“流量”均为80%，在图像窗口中单击鼠标绘制黑色小点，如图10-30所示。

（30）在工具箱中选择横排文字工具，设置“字体”为Flake、“字体大小”为8点，输入文字，如图10-31所示。

图10-29　绘制右脸的腮红

图10-30　绘制小黑点

图10-31　输入文字

（31）设置前景色为深绿色（CMYK参考值分别为C95、M74、Y74、K52），选择工具箱中的钢笔工具，按下“形状图层”按钮，绘制服饰，如图10-32所示。

（32）选择工具箱中的直线工具，按住Shift键的同时，拖动鼠标绘制直线，如图10-33所示。

（33）选择工具箱中的椭圆工具，按下“路径”按钮，绘制正圆路径。选择画笔工具，设置前景色为红色（CMYK参考值分别为C30、M100、Y54、K12），画笔“大小”为“3像素”、“硬度”为100%。选择钢笔工具，在绘制的路径上单击鼠标右键，在弹出的快捷菜单中选择“描边路径”选项，在弹出的对话框中选择“画笔”选项，单击“确定”按钮，描边路径，如图10-34所示。

图10-32 绘制图形

图10-33 绘制直线

图10-34 绘制正圆

（34）设置前景色为黄色（CMYK参考值分别为C6、M12、Y100、K1），新建一个图层，在工具箱中选择自定形状工具，然后单击工具选项栏“形状”下拉列表按钮，从形状列表中选择“五角星”形状，如图10-35所示。

（35）按下“填充像素”按钮，在圆形中拖动鼠标绘制一个“五角星”形状，如图10-36所示。

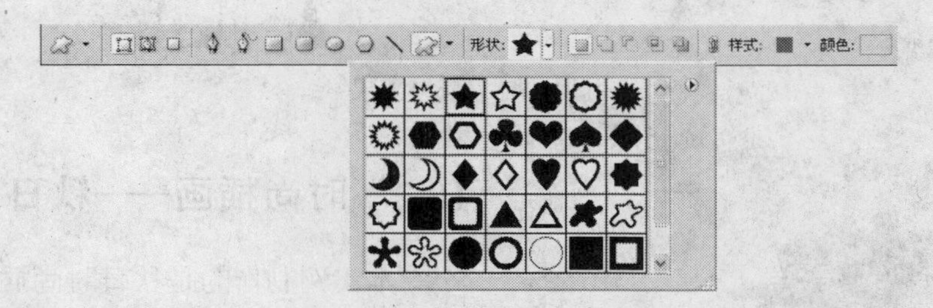

图10-35 选择“五角星”形状

（36）运用同样的操作方法重复绘制五角星，并分别填充不同的颜色，如图10-37所示。

（37）运用同样的操作方法绘制头发部分的其他形状，如图10-38所示。

（38）设置前景色为枚红色（CMYK参考值分别为C2、M82、Y18、K0），参照前面同样的操作方法，绘制“花7”形状，如图10-39所示。

（39）新建一个图层，设置前景色为白色，在工具箱中选择椭圆工具，按下“填充像素”按钮，在图像窗口中，按住Shift键拖动鼠标绘制一个正圆，如图10-40所示。

（40）新建一个图层，运用同样的操作方法再次绘制红色正圆，如图10-41所示。

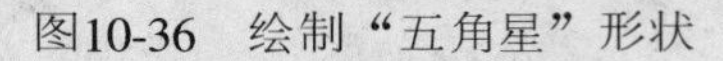
图10-36 绘制“五角星”形状

图10-37 重复绘制五角星

图10-38 绘制其他形状

图10-39 绘制“花 7”形状

图10-40 绘制正圆

图10-41 绘制正圆

（41）运用同样的操作方法重复绘制形状，最终效果如图10-42所示。

图10-42 最终效果

10.2 时尚插画——秋日

本实例制作的是秋日时尚插画，插画以图形符号为主体，直接表明主题，具有较好的宣传效果，背景中的线条、花瓣、文字等元素的运用使画面富有节奏感和韵律感。制作完成的秋日时尚插画效果如图10-43所示。

图10-43 秋日

（1）启用Photoshop后，单击“文件”|“新建”命令，或按Ctrl+N快捷键，弹出“新建”对话框，设置参数如图10-44所示。单击“确定”按钮，新建一个文件。

（2）设置前景色为黄色（RGB参考值分别为R252、G238、B201），按Alt+Delete快捷键，填充颜色。

（3）设置前景色为白色，在工具箱中选择圆角矩形工具，设置半径为200px，按下“形状图层”按钮，在图像窗口中拖动鼠标绘制圆角矩形，如图10-45所示。

（4）在工具箱中选择矩形工具，按下“添加路径”按钮，在图像窗口中拖动鼠标绘制矩形，如图10-46所示。

（5）运用同样的操作方法，再次绘制矩形，按Ctrl+H快捷键隐藏路径，如图10-47所示。

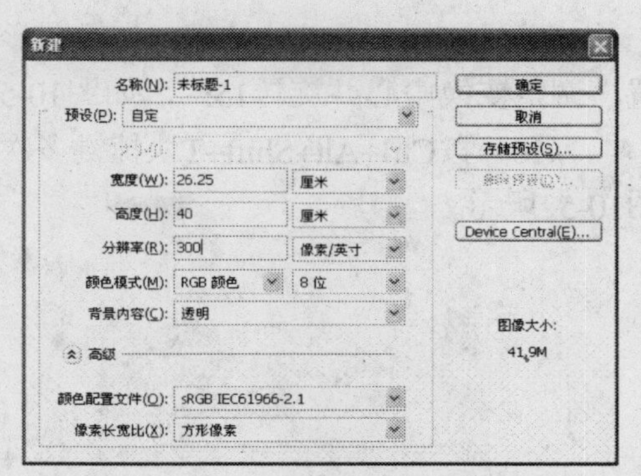

图10-44　“新建”对话框

图10-45　绘制圆角矩形

图10-46　绘制矩形

图10-47　再次绘制矩形

（6）按Ctrl+O快捷键，弹出“打开”对话框，选择背景素材，单击“打开”按钮，运用移动工具将素材添加至文件中，调整好大小和位置，如图10-48所示。

（7）按Ctrl+Alt+G快捷键，创建剪贴蒙版，如图10-49所示。

（8）运用钢笔工具，绘制如图10-50所示路径。

图10-48　添加背景素材

图10-49　创建剪贴蒙版

图10-50　绘制路径

（9）按Ctrl+Alt+T快捷键，变换图形，按住Alt键的同时，拖动中心控制点至下侧边缘位置，调整变换中心并旋转15°，如图10-51所示。

（10）按Ctrl+Alt+Shift+T快捷键多次，可在进行再次变换的同时复制变换对象，效果如图10-52所示。

图10-51　调整变换中心并旋转15°

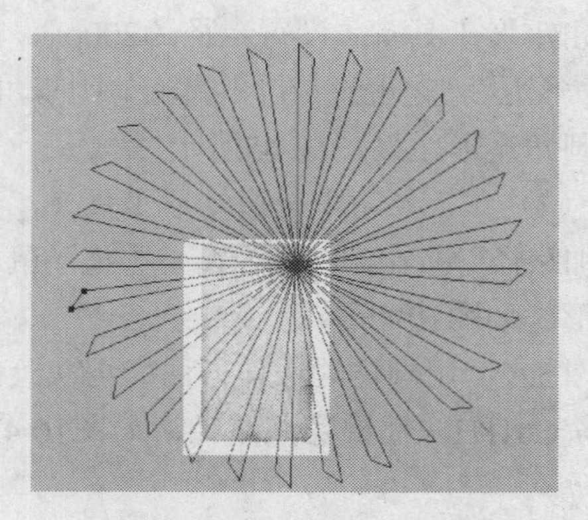

图10-52　重复变换

旋转中心为图像旋转的固定点，若要改变旋转中心，可在旋转前将中心点拖移到新位置。按住Alt键拖动可以快速移动旋转中心。

（11）按住Ctrl键的同时单击路径，将路径转为选区，如图10-53所示。

（12）填充选区为白色，按Ctrl+D快捷键取消选区，如图10-54所示。

（13）单击“图层”面板上的“添加图层蒙版”按钮，为图层添加图层蒙版。编辑图层蒙版，设置前景色为黑色，选择画笔工具，按“[”或“]”键调整合适的画笔大小，在图像上涂抹，效果如图10-55所示。

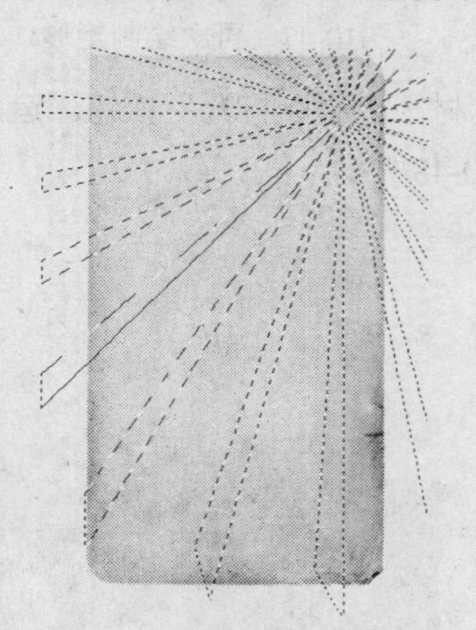

图10-53　转换路径为选区

图10-54　填充颜色

图10-55　添加图层蒙版

（14）按Ctrl+O快捷键，弹出“打开”对话框，选择祥云素材，单击“打开”按钮，运用移动工具将素材添加至文件中，调整好大小和位置，如图10-56所示。

（15）按Ctrl+Alt+G快捷键，创建剪贴蒙版，设置图层的“混合模式”为“叠加”，如图10-57所示。

（16）将祥云素材复制几层，并调整到合适的大小和位置，设置图层的“混合模式”为“叠加”，并为各个图层创建剪贴蒙版，如图10-58所示。

图10-56　添加祥云素材

图10-57　“叠加”效果

图10-58　复制祥云素材

（17）设置前景色为红色（RGB参考值分别为R243、G97、B48），在工具箱中选择矩形工具▭，按下“填充像素”按钮▭，在图像窗口中拖动鼠标绘制矩形，如图10-59所示。

（18）运用同样的操作方法，绘制其他矩形，如图10-60所示。

（19）选择工具箱中的矩形选框工具⬚，在图像窗口中按下鼠标并拖动，绘制矩形选区，如图10-61所示。

图10-59　绘制矩形

图10-60　再次绘制矩形

图10-61　建立选区

（20）按Ctrl+C快捷键，复制选区内的图形。新建一个图层，按Ctrl+V键粘贴图形，并调整到合适的位置，然后将图层顺序下移一层，如图10-62所示。

（21）执行“滤镜”|“扭曲”|“波浪”命令，弹出“波浪”对话框，设置参数如图10-63所示。

（22）单击“确定”按钮，退出“波浪”对话框，效果如图10-64所示。

（23）运用移动工具▸，将图形调整到合适的位置。选择工具箱中的矩形选框工具⬚，在图像窗口中按下鼠标并拖动，绘制矩形选区，删除多余部分，如图10-65所示。按Ctrl+D快捷键取消选择。

图10-62 复制图形

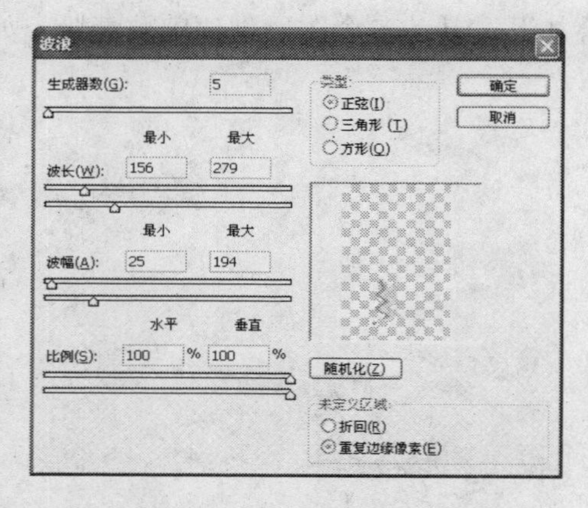

图10-63 “波浪”对话框

（24）设置前景色为绿色（RGB参考值分别为R171、G197、B113），在工具箱中选择矩形工具，按下“填充像素”按钮，在图像窗口中，拖动鼠标绘制如图10-66所示矩形。

图10-64 “波浪”效果

图10-65 删除多余部分

图10-66 绘制矩形

（25）设置图层的“混合模式”为“正片叠底”，如图10-67所示。

（26）运用同样的操作方法绘制其他矩形，并设置图层的“混合模式”为“正片叠底”，如图10-68所示。

（27）按Ctrl+O快捷键，弹出“打开”对话框，打开草地素材，运用移动工具将素材添加至文件中，调整到合适的大小和位置，如图10-69所示。

（28）选择工具箱中的矩形选框工具，在图像窗口中按下鼠标并拖动，绘制矩形选区，删除多余部分，如图10-70所示。按Ctrl+D快捷键取消选择。

（29）按Ctrl+O快捷键，弹出“打开”对话框，打开小树素材，运用移动工具将素材添加至文件中，调整到合适的大小和位置。单击“图层”面板上的“添加图层蒙版”按钮，为图层添加图层蒙版。编辑图层蒙版，设置前景色为黑色，选择画笔工具，按“[”或“]”键调整合适的画笔大小，在图像上涂抹，效果如图10-71所示。

图10-67　“正片叠底”效果

图10-68　绘制其他矩形

图10-69　添加草地素材

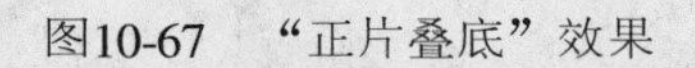

（30）运用同样的操作方法，添加大树素材，如图10-72所示。

图10-70　删除多余部分

图10-71　添加图层蒙版

图10-72　添加大树素材

（31）设置前景色为红色（RGB参考值分别为R204、G0、B1），在工具箱中选择椭圆工具，按下“形状图层”按钮，按住Shift键的同时，在图像窗口中拖动鼠标绘制如图10-73所示正圆。

（32）在工具选项栏中按下“添加到路径区域”按钮，运用钢笔工具绘制路径如图10-74所示图形。

（33）运用同样的操作方法再次绘制其他图形，最终效果如图10-75所示。

图10-73　绘制图形

图10-74　再次绘制图形

图10-75　最终效果

10.3　时尚插画——潮流元素

本实例绘制的是潮流元素时尚插画，主要通过椭圆工具和圆角矩形工具绘制图形。制作完成的潮流元素时尚插画效果如图10-76所示。

图10-76　潮流元素

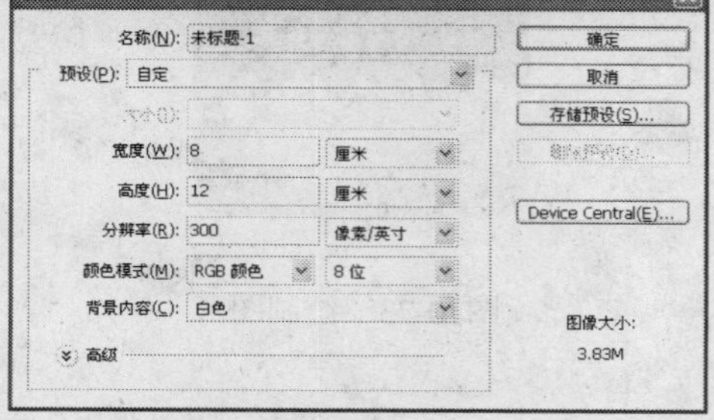

图10-77　“新建”对话框

（1）启用Photoshop后，执行“文件”|“新建”命令，或按Ctrl+N快捷键，弹出“新建”对话框，设置参数如图10-77所示。单击“确定”按钮，新建一个文件。

（2）设置前景色为黄色（RGB参考值分别为R255、G247、B214），按Alt+Delete快捷键，填充背景颜色，如图10-78所示。

（3）单击“路径”调板中的“创建新路径”按钮，新建“路径1”。选择圆角矩形工具，在工具选项栏中设置“半径”为200px，按下“路径”按钮，在图像窗口中拖动鼠标绘制路径。按Ctrl+T快捷键，进入自由变换状态，单击鼠标右键，在弹出的快捷菜单中选择“旋转”选项，然后调整至合适的位置和角度，如图10-79所示。

（4）使用路径选择工具，选择圆角矩形路径，按住Alt键的同时，拖动并复制路径。执行“编辑”|“自由变换路径”命令，调整路径的大小和位置，按下Enter键，确认调整，如图10-80所示。

图10-78　填充背景颜色

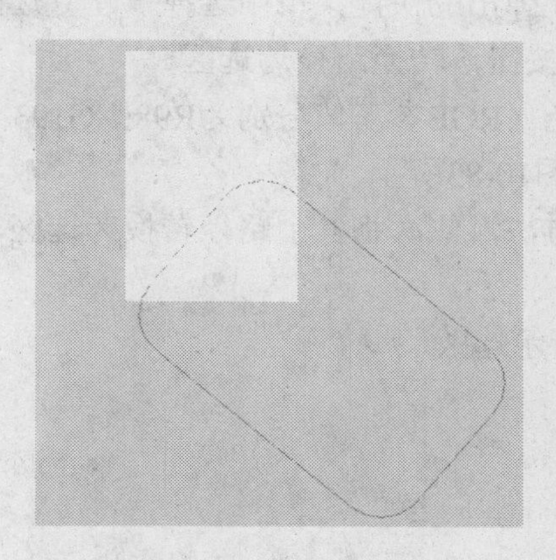

图10-79　绘制圆角矩形

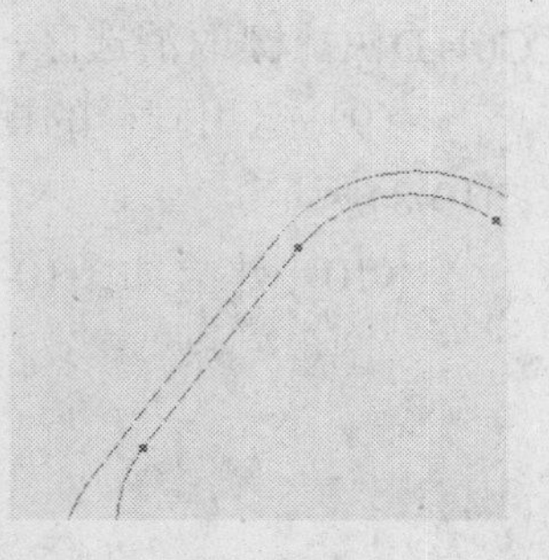

图10-80　调整路径

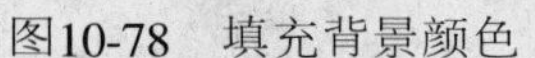

使用渐变工具能够填充两种以上颜色的混合，所得到的效果过渡细腻、色彩丰富。使用钢笔工具或形状工具绘制的路径为工作路径。工作路径是出现在“路径”面板中的临时路径，如果没有存储便会取消对它的选择（在“路径”面板的空白处单击可取消对工具路径的选择），再绘制新的路径时，原工作路径将被新的工作路径替换。

（5）运用相同的操作方法，复制路径并调整路径至合适的大小和位置，如图10-81所示。

（6）单击“图层”面板中的“创建新图层”按钮，新建一个图层。选择工具箱中的路径选择工具，选择如图10-82所示路径。

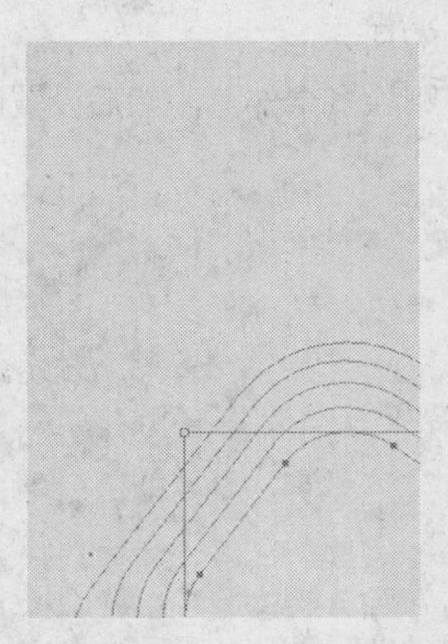

图10-81　复制并调整路径

图10-82　选择路径

复制路径有以下两种方法：

• 在面板中复制：将需要复制的路径拖动至“新建路径”按钮；或右击该路径，从弹出的快捷菜单中选择“复制路径”命令。

• 通过剪贴板复制：使用路径选择工具选择画面中的路径后，执行“编辑”|“拷贝”命令，可以将路径复制到剪贴板中。复制路径后，执行“编辑”|“粘贴”命令，可粘贴路径。如果在其他打开的图像中执行“粘贴”命令，则可将路径粘贴到其他图像中。

（7）单击鼠标右键，在弹出的快捷菜单中选择“建立选区”选项，在弹出的“建立选区”对话框中单击“确定”按钮，转换路径为选区。

（8）设置前景色为红色（RGB参考值分别为R98、G193、B195），填充选区，然后按Ctrl+D快捷键取消选区，如图10-83所示。

（9）运用同样的操作方法，依次将各个路径转换为选区，并填充不同的颜色，效果如图10-84所示。

（10）建立如图10-85所示选区。

图10-83　填充选区

图10-84　转换路径为选区

图10-85　建立选区

（11）设置前景色为淡黄色（RGB参考值分别为R247、G214、B215），按Alt+Delete快捷键，填充选区，如图10-86所示。

（12）将设置图层的“不透明度”为50%，如图10-87所示。

（13）将图层复制一层，调整至合适的大小和位置，删除多余部分，然后设置图层的“不透明度”为40%，如图10-88所示。

图10-86　填充选区

图10-87　“不透明度”为50%

图10-88　复制图形

（14）单击“路径”面板中的“创建新路径”按钮，新建路径。选择圆角矩形工具，在工具选项栏中设置“半径”为100px，按下“路径”按钮，绘制如图10-89所示路径。

（15）参照前面的操作方法，填充不同的颜色，效果如图10-90所示。

（16）设置前景色为绿色（RGB参考值分别为R68、G19842、B174），选择椭圆工具，按下工具选项栏中的“形状图层”按钮，按住Shift键的同时，拖动鼠标绘制一个正圆，如图10-91所示。

图10-89 绘制路径

图10-90 填充颜色

图10-91 绘制正圆

（17）将正圆复制一层，执行“选择”|“变换选区”命令，按住Shift+Alt键的同时，向内拖动控制柄，如图10-92所示。

（18）按Enter键确认调整，并填充白色，如图10-93所示。

（19）继续按Ctrl+Alt+T快捷键，按住Shift+Alt键的同时，向内拖动控制柄，按Enter键确认调整，并填充绿色（RGB参考值分别为R51、G204、B153），如图10-94所示。

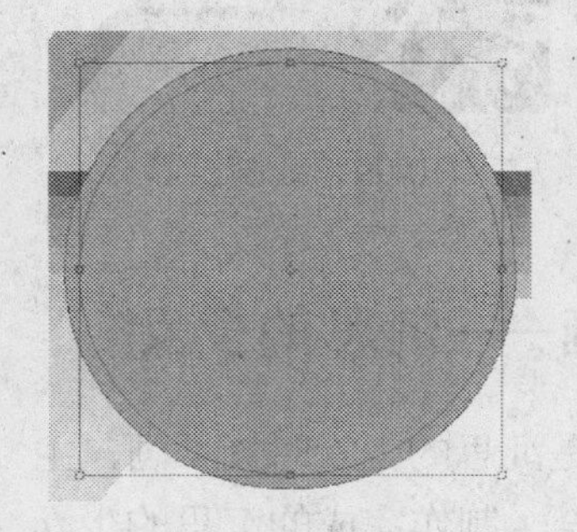

图10-92 变换选区

图10-93 填充颜色

图10-94 填充颜色

（20）参照前面同样的操作方法，制作圆环，如图10-95所示。

（21）运用同样的操作方法绘制其他圆环，如图10-96所示。

（22）设置前景色为红色（RGB参考值分别为R227、G36、B0），在工具箱中选择矩形工具，按下“填充像素”按钮，在图像窗口中，拖动鼠标绘制如图10-97所示矩形。

（23）按Ctrl+T快捷键，进入自由变换状态，单击鼠标右键，在弹出的快捷菜单中选择“旋转”选项，调整至合适的位置和角度，按Enter键确认调整，如图10-98所示。

（24）运用同样的操作方法，重复绘制矩形，如图10-99所示。

图10-95　制作圆环

图10-96　绘制其他圆环

图10-97　绘制矩形

图10-98　调整矩形

图10-99　绘制矩形

图10-100　沉思的少女

10.4　时尚插画——沉思的少女

本实例绘制的是沉思的少女时尚插画，主要运用画笔进行描绘。制作完成的沉思的少女时尚插画效果如图10-100所示。

（1）启用Photoshop后，执行“文件”|“新建”命令，弹出“新建”对话框，设置参数如图10-101所示。单击“确定”按钮，新建一个空白文件。

（2）新建一个图层，设置前景色为白色，选择工具箱中的画笔工具，绘制大体的人物轮廓，如图10-102所示。

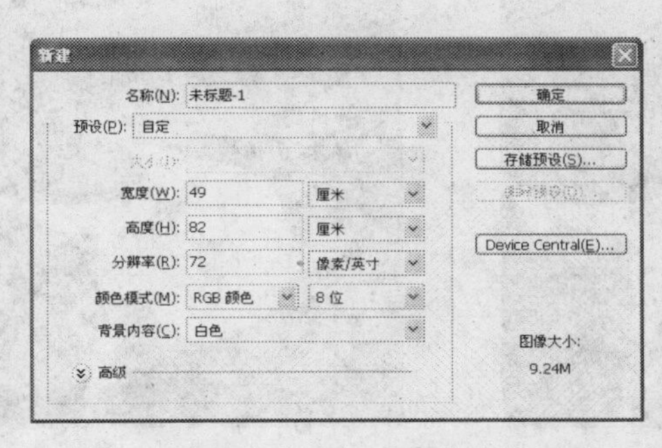

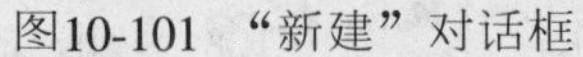
图10-101 “新建”对话框

图10-102 绘制人物轮廓

（3）设置前景色为白色，选择工具箱中的钢笔工具，按下“形状图层”按钮，绘制如图10-103所示图形。

（4）运用同样的操作方法，绘制其他部分图形，如图10-104所示。

（5）选择人物头发图层，执行“图层”|“图层样式”|“渐变叠加”命令，弹出“图层样式”对话框，单击渐变条，在弹出的“渐变编辑器”对话框中设置颜色如图10-105所示。其中，粉红色的RGB参考值分别为R211、G124、B169，玫红色的RGB参考值分别为R208、G92、B151，深紫色的RGB参考值分别为R64、G45、B77。

图10-103 绘制图形

图10-104 绘制其他部分图形

图10-105 “渐变编辑器”对话框

（6）单击“确定”按钮，返回“图层样式”对话框，设置参数如图10-106所示。

（7）单击“确定”按钮，退出“图层样式”对话框，添加的“渐变叠加”效果如图10-107所示。

（8）运用同样的操作方法，继续绘制人物头发，并添加“渐变叠加”图层样式，然后绘制人物手部图形，如图10-108所示。

（9）设置前景色为肉色（CMYK参考值分别为C0、R15、Y11、K0），选择工具箱中的钢笔工具，按下“形状图层”按钮，绘制手臂暗部，如图10-109所示。

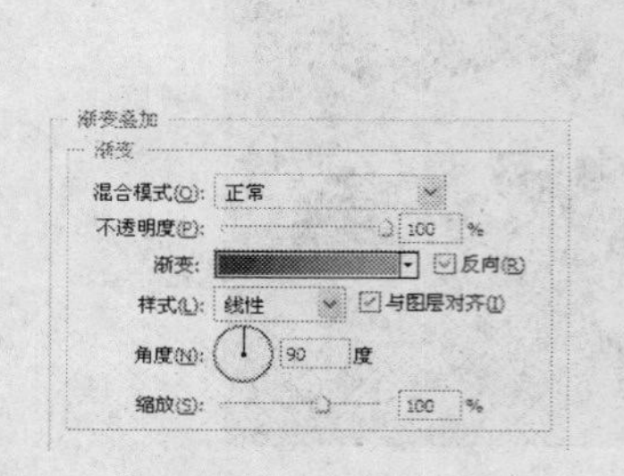

图10-106 “渐变叠加”参数

图10-107 “渐变叠加”效果

图10-108 “渐变叠加”效果

（10）运用同样的操作方法，绘制其他部分暗部，如图10-110所示。

图10-109 绘制手臂暗部

图10-110 绘制其他部分暗部

图10-111 绘制图形

（11）设置前景色为白色，选择工具箱中的钢笔工具，按下“形状图层”按钮，绘制如图10-111所示图形。

（12）执行“图层”|“图层样式”|“描边”命令，弹出“图层样式”对话框，单击渐变条，在弹出的“渐变编辑器”对话框中设置颜色如图10-112所示。其中，红色的CMYK参考值分别为C5、R100、Y87、K0，绿色的CMYK参考值分别为C40、R100、Y2、K0。

（13）单击“确定”按钮，返回“图层样式”对话框，设置参数如图10-113所示。

（14）单击“确定”按钮，退出“图层样式”对话框，添加的“描边”效果如图10-114所示。

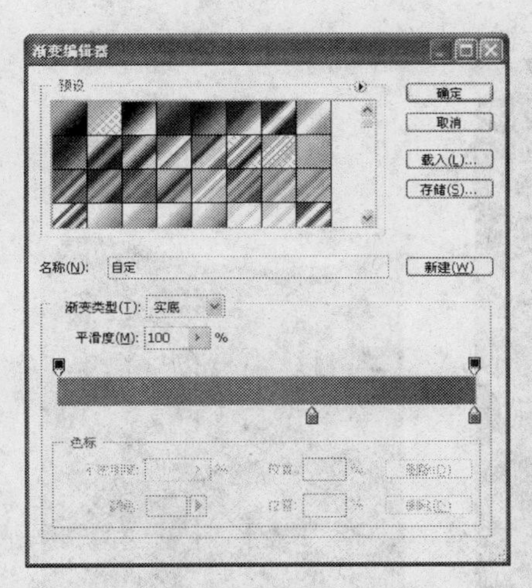

图10-112　“渐变编辑器”对话框

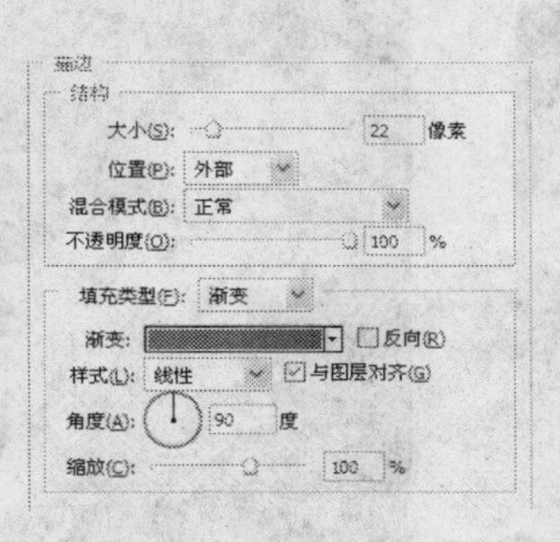

图10-113　“描边”参数

图10-114　“描边”效果

（15）单击“图层”面板上的“添加图层蒙版”按钮，为图层添加图层蒙版。按D键，恢复前景色和背景为默认的黑白颜色，选择渐变工具，按下“线性渐变”按钮，在图像窗口中按下并拖动鼠标，效果如图10-115所示。

（16）运用同样的操作方法，绘制其他图形，并添加图层样式效果，如图10-116所示。

（17）设置前景色为白色，选择工具箱中的钢笔工具，按下“形状图层”按钮，绘制如图10-117所示云纹。

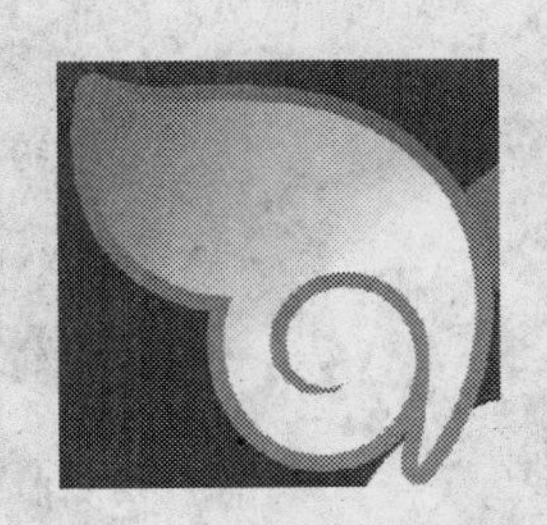

图10-115 添加图层蒙版

图10-116　绘制其他图形

图10-117 绘制云纹

（18）在“图层”面板中单击“添加图层样式”按钮 fx，弹出“图层样式”对话框，选择“描边”选项，设置参数如图10-118所示。

（19）单击“确定”按钮，退出“图层样式”对话框，添加的“描边”效果如图10-119所示。

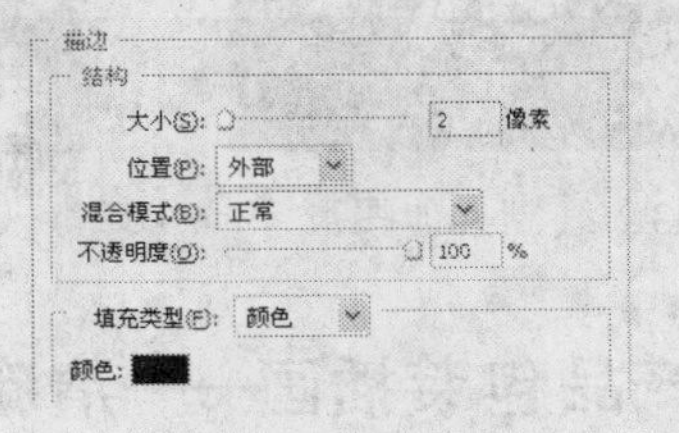

图10-118　“描边”参数

（20）将云纹复制几层，并调整到合适的大小和位置，如图10-120所示。

（21）选择工具箱中的钢笔工具，按下“路径”按钮，绘制如图10-121所示路径。

图10-119 “描边”效果

图10-120 复制云纹

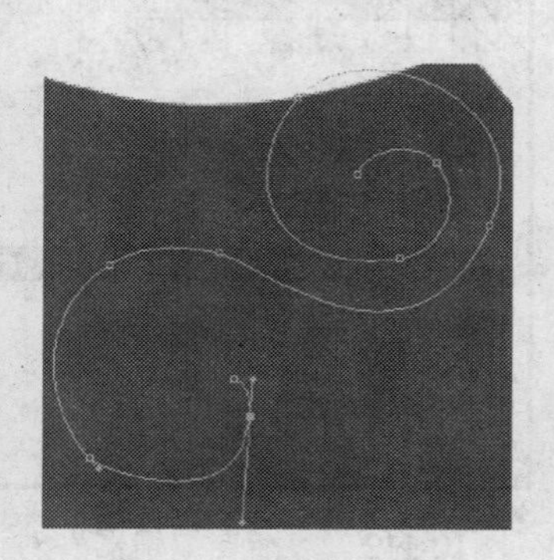

图10-121 绘制路径

图10-122 描边路径

（22）选择画笔工具，设置前景色黑色，画笔“大小”为“5像素”、“硬度”为100%。选择钢笔工具，在绘制的路径上单击鼠标右键，在弹出的快捷菜单中选择“描边路径”选项，在弹出的对话框中选择“画笔”选项，单击“确定”按钮，描边路径。按Ctrl+H快捷键隐藏路径，如图10-122所示。

（23）使用画笔工具绘制其他图形和光点，然后分别设置图层的“不透明度”为20%和66%，如图10-123、图10-124和图10-125所示。

图10-123 绘制其他图形

图10-124 光点效果

图10-125 最终效果

10.5 产品包装插画——清新百合

本实例绘制的是清新百合纸巾的产品包装插画，主要运用钢笔工具绘制花瓣的轮廓，然后运用画笔工具在图像中描绘，通过画笔笔触的不同，来表现花瓣的明暗色调。制作完成的清新百合纸巾的产品包装插画效果如图10-126所示。

（1）启用Photoshop后，执行“文件”|“新建”命令，或按Ctrl+N快捷键，弹出“新建”对话框，设置参数如图10-127所示。单击“确定”按钮，新建一个空白文件。

（2）设置前景色为绿色（RGB参考值分别为R98、G193、B195），按Alt+Delete快捷键填充颜色，如图10-128所示。

（3）新建一个图层，设置前景色为白色，选择画笔工具，在工具选项栏中降低“不透明度”和“流量”，在图像窗口中涂抹，如图10-129所示。

（4）单击“图层”面板上的“添加图层蒙版”按钮，为图层添加图层蒙版。按D键，恢复前景色和背景为默认的黑白颜色，选择渐变工具，按下“线性渐变”按钮，在图像窗口中按下并拖动鼠标，如图10-130所示。

图10-126　清新百合

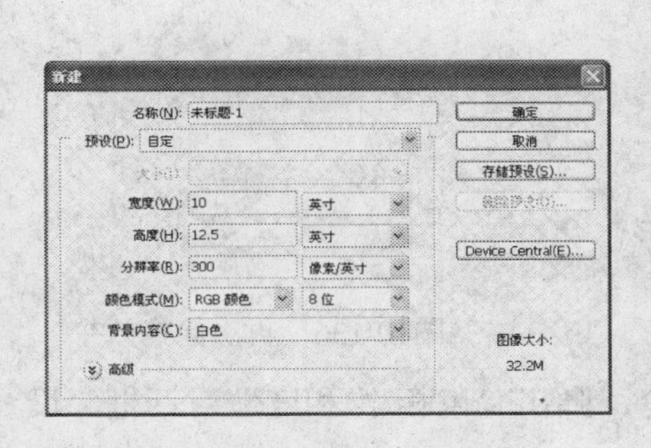

图10-127　“新建”对话框

图10-128　填充绿色

图10-129　涂抹效果

（5）设置前景色为白色，在工具箱中选择钢笔工具，按下“形状图层”按钮，在图像窗口中，绘制如图10-131所示图形。

（6）按住Ctrl键的同时，单击图层缩览图，载入选区。选择工具箱中的渐变工具，在工具选项栏中单击渐变条，打开“渐变编辑器”对话框，设置参数如图10-132所示。

（7）按下工具选项栏中的“线性渐变”按钮，在图像中按下并由上至下拖动鼠标，填充渐变效果如图10-133所示。

图10-130　添加图层蒙版

（8）新建一个图层，设置前景色为白色，选择画笔工具，在工具选项栏中设置“硬度”为0%、“不透明度”和“流量”均为80%，在图像窗口中涂抹，如图10-134所示。

图10-131　绘制图形

图10-132　“渐变编辑器”对话框

图10-133　填充渐变效果

（9）运用同样的操作方法，选择画笔工具，在图像中间涂抹，如图10-135所示。

（10）再次涂抹，加深颜色，如图10-136所示。

图10-134　涂抹效果

图10-135　涂抹效果

图10-136　再次涂抹效果

（11）执行“图像”|“调整”|“亮度/对比度”命令，弹出“色相/饱和度”对话框，设置参数如图10-137所示，调整效果如图10-138所示。

（12）运用同样的操作方法制作其他图形，如图10-139所示。

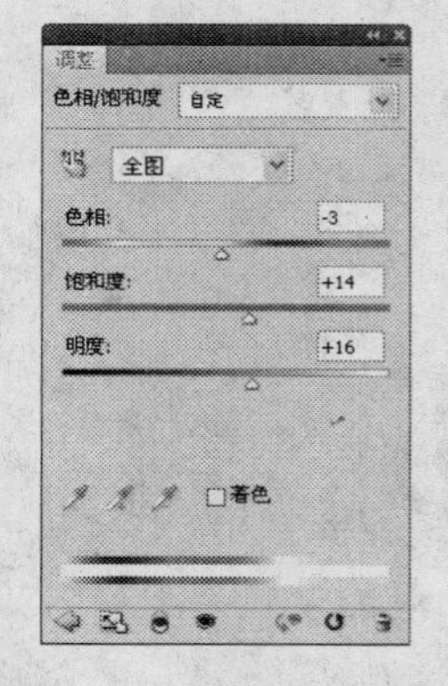

图10-137　“色相/饱和度”参数

图10-138　“色相/饱和度”效果

图10-139　制作其他图形

（13）选择钢笔工具，绘制图形，如图10-140所示。

（14）设置前景色为黄色（RGB参考值分别为R245、G235、B23），选择画笔工具，在图形中间涂抹，如图10-141所示。

（15）运用同样的操作方法，运用钢笔工具绘制图形，如图10-142所示。

图10-140　绘制图形

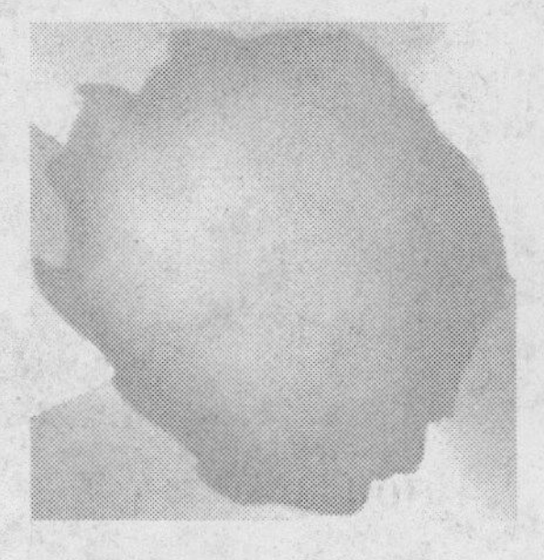

图10-141　涂抹效果

图10-142　再次绘制图形

（16）运用同样的操作方法，运用钢笔工具绘制茎部，如图10-143所示。

（17）运用绘制花瓣的操作方法，绘制花苞，如图10-144所示。

（18）绘制完成的花朵如图10-145所示。

图10-143　绘制茎部

图10-144　绘制花苞

图10-145　花朵效果

（19）按Ctrl+E快捷键，将花朵图层合并。选择花朵图层，在“图层”面板中单击“添加图层样式”按钮，在弹出的快捷菜单中选择“投影”选项，弹出“图层样式”对话框，设置参数如图10-146所示。

（20）单击“确定”按钮，退出“图层样式”对话框，添加的“投影”效果如图10-147所示。

（21）将花朵调整到合适的位置，如图10-148所示。

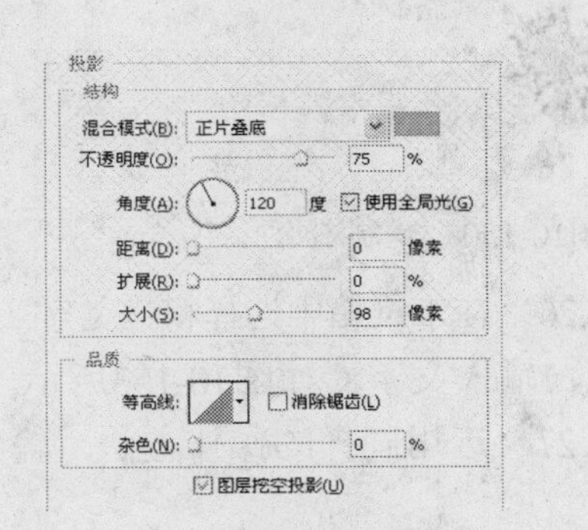

图10-146　“投影”参数

（22）将花朵图层复制一层，然后将图层下移一层，单击“图层”面板上的“添加图层蒙版”按钮，为图层添加图层蒙版。编辑图层蒙版，设置前景色为黑色，选择画笔工具，按“[”或“]”键调整合适的画笔大小，在图像上涂抹，如图10-149所示。

图10-147 “投影”效果

图10-148 调整位置

图10-149 复制图形

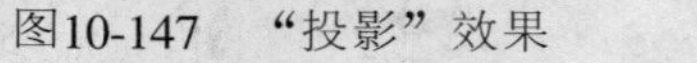

（23）再次复制花朵图层，调整到合适的位置，并添加图层蒙版，设置“混合模式”为“正片叠底”，如图10-150所示。

（24）将前面绘制的花瓣图形复制两个，调整好大小和位置，设置其中较小的图形的“混合模式”为“柔光”，如图10-151所示。

（25）按Ctrl+O快捷键，弹出“打开”对话框，选择窗户素材，单击“打开”按钮，运用移动工具，将素材添加至文件中，放置在合适的位置，并添加图层蒙版，然后设置图层的“混合模式”为“点光”，如图10-152所示。

图10-150 复制图形

图10-151 复制图形

图10-152 添加窗户素材

（26）在工具箱中选择横排文字工具，设置“字体”为LongCoolMother、“字体大小”为60点，输入文字，如图10-153所示。

（27）运用同样的操作方法，输入其他文字，最终效果如图10-154所示。

现代插画的诉求功能：

• 将信息最简洁、明确、清晰地传递给观众，引起他们的兴趣，努力使他们信服传递的内容，并在审美的过程中欣然接受宣传的内容，诱导他们采取最终的行动。

• 展示生动具体的产品和服务形象，直观地传递信息。

• 激发消费者的兴趣。
• 强化商品的感染力，刺激消费者的欲望。

图10-153 输入文字

图10-154 最终效果

第11章

产品造型设计

在日常生活中会接触到各种各样的产品，这些产品都要先进行产品造型设计，再通过一系列复杂的产品建模和生产等才能投入使用。本章通过4个产品造型设计实例，讲解了较常用的造型设计方法，并详细介绍了创意技法及制作流程，使用户对产品造型设计的理念有一个基本的认识。

11.1 手表造型设计——金属手表

本实例制作的是ROBOX手表的造型，重点在于手表金属光感的体现，实例根据金属手表的形态构成，进行各个亮部和暗部的细节绘制，通过运用钢笔工具绘制出手表的外轮廓，然后添加图层样式效果，制作手表的金属光感。制作完成的金属光感的手表效果如图11-1所示。

图11-1 ROBOX手表

（1）启用Photoshop后，执行“文件”|“新建”命令，弹出“新建”对话框，设置参数如图11-2所示。单击“确定”按钮，新建一个空白文件。

（2）选择工具箱中的渐变工具，在工具选项栏中单击渐变条，打开“渐变编辑器”对话框，设置参数如图11-3所示，其中深紫色的RGB参考值分别为R97、G94、B128。

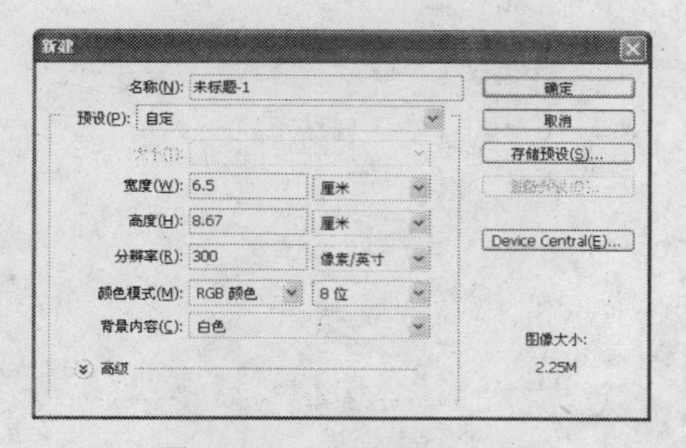

图11-2 “新建”对话框

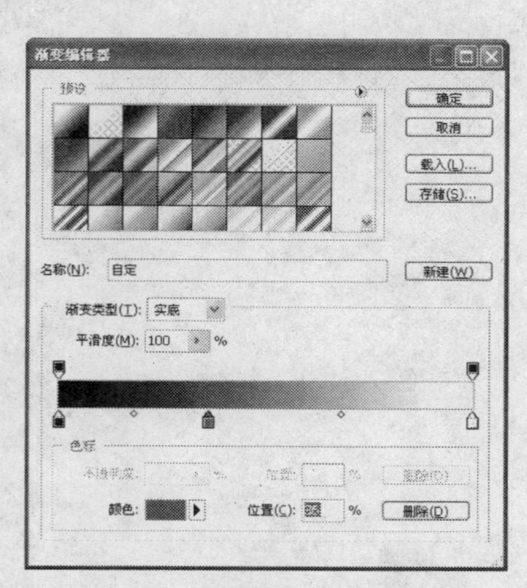

图11-3 “渐变编辑器”对话框

（3）单击“确定”按钮，关闭“渐变编辑器”对话框。按下工具选项栏中的“径向渐变”按钮，在图像窗口中按下并由内至外拖动鼠标，填充渐变效果如图11-4所示。

（4）设置前景色为黑色，在工具箱中选择椭圆工具，按下“形状图层”按钮，按住Shift键的同时，在图像窗口中拖动鼠标绘制如图11-5所示的正圆。

（5）将正圆复制一层，并缩放到合适的大小。执行“图层”|“图层样式”|“渐变叠加”命令，弹出“图层样式”对话框，单击渐变条，在弹出的“渐变编辑器”对话框中设置颜色如图11-6所示。其中，淡黄色的RGB参考值分别为R255、G245、B202，土黄色的RGB参考值分别为R214、G194、B145。

图11-4　填充渐变效果

图11-5　绘制正圆

图11-6　“渐变编辑器”对话框

（6）单击“确定”按钮，返回“图层样式”对话框，设置参数如图11-7所示。

（7）单击“确定”按钮，退出“图层样式”对话框，添加的“渐变叠加”效果如图11-8所示。

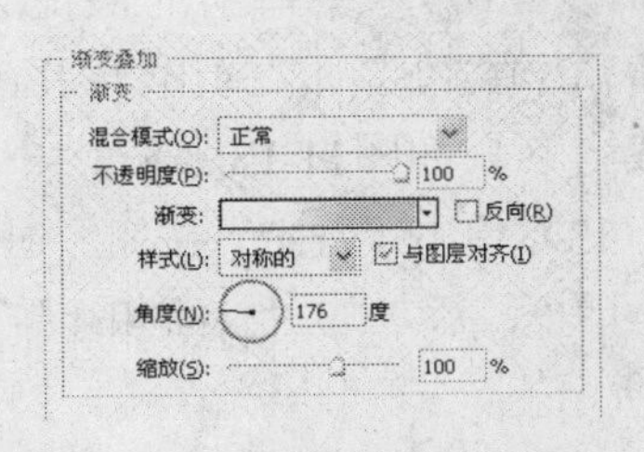

图11-7　“渐变叠加”参数

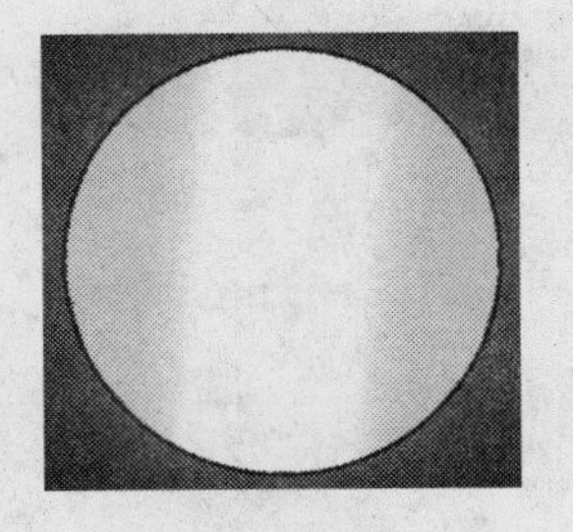

图11-8　“渐变叠加”效果

（8）在工具箱中选择椭圆工具，按下“路径”按钮，按住Shift键的同时，在图像窗口中拖动鼠标绘制正圆路径。选择画笔工具，设置前景色为黑色，画笔“大小”为“20像素”、“硬度”为100%，按F5键，打开“画笔”面板，设置参数如图11-9所示。

（9）选择钢笔工具，在绘制的正圆路径上单击鼠标右键，在弹出的快捷菜单中选择“描边路径”选项，在弹出的对话框中选择“画笔”选项，单击“确定”按钮，描边路径，得到如图11-10所示的圆点。

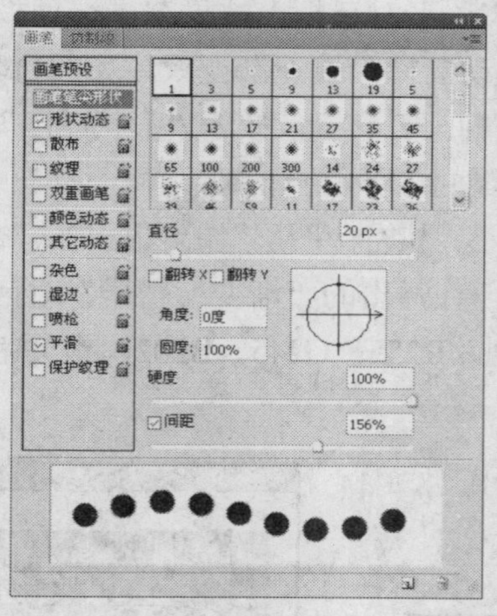

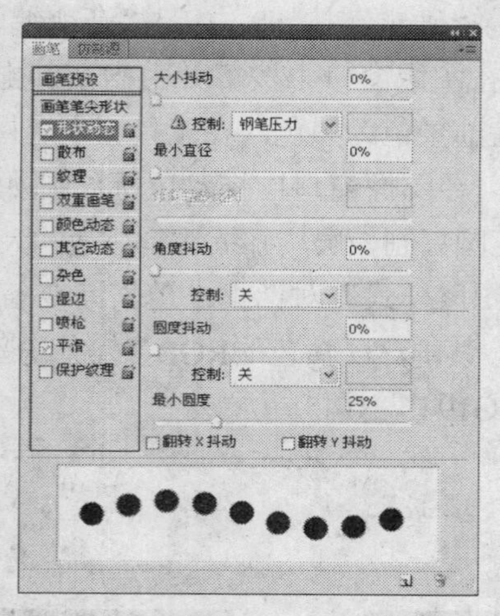

图11-9　设置画笔参数

（10）按住Ctrl键的同时，将圆点载入选区，选择形状图层，按Delete键删除多余选区，如图11-11所示。

（11）运用同样的操作方法再次绘制正圆，并填充颜色，如图11-12所示。

图11-10　描边路径

图11-11　删除多余选区

图11-12　绘制正圆

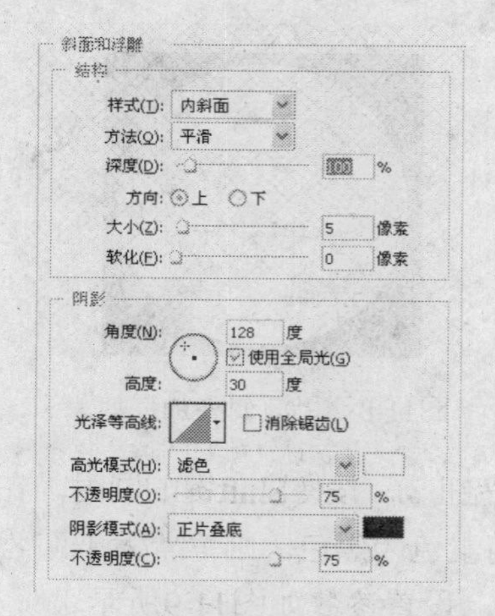

图11-13　“斜面和浮雕”参数

（12）在“图层”面板中单击“添加图层样式”按钮fx.，在弹出的快捷菜单中选择“斜面和浮雕”选项，弹出“图层样式”对话框，设置参数如图11-13所示。

（13）单击“确定”按钮，退出“图层样式”对话框，添加的“斜面和浮雕”效果如图11-14所示。

（14）运用同样的操作方法再次绘制正圆，并填充灰色（RGB参考值分别为R36、G36、B36），设置图层的“不透明度”为75%，如图11-15所示。

（15）按Ctrl+R快捷键，在图像窗口中显示标尺，拖动鼠标添加参考线至正圆的中心位置，如图11-16所示。

（16）设置前景色为白色，在工具箱中选择矩形工具，按下“填充像素”按钮，在图像窗口中，拖动鼠标绘制矩形。按Ctrl+T快捷键，进入自由变换状态，单击鼠标右键，在弹出的快捷菜单中选择“旋转”选项，调整至合适的位置和角度，如图11-17所示。

图11-14　“斜面和浮雕”效果

图11-15　绘制正圆

图11-16　新建参考线

（17）按Ctrl+Alt+T键，变换图形，按住Alt键的同时，拖动中心控制点至左侧边缘位置，调整变换中心并旋转60°，如图11-18所示。

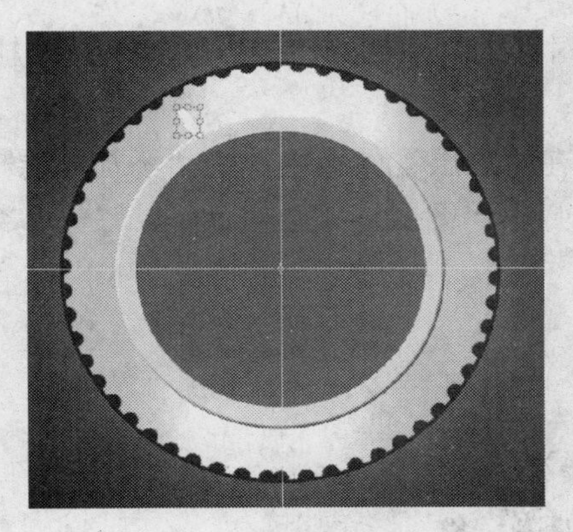
图11-17　绘制矩形

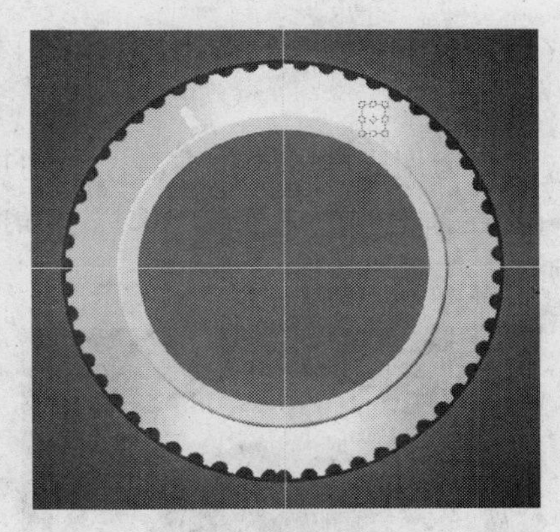
图11-18　调整变换中心并旋转60°

（18）按Ctrl+Alt+Shift+T快捷键，可在进行再次变换的同时复制变换对象。合并变换图形的图层，调整至合适的位置，如图11-19所示。

（19）运用同样的操作方法，制作内圈的重复变换效果，如图11-20所示。

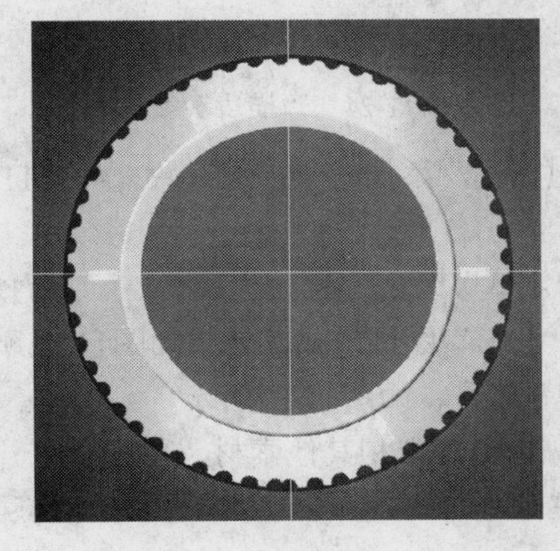
图11-19　重复变换效果

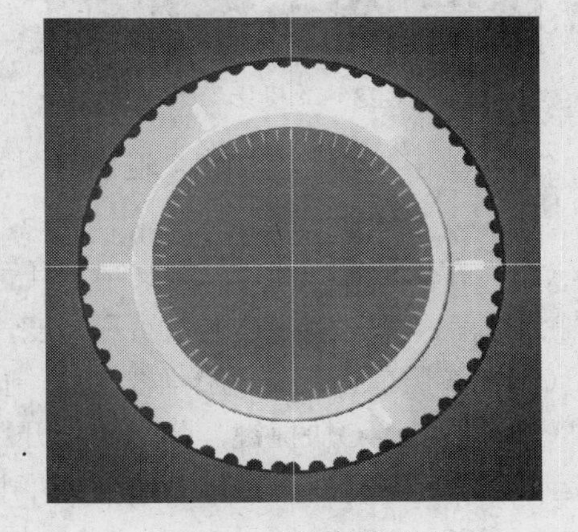
图11-20　重复变换效果

（20）设置前景色为白色，在工具箱中选择钢笔工具，按下“形状图层”按钮，在图像窗口中，绘制如图11-21所示的三角形。

（21）在“图层”面板中单击“添加图层样式”按钮，在弹出的快捷菜单中选择“投影”选项，弹出“图层样式”对话框，设置参数如图11-22所示。

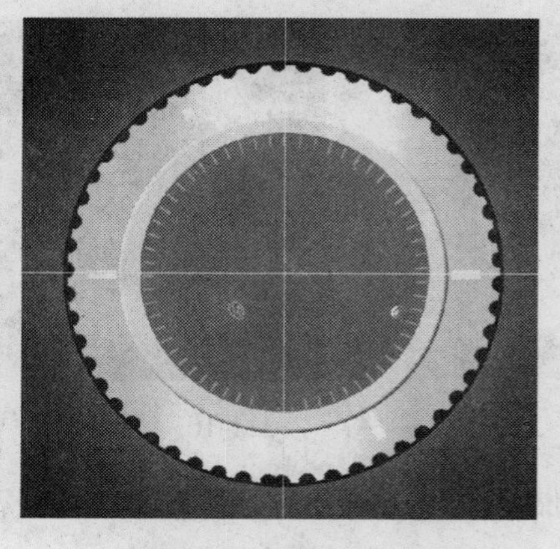

图11-21　绘制图形

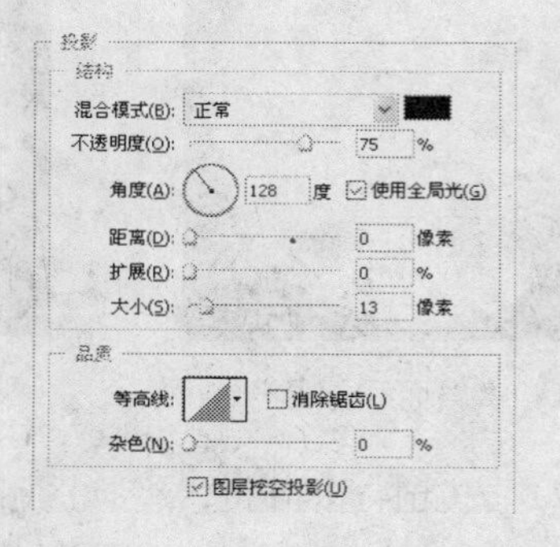

图11-22　“投影”参数

（22）单击“确定”按钮，退出“图层样式”对话框，添加的“投影”效果如图11-23所示。

（23）运用同样的操作方法，绘制其他图形。在“图层”面板中单击“添加图层样式”按钮fx，在弹出的快捷菜单中选择“描边”选项，弹出“图层样式”对话框，设置参数如图11-24所示。

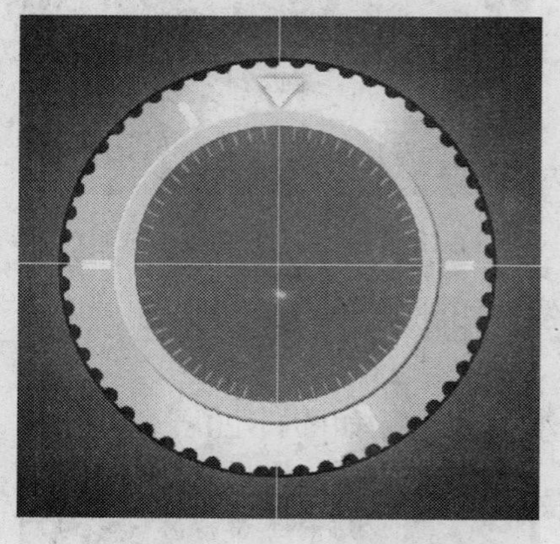

图11-23　“投影”效果

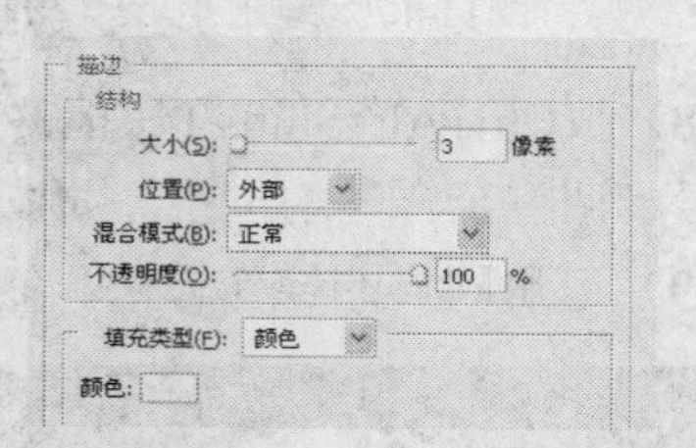

图11-24　“描边”参数

（24）单击“确定”按钮，退出“图层样式”对话框，添加的“描边”效果如图11-25所示。

（25）在工具箱中选择横排文字工具T，设置“字体”为Impact、“字体大小”为12点，分别输入数字，调整到合适的位置和角度，并添加“投影”图层样式，效果如图11-26所示。

（26）参照前面同样的操作方法，制作其他细节部分，如图11-27所示。

（27）按Ctrl+O快捷键，弹出“打开”对话框，选择表带和其他素材，单击“打开”按钮，运用移动工具，将素材添加至文件中，放置在合适的位置，最终效果如图11-28所示。

图11-25　“描边”效果

图11-26　输入数字

图11-27　制作其他部分

图11-28　最终效果

11.2　主机造型设计——袖珍主机

本实例制作的是XBOX360主机的造型，通过运用钢笔工具绘制出主机的外轮廓，然后添加“斜面和浮雕”图层样式，结合使用画笔工具，制作主机的立体感。制作完成的袖珍主机效果如图11-29所示。

（1）启用Photoshop后，执行“文件”|“新建”命令，弹出“新建”对话框，设置参数如图11-30所示。单击“确定”按钮，新建一个空白文件。

（2）设置前景色为白色，在工具箱中选择钢笔工具，按下“形状图层”按钮，在图像窗口中，绘制如图11-31所示路径。

（3）执行“图层”|“图层样式”|“渐变”命令，弹出“图层样式”对话框，单击渐变条，在弹出的“渐变编辑器”对话框中设置颜色如图11-32所示。

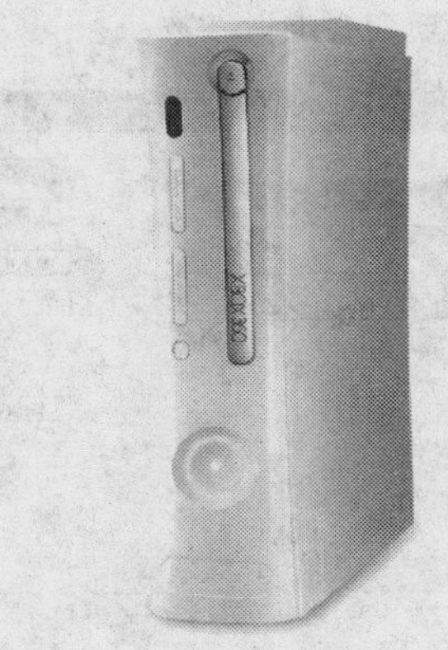

图11-29　XBOX360主机

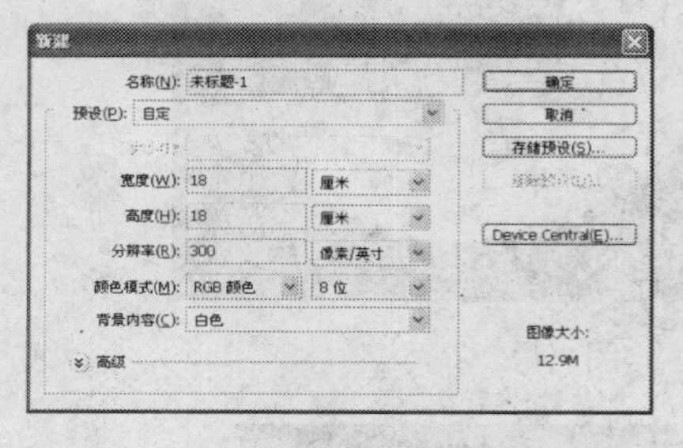

图11-30 “新建”对话框

图11-31 绘制路径

图11-32 “渐变编辑器”对话框

（4）单击“确定”按钮，返回“图层样式”对话框，设置参数如图11-33所示。

（5）单击“确定”按钮，退出“图层样式”对话框，添加的“渐变叠加”效果如图11-34所示。

（6）参照前面同样的操作方法，设置前景色为黑色，运用钢笔工具绘制图形，如图11-35所示。

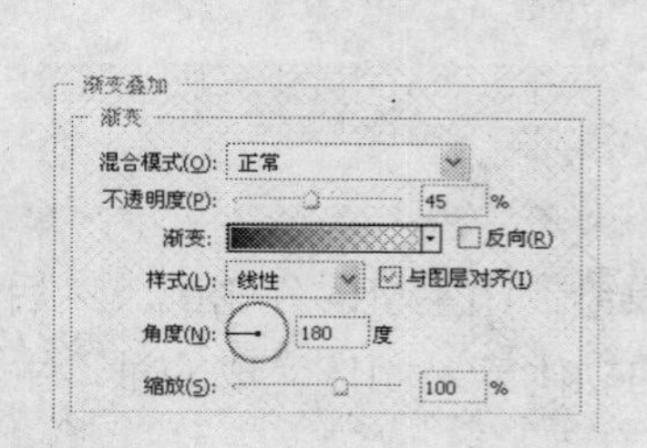

图11-33 “渐变叠加”参数

图11-34 “渐变叠加”效果

图11-35 绘制图形

图11-36 “渐变编辑器”对话框

（7）执行“图层”|“图层样式”|“渐变叠加”命令，弹出“图层样式”对话框，单击渐变条，在弹出的“渐变编辑器”对话框中设置颜色如图11-36所示。其中，淡绿色的RGB参考值分别为R214、G219、B215，绿色的RGB参考值分别为R163、G166、B163，灰绿色的RGB参考值分别为R196、G207、B203。

（8）单击“确定”按钮，返回“图层样式”对话框，设置参数如图11-37所示。

（9）选择“斜面和浮雕”选项，设置参数如图11-38所示。

（10）单击“确定”按钮，退出“图层样式”对话框，添加的图层样式效果如图11-39所示。

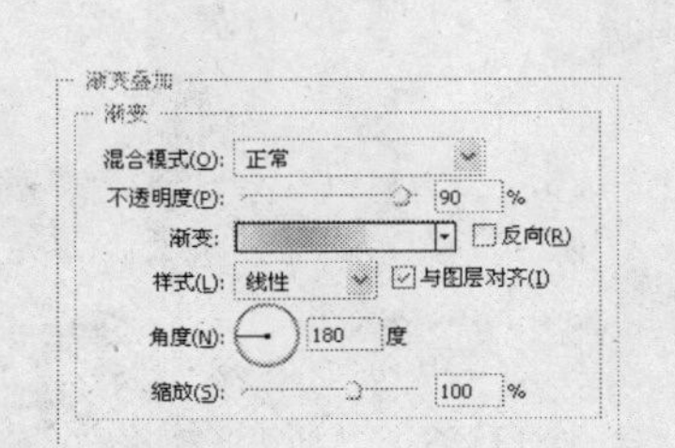

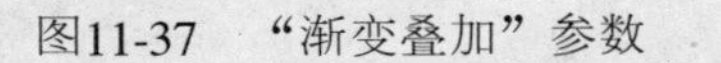

图11-37 “渐变叠加”参数

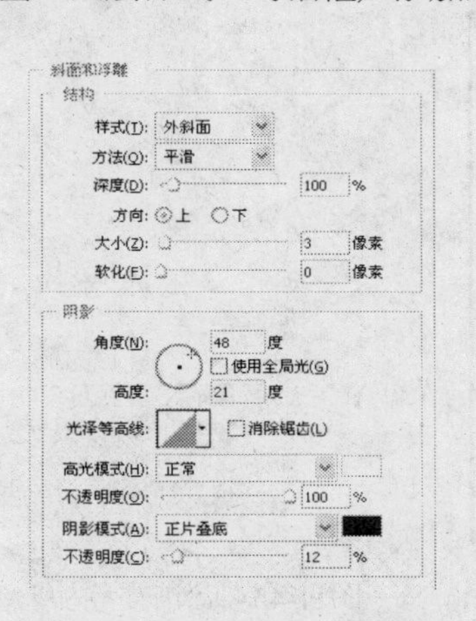

图11-38 “斜面和浮雕”参数

图11-39 添加图层样式效果

（11）新建一个图层，设置前景色为白色，选择画笔工具，在工具选项栏中设置“硬度”为0%、“不透明度”和“流量”均为80%，按住Shift键的同时，在图像窗口中拖动鼠标绘制如图11-40所示光效。

（12）运用同样的操作方法，再次绘制光效，如图11-41所示。

（13）设置前景色为深棕色（RGB参考值分别为R57、G10、B3），填充背景颜色，设置前景色为白色，在工具箱中选择椭圆工具，按下“形状图层”按钮，按住Shift键的同时，在图像窗口中拖动鼠标绘制如图11-42所示正圆。

（14）设置图层的“不透明度”为100%、“填充”为0%，如图11-43所示。

图11-40 绘制光效

图11-41 再次绘制光效

图11-42 绘制正圆

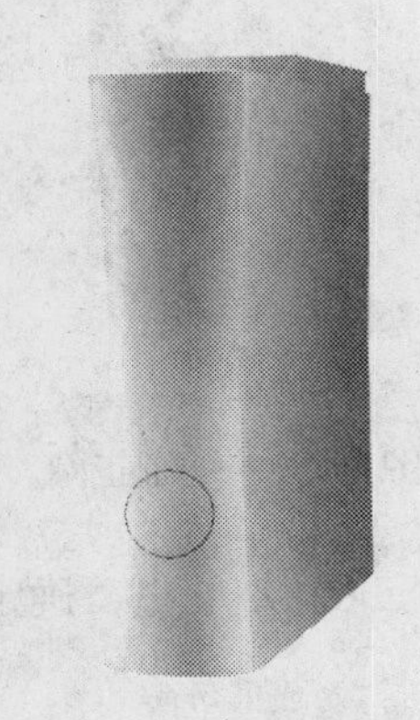

图11-43 “不透明度”为100%、填充为0%

（15）执行“图层”|“图层样式”|“渐变叠加”命令，弹出“图层样式”对话框，单击渐变条，在弹出的“渐变编辑器”对话框中设置颜色如图11-44所示，其中灰色的RGB参考值分别为R100、G109、B104。

（16）单击“确定”按钮，返回“图层样式”对话框，设置参数如图11-45所示。

（17）单击“确定”按钮，退出“图层样式”对话框，添加的“渐变叠加”效果如图11-46所示。

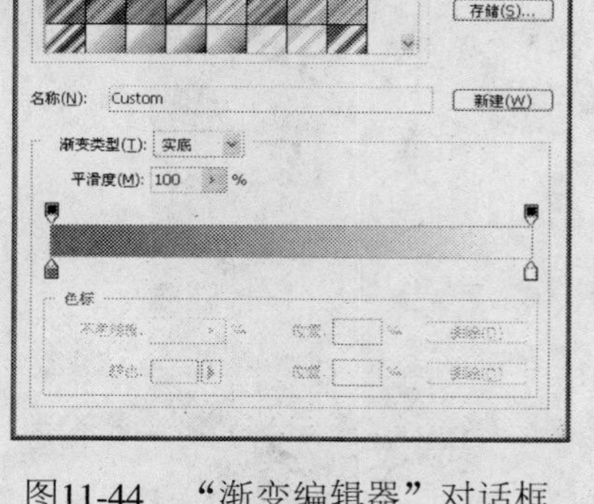

图11-44 “渐变编辑器”对话框

图11-45 “渐变叠加”参数

图11-46 “渐变叠加”效果

（18）复制正圆，按Ctrl+T快捷键，进入自由变换状态，然后按住Shift+Alt键的同时，向内拖动控制柄缩放至合适的大小，按Enter键确认调整，如图11-47所示。

（19）双击图层，弹出“图层样式”对话框，选择“外发光”选项，设置参数如图11-48所示。

（20）选择“内发光”选项，设置参数如图11-49所示。

图11-47 复制正圆

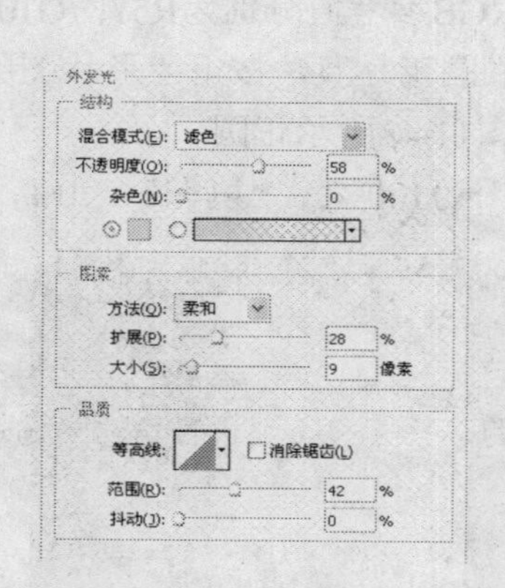

图11-48 “外发光”参数

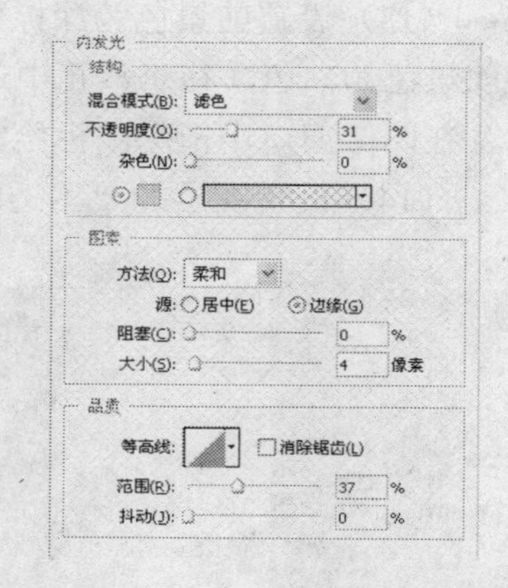

图11-49 “内发光”参数

（21）单击“确定”按钮，退出“图层样式”对话框，添加的图层样式效果如图11-50所示。

（22）设置前景色为深棕色（RGB参考值分别为R57、G10、B3），填充背景颜色，设置前景色为白色，在工具箱中选择圆角矩形工具，按下“形状图层”按钮，在图像窗口中，拖动鼠标绘制圆角矩形，并调整至合适的位置和角度，如图11-51所示。

（23）设置图层的“不透明度”为100%、“填充”为0%，如图11-52所示。

（24）双击图层，弹出“图层样式”对话框，选择“斜面和浮雕”选项，设置参数如图11-53所示。

（25）选择“描边”选项，设置参数如图11-54所示。

图11-50　添加图层样式效果

图11-51　绘制圆角矩形

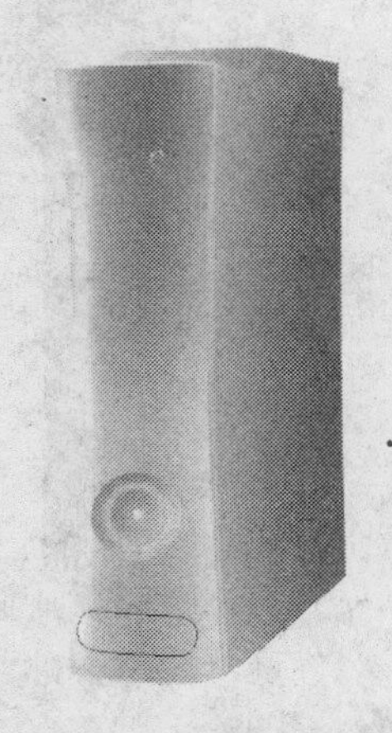

图11-52　“不透明度”为100%、“填充”为0%

（26）单击“确定”按钮，退出“图层样式”对话框，添加的图层样式效果如图11-55所示。

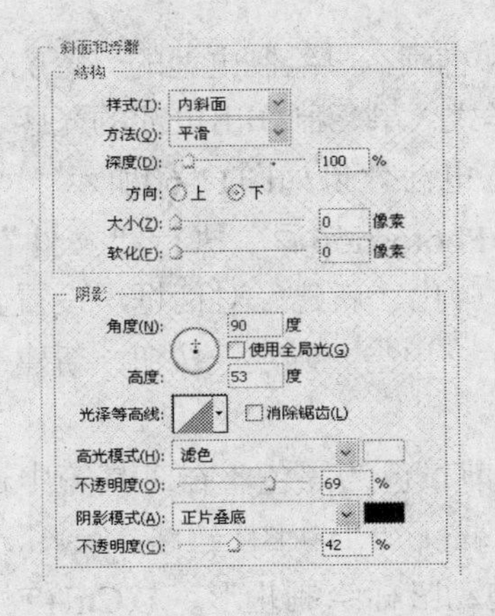

图11-53　“斜面和浮雕”参数

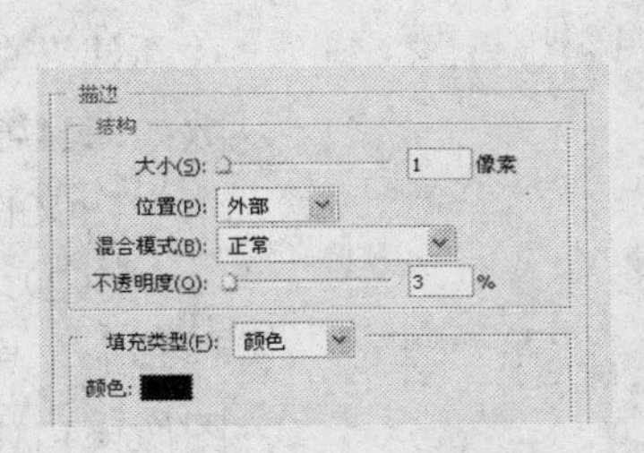

图11-54　“描边”参数

图11-55　添加图层样式效果

（27）运用同样的操作方法制作其他图形，并添加图层样式效果，如图11-56所示。

（28）在工具箱中选择直排文字工具，设置“字体”为Myriad Pro、“字体大小”为12点，输入文字，如图11-57所示。

（29）运用同样的操作方法输入其他文字，如图11-58所示。

（30）新建一个图层，设置前景色为白色，选择画笔工具，在工具选项栏中设置“硬度”为0%、“不透明度”为42%、“流量”为14%，在图像窗口中涂抹绘制阴影，最终效果如图11-59所示。

图11-56　绘制其他图形

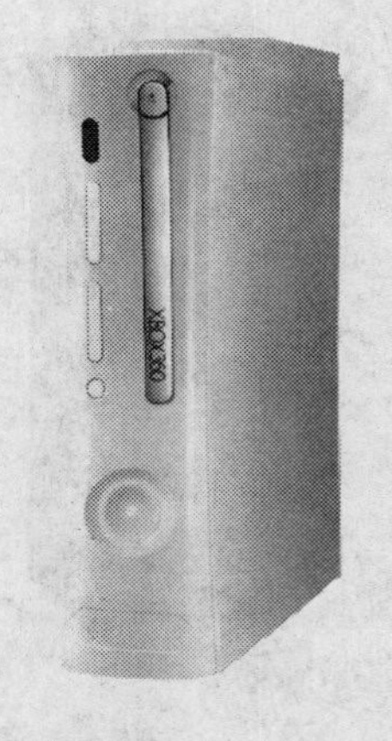

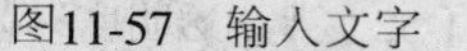

图11-57　输入文字

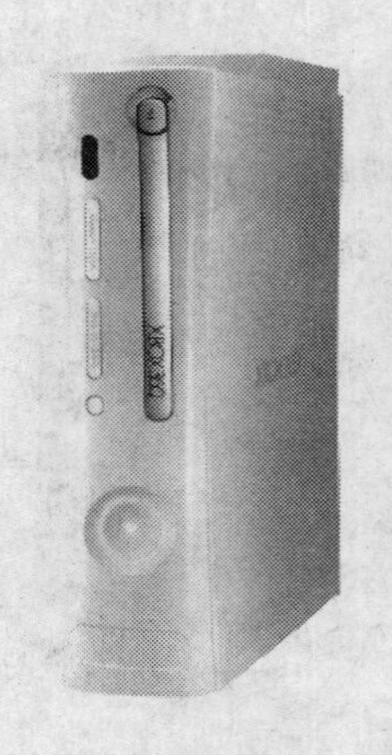

图11-58　输入其他文字

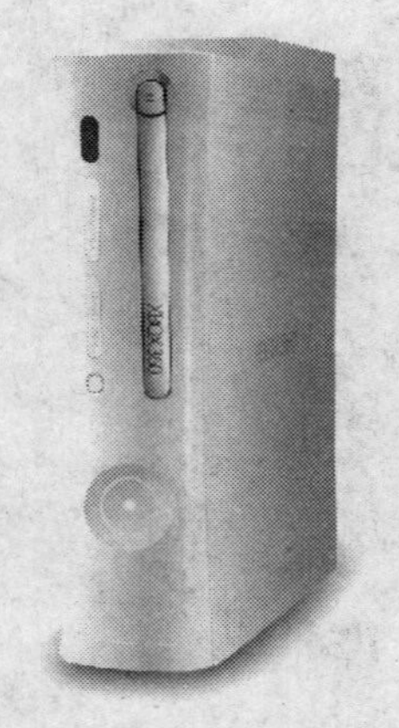

图11-59　最终效果

11.3　电池造型设计——光感电池

本实例制作的是光感电池的造型，实例主要通过矩形工具和椭圆工具绘制电池的外轮廓，然后添加图层样式效果，制作出电池的光感。制作完成的光感电池效果如图11-60所示。

图11-60　光感电池

（1）启用Photoshop后，执行“文件”|“新建”命令，弹出“新建”对话框，设置参数如图11-61所示。单击“确定”按钮，新建一个空白文件。

（2）设置前景色为黑色，在工具箱中选择矩形工具，按下“形状图层”按钮，在图像窗口中，拖动鼠标绘制矩形。按Ctrl+T快捷键，进入自由变换状态，单击鼠标右键，在弹出的快捷菜单中选择“斜切”选项，调整至合适的角度，如图11-62所示。

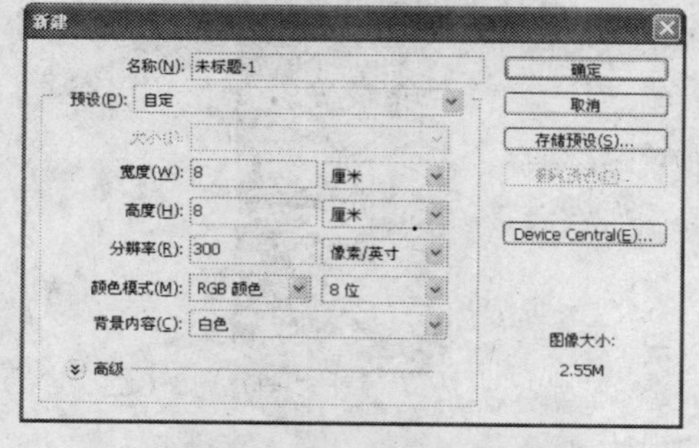

图11-61　“新建”对话框

图11-62　绘制矩形

（3）执行“图层”|“图层样式”|“渐变叠加”命令，弹出“图层样式”对话框，单击渐变条，在弹出的“渐变编辑器”对话框中设置颜色如图11-63所示。

（4）单击“确定”按钮，返回“图层样式”对话框，设置参数如图11-64所示。

（5）单击“确定”按钮，退出“图层样式”对话框，添加的“渐变叠加”效果如图11-65所示。

图11-63　“渐变编辑器”对话框

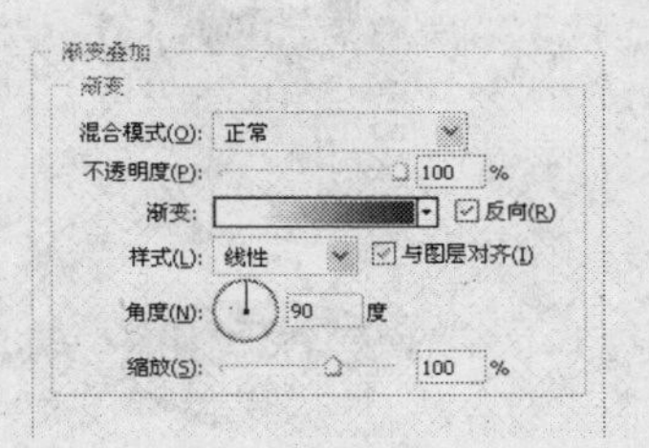

图11-64　“渐变叠加”参数

图11-65　“渐变叠加”效果

（6）设置前景色为黑色，在工具箱中选择椭圆工具，按下“形状图层”按钮，在图像窗口中，拖动鼠标绘制如图11-66所示椭圆。

（7）选择椭圆图层，参照前面同样的操作方法，添加“渐变叠加”图层样式，如图11-67所示。

（8）运用同样的操作方法，绘制下面的椭圆。

（9）选择椭圆图层，参照前面同样的操作方法，添加“渐变叠加”图层样式，如图11-68所示。

图11-66　绘制椭圆

图11-67　“渐变叠加”效果

图11-68　“渐变叠加”效果

（10）运用矩形工具绘制矩形，如图11-69所示。

（11）按Ctrl+T快捷键，进入自由变换状态，单击鼠标右键，在弹出的快捷菜单中选择“变形”选项，调整矩形至合适的位置和角度，如图11-70所示。

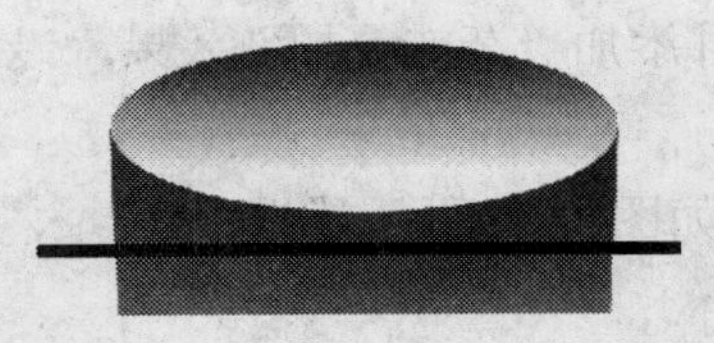

图11-69　绘制矩形

图11-70　调整图形

（12）参照前面同样的操作方法，为矩形添加“渐变叠加”图层样式，如图11-71所示。

（13）再次绘制并调整矩形，以及添加“渐变叠加”图层样式，如图11-72所示。

（14）新建一个图层，设置前景色为白色，选择画笔工具，在工具选项栏中设置“硬度”为0%、“不透明度”和“流量”均为80%，在图像窗口中单击鼠标，绘制如图11-73所示光点。

图11-71 “渐变叠加”效果

图11-72 制作图形

图11-73 绘制光点

（15）再次绘制矩形，执行“图层”|“图层样式”|“渐变叠加”命令，弹出“图层样式”对话框，单击渐变条，在弹出的“渐变编辑器”对话框中设置颜色如图11-74所示。其中，黄色的RGB参考值分别为R248、G242、B65，绿色的RGB参考值分别为R8、G194、B8。

（16）单击“确定”按钮，返回“图层样式”对话框，设置参数如图11-75所示。

（17）单击“确定”按钮，退出“图层样式”对话框，添加的“渐变叠加”效果如图11-76所示。

图11-74 “渐变编辑器”对话框

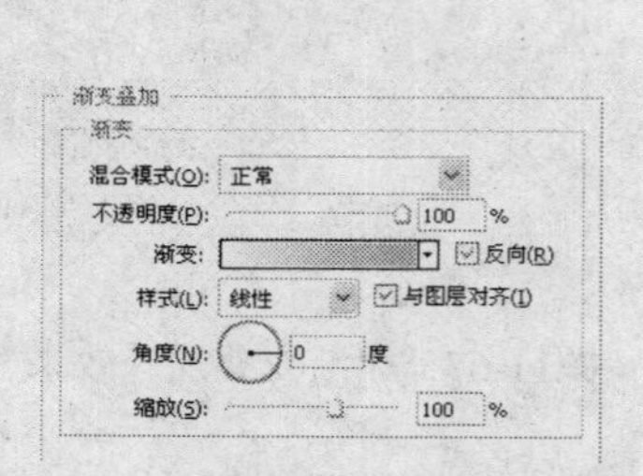

图11-75 “渐变叠加”参数

图11-76 绘制矩形

（18）参照前面同样的操作方法，制作变形效果，设置图层的“不透明度”为100%，如图11-77所示。

（19）运用同样的操作方法，绘制另一个图形，并添加“渐变叠加”效果，设置图层的“不透明度”为80%，如图11-78所示。

（20）运用同样的操作方法制作其他图形，得到如图11-79所示效果。

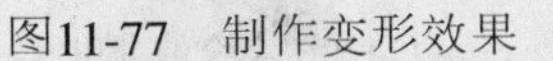

图11-77 制作变形效果　　图11-78 再次制作图形　　图11-79 制作其他图形

（21）设置前景色为白色，在工具箱中选择钢笔工具，按下“形状图层”按钮，在图像窗口中，绘制如图11-80所示图形。

（22）运用同样的操作方法绘制图形，设置图层的“不透明度”为50%，如图11-81所示。

（23）选择工具箱多边形工具，建立如图11-82所示选区。

图11-80 绘制白色图形　　图11-81 绘制白色图形　　图11-82 建立选区

（24）新建一个图层，设置前景色为白色，选择画笔工具，在工具选项栏中设置“硬度”为0%、“不透明度”和“流量”均为80%，在图像窗口中涂抹，如图11-83所示。

图11-83 涂抹效果

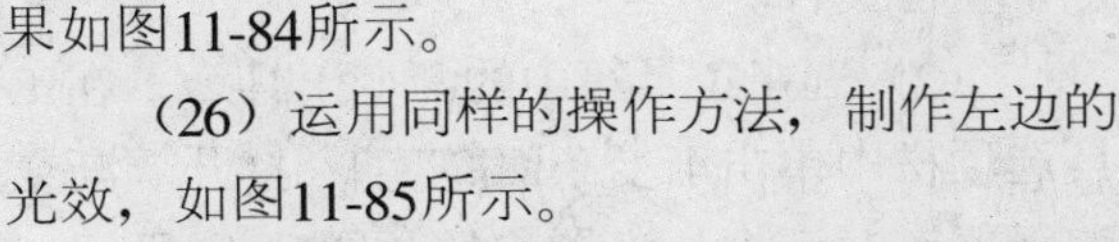

（25）执行“滤镜”|“模糊”|“动感模糊”命令，弹出“动感模糊”对话框，设置“角度”为10度、“距离”为30像素，单击“确定”按钮，退出“动感模糊”对话框，效果如图11-84所示。

（26）运用同样的操作方法，制作左边的光效，如图11-85所示。

（27）设置前景色为黑色，在工具箱中选择椭圆工具，按下“形状图层”按钮，在图像窗口中，拖动鼠标绘制椭圆，参照前面同样的操作方法添加“渐变叠加”图层样式，如图11-86所示。

图11-84 “动感模糊”效果

图11-85 制作光效

图11-86 绘制椭圆

（28）选择“内阴影”选项，设置参数如图11-87所示。

（29）运用同样的操作方法，制作顶部效果，完成实例的制作，最终效果如图11-88所示。

图11-87 “内阴影”参数

图11-88 最终效果

11.4 手机造型设计——Apple手机

本实例制作的是Apple手机的造型，主要通过圆角矩形工具绘制出产品的外轮廓，然后添加“斜面和浮雕”图层样式，制作手机的厚度感，最后运用圆角矩形工具、椭圆工具绘制出手机的细节。制作完成的手机效果如图11-89所示。

图11-89 Apple手机

（1）启用Photoshop后，执行“文件”|“新建”命令，弹出“新建”对话框，设置参数如图11-90所示。单击“确定”按钮，新建一个空白文件。

（2）选择工具箱中的渐变工具，在工具选项栏中单击渐变条，打开“渐变编辑器”对话框，设置参数如图11-91所示。

（3）单击“确定”按钮，关闭“渐变编辑器”对话框。按下工具选项栏中的“径向”按钮，在图像中按下并拖动鼠标，填充渐变效果如图11-92所示。

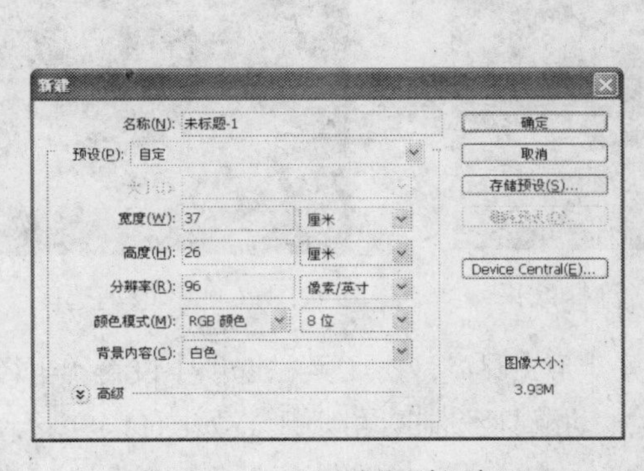

图11-90　“新建”对话框

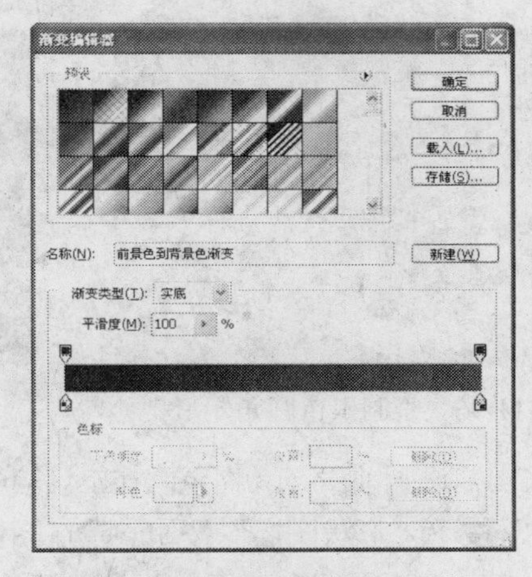

图11-91　“渐变编辑器”对话框

(4) 设置前景色为黑色，在工具箱中选择圆角矩形工具，按下“形状图层”按钮，在图像窗口中拖动鼠标绘制圆角矩形，如图11-93所示。

(5) 在“图层”面板中单击“添加图层样式”按钮 fx.，在弹出的快捷菜单中选择“斜面和浮雕”选项，弹出“图层样式”对话框，设置参数如图11-94所示。

图11-92　填充渐变效果

图11-93　绘制圆角矩形

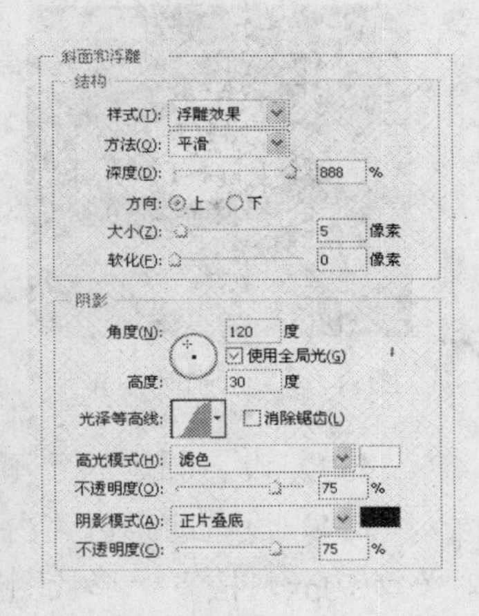

图11-94　“斜面和浮雕”参数

(6) 单击“确定”按钮，退出“图层样式”对话框，添加的“斜面和浮雕”效果如图11-95所示。

(7) 运用同样的操作方法，再次绘制黑色圆角矩形，如图11-96所示。

(8) 新建一个图层，设置前景色为白色，选择椭圆选框工具，按住Shift键的同时，绘制正圆选区。选择画笔工具，在工具选项栏中设置“硬度”为0%、“不透明度”和“流量”均为20%，在图像窗口中涂抹，如图11-97所示。

图11-95　“斜面和浮雕”效果

(9) 按Ctrl+D快捷键取消选区，如图11-98所示。

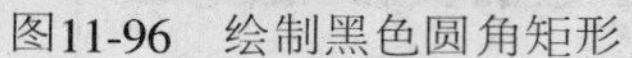
图11-96　绘制黑色圆角矩形

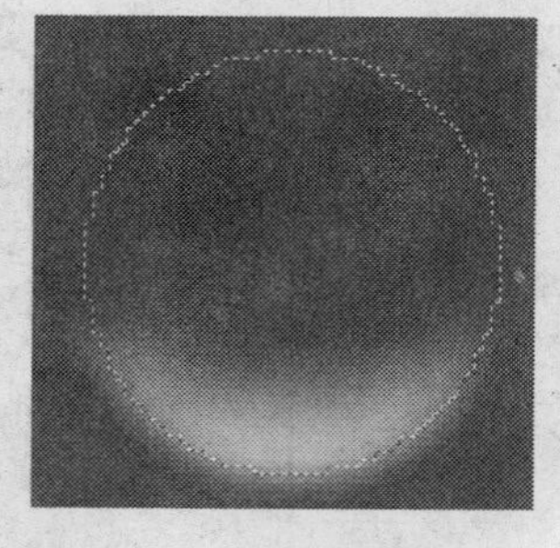
图11-97　涂抹效果

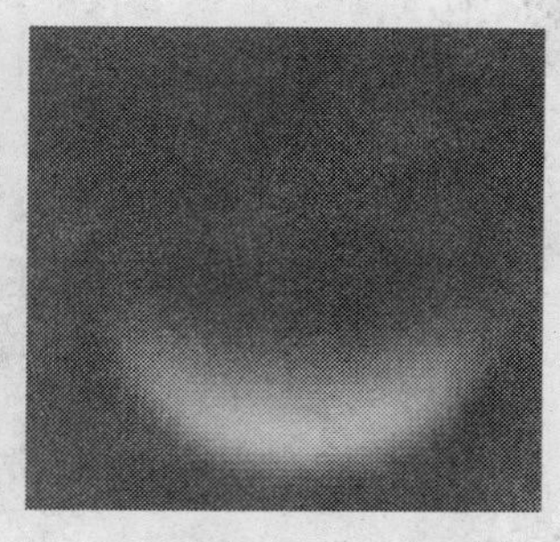
图11-98　取消选区

（10）设置前景色为白色，在工具箱中选择圆角矩形工具，在工具栏选项中设置“半径”为20px，按下“形状图层”按钮，在图像窗口中拖动鼠标绘制圆角矩形，如图11-99所示。

（11）在“图层”面板中单击“添加图层样式”按钮，在弹出的快捷菜单中选择“描边”选项，弹出“图层样式”对话框，设置参数如图11-100所示，其中描边的颜色为灰色（RGB参考值分别为R151、G148、B148）。

（12）单击“确定”按钮，退出“图层样式”对话框，添加的“描边”效果如图11-101所示。

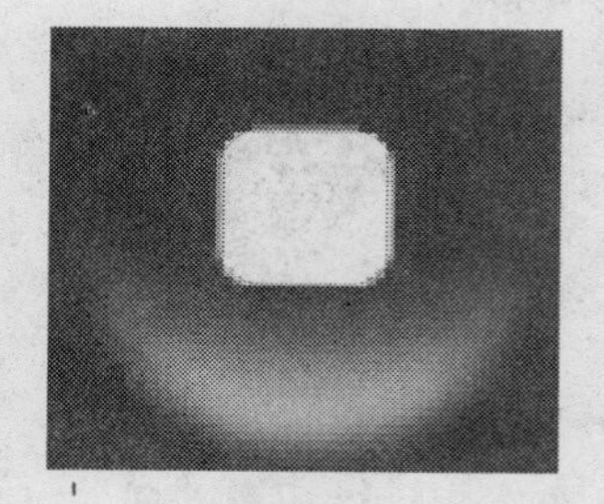
图11-99　绘制圆角矩形

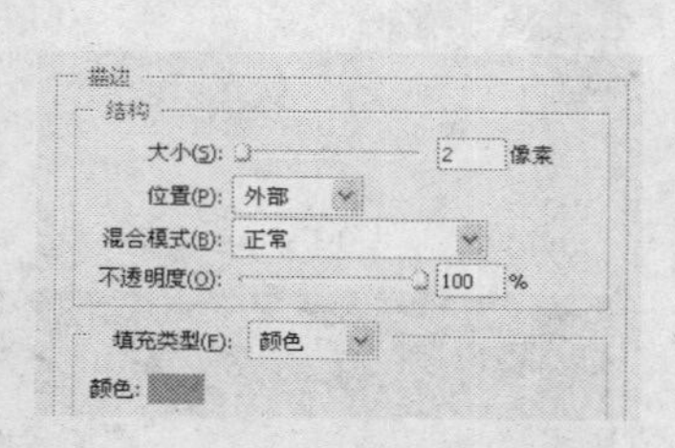

图11-100　“描边”参数

图11-101　“描边”效果

（13）设置图层的“不透明度”为100%、“填充”为0%，如图11-102所示。

（14）设置前景色为白色，在工具箱中选择圆角矩形工具，在工具栏选项中设置“半径”为50px，按下“形状图层”按钮，在图像窗口中拖动鼠标绘制圆角矩形，设置图层的“不透明度”为100%、“填充”为0%，如图11-103所示。

（15）运用同样的操作方法，绘制矩形，如图11-104所示。

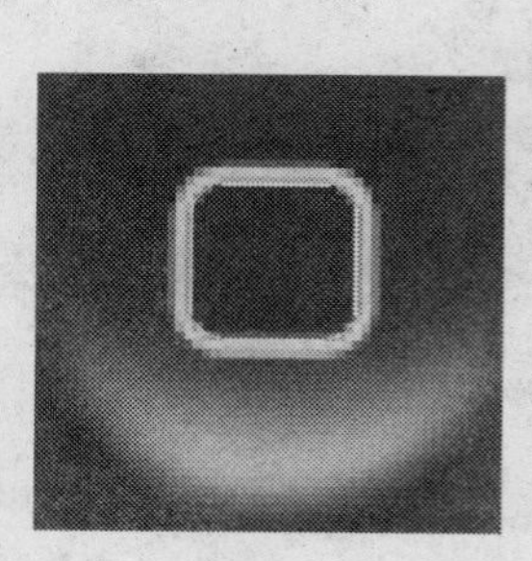
图11-102　“不透明度”为100%、填充为0%

图11-103　绘制圆角矩形

图11-104　绘制矩形

（16）运用同样的操作方法，绘制其他部分图形，如图11-105所示。

（17）将“图层2”复制一层，选择工具箱中的渐变工具，在工具选项栏中单击渐变条，打开“渐变编辑器”对话框，设置参数如图11-106所示。

（18）单击“确定”按钮，关闭“渐变编辑器”对话框。按下工具选项栏中的“线性渐变”按钮，在图像中拖动鼠标，填充渐变效果如图11-107所示。

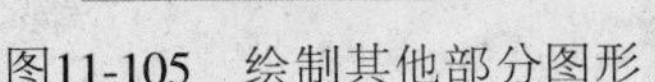

图11-105 绘制其他部分图形

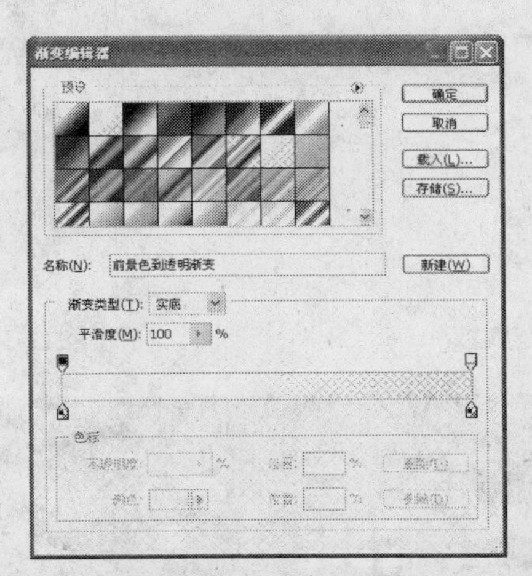

图11-106 “渐变编辑器”对话框

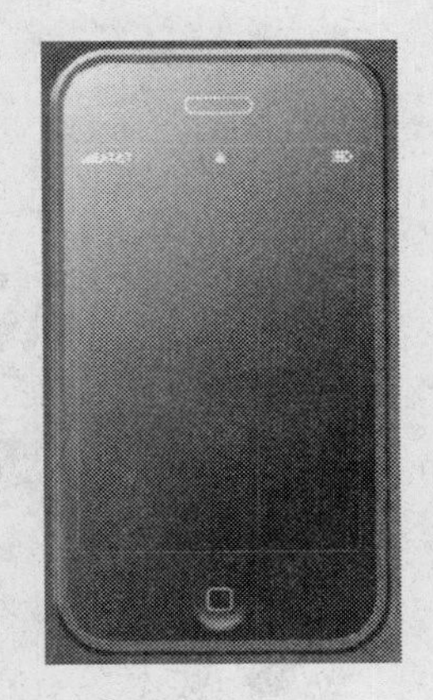

图11-107 填充渐变效果

（19）选择工具箱中的多边形工具，建立选区，按Delete键删除多余部分，如图11-108所示。

（20）设置图层的“不透明度”为20%，如图11-109所示。

（21）按Ctrl+O快捷键，弹出“打开”对话框，选择图标素材，单击“打开”按钮，运用移动工具，将素材添加至文件中，放置在合适的位置，如图11-110所示。

图11-108 删除多余部分

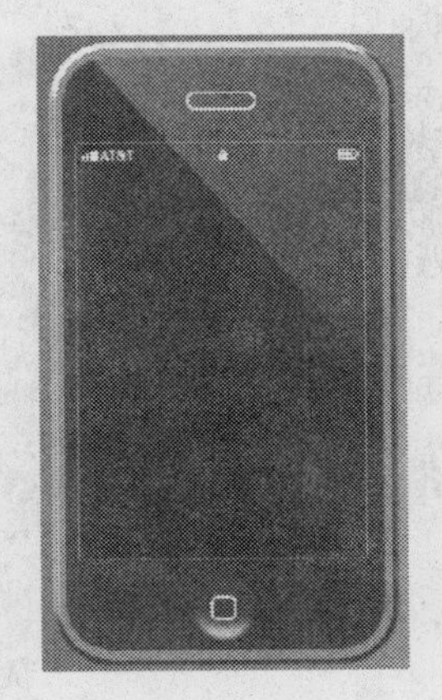

图11-109 “不透明度”为20%

图11-110 添加图标素材

（22）在“图层”面板中单击“添加图层样式”按钮，在弹出的快捷菜单中选择“投影”选项，弹出“图层样式”对话框，设置参数如图11-111所示。

（23）单击“确定”按钮，退出“图层样式”对话框，添加的“投影”效果如图11-112所示。

（24）参照同样的操作方法，制作手机的背面，最终效果如图11-113所示。

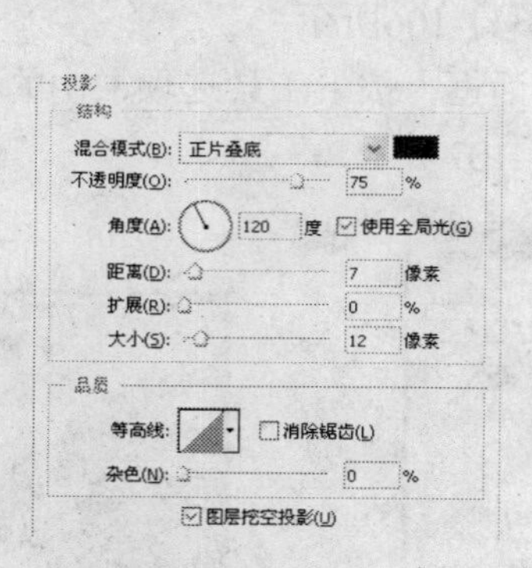

图11-111 “投影”参数

图11-112 “投影”效果

图11-113 最终效果

第12章

包 装 设 计

包装设计是平面设计中不可缺少的一部分。随着经济的发展，同类商品之间的竞争越来越激烈，商家为了让自己的商品能在市场中独树一帜，除努力提高商品自身的价值外，还要不断追求既适合产品又能吸引消费者的产品包装技术。

12.1 塑料包装设计——巧克力雪糕

本实例制作的是巧克力雪糕塑料包装，以巧克力雪糕为主体，通过添加图层样式使巧克力雪糕散发出独特的诱惑力，然后通过文字的变形设计，使产品形象深入人心。制作完成的巧克力雪糕塑料包装设计效果如图12-1所示。

图12-1 巧克力雪糕

（1）启用Photoshop后，执行“文件”|“新建”命令，弹出“新建”对话框，在对话框中设置参数如图12-2所示。单击“确定”按钮，新建一个空白文件。

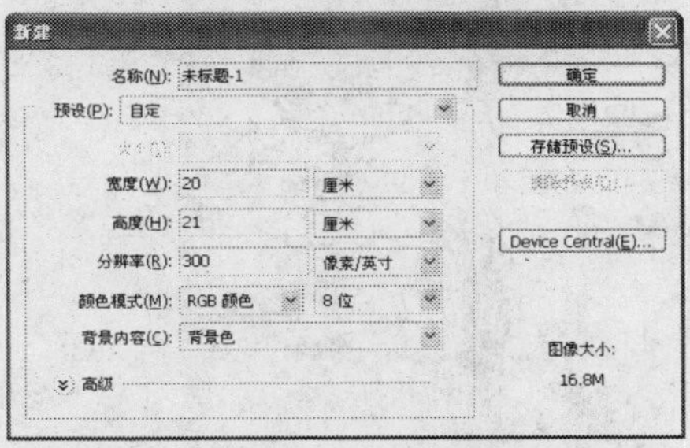

图12-2 “新建”对话框

（2）新建一个图层，设置前景色为灰色（RGB参考值分别为R160、G160、B161），按Alt+Delete快捷键，填充灰色。

（3）新建一个图层，运用钢笔工具，绘制如图12-3所示路径。

（4）按Enter+Ctrl快捷键，转换路径为选区，如图12-4所示。

（5）设置前景色为白色，填充颜色，按Ctrl+D快捷键取消选区，如图12-5所示。

（6）选择工具箱中的矩形选框工具，按住Shift键的同时在图像窗口中拖动鼠标，绘制两个矩形选区，如图12-6所示。

（7）按D键，恢复前景色和背景色的默认设置，按Alt+Delete快捷键，填充选区为黑色，如图12-7所示。

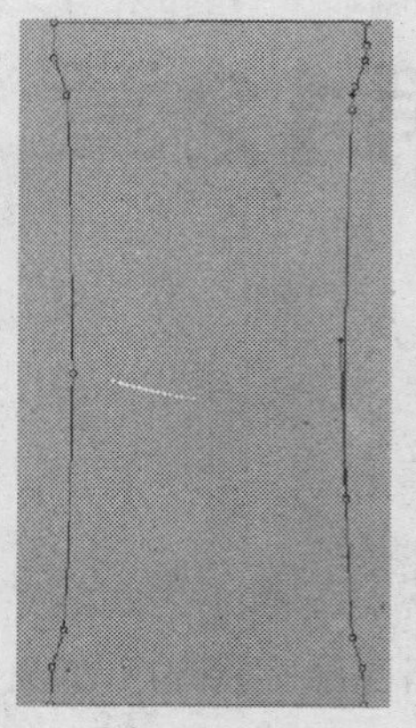

图12-3　绘制路径

图12-4　转换为选区

图12-5　填充白色

（8）选择工具箱中的多边形套索工具，建立锯齿边缘的选区，如图12-8所示。

图12-6　绘制矩形选区

图12-7　填充黑色

图12-8　建立锯齿边缘选区

（9）按Alt+Delete快捷键，删除选区，如图12-9所示。

（10）运用同样的操作方法，选择多边形套索工具，绘制如图12-10所示选区。

图12-9　删除选区

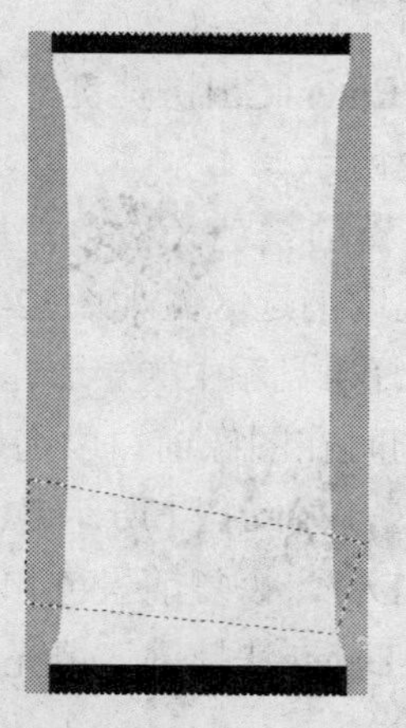

图12-10　绘制选区

（11）新建一个图层，设置前景色为深棕色（RGB参考值分别为R103、G40、B26），按Alt+Delete快捷键，填充颜色为深棕色。

（12）按Ctrl+J快捷键，将图层复制一层，填充颜色为红棕色（RGB参考值分别为R129、G53、B36）。

（13）运用同样的操作方法，复制并填充图层为棕色（RGB参考值分别为R150、G67、B43），得到如图12-11所示效果。

图12-11 填充颜色

（14）选择工具箱中的矩形选框工具，在图像窗口中按住并拖动鼠标，绘制如图12-12所示选区，设置前景色为黄色（RGB参考值分别为R191、G137、B23），按Alt+Delete快捷键填充颜色，得到如图12-13所示效果。

（15）运用同样的操作方法，绘制其他选区并填充颜色，得到如图12-14所示效果。

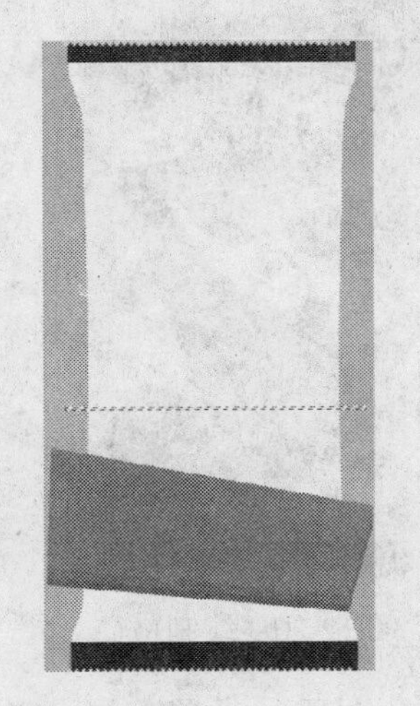

图12-12 绘制选区

图12-13 填充颜色

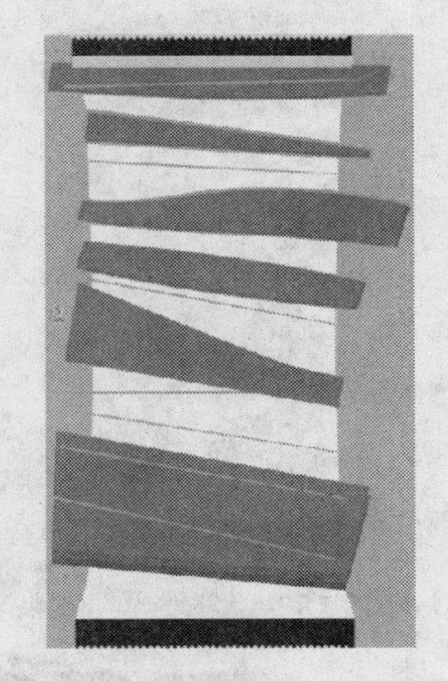

图12-14 绘制选区并填充颜色

（16）单击“图层”面板中的“创建新组”按钮，新建一个图层组。

（17）按住Ctrl键的同时，单击图层缩览图，将图层载入选区，然后单击“图层”面板上的“添加图层蒙版”按钮，为“组1”图层添加图层蒙版，得到如图12-15所示效果。

（18）按Ctrl+O快捷键，弹出“打开”对话框，选择雪糕素材，单击“打开”按钮，运用移动工具，将雪糕素材添加至文件中，放置在合适的位置，如图12-16所示。

（19）在“图层”面板中单击“添加图层样式”按钮，在弹出的快捷菜单中选择“外发光”选项，弹出“图层样式”对话框，设置参数如图12-17所示。

（20）单击“确定”按钮，退出“图层样式”对话框，得到如图12-18所示效果。

（21）运用同样的操作方法，添加文字素材，如图12-19所示。

（22）运用钢笔工具，绘制如图12-20所示路径，按Ctrl+Enter快捷键，转换路径为选区，如图12-21所示。

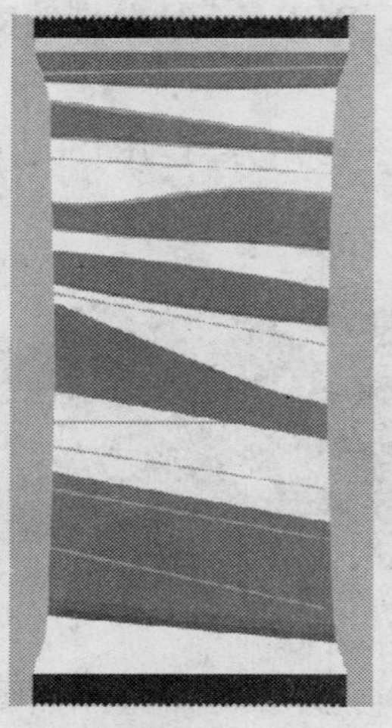

图12-15　添加图层蒙版

图12-16　添加雪糕素材

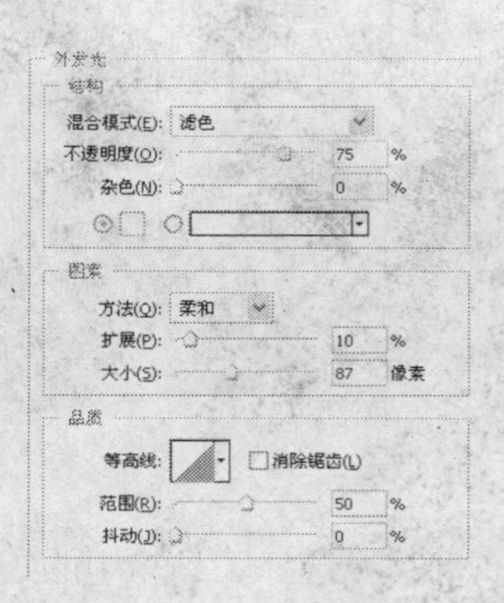

图12-17　“外发光”参数

图12-18　“外发光”效果

图12-19　添加文字素材

图12-20　绘制路径

图12-21　转换路径为选区

（23）新建一个图层，设置前景色为白色，填充颜色为白色，如图12-22所示。

（24）按Ctrl+J快捷键，复制“图层1”。

（25）设置前景色为灰色（RGB参考值分别为R98、G99、B99），填充颜色为灰色。执行“滤镜”|“模糊”|“高斯模糊”命令，弹出“高斯模糊”对话框，设置参数如图12-23所示。

（26）单击“确定”按钮，退出“高斯模糊”对话框，效果如图12-24所示。

（27）运用同样的操作方法添加标志和坚果素材，如图12-25所示。

图12-22　填充白色

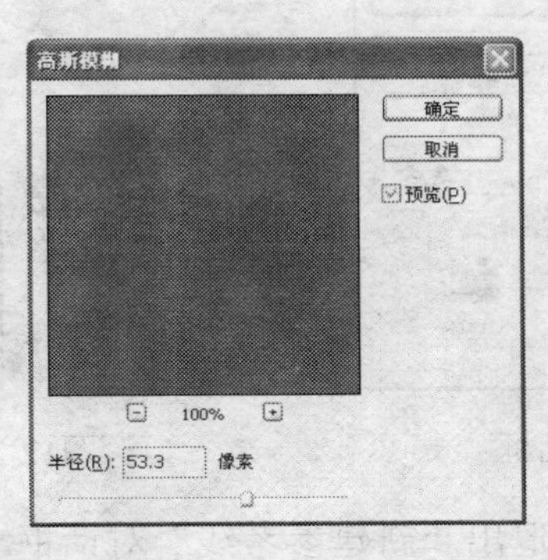

图12-23　“高斯模糊”对话框

图12-24　“高斯模糊”效果

（28）在工具箱中选择横排文字工具T，设置“字体”为“黑体”、“字体大小”为14点，输入文字，运用同样的操作方法输入其他文字，最终效果如图12-26所示。

图12-25　添加标志、坚果素材

图12-26　最终效果

12.2　书籍装帧设计——散文诗集

本实例制作的是散文诗集的封面装帧，将小女孩置于漫天飞舞的雪花中，营造了求知若渴的意境。制作完成的书籍装帧设计效果如图12-27所示。

（1）启用Photoshop后，执行“文件”|“新建”命令，弹出“新建”对话框，设置参数如图12-28所示。单击“确定”按钮，新建一个空白文件。

图12-27　散文诗集

（2）执行“视图”|“新建参考线”命令，弹出“新建参考线”对话框，设置参数如图12-29所示。

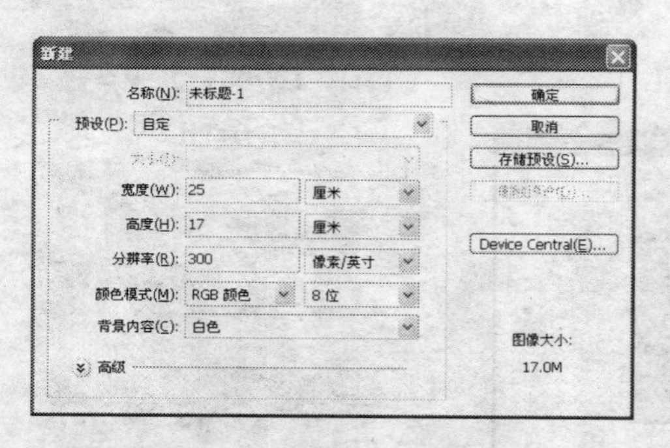

图12-28 “新建”对话框

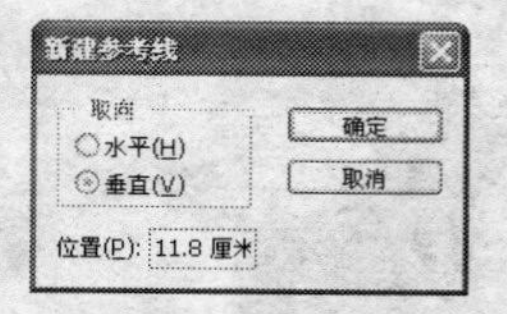

图12-29 “新建参考线”参数

（3）单击“确定”按钮，退出“新建参考线”对话框，新建参考线如图12-30所示。

（4）运用同样的操作方法，再次新建参考线，如图12-31所示。

图12-30 新建参考线

图12-31 再次新建参考线

（5）按Ctrl+O快捷键，打开背景素材，运用移动工具，将素材添加至文件中，调整好大小、位置，如图12-32所示。

（6）将背景素材复制一层，并调整到合适的位置，如图12-33所示。

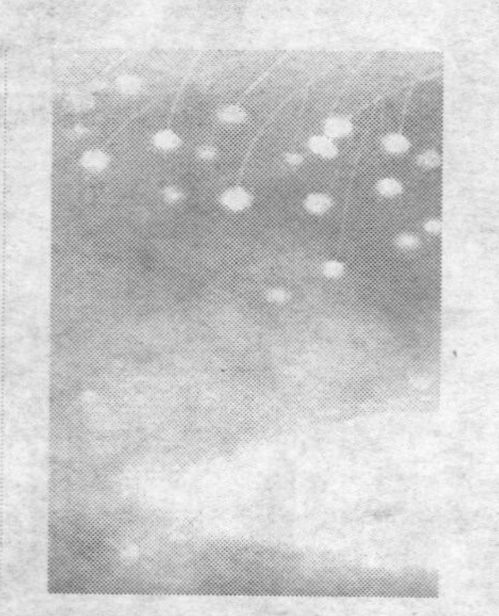

图12-32 添加背景素材

图12-33 复制背景素材

（7）打开一张人物素材，运用移动工具，将素材添加至文件中，调整至合适的大小和位置，如图12-34所示。

（8）设置前景色为黑色，单击工具箱中的横排文字工具T，设置“字体”为“新宋体”、“字体大小”为40点，输入文字，如图12-35所示。

图12-34　添加人物素材

图12-35　输入文字

（9）选中“散文”文字图层，单击鼠标右键，选择“转化为形状”命令，将文字转换为形状，如图12-36所示。

（10）运用直接选择工具删除多余的节点，选择钢笔工具，在工具选项栏中按下“添加到形状区域”按钮，绘制变形图形，如图12-37所示。

（11）运用同样的操作方法制作“诗集”文字效果，如图12-38所示。

图12-36　转换文字为形状

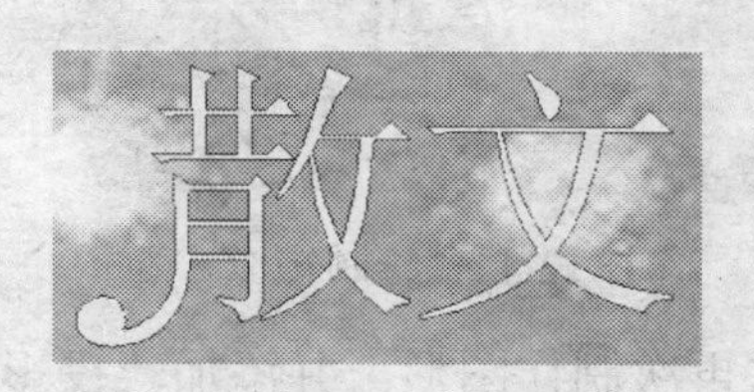

图12-37　变形文字

图12-38　制作文字效果

（12）在“图层”面板中单击“添加图层样式”按钮，在弹出的快捷菜单中选择“投影”选项，弹出“图层样式”对话框，设置参数如图12-39所示。

（13）单击“确定”按钮，退出“图层样式”对话框，添加的“投影”效果如图12-40所示。

（14）设置前景色为白色，在工具箱中选择钢笔工具，在工具选项栏中按下“形状图层”按钮，绘制如图12-41所示图形。

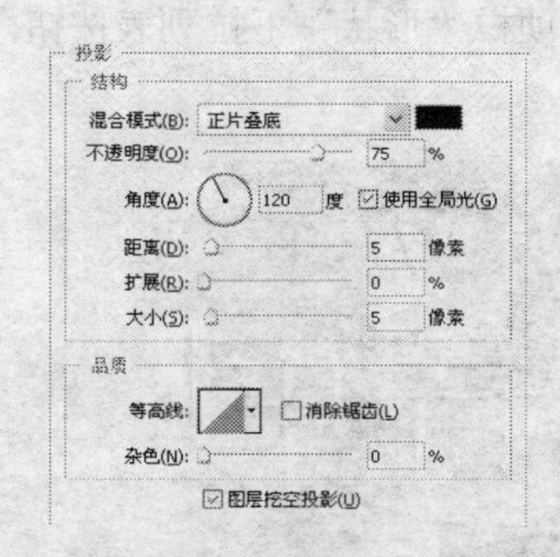

图12-39　“投影”参数

（15）运用同样的操作方法，为绘制的图形添加“投影”效果，如图12-42所示。

（16）设置前景色为白色，在工具箱中选择矩形工具，按下“形状图层”按钮，在图像窗口中拖动鼠标绘制矩形，如图12-43所示。

图12-40 “投影”效果

图12-41 绘制图形

图12-42 “投影”效果

（17）单击工具选项栏中的“添加到路径区域”按钮，再次绘制矩形，如图12-44所示。

（18）参照前面同样的操作方法，添加“投影”效果，如图12-45所示。

图12-43 绘制矩形

图12-44 绘制矩形

图12-45 “投影”效果

（19）运用同样的操作方法再次制作图形，并添加“投影”效果，如图12-46所示。

（20）新建一个图层组，然后新建一个图层，在工具箱中选择自定形状工具，然后单击工具选项栏“形状”下拉列表按钮，从形状列表中选择“方块形边框”形状，如图12-47所示。

图12-46 再次制作图形

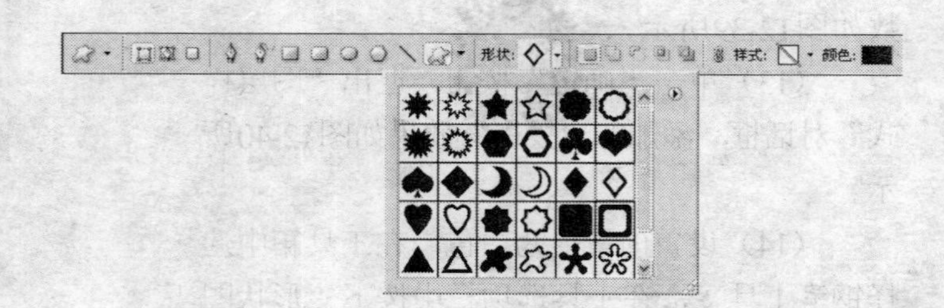

图12-47 选择“方块形边框”形状

（21）按下“路径”按钮，在图像窗口中拖动鼠标绘制“方块形边框”形状，如图12-48所示。

（22）参照前面同样的操作方法，单击工具箱中的横排文字工具，输入其他文字，如图12-49所示。

图12-48　绘制方块形边框

图12-49　输入文字

（23）单击工具箱中的直排文字工具[T]，设置“字体”为“黑体”字体、“字体大小”为12点，输入书籍背面的文字，如图12-50所示。

（24）新建图层，设置前景色为蓝色（RGB参考值分别为0、116、150），在工具箱中选择矩形工具[▭]，按下“形状图层”按钮[□]，在图像窗口中拖动鼠标绘制矩形，如图12-51所示。

图12-50　输入文字

图12-51　绘制矩形

（25）运用同样的操作方法，绘制其他矩形，如图12-52所示。

（26）设置前景色为黑色，单击工具箱中的直排文字工具[T]，设置“字体”为“黑体”、“字体大小”为24点，输入文字“散文诗集”，然后运用同样的操作方法输入其他文字，如图12-53所示。

（27）执行“文件”|“新建”命令，弹出“新建”对话框，设置参数如图12-54所示。单击“确定”按钮，新建一个空白文件。

图12-52　绘制其他矩形

图12-53　输入文字

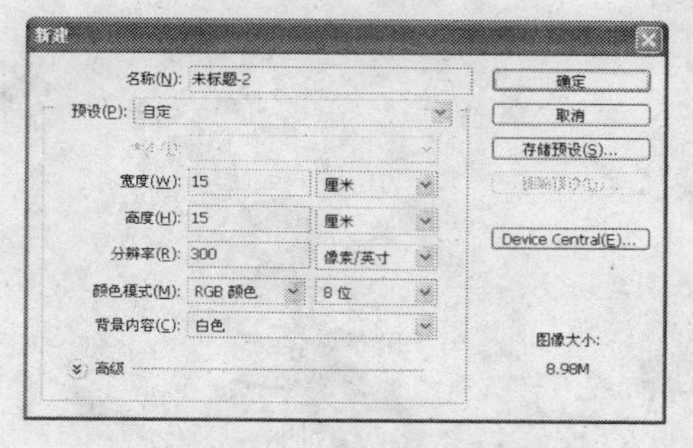

图12-54　“新建”对话框

（28）按Ctrl+O快捷键，弹出“打开”对话框，选择背景素材，单击“打开”按钮，运用移动工具，将素材添加至新建文件中，放置在合适的位置，如图12-55所示。

（29）切换到平面效果文件，按Ctrl+Shift+Alt+E快捷键，盖印所有可见图层，选择矩形选框工具，建立书籍封面的选区，运用移动工具，将书籍封面添加至新建文件中，放置在合适的位置，如图12-56所示。

图12-55　添加背景素材

图12-56　添加书籍封面

（30）按Ctrl+T快捷键，进入自由变换状态，单击鼠标右键，在弹出的快捷菜单中选择“斜切”选项，调整至合适的位置和角度，如图12-57所示。

（31）在“图层”面板中单击“添加图层样式”按钮fx，在弹出的快捷菜单中选择“内阴影”选项，弹出“图层样式”对话框，设置参数如图12-58所示。

（32）单击“确定”按钮，退出“图层样式”对话框，添加的“内阴影”效果如图12-59所示。

（33）选择矩形选框工具，建立书脊的选区，运用移动工具，将书脊添加至新建文件中，放置在合适的位置。按Ctrl+T快捷键，进入自由变换状态，单击鼠标右键，在弹出的快捷菜单中选择“斜切”选项，调整至合适的位置和角度，如图12-60所示。

图12-57　调整封面

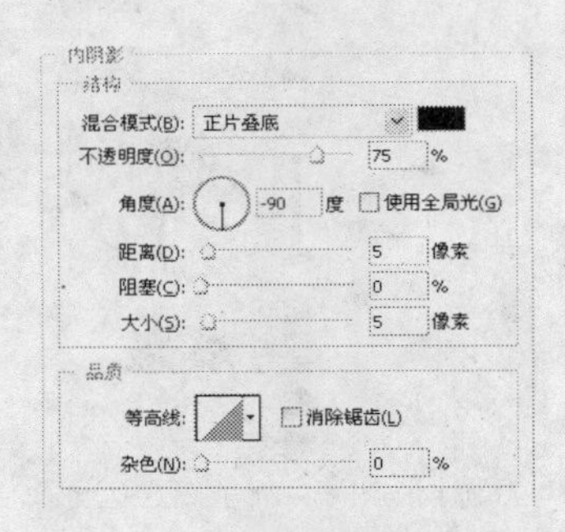

图12-58　“内阴影”参数

图12-59　“内阴影”效果

图12-60　调整书脊

(34）参照前面同样的操作方法，将封面复制一份至立体效果文件中，按Ctrl+T快捷键，进入自由变换状态，单击鼠标右键，在弹出的快捷菜单中选择“垂直翻转”选项，然后选择“透视”选项，调整图像至合适的位置和角度，如图12-61所示。

图12-61　复制封面

（35）单击“图层”面板上的“添加图层蒙版”按钮，分别为图层添加图层蒙版。选择渐变工具，按D键，恢复前景色和背景色的默认设置，在蒙版中填充黑白线性渐变，然后设置图层的“不透明度”为50%，如图12-62所示。

（36）运用同样的操作方法制作书脊的投影，如图12-63所示。

图12-62　添加图层蒙版

图12-63　制作书脊的投影

（37）参照前面同样的操作方法，制作书籍封底立体效果，最终效果如图12-64所示。

图12-64　最终效果

12.3　纸盒包装设计——多功能组合炉

本实例制作的是多功能组合炉纸盒包装，重点在于产品的展现，使消费者对于产品的形态能一目了然。制作完成的纸盒包装设计效果如图12-65所示。

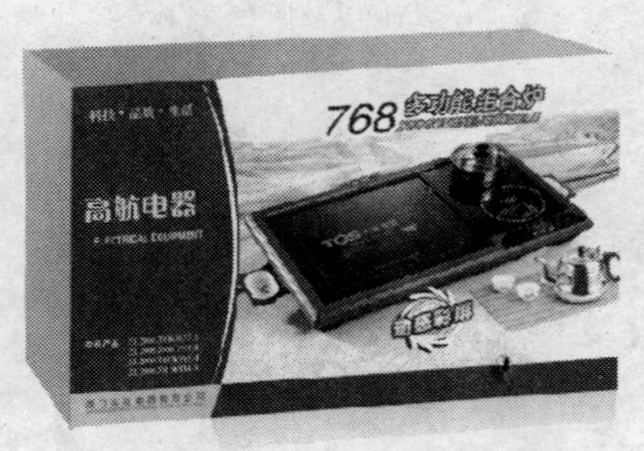

图12-65　多功能组合炉

（1）启用Photoshop后，执行“文件”|“新建”命令，弹出“新建”对话框，设置对话框的参数如图12-66所示。单击“确定”按钮，新建一个空白文件。

（2）执行“视图”|“新建参考线”命令，弹出“新建参考线”对话框，在对话框中设置参数，新建参考线如图12-67所示。

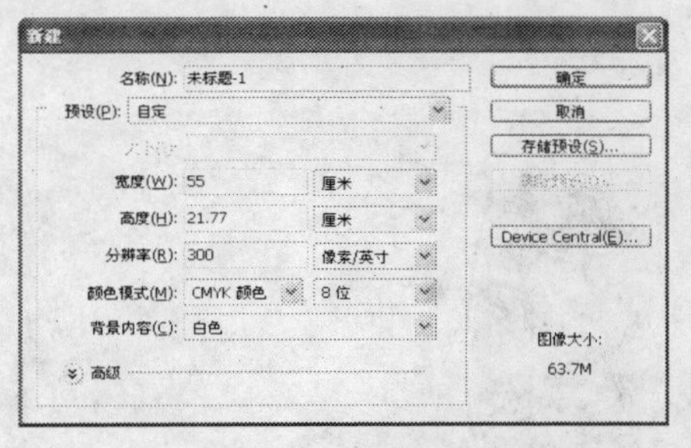

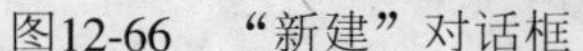
图12-66　“新建”对话框

图12-67　新建参考线

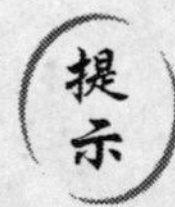

双击左上角标尺交界处，可以将标尺原点重新设置于默认处。选择“视图”|“标尺”命令，或按Ctrl+R快捷键，在图像窗口左侧及上方即显示出垂直和水平标尺。再次按Ctrl+R快捷键，标尺则自动隐藏。

（3）设置前景色为橙色（CMYK参考值分别为C0、M42、Y100、K0），新建一个图层，在工具箱中选择矩形工具，按下“填充像素”按钮，在图像窗口中拖动鼠标绘制矩形，如图12-68所示。

（4）设置前景色为棕色（CMYK参考值分别为C49、M83、Y75、K73），在工具箱中选择矩形工具，按下“形状图层”按钮，在图像窗口中拖动鼠标绘制矩形。

（5）按Ctrl+T快捷键，进入自由变换状态，单击鼠标右键，在弹出的快捷菜单中选择“变形”选项，调整图形至合适的位置和角度，如图12-69所示。

图12-68　绘制矩形

图12-69　变形效果

（6）新建一个图层，运用同样的操作方法制作矩形，按Ctrl+T快捷键，调整图层至合适的位置和角度，如图12-70所示。

（7）新建一个图层，选择钢笔工具，按下“形状图层”按钮，在图像窗口中绘制路径，如图12-71所示。

（8）按Ctrl+O快捷键，弹出“打开”对话框，选择电器和其他素材，单击“打开”按钮，运用移动工具，将素材添加至文件中，放置在合适的位置，如图12-72所示。

（9）在工具箱中选择横排文字工具，设置“字体”为“方正黑体简体”、“字体大小”为30点，输入文字。

（10）在“图层”面板中单击“添加图层样式”按钮，在弹出的快捷菜单中选择“描边”选项，弹出“图层样式”对话框，设置参数如图12-73所示，单击“确定”按钮，退出“图层样式”对话框，添加“描边”效果。

图12-70　制作矩形

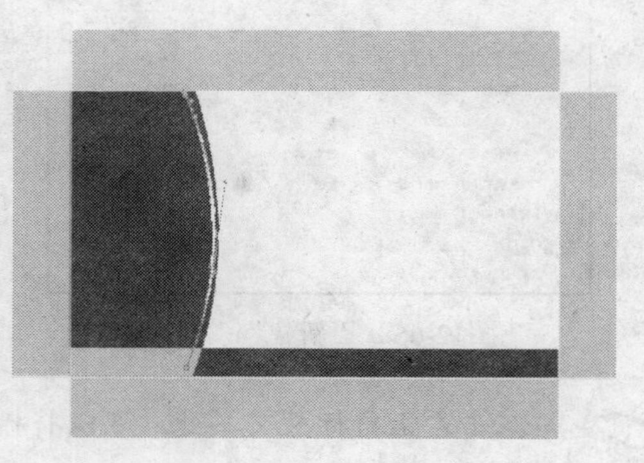

图12-71　绘制路径

图12-72　添加电器和其他素材

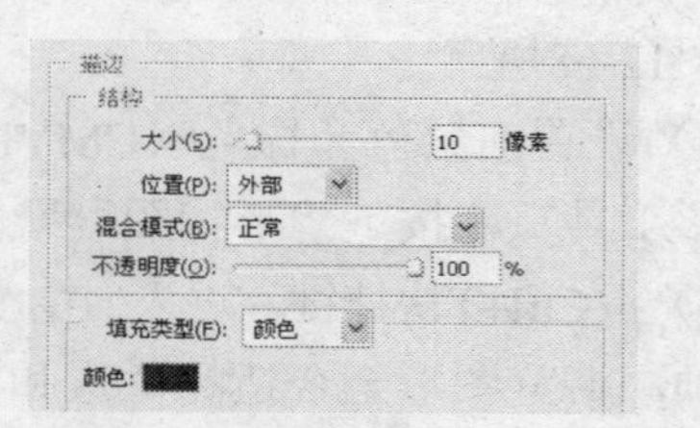

图12-73　“描边”参数

（11）运用同样的操作方法输入其他文字，如图12-74所示。

（12）单击图层组前面的按钮，将“组1”中的图层隐藏。按Ctrl+Shift+Alt+E快捷键，盖印所有可见图层，如图12-75所示。

图12-74　输入文字

图12-75　盖印所有可见图层

（13）将盖印可见图层得到的图层副本，调整至合适的位置。单击图层组前面的按钮，显示“组1”中隐藏的图层。

（14）运用同样的操作方法，盖印所有可见图层，如图12-76所示。

（15）执行“文件”|“新建”命令，弹出“新建”对话框，设置参数如图12-77所示。单击“确定”按钮，关闭对话框，新建一个图像文件。

图12-76　盖印所有可见图层

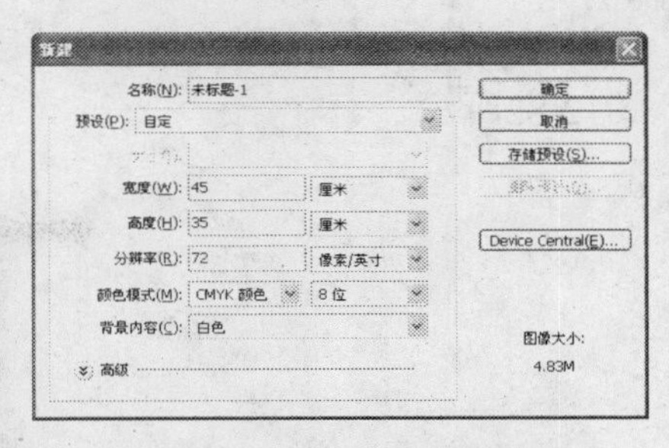

图12-77　“新建”对话框

（16）切换到平面效果文件，选取矩形选框工具▭，绘制一个矩形选框，按Ctrl+C快捷键复制图形，如图12-78所示。

（17）切换到立体效果文件，按Ctrl+V快捷键粘贴图形，并调整大小及位置。

（18）按Ctrl+T快捷键，单击鼠标右键，在弹出的快捷菜单中选择“斜切”选项，调整效果如图12-79所示。

图12-78　复制图形

图12-79　“斜切”效果

（19）运用同样的操作方法，制作包装的侧面，如图12-80所示。

（20）新建一个图层，按住Ctrl键的同时，单击侧面图形图层，载入选区，然后运用渐变工具▣，填充黑白线性渐变，更改图层的“混合模式”为“正片叠底”、“不透明度”为11%，如图12-81所示。

图12-80　制作包装侧面

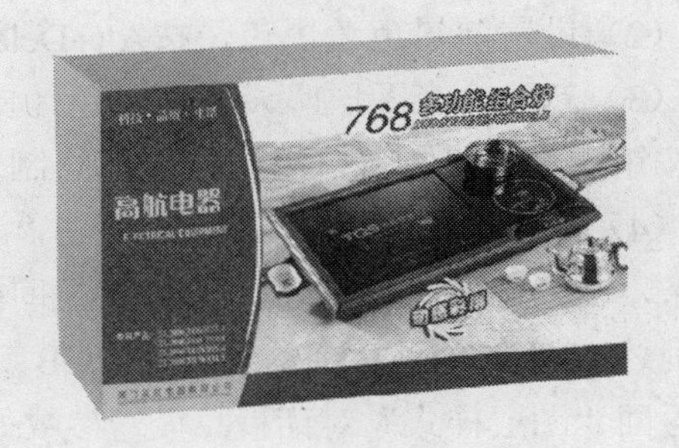

图12-81　填充黑白线性渐变

（21）参照前面同样的操作方法，将正面图形复制一份至立体文件中。按Ctrl+T快捷键，进入自由变换状态，单击鼠标右键，在弹出的快捷菜单中选择“垂直翻转”选项，然后选择“透视”选项，调整图像至合适的位置和角度。

（22）单击“图层”面板上的“添加图层蒙版”按钮◘，分别为图层添加图层蒙版。选择渐变工具, 按D键, 恢复前景色和背景色的默认设置, 在蒙版中填充渐变, 最终效果如图12-82所示。

图12-82 最终效果

12.4 塑料包装设计——舒维湿巾

本实例制作的是舒维湿巾塑料包装, 实例将女孩融入花丛之中, 以蓝紫色为主色调, 给人舒适的视觉享受。制作完成的塑料包装设计效果如图12-83所示。

图12-83 舒维湿巾

（1）启用Photoshop后, 执行"文件"|"新建"命令, 弹出"新建"对话框, 设置参数如图12-84所示。单击"确定"按钮, 新建一个空白文件。

（2）设置前景色为黑色, 按Alt+Delete快捷键, 填充背景颜色为黑色。

（3）新建一个图层, 设置前景色为白色, 在工具箱中选择矩形工具, 按下"填充像素"按钮, 在图像窗口中拖动鼠标绘制一个矩形。

（4）执行"图层"|"图层样式"|"渐变叠加"命令, 弹出"图层样式"对话框, 单击渐变条, 在弹出的"渐变编辑器"对话框中设置颜色如图12-85所示。其中, 紫色的RGB参考值分别为R64、G34、B137, 蓝色的RGB参考值分别为R170、G217、B242。单击"确定"按钮, 返回"图层样式"对话框, 设置参数如图12-86所示。单击"确定"按钮, 退出"图层样式"对话框, 添加的"渐变叠加"效果如图12-87所示。

（5）按Ctrl+O快捷键, 弹出"打开"对话框, 选择花纹和人物素材, 单击"打开"按钮, 运用移动工具, 将素材添加至文件中, 放置在合适的位置, 如图12-88所示。

（6）设置前景色为蓝色（RGB参考值分别为R55、G105、B176）, 在工具箱中选择横排文字工具, 设置"字体"为"方正粗圆简体"、"字体大小"为36点, 输入文字, 如图12-89所示。

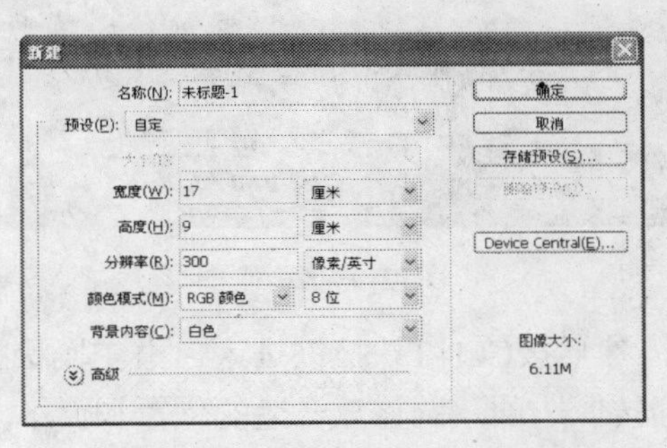

图12-84　“新建”对话框

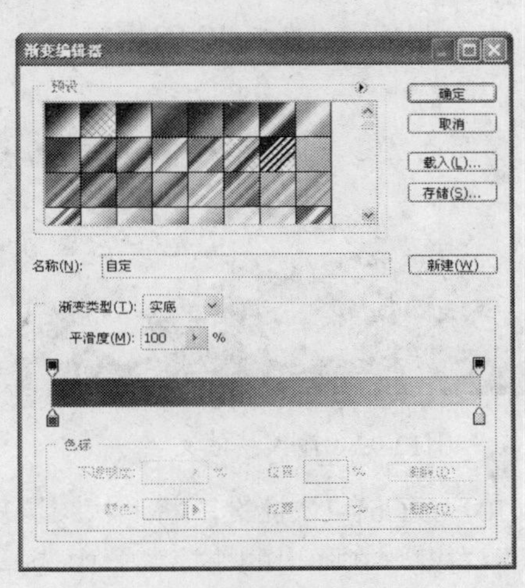

图12-85　“渐变编辑器”对话框

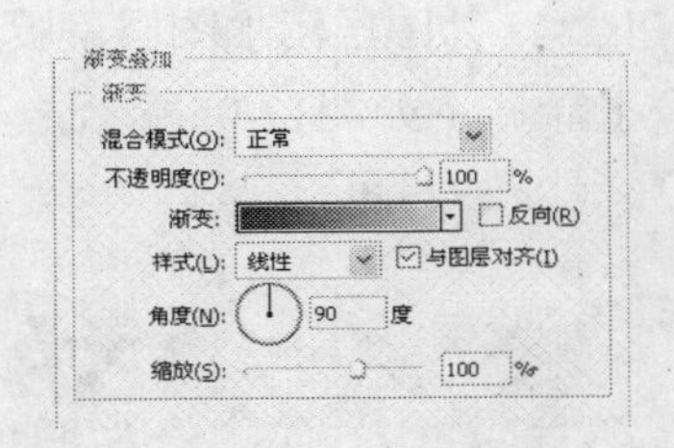

图12-86　“渐变叠加”参数

图12-87　“渐变叠加”效果

图12-88　添加花纹和人物素材

图12-89　输入文字

（7）双击图层，弹出“图层样式”对话框，选择“描边”选项，设置参数如图12-90所示。单击“确定”按钮，退出“图层样式”对话框，添加的“描边”效果如图12-91所示。

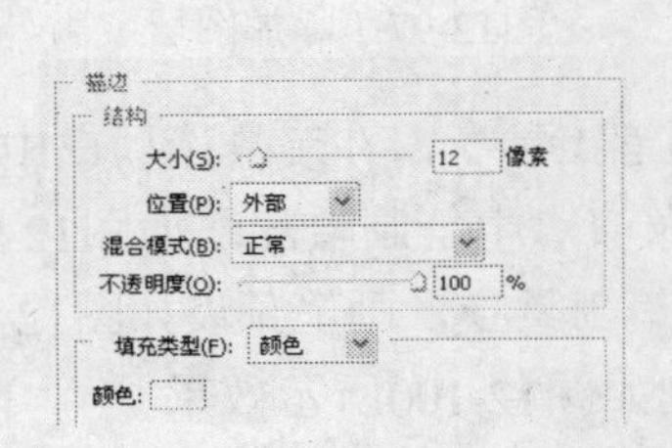

图12-90　“描边”参数

图12-91　“描边”效果

（8）运用同样的操作方法输入其他文字，效果如图12-92所示。

（9）设置前景色为白色，在工具箱中选择钢笔工具，按下“形状图层”按钮，在图像窗口中绘制图形，如图12-93所示。

图12-92　输入其他文字

图12-93　绘制图形

（10）按Ctrl+J快捷键，将形状图层复制一层，然后按Ctrl+T快捷键进入自由变换状态，单击鼠标右键，在弹出的快捷菜单中选择“垂直翻转”选项，调整至合适的位置和大小，设置图层的“不透明度”为41%，如图12-94所示。

（11）单击“图层”面板上的“添加图层蒙版”按钮，为图层添加图层蒙版。编辑图层蒙版，设置前景色为黑色，选择画笔工具，在图像上涂抹，如图12-95所示。

图12-94　调整图形

图12-95　添加图层蒙版

（12）运用同样的操作方法绘制如图12-96所示路径，并添加图层蒙版，如图12-97所示。

图12-96　绘制路径

图12-97　添加图层蒙版

（13）新建一个图层，设置前景色为黑色，选择画笔工具，在工具选项栏中设置“硬度”为0%、“不透明度”和“流量”均为80%，在图像窗口中绘制暗部，如图12-98所示。

（14）新建一个图层，设置前景色为黑色，选择画笔工具，画笔预设如图12-99所示，按住Shift键的同时分别在包装左右边缘拖动鼠标，绘制如图12-100所示效果。

（15）设置前景色为深蓝色（RGB参考值分别为R100、G149、B196），新建一个图层，在工具箱中选择直线工具，绘制直线，最终效果如图12-101所示。

图12-98　绘制暗部

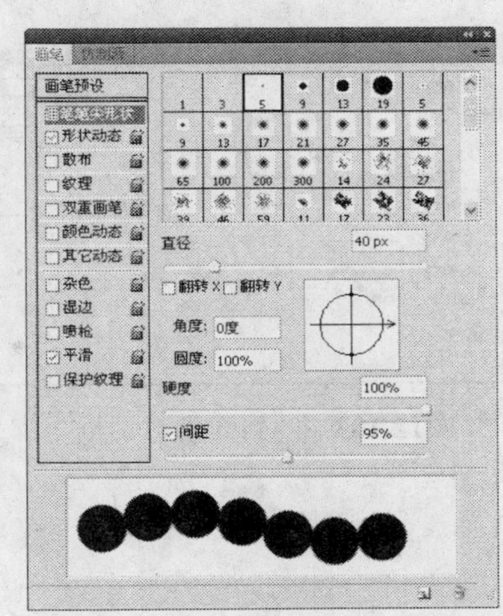

图12-99　画笔预设

图12-100　绘制锯齿边缘

图12-101　最终效果

12.5　纸盒包装设计——玉林泉酒

本实例制作的是玉林泉酒纸盒包装，实例采用了简单的线条和疏密有致的文字排列，来展示玉林泉酒的朴素雅致、古色古香。制作完成的纸盒包装设计效果如图12-102所示。

图12-102　玉林泉酒

（1）启用Photoshop后，执行“文件”|“新建”命令，弹出“新建”对话框，设置参数如图12-103所示。单击“确定”按钮，新建一个空白文件。

（2）执行“视图”|“新建参考线”命令，弹出“新建参考线”对话框，设置参数如图12-104所示。

（3）单击“确定”按钮，退出“新建参考线”对话框，新建参考线如图12-105所示。

（4）运用同样的操作方法再次新建参考线，如图12-106所示。

（5）设置前景色为棕色（RGB参考值分别为R164、G157、B136），在工具箱中选择矩形工具，按下“形状图层”按钮，在图像窗口中拖动鼠标绘制矩形。

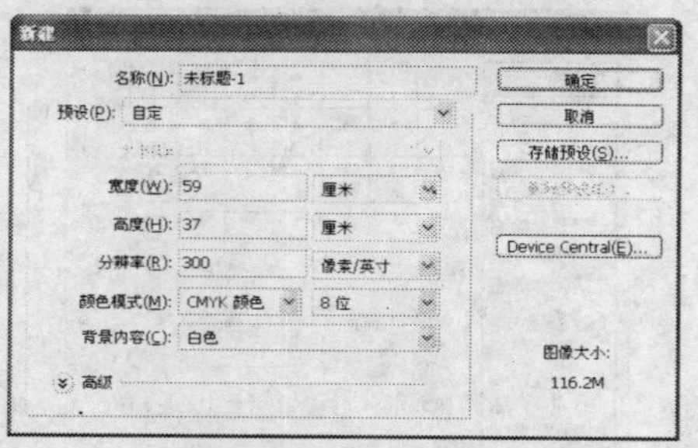

图12-103 “新建”对话框

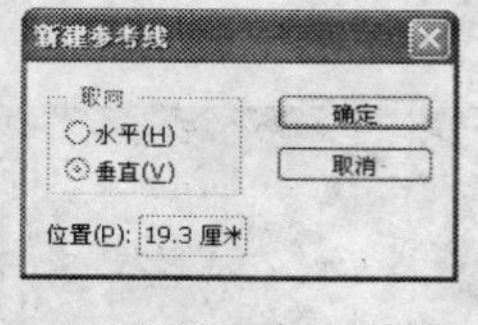

图12-104 “新建参考线”对话框

图12-105 新建参考线

图12-106 新建参考线

（6）执行“图层”|“图层样式”|“渐变叠加”命令，弹出“图层样式”对话框，单击渐变条，在弹出的“渐变编辑器”对话框中设置颜色如图12-107所示。其中，灰色的RGB参考值分别为R164、G157、B136，灰白色的RGB参考值分别为R236、G232、B216。

（7）单击“确定”按钮，返回“图层样式”对话框，设置参数如图12-108所示。

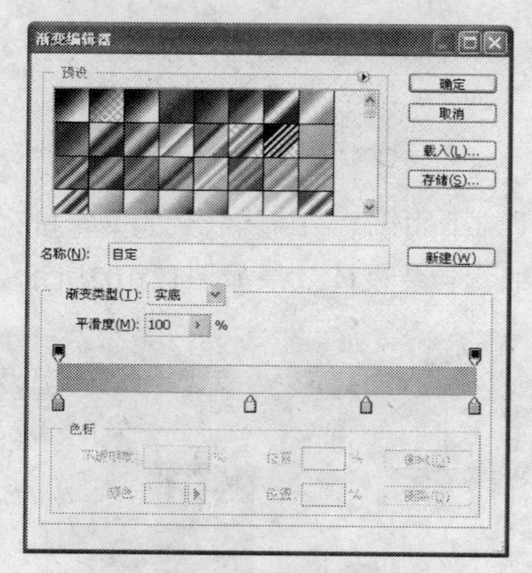

图12-107 “渐变编辑器”对话框

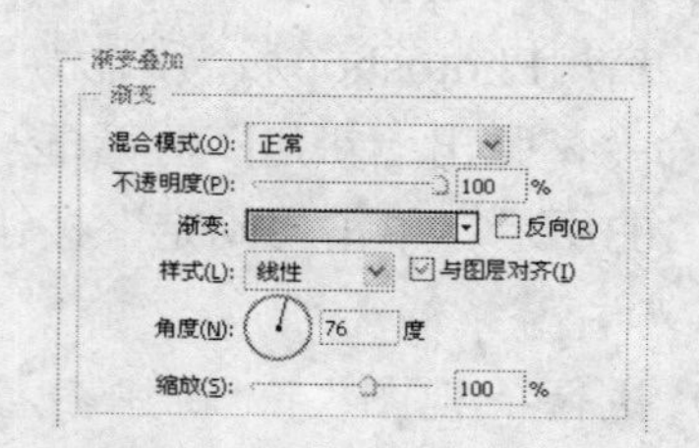

图12-108 “渐变叠加”参数

（8）单击“确定”按钮，退出“图层样式”对话框，添加的“渐变叠加”效果如图12-109所示。

（9）运用同样的操作方法，再次绘制矩形，并添加“渐变叠加”效果，如图12-110所示。

（10）按Ctrl+O快捷键，弹出“打开”对话框，选择文字、树和其他素材，单击“打开”按钮，运用移动工具，将素材添加至文件中，放置在合适的位置，如图12-111所示。

图12-109 绘制矩形

图12-110 再次绘制矩形

（11）在工具箱中选择横排文字工具T，设置“字体”为“黑体”、“字体大小”为30点，输入文字，如图12-112所示。

图12-111 添加文字、树和其他素材

图12-112 输入文字

（12）运用同样的操作方法添加花纹素材，并将花纹素材复制几层，放置在合适的位置，如图12-113所示。

（13）设置图层的“混合模式”为“叠加”，“不透明度”为40%，效果如图12-114所示。

图12-113 添加花纹素材

图12-114 “叠加”效果

（14）单击图层组前面的按钮，将“组2”中的图层组隐藏。按Ctrl+Shift+Alt+E快捷键，盖印所有可见图层，将盖印可见图层得到的图层副本，调整至合适的位置。单击图层组前面的按钮，显示“组2”中隐藏的图层，如图12-115所示。

（15）运用同样的操作方法，盖印所有可见图层，如图12-116所示。

图12-115　盖印所有可见图层

图12-116　盖印所有可见图层

（16）执行“文件”|“新建”命令，弹出“新建”对话框，设置参数如图12-117所示。单击“确定”按钮，关闭对话框，新建一个图像文件。

（17）选择工具箱中的渐变工具，在工具选项栏中单击渐变条，打开“渐变编辑器”对话框，设置参数如图12-118所示。

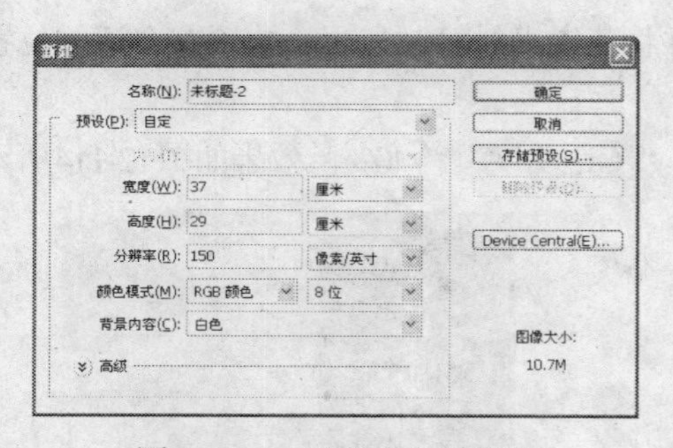

图12-117　“新建”对话框

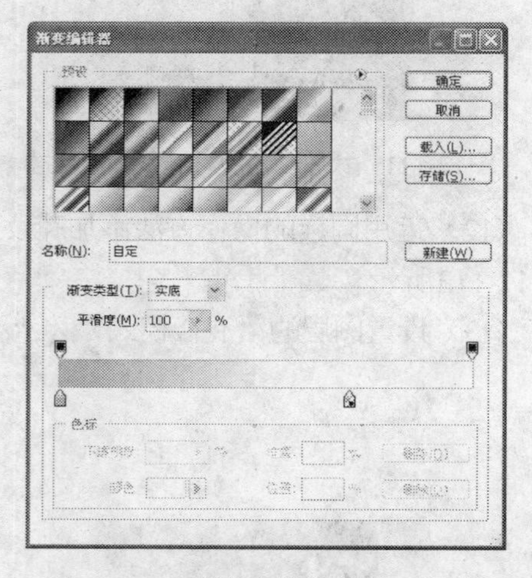

图12-118　“渐变编辑器”对话框

（18）单击“确定”按钮，关闭“渐变编辑器”对话框。按下工具选项栏中的“线性渐变”按钮，在图像窗口中按下并由上至下拖动鼠标，填充渐变效果如图12-119所示。

（19）切换到平面效果文件，选取矩形选框工具，绘制一个矩形选框，按Ctrl+C快捷键复制图形，切换到立体效果文件，按Ctrl+V快捷键粘贴图形，并调整大小及位置，如图12-120所示。

（20）按Ctrl+T快捷键，单击鼠标右键，在弹出的快捷菜单中选择“斜切”选项，调整效果如图12-121所示。

图12-119 填充渐变效果

图12-120 复制图形

（21）运用同样的操作方法制作包装的侧面，如图12-122所示。

图12-121 “斜切”效果

图12-122 制作侧面

（22）参照前面同样的操作方法，将正面图形复制一份至立体文件中。按Ctrl+T快捷键，进入自由变换状态，单击鼠标右键，在弹出的快捷菜单中选择“垂直翻转”选项，然后选择“透视”选项，调整图像至合适的位置和角度，如图12-123所示。

（23）单击“图层”面板上的“添加图层蒙版”按钮，为图层添加图层蒙版。选择渐变工具，按D键，恢复前景色和背景色的默认设置，在蒙版中填充渐变，如图12-124所示。

图12-123 调整图像

图12-124 添加蒙版

（24）运用同样的操作方法，为侧面添加蒙版，如图12-125所示。

（25）按Ctrl+O快捷键，弹出“打开”对话框，选择酒瓶素材，单击“打开”按钮，运用移动工具，将素材添加至文件中，放置在合适的位置，最终效果如图12-126所示。

图12-125　添加图层蒙版

图12-126　最终效果